赛博安全标准、实践与工业应用：
系统与方法
Cyber Security Standards, Practices and Industrial Applications:
Systems and Methodologies

［美］ Junaid Ahmed Zubairi & Athar Mahboob 著
（朱奈德·阿迈德·祖拜里，阿塔尔·马波）

李嘉言　杜紫薇　周　秦　等译
杨蔚蓝　郭雨轩　董柏宏

IGI Global　　

·北京·

著作权合同登记　图字:军–2014–128号

图书在版编目(CIP)数据

赛博安全标准、实践与工业应用：系统与方法/(美)祖拜里(Zubairi,J. A.)，
(美)马波(Mahboob,A.)著；李嘉言等译. —北京：国防工业出版社,2015.6
书名原文：Cyber Security Standards, Practices and Industrial Applications：
Systems and Methodologies
ISBN 978-7-118-10334-2

Ⅰ. ①赛… Ⅱ. ①祖… ②马… ③李… Ⅲ. ①计算机网络–
安全标准　Ⅳ. ①TP393.08–65

中国版本图书馆 CIP 数据核字(2015)第 175667 号

First published in the English language under the title "Cyber Security Standards, Practices, and Industrial Applications：Systems and Methodologies" by Junaid Ahmed Zubairi and Athar Mahboob. Copyright © 2012 by IGI Global, www.igi-global.com.
All Rights Reserved.
版权所有，侵权必究。

※

国防工业出版社出版发行

(北京市海淀区紫竹院南路23号　邮政编码100048)
北京奥鑫印刷厂印刷
新华书店经售

*

开本 787×1092　1/16　印张 18½　字数 412 千字
2015年6月第1版第1次印刷　印数 1—2000册　定价 88.00 元

(本书如有印装错误，我社负责调换)

国防书店：(010)88540777　　发行邮购：(010)88540776
发行传真：(010)88540755　　发行业务：(010)88540717

译者序

赛博安全问题肇始于世界信息化的开端，并随着信息化尤其是网络化浪潮快速演变，直至世界高度信息化网络化的今天，赛博安全问题的内涵和轮廓开始清晰显现。随着"斯诺登"事件和国家间围绕信息安全时有发生的外交争执，赛博安全问题频频地在各类媒体上出现，也由此吸引了公众的眼球。人们的关注对问题的解决是必要的，除此之外，更进一步的关切随之出现：赛博安全问题有哪些具体表现？这些问题获致解决的前景如何？可能的解决途径有哪些？由 IGI Global 出版的 *Cyber Security Standards, Practices and Industrial Applications: Systems and Methodologies* 可视为对这种关切的一个很好的回应。在这部著作里，收录了来自 6 个国家共 28 位作者（联合作者）对移动和无线安全，社交网络、僵尸网络和入侵检测，形式化方法和量子计算，嵌入式系统和 SCADA 安全 5 个方面 13 个专题的最新研究成果，这 13 个专题是以论文的形式展开叙事，每个专题对应书中的一章，全书又分成 5 个部分，这种较不多见的编写体例和叙事方式对于兼顾好所论问题的广度和深度很有帮助，一方面，在这样一本难称大部头的书里面，读者可以对无线 ad hoc 网络、智能手机掌上数据安全、移动设备和移动数据保护、社交网络安全与隐私、僵尸网络、异常检测、量子密钥、嵌入式系统和 SCADA 安全等赛博安全问题的具体表现有全面的了解，另一方面，读者还可以对各个具体问题及其研究的演进和现状、有前景的解决途径和当前尚存的缺陷有较深入的把握。全书 5 个部分在赛博安全的名义下成为一个耦合度较低的整体，13 个章节更是显现出明显的独立性，目标明确的读者能够迅速抓住自己感兴趣的问题深入了解而毫无挂碍，读者如需对某一问题作更深入的研究，章末的补充阅读部分能够提供一些方便。

很高兴能够将这本著作译介到国内，希望能够作为院校、研究机构、公司企业的师生、研究人员和从业人员的参考，提供一些帮助。

全书由李嘉言、杜紫薇、周秦、杨蔚蓝、郭雨轩、董柏宏、陈宇恒、李广知、刘吉吉、郭冰逸、张向东、胡小平、陈天、王云心、周云山、刘宁、岁寒等人共同翻译，李嘉言、杜紫薇、周秦完成了全书的统稿和审校工作，翻译过程中得到了国防工业出版社编辑部老师的尽心指导和大力支持，在此表示衷心感谢。

限于时间和知识经验，我们虽竭尽所能，却也无法避免遗漏之处，读者诸君若能予以斧正，心实感激。

译　者

序 言

赛博基础设施在促进全球贸易和跨文化跨地域交流的过程中,其自身在全球经济中日益占据支配地位。然而,由于敌对行为正变得国际化,普遍存在的赛博安全事件会显著抵消赛博所能带来的益处。盗窃身份和金融数据的在线市场可能为犯罪分子所操纵,这些犯罪分子跨越国际边界维护着服务器并冲击全球金融企业。发生在爱沙尼亚的拒绝服务攻击(DoS)让人们初步见识了针对赛博基础设施的攻击将如何严重影响到整个国家的运转。随着通过互联网传播蠕虫的能力不断增强,异类操作系统的应用、数量与日俱增的软件补丁、对客户端软件(如含漏洞的 VoIP 服务)的零星使用、网络技术(如正在进行的向 IPv6 的演进)即是各种影响全球赛博基础设施安全的典型范例。

赛博空间中社会网络的非凡适应性也在为攻击者提供机会。此外,赛博基础设施的不同部分持有的不同观点和执行的不同策略加剧安全风险,也进一步妨碍我们对安全/隐私关切的理解以及对技术措施和政策措施的选择。为了建设安全的赛博基础设施,我们需要理解如何安全地设计此基础设施的不同组成部分。在过去的几年里,我们意识到赛博安全需要从其所有组成部分的安全去考量,最佳实践和标准需要在全球范围内得到采纳。这一理解包括多个方面,采用整体方法方能应对来自所有维度的安全挑战。

赛博安全路漫漫其修远兮,对此主题作全覆盖式讨论显然让人力不从心。我们不但要学会如何获得赛博安全,还要意识到追求赛博安全确属必要。为了迎合这一需求,本书对赛博安全这个宽泛的主题作了一种平衡而综合的处理。我们期待读者从书中获益并对书中提供的知识加以实践。

阿里夫·加弗尔,普渡大学,美国

前　言

赛博安全领域在当今信息时代已经占据了极端重要性。赛博安全既包括信息安全也包括网络安全。信息安全涵盖对安全要求的理解、威胁与攻击分类以及信息防护系统与方法论。加密是数据与信息安全的一项关键使能技术。旨在检测和规避入侵而为网络建立安全边界的网络安全则包括协议安全和系统安全。网络安全协议结合了加密及其他相关机制（如哈希、数字签名），辅以密钥和会话管理程序，从而允许多方在不安全通信网络上建立安全通信连接以交换个人数据、金融数据等私密信息。

作为主动信息安全的一部分，安全信息管理（Security Information Management，SIM）系统在各个组织内由其信息安全管理人员建立起来。该系统以近实时方式合并分析信息系统使用日志以适时警报，并以离线方式演示系统安全和标准规章落实情况。在当前这个时代，实时音视频、即时消息系统在集成的和汇聚的公共通信网络上被广泛使用，它们的安全要求包括防止窃听及端到端身份认证。为此，Internet 工程任务组（IETF）开发了像安全实时协议（Secure Real Time Protocol，SRTP）这样用于流媒体安全的安全协议。

工业制造业和电力、供水、燃气等公用事业的赛博安全已经上升到国防高度。包括发电和制造在内的大多数工业采用了 PLC（可编程逻辑控制器），PLC 被连接到计算机以实现远程控制。SCADA 和工业系统安全包括对诸多领域 SCADA 控制单元或工业设备的保护，如生产、发电与输配电、制造、化工、公共或私有基础设施以及大型通信系统等。工业与基础设施安全十分重要，各国政府专门为此颁布了强制性的安全条例。

本书拟通过对加密、身份认证、完整性、安全基础设施和协议等赛博安全重要主题的讨论来提供广泛参考。内容覆盖有关数字信息加密技术、安全网络协议、安全管理系统、工业和 SCADA 安全标准等领域。我们相信，本书不仅是现有技术也将成为本领域创新的参考。本书受众广泛，包括赛博与工业安全研究者与实践者、电子商务与 Web 安全专家、高校教师、学生，以及公用事业、制造业、市政服务、政务、国防、网络公司等从业人员。

无线技术给数据网络和电信服务带来了意义重大的变化，使得整合网络成为现实。通过抛掉线缆，个人网络、局域网、移动无线网和蜂窝系统等提供了一个完全的分布移动计算和通信环境。由于具有共享媒介、有限资源、动态拓扑等独有特征，无线 ad hoc 网络面对各种潜在攻击显得十分脆弱。然而，通常用于有线网络的安全措施不足以保护无线 ad hoc 网络节点免受复杂攻击。因此人们为无线 ad hoc 网络加固了一种称为入侵检测的新"防线"。在第 1 章里面介绍了主要无线技术及其特征，然后给出了对可能施加在无线网络上的攻击的描述，用相对独立的一个部分回顾并比较了用于无线 ad hoc 网络的最新入侵检测技术，最后基于技术的现状对若干结论和主要挑战进行了讨论。

像智能手机这类手持设备必须具备缜密而便利的掌上数据防护手段以应对设备丢失

或被盗的情形。第2章介绍了一系列采用移动应用模式匹配方法保护掌上数据的新方法,匹配的方法是将当前手持应用模式与存储的应用模式进行比对,如果二者迥异就将激发类似要求入口口令这样的安全响应。该方法可能采用各种模式匹配算法,本章讨论其中两种:①近似应用字符串匹配;②使用有限自动机。方法一使用近似字符串匹配检查设备的使用,方法二将使用树转换为一个确定性有限自动机(DFA)。实验结果表明该方法对掌上数据保护具有有效性和便利性,但精确性仍需改进。

ISO/IEC 27002赛博安全标准的一个重要部分是对机密性的保护,这里所说的机密性归于可确保计算机及其中存储的信息仅能被授权用户访问的计算机设施防护部分。为保护移动设备和移动数据以确保数据和安全应用的机密性、完整性和可用性,需要对移动计算设备所处的典型移动环境进行专门考虑。保护移动设备包括多项安全技术,如特定用户正确的身份认证、数据加密、物理锁定设备、监控与追踪软件、报警。第3章阐述了应用于移动计算的专属安全软硬件并指出其优缺点,考虑了移动计算安全语境下可用性约束的概念,并介绍了特定用户或设备身份校验的无缝安全方法。

社交媒体正在改变人们日常生活工作中发现、创造和分享信息的方式。社交媒体的快速增长和通过各种数字渠道对信息进行的无所不在的共享、访问创造了新的漏洞和赛博威胁。第4章简要阐述了社交网络和通信的安全与隐私问题。本章对来自社交媒体的赛博安全威胁进行了研究和举证,以描述弱化社交网络引入的赛博安全风险的技术现状,提出一致性和信息共享标准或其缺位问题,给出这方面新的研究和进展。本章可作为学生、研究人员、从业者和社交媒体、赛博安全和信息与通信技术(ICT)领域咨询人员的参考。

原本基于信任精神设计的国际互联网使用并非固有安全的协议和框架,这种基本弱点被其广泛互联的本质属性强化了,国际互联网广泛互联的属性加上软件工业革命为大规模非法应用(如僵尸网络)提供了媒介。尽管有当前相当大的努力,基于互联网的攻击——尤其是通过僵尸网络的攻击——仍然十分普遍,并在国家和国际层面造成了巨大损害。第5章概述僵尸网络现象及其危害之处,还包括当前政府和业界为减轻其威胁所付出的努力,以及在不同国家限制其效用的瓶颈。本章以对一系列可应对僵尸网络现象的研究工作的描述作为全章结束。

随着网络攻击属性的快速演变,目前攻击范式通过聚焦可探测零日攻击的NADS(基于网络的异常检测系统)已经发生了较大迁移。当下重要的是通过评估现有异常检测器了解其长处和短板。第6章试图在恶意扫描攻击下对八个知名的基于网络的异常检测器进行性能评价,对这些NADS的评价在三个准则下进行:精确性(ROC曲线),首选为受试者工作特征曲线(receiver operating characteristic curve,又称感受性曲线,是以虚报概率为横轴、击中概率为纵轴所作的坐标图),次选变动速率曲线(rate of change),主要用在证券行业、可量测性(关于变化的正常与攻击流量比,以及部署位置)、检测延迟。在实验的基础上识别出了可用于改进现有和未来异常检测器精确性和可量测性的有前景的指导准则,实验结果表明所提出的指导准则使所有接受评价的NADS的精确性指标均产生了可观的和一致的改进。

基于光量子的量子密码学是不可破加密系统的希望所在。在第 7 章中作者介绍了诱骗态协议(其基于一个诱骗态协议,针对 BB84 和 SARG04(两种量子密钥分配协议))的一种参数估计方法,该方法可给出单光量子计数率、双光子计数双光子的不同下限,可给出单光量子脉冲、光量子对脉冲的下限量子比特误码率(quantum bit error,QBER),还可给出 BB84 和 SARG04 密钥产生速率的下限。介绍了统计学波动对我们量子密钥分发(QKD)系统某些参数的影响。书中还展示了对信号态与诱骗态强度及百分比选择的优化,此二者反映了密钥产生速率的最大步长和最优值。数字仿真表明,分别使用 BB48 和 SARG04 建议的方法,基于光纤的 QKD 和自由空间 QKD 使用 BB84 可获得更高的机密密钥率和更长的安全距离。书中还表明该协议用于地面与卫星之间及星际双向通信是可能的。使用基于标准即插即用设置的 ID-3000 商业 QKD 系统对诱骗态 QKD 进行了实验演示。实现了一种不同传输距离(标准电信光纤)上针对 BB84 和 SARG04 的诱骗态 QKD。

众所周知设计实现安全协议是一项易出错的任务。在应用于安全协议的形式化方法研究领域的最新进展已经能够将这些技术付诸实践。在第 8 章中作者的目的是对此领域的最新探索作详细说明,藉此表明形式化方法是如何提高安全协议的质量的。鉴于自动化是决定这些技术在工程实践当中可接受性的关键性因素,本章聚焦自动化技术,并特别说明怎样对 Dolev-Yao 高级协议模型进行自动化分析,以及该模型自动增强一个抽象的高级模型和一个具体实现之间形式上的一致如何成为可能。

不久前,人们认为只有软件应用和通用数字系统(如计算机)的安全问题易受各种攻击,底层的硬件、软件应用的硬件实现、嵌入式系统和硬件设备被认为处于这些攻击火力之外而无安全之虞。但是近年间,可以发起针对硬件和嵌入式系统的新型攻击这一点已经摆在桌面。针对上述硬件系统开发的威胁不仅有病毒,还有蠕虫和木马,并且这些威胁还被证明是有效的。尽管在通用计算机及软件应用安全领域已经进行了大量的研究,但是硬件和嵌入式系统安全是一个相对崭新方兴未艾的研究领域。第 9 章提供了针对硬件设备和嵌入式系统的各类现有攻击的细节,分析了其被新型攻击利用的脆弱性的设计方法,之后描述了设计开发安全系统以应对各种新型攻击的方法和对策。

一个 SCADA(Supervisory Control and Data Acquisition)系统由许多用于采集现场数据的 RTU(remote terminal units)组成,这些 RTU 借助通信网络将数据传回主站,主站显示采集到的数据并允许操作人员执行远程控制任务。RTU 是一个基于微处理器的独立数据采集控制单元,由于 RTU 工作于恶劣环境,其内部处理器易受随机差错的影响。一旦处理器失效则其监控下的设备或进程即成为不可知。第 10 章提出一种差错容忍方案以解决 RTU 失效问题。根据这种方案,每个 RTU 将至少有两个处理单元,若某一处理器发生失效,存活的处理器将承担起失效处理器的任务并完成之。通过这种方法,一个 RTU 在内部处理器失效的情况下仍能保持其功能。本章介绍了所提出的差错容忍方案的可靠性和可用性模型。此外,对 SCADA 系统赛博安全和缓解此安全问题的建议进行了讨论。

世界上的关键基础设施包括类似供水、废水处理、供电、油气工业等实体,多数情况下这些实体依赖受 SCADA 控制的管线。SCADA 系统已经向高度网络化、通用平台化系统演变。这一演变过程派生了不断扩大不断变化的赛博安全风险,应对这种风险的必要性得到了政府最高层的首肯。第 11 章讨论了直指上述风险最小化的各种工艺、标准和基于工业的最佳实践。

C^4ISR(Command,Control,Communications,Computers,Intelligence,Surveillance & Reconnaissance)表示指挥、控制、通信、计算机、情报、监视和侦察。C^4ISR 主要为国防部门使用,但也越来越多地使用在铁路、航空、油气勘探等民用行业部门。作为系统的系统,C^4ISR(也可被视为网络的网络)按照与互联网类似的原则运转,故而易受所谓赛博攻击的威胁,也因此需要适当的安全措施保护其免遭攻击或遭到攻击后恢复。所有为达到上述目的的方法合称 C^4ISR 系统赛博安全。第 12 章瞄准赛博安全信息确保视角对 C^4ISR 系统做了概要描述。互联网威胁快速变化的面貌对安全从业人员采用先进防御技术、政策和程序防护其 IT 基础设施造成了重大挑战。当前,80% 的应用基于 Web 且按照组织的政策可以从外部访问。很多情况下,多数安全问题的发现不仅依赖系统配置还与应用空间有关。应用普遍内置有合理的安全功能,但评估其韧性需要使用结构化和动态方法在部署前后测试该应用面对各种可能威胁的表现。第 13 章所述的应用安全评估过程和工具主要集中表现工业标准及符合性,包括 PCI – DSS、ISO27001、GLBA、FISMA、SOX 和 HIPAA,以辅助制度要求。此外,为保持一个防御架构,讨论了 Web 应用防火墙,并准备了一幅信誉卓著的应用安全标准(如 WASC、SANS、OWASP)之间的标绘图以展示威胁分类的全景视图。

本书涉及的当前赛博安全主题口径宽,种类多,我们希望书中每章涵盖的主题能够被证明为具有适宜的参考价值。我们希望,就如同我们在字斟句酌数易其稿、亲历从最开始了了几页的章节意向到成稿付梓形成手头的这本书的过程中体会到的一样,读者您在阅读书中各章节的时候能够获得同样的愉悦和智力体验。

Junaid Ahmed Zubairi,弗雷多尼亚纽约州立大学,美国
Athar Mahboob,巴基斯坦国立科技大学

致　谢

在此我们想对编辑咨询委员会的全体成员,以及不辞辛苦承担审稿和质量把关责任的编审小组同仁表示诚挚谢意,没有他们的奉献和全力支持本书或无法成书。

我们还想对各自的家庭在本书编写过程中对我们精神上道义上的支持表示感谢。

最后,我们感谢来自 IGI Global 的责任编辑 Michael Killian,他在本书编写的全过程中提供了及时的建设性的提醒和指导。

Junaid Ahmed Zubairi,弗雷多尼亚纽约州立大学,美国
Athar Mahboob,巴基斯坦国立科技大学

目 录

第一部分 移动和无线安全

第1章 保护无线 ad hoc 网络安全：现状与挑战 3
- 1.1 引言 3
- 1.2 背景 5
  - 1.2.1 无线网络 5
  - 1.2.2 无线 ad hoc 网络 6
- 1.3 无线 ad hoc 网络中的攻击和入侵 7
- 1.4 面向无线 ad hoc 网络的入侵检测系统 9
  - 1.4.1 基于特征的检测 9
  - 1.4.2 分布与协作技术 9
- 1.5 基于异常的检测 11
  - 1.5.1 分布协作技术 11
  - 1.5.2 分层技术 12
- 1.6 协议分析检测 14
- 1.7 结论和未来研究方向 14
- 参考文献 15
- 补充阅读 19
- 关键术语和定义 20

第2章 利用移动使用模式匹配的智能手机数据防护 22
- 2.1 引言 22
- 2.2 背景 23
  - 2.2.1 移动便携设备 23
  - 2.2.2 掌上安全 24
  - 2.2.3 相似字符串匹配 25
  - 2.2.4 应用掌上使用模式匹配的智能手机数据保护 26
  - 2.2.5 使用数据收集 27
  - 2.2.6 使用数据整定 28
  - 2.2.7 使用模式发现、分析、可视化及应用 29

- 2.3 相似使用字符串匹配 …… 30
  - 2.3.1 相似字符串/模式匹配 …… 30
  - 2.3.2 最长公共子序列 …… 30
  - 2.3.3 使用有限自动机 …… 31
- 2.4 实验结果 …… 32
  - 2.4.1 相似使用字符串匹配 …… 32
  - 2.4.2 使用有限自动机 …… 33
- 2.5 结论 …… 33
- 参考文献 …… 34
- 补充阅读 …… 36
- 关键术语和定义 …… 36

第3章 移动数据保护与可用性约束 …… 37

- 3.1 引言 …… 37
- 3.2 背景 …… 37
- 3.3 ISO/IEC 27002 赛博安全标准中的设备保护 …… 38
- 3.4 移动计算赛博安全策略 …… 39
  - 3.4.1 遗失和遭窃 …… 40
  - 3.4.2 非法访问 …… 40
  - 3.4.3 连接控制 …… 40
  - 3.4.4 加密 …… 40
  - 3.4.5 操作系统与应用 …… 40
- 3.5 移动数据加密与访问控制工具 …… 40
  - 3.5.1 加密 …… 41
  - 3.5.2 身份、身份认证与授权 …… 41
  - 3.5.3 基于秘密的方法 …… 42
  - 3.5.4 基于令牌的方法 …… 42
  - 3.5.5 基于计量生物学的方法 …… 43
- 3.6 安全方法与可用性约束 …… 44
  - 3.6.1 移动计算安全中蓝牙技术的相互影响 …… 45
  - 3.6.2 无漏洞安全机制 …… 45
- 3.7 通信模型与服务安全等级 …… 46
  - 3.7.1 互相认证 …… 46
  - 3.7.2 用户告知 …… 46
  - 3.7.3 会话密钥创建 …… 47
  - 3.7.4 轮询、断开与重新连接 …… 47
- 3.8 零交互认证 …… 49
- 3.9 结论 …… 49

参考文献 ... 50
关键术语和定义 ... 50

第二部分 社交网络、僵尸网络和入侵检测

第4章 在社交网络时代的赛博安全和隐私 ... 53
4.1 引言 ... 53
4.2 背景 ... 53
4.3 社交媒体对赛博安全和隐私的影响 ... 54
4.3.1 社交媒体成长 ... 54
4.3.2 Facebook、Twitter和赛博安全现状 ... 54
4.3.3 社交媒体的隐私 ... 58
4.3.4 便携互联设备上的社交网络 ... 60
4.3.5 基于位置的社交应用 ... 61
4.3.6 组织内的社交媒体应用 ... 62
4.4 身份认证 ... 63
4.5 社交数据交换和携带：OAuth ... 64
4.6 未来研究方向 ... 64
4.7 结论 ... 65
参考文献 ... 65
补充阅读 ... 66
关键术语和定义 ... 67

第5章 僵尸网络与赛博安全：对抗网络威胁 ... 69
5.1 引言 ... 69
5.2 背景 ... 70
5.3 当前努力 ... 71
5.4 减少僵尸网络威胁的限制因素 ... 73
5.5 解决方法和建议 ... 73
5.5.1 对抗僵尸网络的全球合作 ... 74
5.5.2 预防性策略框架 ... 74
5.5.3 政策框架/法律实施 ... 74
5.5.4 技术措施框架 ... 75
5.6 未来研究方向 ... 75
5.7 结论 ... 76
参考文献 ... 77
补充阅读 ... 79

第6章　现代异常检测系统的评估(ADSs) ·············· 81
6.1　引言 ·············· 81
6.2　背景 ·············· 82
6.3　IDS 检测方法 ·············· 82
6.4　ADS 评价框架 ·············· 83
6.4.1　异常检测运算法则 ·············· 83
6.4.2　赋值数据集 ·············· 85
6.5　现代 NADs 的性能评估和经验学习 ·············· 88
6.5.1　精确度和可测量性对比 ·············· 88
6.5.2　延迟对比 ·············· 90
6.5.3　经验总结 ·············· 90
6.6　结论 ·············· 97
参考文献 ·············· 97
关键术语和定义 ·············· 100
尾注 ·············· 100

第三部分　形式化方法和量子计算

第7章　实用量子密钥分发 ·············· 103
7.1　引言 ·············· 103
7.2　背景 ·············· 104
7.3　已提出的诱骗态方法 ·············· 105
7.3.1　情形 A1：单诱骗态 BB84 协议 ·············· 107
7.3.2　情形 B1：单诱骗态 SARG04 协议 ·············· 109
7.4　统计涨落 ·············· 111
7.5　实用诱骗 QKD 系统的仿真：基于光纤的实用诱骗 QKD 系统 ·············· 112
7.6　实验设置 ·············· 118
7.7　结果与讨论 ·············· 119
7.8　未来研究方向 ·············· 121
7.9　结论 ·············· 122
参考文献 ·············· 122
补充阅读 ·············· 123
关键术语和定义 ·············· 124

第8章　安全协议工程学中的形式化自动分析方法 ·············· 126
8.1　引言 ·············· 126
8.2　背景 ·············· 127

8.3 技术发展水平 131
 8.3.1 安全协议工程学问题 131
 8.3.2 自动形式化协议分析 132
 8.3.3 信任逻辑（BAN 逻辑） 132
 8.3.4 Dolev-Yao 模型 133
 8.3.5 计算模型的自动化验证 140
 8.3.6 形式化联系协议规范与实现 140
8.4 未来研究方向 142
8.5 结论 144
参考文献 144
补充阅读 147
关键术语和定义 148

第四部分 嵌入式系统和 SCADA 安全

第9章 SCADA 系统中的容错性远程终端单元（RTU） 151
9.1 引言 151
9.2 SCADA 系统架构 151
9.3 智能传感器 152
9.4 容错远程终端单元 152
9.5 CAN 总线协议 153
9.6 容错方案 154
9.7 可靠性建模 155
9.8 FTRTU 中处理节点的可用性建模 156
9.9 结果讨论 158
9.10 SCADA 系统的网络安全和攻击 159
9.11 网络安全减灾 159
9.12 结论 160
参考文献 160
关键术语和定义 161

第10章 嵌入式系统安全 162
10.1 引言 162
10.2 背景 163
10.3 嵌入式系统安全参数 163
10.4 嵌入式系统安全问题 164
10.5 攻击类型 165
 10.5.1 硬件木马 165

  10.5.2 旁路攻击 ………………………………………………………… 168
  10.5.3 手机安全 ………………………………………………………… 172
 10.6 未来研究方向 ………………………………………………………… 173
 10.7 结论 …………………………………………………………………… 174
 参考文献 …………………………………………………………………… 174
 补充阅读 …………………………………………………………………… 175
 关键术语和定义 …………………………………………………………… 177

第五部分　工业和应用安全

第 11 章　液态石油管道的赛博安全 ………………………………………… 181
 11.1 引言 …………………………………………………………………… 181
 11.2 关键基础设施是什么？ ……………………………………………… 181
 11.3 SCADA 系统 ………………………………………………………… 184
 11.4 革命性变化 …………………………………………………………… 184
 11.5 赛博安全标准 ………………………………………………………… 186
 11.6 弹性的 SCADA 系统是赛博安全系统 ……………………………… 190
 11.7 深度防护 ……………………………………………………………… 191
 11.8 SCADA 赛博安全环境的独特性 …………………………………… 193
 11.9 SCADA 系统和 IT 系统对比 ……………………………………… 194
 11.10 操作系统更新方法 ………………………………………………… 195
 11.11 管理基础设施 ……………………………………………………… 196
 11.12 未来研究方向 ……………………………………………………… 197
 11.13 结论 ………………………………………………………………… 198
 参考文献 …………………………………………………………………… 199
 补充阅读 …………………………………………………………………… 200
 关键术语和定义 …………………………………………………………… 200

第 12 章　新兴 C^4ISR 系统的赛博安全应用 ……………………………… 201
 12.1 C^4ISR 系统介绍 …………………………………………………… 201
 12.2 C^4ISR 系统的广义视图 …………………………………………… 204
  12.2.1 指挥和控制(C^2)系统 ……………………………………… 204
  12.2.2 通信和计算机 …………………………………………………… 206
  12.2.3 ISR ……………………………………………………………… 207
 12.3 C^4ISR 架构 ………………………………………………………… 208
  12.3.1 DODAF ………………………………………………………… 208
  12.3.2 MoDAF ………………………………………………………… 209

12.3.3	NAF	209
12.3.4	架构分析	209

12.4 C⁴ISR 系统中赛博安全的重要性 … 209
- 12.4.1 赛博安全的定义 … 210
- 12.4.2 C⁴ISR 系统的安全漏洞、安全需求及服务 … 210
- 12.4.3 赛博安全措施及机制的实施 … 211
- 12.4.4 赛博安全重要性的案例研究 … 211
- 12.4.5 美国信息系统近期增长的赛博攻击 … 212

12.5 标准 C⁴ISR 架构中的赛博安全 … 213
- 12.5.1 DoDAF 2.0 … 213
- 12.5.2 NAF … 214

12.6 C⁴ISR 架构中赛博安全的最佳实践应用 … 214
12.7 TCP/IP 协议簇中的安全 … 215
12.8 C⁴ISR 系统各个不同组件的安全特性 … 217
- 12.8.1 操作系统 … 217
- 12.8.2 邮件保护 … 218
- 12.8.3 HAIPE(高保证互联网协议加密器) … 219
- 12.8.4 数据链路 … 219
- 12.8.5 公钥基础设施(PKI)/通用访问卡(CAC) … 220
- 12.8.6 敌我识别(IFF) … 220

12.9 近期 C⁴ISR 系统的网络安全进展 … 221
- 12.9.1 网络防御 … 221
- 12.9.2 安全、可信、易协作的网络 … 222
- 12.9.3 军用 Wiki 系统的安全性 … 222
- 12.9.4 瘦客户机基于角色的访问控制 … 223
- 12.9.5 面向服务架构:基于标准的可重复使用的配置系统 … 223
- 12.9.6 手持设备或移动设备的安全性 … 224
- 12.9.7 应对网络事件和适应网络威胁 … 225
- 12.9.8 C⁴ISR 系统在灾难管理中的应用 … 225
- 12.9.9 C⁴ISR 系统中开放资源和 COTS 的使用 … 226
- 12.9.10 Sentek 开源使用(美国) … 226
- 12.9.11 瑞典 Safir – SAAb 系统的开源 C⁴ISR SDK … 226
- 12.9.12 基于开放标准的 Sentry:C²(空军) … 227

12.10 结论 … 227
参考文献 … 227
补充阅读 … 230

关键术语和定义 231
缩写词 231

第13章 基于工业标准和规范的实用 Web 应用程序安全审计 234
13.1 引言 234
13.2 背景 235
13.3 安全评估方法学 236
13.3.1 开放源代码安全测试方法学手册（OSSTMM） 236
13.3.2 信息系统安全评估框架（ISSAF） 238
13.4 应用程序安全评估过程 239
13.4.1 信息收集 240
13.4.2 脆弱性定位 241
13.4.3 漏洞利用 243
13.4.4 修复与报告 244
13.5 防护 Web 应用程序基础设施 244
13.5.1 ModSecurity 245
13.5.2 WebKnight 245
13.6 应用程序安全标准映射 246
13.7 未来研究方向 248
13.8 结论 248
参考文献 248
补充阅读 249
关键术语和定义 250

参考文献编译 252
作者简介 275

第一部分

移动和无线安全

第 1 章　保护无线 ad hoc 网络安全：现状与挑战
第 2 章　利用移动使用模式匹配的智能手机数据防护
第 3 章　移动数据保护与可用性约束

第1章 保护无线 ad hoc 网络安全:现状与挑战

Victor Pomponiu 托里诺大学,意大利

摘要

数据网络和通信服务面临着无线技术带来的巨大挑战,后者使网络融合成为现实。通过甩掉连接线,个人网络、局域网、移动无线网络和蜂窝系统构成了一个彻底的分布式移动计算和通信环境。由于具有共享媒介、有限资源和动态拓扑等独有特性,无线 ad hoc 网络易于受到各种潜在攻击,而通常应用于有线网络的安全措施不足以保护这种网络的节点免受复杂攻击。因此,一条被称之为入侵检测的"新防线"得以增加进来。在这一章里,我们首先介绍主要无线技术及其特点,然后对可施加于这些网络的各种攻击加以描述,再用一个独立的部分阐述并比较最新的、面向无线 ad hoc 网络的入侵检测技术,最后基于现状对有关结论和主要挑战进行了讨论。

1.1 引言

过去数十年间,无线网络的广泛传播为现代通信技术带来了决定性的改变。无线网络使得设备具有无线能力,从而可以无需与一个网络物理连接便可与之通信。总的来说,无线网络的目标在于通过扩展有线局域网增强用户的移动性。

无线 ad hoc 网络是一种新的无中心无线网络形式,其由一个彼此依赖但不借助任何基础设施(Giordano,2002)完成主要网络操作(如路由、包传送和路由发现)的固定/移动节点集合组成,不断改变的拓扑、无中心管理、各种服务的泛在部署是无线 ad hoc 网络的主要特征(Raghavendra, Sivalingam, 和 Znati, 2004; Stojmenovic, 2002; Xiao, Chen 和 Li, 2010)。无线 ad hoc 网络可分为如下三类:移动 ad hoc 网络(mobile ad hoc networks, MANETs,系移动节点自治系统),移动网状网络(wireless mesh networks, WMNs,系节点被组织成一个网状拓扑并借助一个无线卡的多跳系统),和无线传感器网络(wireless sensor networks, WSNs)。图 1.1 显示了主要的有线网络和无线网络类型。

虽然 ad hoc 网络仍然主要应用于军事和安全战略运营,但最近在这类网络之上的商业利益开始成长,聊举几例:用于自然灾害应急、法律强制程序、社区网络与互动、气象条件监测和公共卫生保健(Baronti et al., 2007; Milenkovic, Otto, 和 Jovanov, 2004; Neves, Stachyra, 和 Rodrigues, 2008; Perrig et al., 2002)。

当 ad hoc 网络的部署拓展到多种应用环境时,安全便是这些网络的主要挑战之一。针对 ad hoc 网络的攻击可宽泛地分为被动攻击和主动攻击。被动攻击在不损害目标网络中节点间通信的情况下从中收集敏感信息,主动攻击则通过阻塞、伪造、修改信息流等方式妨害和改变目标网络的功能(Wu, Chen, Wu, 和 Cardei, 2006);根据发起的源头,攻击

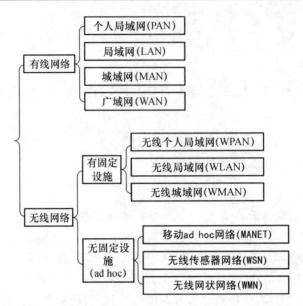

图1.1 不同网络类型(图中黑体显示的网络入侵检测技术是本书研究的重点)

还可分为外部攻击和内部攻击(即肇始于妥协节点的攻击)。

在很多情况下,用于保护有线网络的传统安全机制并不适用于 ad hoc 网络。导致这种安全问题的唯一特征即在于网络没有中心,也就是说每一个节点都要负责路由、包转发和网络管理(Molva,和 Michiardi,2003)。相对于有线网络中的特定目的节点(如路由器、交换机、网关),ad hoc 网络的节点并不能可靠地完成这些关键的网络操作。此外,依赖于两个移动节点间可信协作的身份认证和加密在保护 ad hoc 网络免受内部攻击方面无能为力。基于上述考虑,处理这些安全问题、特别是与入侵检测有关的新技术已经被提了出来。

入侵检测系统(intrusion detection system,IDS)是指审核一个网络或节点中发生的事件以识别潜在威胁或违反安全规则的事项的系统(Bace,& Mell,2001;Denning,1987)。另一方面,入侵防御系统(IPSs,intrusion prevention systems)是能够防御或阻止可能的威胁的系统。IDS 使用的检测方法可分为基于特征的分析、基于异常的分析和基于协议的分析。前一种方法又称基于模式的检测,通过将已知威胁的特征(模式)与监测到的事件进行匹配来检测安全事件。与之相反,基于异常和基于协议的技术通过将网络正常活动或其协议与所发生的事件进行比较来识别显著异常。

本章的主要贡献在于研究了该领域主要期刊和会议提出的入侵检测的最新进展(所选期刊和会议列表见"补充阅读")。尽管最早由文献[76]和文献[74]分别提出面向无线 ad hoc 网络的入侵检测系统距今已超过十年之久,但我们仍基于以下原因作了上述限定:

(1) 随着许多新体系的提出催生了对其(面向无线 ad hoc 网络的入侵检测系统)生存力和性能的分析,该领域的成长在最近两年急速攀升。

(2) 有一些早期研究涵盖了先前的发展状况,如:Zhan 和 Lee(2000),Molva 和 Michiardi(2003),Mishra 等(2004),Parker 等(2004),Kabiri 和 Ghorbani(2005),Wu 等(2006),Anantvalee 和 Wu(2007),Amini 等(2007),Krontiris 等(2007),以及 Walters 等(2007)。而且最近的研究(如 Barry 和 Chan,2010;Barry,2009;Farooqi 和 Khan,2009;Giannetous 等,2009;Madhavi 和 Kim,2008;Mandala 等,2008;Rafsanjani 等,2008)仍然聚焦

于先前 IDS 的功能性能，并未对近年提出的复杂算法加以考虑。

（3）有几项研究在深入探讨有线网络环境中入侵检测的同时简单述及了若干面向无线 ad hoc 网络的入侵检测系统（Axelsson,1999；Callegari 等,2009；Garcia-Teodoro 等,2009；Lazarevic 等,2005；Sabahi 和 Movaghar,2008；Wu 和 Banzhaf,2010）。

在本章中我们展现了无线网络带来的挑战和机遇。首先用专门的一节来研究 ad hoc 网络面临的威胁；然后给出无线入侵检测系统的主要组成部分及其特征；进而基于检测策略对入侵检测系统作一个分类，并通过对最重要的几种体系的分析指出其优缺点；最后对结论和主要挑战进行了讨论。

1.2 背景

本节给出了无线网络的一个简短背景，以及它的基本组成和体系结构。主要围绕无线 ad hoc 网络和它的几个变种：MANET、WSN 和 WMN。需要指出的是，本节仅对无线网络进行宏观刻画，以作为介绍 ad hoc 网络适用的入侵检测技术的背景知识。有关无线网络的详细情况请参见 Gast 权威指南（Gast,2002）或 Stojmenovic 手册（Stojmenovic,2002）。

1.2.1 无线网络

无线网络中用户的移动性面临的严峻挑战使得传统网络技术拙于应对，仅允许用户通过物理线缆接入网络将使其移动性急剧恶化。为解决此问题，研究人员提出了允许用户自由移动的同时享用服务便利的无线连接技术。

无线网络使得具有无线能力的设备能够在无需与一个网络物理连接的情况下与之通信，前提仅仅是该设备处于无线网络基础设施作用范围内。处于一个有限范围内、能够通过无线通信传递数据的一组无线节点构成一个无线局域网（WLAN）。通常，无线局域网设计用来延伸既有有线局域网（LANs）以增加用户的移动性。

不考虑所用通信协议和所传输的信息，无线网络具有若干优点和缺点（如表 1.1 所示）。无线网络最大的益处在于移动性，即允许接入网络的用户改变其位置；另一个重要优点是伸缩性即快速安装部署网络服务的能力。无线网络的主要缺点包括缺乏安全性、受限的带宽，以及对气象条件、障碍物或区域内使用其他无线技术的无线设备引起的噪声和干扰的敏感性。

表 1.1 无线网络的主要优缺点

优点	缺点
移动性好	安全性差
伸缩性强	易受干扰
成本低廉	带宽偏低

无线局域网通常包括两个重要组成部分：一是作为终端的移动节点，称为站点，如 PDA、便携计算机、平板计算机和其他具有无线功能的电子设备；二是将无线站点与一个有线网络基础设施或一个像国际互联网这样的外网连接的无线访问接入点（即无线网络设备）。使用无线访问接入点协调站点间通信的网络称为有固定设施（有中心）的无线网

络,具有良好的可伸缩性和传输可靠性。有一点很重要,无线访问接入点须安全可靠,因为它们负责包转发和路径发现。

1.2.2 无线 ad hoc 网络

与有固定设施的体系结构不同,无线 ad hoc 网络由一组能够互相通信而无需一个无线访问接入点介入的移动节点(对等节点)组成,见图 1.2。通常这类网络系为特定目的而建,且站点数量较少。ad hoc 网络的拓扑是动态的,符合一个随机图模型。其他重要的方面包括节点的分布及其自组织能力。

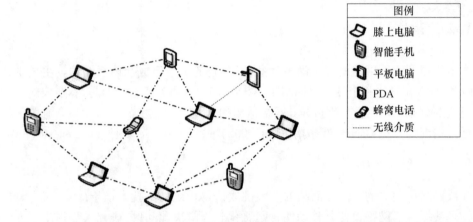

图 1.2 一个拥有 10 个站点的 ad hoc 网络:膝上电脑、蜂窝电话、PDA、智能手机、平板电脑

为了在站点之间传输数据封包,使用了一个无线媒介。已经定义了若干不同的物理层:该体系结构允许发展多种物理层以支持媒介接入。射频(RF)和红外物理层均得以实现,其中射频表现得更为可靠。

根据应用情境,无线 ad hoc 网络可被分为以下三种主要类型:

- 移动 ad hoc 网络(MANETs)。移动 ad hoc 网络是一个移动节点系统,其节点两两之间通信通过无线链路实现。由于节点的移动性,移动 ad hoc 网络的拓扑频繁变化。
- 无线网状网络(WMNs)。无线网状网络中的移动/固定节点构成一个网状拓扑,节点间通信通过无线连接进行。WMN 的体系结构表现为三种:主干无线网状网、客户端无线网状网和混合无线网状网。与移动 ad hoc 网络不同,无线网状网中的某些节点可以是固定的,而且除了网内节点之间的连接之外,这些固定节点还存在一个互联网连接。
- 无线传感器网络(WSNs)。无线传感器网络由许多空间分布的、称为智能传感器节点的自治设备构成,这些节点相互协作在不同位置分析所在地的环境或物理状况。每个智能节点包括以下组成部分:收发器、处理单元、存储单元、供电单元和感知单元。传感器网络会有一个或者多个网关节点(又称汇聚节点或 sink 节点),负责从各传感器收集数据并发送给一个终端用户应用。在一些罕见的情况下,传感器网络也可能没有汇聚节点。汇聚节点的作用就是从网络接收信息并使得数据汇集且得到使用。

无线 ad hoc 网络主要体系结构的一个形象化表达如图 1.3 所示。需要注意的是图中的混合无线网状网络是一个两层联合体:网状客户端层和网状主干层,后者由该网状网络的有线/无线访问接入点组成。

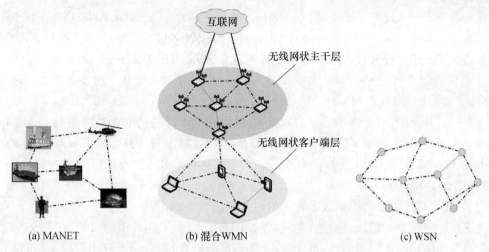

图 1.3 不同类型的无线 ad hoc 网络

移动 ad hoc 网、无线网状网和无线传感器网有许多共同特点。尽管如此,它们之间还是存在一些重要区别(Akyildiz 和 Wang,2009),概括起来如表 1.2 所示。移动 ad hoc 网络与其他类型 ad hoc 网络最基本的区别在于移动性和 QoS 方面。反而无线传感器网络的基本特征是能量要求和自组织。

表 1.2 无线 ad hoc 网络、无线网状网络和无线传感器网络的区别

	要求	MANET	WMN	WSN
目标	集中型应用(文件服务器、音/视频放送)	+ + + +		
	社区和街区网络		+ + + +	
	卫生保健、气象和环境监测,军事			+ + + +
具体要求	能量	+ + + +	+ + +	+ + + + +
	多跳	+ + + +	+ + +	+ + + +
	移动性	+ + + + +	+ + +	+ + +
	伸缩性	+ + +	+ + + +	+ + + +
	自组织、自修复和自成形	+ + + +	+ + + + +	+ + + + +
	QoS	+ + + +	+ +	+
图例:决定性的: + + + + +,必要的: + + + +,重要的: + + +,可取的: + +,不相干的: +				

更多细节读者可参阅以下对移动 ad hoc 网络、无线网状网络和无线传感器网络的各个方面所进行的广泛研究:移动 ad hoc 网络(Stojmenovic,2002)、无线网状网络(Karrer,Pescapé 和 Huehn,2008;Akyildiz 和 Wang,2009)、无线传感器网络(Bacioccola 等,2010;Baronti 等,2007;Stojmenovic,2005;Xiao,Chen 和 Li,2010)。

1.3 无线 ad hoc 网络中的攻击和入侵

由于存在诸如资源受限、环境不可控、动态网络拓扑等固有脆弱性,无线 ad hoc 网络

易受种种攻击和入侵而陷于瘫痪(Cao,Zhang 和 Zhu,2009;Carvalho,2008;Cardenas,Roosta 和 Sastry,2009;Karl 和 Wagner,2003;Zhang 和 Lee,2000;Zhou 和 Haas,1999)。许多研究者给出了关于入侵和攻击两个术语的各种定义,Lazarevic,Kumar 和 Srivastava,2005,第 22 页给出的定义如下:一次攻击就是一次入侵尝试,而一次入侵是一次攻击成功(至少是部分成功)的结果。

在过去几年中,研究者不遗余力对针对无线 ad hoc 网络的安全攻击进行分类(Anantvalee 和 Wu,2007;Molva 和 Michiardi,2003;Naveen 和 David,2004;Ng,Sim 和 Tan,2006;Walters,Liang,Shi 和 Chaudhary,2007;Wu,Chen,Wu 和 Cardei,2006;Yang,Ricciato,Lu 和 Zhang,2006;Zhang 和 Lee,2000)。综合这些文章可知,有三种分类法被广泛采用:基于攻击类型、基于攻击位置和根据攻击针对的网络的层。

第一种分类方法将攻击分为两类:主动攻击,如干扰、欺骗和拒绝服务,这类攻击能够改变节点两两之间传输的信息;被动攻击,如流量分析和窃听,这类攻击仅收集与目标 ad hoc 网络有关的敏感信息。

第二种分类方法着眼于攻击者相对于网络所处的位置(Amini,Mišic 和 Mišic,2007),识别为由外部实体实施的外部攻击和由 ad hoc 网络内节点实施的内部攻击。相比外部攻击,内部攻击更具威力和危害,因为内部妥协节点拥有对加密密钥、节点位置和身份等网络秘密信息的访问权限。

第三种分类方法根据 ISO 分层参考模型制定。表 1.3 列出了针对网络各层的主要安全攻击,其中的窃听、消息注入、节点假冒等攻击涉及拥有移动站点间无线链路接入权限的攻击者。介质访问控制(MAC)和路由协议的弱点则会被敌对方利用来构造如下攻击(Kyasanur 和 Vaidya,2005;Perrig,Szewczyk,Tygar,Wen 和 Culler,2002):

- 泛洪攻击。攻击者用数据包淹没网络以消耗节点和网络资源。
- 路由扰乱攻击。如 Sinkhole 攻击、黑洞攻击、虫洞攻击等,攻击者的目的是改变数据包的路由。

表 1.3 基于 ISO 分层参考模型的攻击分类

网络分层	攻击名称	攻击描述
物理层	干扰	通过强干扰破坏无线通信介质
	窃听	被动拦截节点间通信
数据链路层	MAC 中断	MAC 规约被以篡改帧或传输过程的方式蓄意破坏
	流量分析	用于识别通信相关方,通常收集到的信息用于发动进一步攻击
	资源耗尽	目标节点的资源通过反复重传尝试被耗尽
网络层	泛洪	使被攻击者有限的存储、处理、带宽等资源不堪重负
	位置泄露	目标网络特定节点的位置或网络拓扑被泄露,主要通过流量分析技术实现
	女巫攻击	在网络中各处创建多个攻击者身份
	选择转发	妥协节点仅转发来自特定节点的某些数据包而将其他数据包丢弃
	虫洞攻击	在网络中某个位置的数据包被以隧道方式传送到另一个位置,该攻击表明两个敌对方之间的协作
	黑洞攻击	妥协节点通过丢弃收到的所有数据包拒绝参与路由过程
	Sinkhole(槽洞)攻击	为通过一条包含攻击者的路径,数据流被修改
	Rushing 攻击	在两个攻击者之间创建一条边信道,表现得像一个有效的 DoS 攻击

(续)

网络分层	攻击名称	攻击描述
传输层	SYN 泛洪	恶意方发起很多不完整的、同被攻击节点的 TCP 连接
	会话控制	攻击者冒用一个节点的 IP 地址并继续与其他节点通信
应用层	否认	否认参与通信
	病毒和蠕虫	利用应用程序和操作系统漏洞的恶意程序

需要指出,一些攻击在攻击机理上可对多个层造成破坏,针对它们设计安全解决方案是极其困难的(Anantvalee 和 Wu,2007)。此外,攻击的扩散(即妥协节点)及其在一个传感器网络中产生的效果已由 De 等人做了广泛研究(De 等,2009)。

另一个重要的方面是有关威胁模型的假定。通常假设单个节点(或一个小的节点集合)最初妥协系因遭物理捕获,且假设攻击者是资源受限的,或占有相当的计算能力和存储空间(Karlof 和 Wagner,2003;De 等,2009)。很显然,拥有强大设备的攻击者能够损坏和窃听整个无线 ad hoc 网络。但是大量安全解决方案的提出使得同一时间仅有一个节点妥协、恶意方能量有限等假设流于理想化。

1.4 面向无线 ad hoc 网络的入侵检测系统

Zhang 和 Lee 在 1999 年的重要论文(Zhang and Lee,1999)介绍了首个面向无线 ad hoc 网络的 IDS,之后大量原型系统被提了出来。虽然这些系统采用不同的技术分析网络数据,但引人瞩目的方面是它们多数基于由以下模块组成的一个通用框架:数据收集组件、入侵检测引擎、知识库、系统配置文件和报警模块。

文献(Zhang & Lee,1999)和(Anantvalee & Wu,2006)指出,要部署一个 IDS 系统,有几个方面需要考虑。首先要假设网络行为(即节点行为)是可观测的;第二,正常行为和恶意行为之间存在一个明确的区隔,如此方能使得 IDS 去评估网络节点的完整性。

入侵检测系统可根据输入信息的来源(比如审计数据、网络包、网络流量等)分为基于网络或基于节点(主机)两种(Porras,2009)。下一节,基于所使用的探测方法将近期提出的 IDS 系统分为基于特征的检测、基于异常的检测和协议分析检测。为了完成对其的特征刻画,我们进一步将其分为分布/协作型和分层型,前者的检测过程是协作的且分布在节点当中,后者将协作检测扩展到基于簇的网络。

1.4.1 基于特征的检测

这种检测使用存储在知识库中的信息以较高的精度识别已知威胁。由于误报率较低,基于特征的检测大量用于有线网络的商业化 IDS,但很少用于无线 ad hoc 网络。基于特征的检测主要的缺点是在检测事前未见过的攻击方面无效率可言,且缺乏对网络和应用协议的理解。

1.4.2 分布与协作技术

文献(Subhadrabandhu,Sarkar 和 Anjum,2006)提出了一种分散型特征检测算法。为

了高效工作,提出了如下假设:
- 网络由两类节点构成:执行系统任务(如路由发现、包分析等)的内部节点和仅仅使用网络进行通信的外部节点(客户端)。虽然节点间的任务分配是不均匀的,但两类节点具有共同特征,如能量、计算能力和存储空间均有限。
- 外部节点拥有不同且相互独立的安全资产。
- 敌对方(入侵者)仅能捕获外部节点。因此,将所有的内部节点视为可信的。此外,网络可容受多个入侵者,其路径和位置未知且时变。
- 在网络层传输的数据包是不加密的(像 IPsec 这样的网络层加密协议未获支持)。

IDS 模块系运行在特定可信节点(内部节点)的网络层。然而,由于一些内部节点或许不能够执行 IDS,故而这些节点被进一步区分为可胜任和不胜任 IDS 两种。所有可胜任 IDS 的节点工作于混杂模式(它们嗅探其相邻节点传输的数据包)。

采用这种只在部分节点运行 IDS 的方法有降低资源消耗的好处,但也带来了几个问题:①嗅探和分析网络数据包的最优节点集的选择问题已经证明是一个 NP 难题(NP,non - deterministic polynomial 的缩写,指非确定性多项式,译者注);②用于融合多个可胜任 IDS 的节点提供的决断的聚合方法(见图 1.4)。为解决节点选择问题,Subhadrabandhu 等(2009)设计了两种近似的算法:扩展临近区域中未获满足相邻节点最大化算法(MU-NEN, Maximum Unsatisfied Neighbors in Extended Neighborhood)和随机措置算法(RP, Random Placement)。MUNEN 算法适合内部节点移动缓慢的情形,而 RP 算法适用于内部节点高度动态的环境中。但考虑到资源消耗的话,MUNEN 算法表现比 RP 算法较优。对于第二个问题,上述文献介绍了一种基于假设检验和统计分析的分布式数据聚合方法。主要思想是应用旨在最小化系统风险的最优聚合规则。为改进检测率,每一个外部节点均可被多个可胜任 IDS 的节点监控(如图 1.4 所示)。实验结果表明该 IDS 系统在复杂性和检测准确性之间取得了较好的折中。

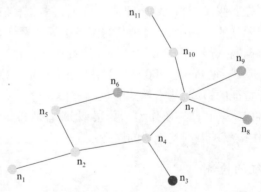

图 1.4 Subhadrabandhu 等(2006)所提体系的工作原理

入侵者(即节点 n_3)攻击目标节点 n_{11},节点 n_4、n_7 和 n_{10} 转发入侵者的数据包给目标节点。

由于存在混杂模式,可胜任 IDS 的节点(即绿色节点 n_6、n_8 和 n_9)收到了这些数据包。

通过汇总可胜任 IDS 的节点的报告,节点 n_7 做出最终裁决。

文献(Chen & Leneutre,2009)利用博弈论将入侵检测问题描述为一个"非协作博弈",进而导出了敌对方可能的行为以及防御方(即运行 IDS 模块的节点)的最小资源需求和最优策略。在文献(Subhadrabandhu,Sarkar & Anjum,2006)中,作者尝试利用一种博弈理论方法确定防御方的最优策略,即可靠监控外部节点所必需的可胜任 IDS 的节点的数量。于是看待此问题有两个不同的角度:文献(Subhadrabandhu,Sarkar&Anjum,2006)从最优化角度,而文献(Chen & Leneutre,2009)从博弈理论角度。在同一研究中,作者讨论了主要模型的几个变种:斯塔克尔伯格 ID 博弈,考虑了内部节点可基于防御方策略发动攻击或与之相反的情形;ID 博弈,敌对方可以不同代价和收效发动许多攻击的普遍攻击模型。此通用框架最重要的特征是它能够评估和设计入侵检测系统,不管采用何种检测方法。

1.5 基于异常的检测

基于异常的检测(文献 Callegari,Giordano & Pagano,2009)分析网络活动以识别可能的威胁。通过分析节点、用户、应用等网络要素的特征建立网络活动剖面。基于异常的方法主要的优点是这些方法能够有效检测未知威胁。然而,这些方法产生了大量"假阳性"检测结果,即将合法活动识别为恶意活动,尤其是在正当活动易被错误分类的动态系统中。

1.5.1 分布协作技术

文献 Shrestha 等(2009)设计了一种用于 MANET 的、带身份验证能力的入侵检测解决方案。在作者实现的方案实例中(该实例与 Zhang & Lee,2000 文献中提出的类似),每个节点都具有一个收集、分析、检测本地事件(如网络数据包)的 IDS 模块。此外,这些节点彼此通信以相互协作检测入侵。为了增强传输数据的安全性,该实例还设计有一个基于哈希链的身份认证。但是,在每一个节点执行 IDS 消耗了能量、CPU 周期、存储空间等重要资源(见 Chen & Leneutre,2009 文献)。并且,实验测试并未充分证明所提方案的有效性。

文献(Krontiris et al,2009)设想了用于 WSN 入侵检测的首个通用框架,该框架着重于传感器之间的协作。该方案仅考虑了 IDS 试图识别单个恶意节点的情况,因为这种情况已经是很复杂了。另一个重要假设是:每个节点"看到"与它相隔两跳的邻居节点。检测过程包括三个步骤:

- 报警。每个节点安装有一个旨在本地检测攻击的报警模块。一旦一个节点的报警模块(称报警节点)在其临近区域检测到一个可疑行为,此报警模块便输出该可疑节点的集合(即嫌疑节点集)。如果出现一个可疑行为,许多节点会报警,故而可能会有多于一个嫌疑节点集存在。
- 表决。密码标记的嫌疑节点集借助一个广播报文抑制协议(类似文献 Kulik、Heinzelman、Balakrishnan,2002 中的 SPIN)在所有报警节点中间交换。由于节点并不同步,攻击者可以在此阶段延迟和伪造其表决。运算法则通过在传感器节点间可能存在的替代路径上中转信息解决此问题。
- 揭示。每个报警节点(知悉所有其他报警节点的嫌疑节点集)识别出出现最频繁的那个节点并曝光之。如果报警节点无法就攻击者达成一致,则会采取一个称为外环强制的额外步骤,该步骤将报警节点的邻居节点的结果纳入进来加以考虑。整个过程尝试通过扩大结果集合打破不确定状态。

以拥有10KB RAM 和 48KB 程序存储空间的 Tmote Sky 传感器架构为参照，所提解决方案的 ROM 和 RAM 存储要求是相对较低的。通信最大开销在 12～19 个报文之间，且主要取决于网络拓扑和报警节点数量。在文献（Krontiris, Dimitriou & Freiling, 2007 和 Giannetous, Kromtiris & Dimitriou, 2009）中有上述方案的几个变体，用于对黑洞攻击、Sinkhole（槽洞）攻击等特定攻击进行检测。此外文献（Kromtiris、Giannetous & Dimitriou, 2008）给出了一个基于移动 Agent 的此入侵检测方法的轻量级实现。

文献（Komninos & Douligeris, 2009）提出了一个针对 ad hoc 网络的多层入侵检测框架。由于是在链路层和网络层收集分析数据，这类入侵检测被文献（Lauf, 2009）称为底层 IDS。由于不可信、分布式环境的缘故，作者规定每一个节点需要有它自己的入侵检测模块。为完成本地检测，首先节点的 IDS 模块以二叉树结构的方法收集网络数据；然后利用所收集的数据（被视为数据点）通过拉格朗日插值法生成一个唯一多项式；最后，如果该节点内生成的多项式收敛于一个机密函数给定的一个预定义区间，即可将此节点检测为攻击者。此外，当需要更多信息来改善检测结果时，可使用来自邻居节点的信息。这里有一个假定：在两个节点之间可以建立一个参与协作检测的安全连接。协作检测的实现借助了一个线性阈值方案，即一个机密的各个份额被分配给了一个节点集，这些份额通过一个线性组合形成该机密。在实验中，针对各种主动路由协议实现的异常检测方案取得了令人满意的结果。然而检测的精确性依赖于机密函数，而且分发机密份额导致了通信开销。

文献（Creti 等, 2009）介绍了一种无线 ad hoc 网络中的多级监控（multigrade monitoring, MGM）方法。主要思想是依次使用两个不同的入侵检测方法：一个检测攻击证据的轻量级方法，一个低"假阴性"率、零"假阳性"率的重量级技术（译者注：即低漏检率、零虚警率）。对于轻量级方法，作者采用本地监测（文献 Zhang & Lee, 2000），这种方法能效高，但虚警率也高。为抵消这种缺点，作者应用了第二个、称为路由验证（RV, Route Verification）的高检测性能技术。但路由验证协议由于通信开销耗费了重要的能量资源。本质上，MGM 方法提供了一个平衡安全目标和网络资源的范式。

1.5.2 分层技术

分层 IDS 技术系针对那些能够分割成簇（即具备链路、邻居节点、类同性等公共特征的一组节点）的 ad hoc 网络提出的。这类网络由簇首节点（与交换机、路由器、网关类似）和监测节点组成。按照节点类型的不同，入侵检测的执行也不同，在每一个监测节点执行本地检测，在簇首节点执行全局检测。

最近文献（Chen 等, 2010）提出一种隔离表入侵检测技术（isolation table intrusion detection technique, ITIDS），针对的是分层 ad hoc 网络。简言之，这种 IDS 是基于协作的入侵检测（Collaboration - based Intrusion Detection, CBID, 见文献 Bhuse & Gupta, 2006）和路由表入侵检测（Routing Tables Intrusion Detection, RTID, 见文献 Su, Chang & Kuo, 2006）两种分层入侵检测方法的融合。基于协作的入侵检测使用簇首节点进行监测，并在监测节点中检测入侵，而路由表入侵检测则需借助路由表。与基于协作的入侵检测不同，隔离表入侵检测技术将网络分成一级簇首节点、二级簇首节点和监测节点（见图 1.5）。

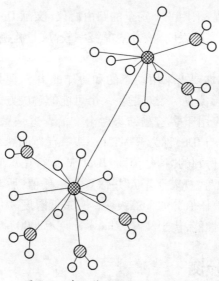

图 1.5 基于簇的分层 ad hoc 网络

⊛节点为一级簇首节点(primary cluster heads,PCH),◐节点为二级簇首节点(secondary cluster heads,SCH),○节点为二级簇首节点的成员节点(member nodes,MN)。注:所有◐和○节点均为一级簇首节点的成员节点。

再者,为避免能量耗费,每个被检测出来的恶意节点将被隔离并记录在一个隔离名单中。然而有两个方面尚不清楚:一,隔离节点的恢复过程;二,应用这种检测方法带来的存储和通信开销。

移动代理(mobile agent)因其可在大型网络中移动的能力已被应用到 IDS 中。通常每个节点与多个移动代理相关联,以便入侵检测操作得以执行。最近,研究人员设计了若干使用代理的入侵检测技术,比如,MUSK(文献 Khanum 等,2010)就是一个面向分层无线传感器网络的、基于代理的入侵检测系统架构。在本地,每个检测到入侵的 MUSK 代理发送一个入侵报告给簇首节点,然后,簇首节点在簇内应用一个表决机制来评估入侵事件。如果一个真实入侵被检测出来,簇首节点发送一个消息给 sink 节点,由后者做出适当响应。该方案的优点是去除重复数据、减少通信开销和对由隶属不同簇的节点发起的攻击的鲁棒性。

文献(Pugliese 等,2009)提出了一种基于移动代理和非参数版隐马尔科夫模型(Hidden Markov Models,HMMs)的、面向分簇无线传感器网络的新 IDS。一个隐马尔科夫模型是一个由随机过程(系统的真实状态)产生的随机有限状态机(finite state machine,FSM)。系统(指传感器网络)的真实状态是隐藏的,但可以通过其他产生可观测事件的系统间接观测。隐马尔科夫模型和更普遍的马尔科夫链已广泛用于面向有线网络的、基于网络的 IDS(文献 Cheng,2009;文献 Pugliese 等,2009)。为检测入侵,该系统通过应用一套异常规则,建立了隐马尔科夫模型和马尔科夫链二者与可观测事件序列之间的联系。这些可观测事件用于预测系统的隐藏状态,并评估一个入侵是否发生。为改进检测精确性和减少能量消耗,作者用弱过程模型(weak process model,WPMs)替代隐马尔科夫模型,得到的即所谓非参数版隐马尔科夫模型,在这一模型中状态转移概率被换算成可达性规则(文献 Pugliese 等,2009,第 34 页)。对威胁进行估计变成了找到隐马尔科夫模型的最大可能状态序列问题。此外,攻击还按照一个攻击评分值分为低可能性攻击和高可能性攻击。

然而，本方案基于两个前提：采用一个安全的路由协议（文献 Du & Peng，2009），控制信息是加密的和真实有效的。实验表明，该方案虚警率较高，且检测能力限于洪泛攻击、sinkhole 攻击和虫洞攻击。

Ad hoc 网络的天然属性要求采用动态的和协作的 IDS，但是由于无法预先评估节点的"清白"，故而协作入侵检测是一个难题。一个可能的解决方案是为 ad hoc 网络设计一个信任模型，并将此模型应用于多检测结果融合。沿着这一思路，文献（Wang 等，2009）设计了一个基于信任模型的 IDS，称为 IDMTM。其中有趣的思想是为每个网络节点赋予一个根据该节点行为计算得到的"信任值"。IDMTM 运行在每个节点上，由内模块和外模块组成，前者通过"证据链"监视若干节点并估算其信任值，后者给出信任建议并执行数据融合。为降低虚警率，信任值分如下等级：妥协、最低限度、中等、高、最高。实验结果表明本方案具有良好的检测性能，优于文献（Zhang & Lee，2000）提出的算法。

1.6 协议分析检测

协议分析检测与基于异常的方法类似，唯一的区别是代表网络协议正常行为的容许谱，而不是网络组件。因此这些方法能够扫描并理解网络、传输、应用协议的状态。

认识到底层 IDS（即分析链路层和网络层数据的 IDS）的计算开销后，文献（Lauf 等，2010）提出了一种应用层分布式 IDS。对应用层协议的抽象使得节点可以对其所处的坏境建模。通过聚焦应用层，该 IDS 能够通过交互语义识别异常模式。为检测威胁，每个节点都安装了一个包括两种入侵检测方法的混合 IDS。

前一种方法（称最大化检测系统，Maxima Detection System，MDS）扮演双重角色：一，允准（consent）对一个妥协节点的检测；二，对第二种检测方法进行训练。后一种检测方法（称互相关检测系统，Cross-Correlative Detection System，CCDS）允许检测多个威胁。为生成节点行为和节点间的相互作用（即 ad hoc 网络的动态性），该混合 IDS 使用一个整数标签系统。本解决方案在航空业（自动相关监视）、大规模分布式超微型机械人装置等多个试验场景下表现出良好性能，但是方案没有计算通信开销，也没有进行与其他类似设计的比较测试。此外，由于要进行涉及通信协议完整性校验的复杂分析，这类检测的主要问题是资源需求很多。

1.7 结论和未来研究方向

由于对无线 ad hoc 网络的需求日益增长，而其自身存在固有的脆弱性，安全性已经成为一个决定性的和难以实现的必要条件。加密、身份认证、安全路由和防火墙等预防机制在应对诸多攻击和入侵时均效果不佳。因此，最近几年出现了专门针对无线 ad hoc 网络设计的入侵检测机制。

在本章中，我们总结分析了近年提出的主要入侵检测系统，以及这些系统能够对付的攻击。通过研究发现了以下重要特征：

- 由于影响 ad hoc 网络的攻击在持续进化，如文献（Law et al，2009）提出的新型干扰攻击，再如文献（Burmester et al，2009）识别出的路由发现的安全性，入侵检测系统基本上采用异常检测方法。反而基于特征进行检测的思路(文献 Subhadrabandhu,Sarkar,Anjum,2006;Chen,Leneutre,2009)对未知攻击检测无能为力,且难于更新检测规则(即特征),见文献(Kominos,Douligeris,2009)。

- 多数入侵检测解决方案协作、分布、分层的体系结构趋向乃是无线 ad hoc 网络的固有属性使然。
- 分布式配置引出了数据融合问题。当一个攻击发生在网络的某一特定区域时,数据聚合是在本地进行的,即在一个特定的节点或者说以一种分布的方式进行的。若该特定节点(簇首节点)负责数据聚合和检测结果计算,则这类节点可能变成攻击者的首要目标。而且,这些计算密集型的操作会迅速耗尽簇首节点的资源(文献 Krontiris,Dimitriou,Giannetsos,2008)。分布式聚合更适合传感器网络,但却导致了协商过程中的混乱。
- 入侵检测过程可由全部节点进行,也可由部分节点进行,以降低资源消耗。最佳节点(可以是多个)的选择可通过统计分析(文献 Subhadrabandhu,Sarkar,Anjum,2006)或应用博弈论方法(文献 Chen,Leneutre,2009)实现。
- 有几篇文章开始将源自社会网络分析的概念(如信任、声誉、举荐等)吸收到协作 IDS 中去(文献 Li,Joshi,Finin,2010;文献 Li,Joshi,Finin,2010;文献 Wang,Huang,Zhao,Rong,2008;文献 Wang,Man,Liu,2009;文献 Zhang,Ho,Naït-Abdesselam,2010)。这种方法存在两个主要缺陷:第一,IDS 的性能依赖于信任模型的精确度(文献 Omar,Challal,Bouabdallah,2009);第二,妥协节点造成的影响可通过已经建立的信任扩散(文献 De,Liu,Das,2009;Khanum,Usman,Hussain,Zafar,Sher,2009)。
- 对大多数 IDS 所做的实验性测试都不足以得出任何结论。对众多最重要的缺失信息这里可聊举一二:虚警率和漏报率、通信开销、资源消耗。而且,这类 IDS 的性能并未与类似方案做比较。

一些研究人员已经在强化监控水平的基础上使用触发器序贯触发 IDS。一种混合入侵检测体系架构试图巧妙结合多种入侵检测方法的优点并避免其局限性(文献 Chen,Hsieh,Huang,2010;Creti,Beaman,Bagchi,Li,Lu,2009;Lauf,Peters,Robinson,2010)。这方面研究尚不多见,故可能是一个有趣的研究方向。

多样化的攻击影响网络的所有层。根据不同的层,攻击可采取不同的行为,比如一个应用层攻击不可能在较低层引起嫌疑(Bellovin et al.,2008)。由于这些问题,发展以交互方式在网络各层工作、提供多重攻击防御的入侵检测解决方案是另一个挑战和成果丰富的研究领域。

参 考 文 献

[1] Akyildiz, I., & Wang, X. (2009). Wireless mesh networks. West Sussex, UK: Wiley and Sons. doi:10.1002/9780470059616.

[2] Amini, F., Mišic, V. B., & Mišic, J. (2007). Intrusion detection in wireless sensor networks. In Y. Xiao (Ed.), Security in distributed, grid, and pervasive computing(pp. 112–127). Boca Raton, FL: Auerbach Publications, CRC Press.

[3] Anantvalee,T., & Wu,J. (2007). A survey on intrusion detection in mobile ad hoc networks. In Xiao, Y., Shen, X. S., & Du, D.-Z. (Eds.), Wireless network security(pp. 19–78). Springer, US. doi:10.1007/978-0-387-

33112-6_7.

[4] Axelsson, S. (1999). Research in intrusiondetection systems: A survey. Technical Report. Goteborg, Sweden: Chalmers University of Technology.

[5] Bace, R., & Mell, P. (2001). Guide to intrusion detection and prevention systems (IDPS) (pp. 1-127). National Institue of Standards Special Publication on Intrusion Detection Systems.

[6] Bacioccola, A., Cicconetti, C., Eklund, C., Lenzini, L., Li, Z., & Mingozzi, E. (2010). IEEE 802.16: History, status and future trends. Computer Communications, 33(2), 113-123. doi:10.1016/j.comcom.2009.11.003.

[7] Baronti, P., Pillai, P., Chook, V. W. C., Chessa, S., Gotta, A., & Hu, Y. F. (2007). Wireless sensor networks: A survey on the state of the art and the 802.15.4 and ZigBee standards. Computer Communications, 30(7), 1655-1695. doi:10.1016/j.comcom.2006.12.020.

[8] Barry, B. I. A. (2009). Intrusion detection with OMNeT++. In Proceedings of the 2nd International Conference on Simulation Tools and Techniques.

[9] Barry, B. I. A., & Chan, H. A. (2010). Intrusion detection systems. In Stavroulakis, P., & Stamp, M. (Eds.), Handbook of information and communication security(pp. 193-205). Berlin, Germany: Springer-Verlag. doi:10.1007/978-3-642-04117-4-10.

[10] Bellovin, S. M., Benzel, T. V., Blakley, B., Denning, D. E., Diffie, W., Epstein, J., & Verissimo, P. (2008). Information assurance technology forecast 2008. IEEE Security and Privacy, 6(1), 16-23. doi:10.1109/MSP.2008.13.

[11] Bhuse, V., & Gupta, A. (2006). Anomaly intrusion detection in wireless sensor networks. Journal of High Speed Networks, 5, 33-51.

[12] Burmester, M., & de Medeiros, B. (2009). On the security of route discovery in MANETs. IEEE Transactions on Mobile Computing, 8(9), 1180-1188. doi:10.1109/TMC.2009.13.

[13] Callegari, C., Giordano, S., & Pagano, M. (2009). New statistical approaches for anomaly detection. Security and Communication Networks, 2(6), 611-634.

[14] Cao, G., Zhang, W., & Zhu, S. (Eds.). (2009). Special issue on privacy and security in wireless sensor and ad hoc networks. Ad Hoc Networks, 7(8), 1431-1576. doi:10.1016/j.adhoc.2009.05.001.

[15] Cardenas, A. A., Roosta, T., & Sastry, S. (2009). Rethinking security properties, threat models, and the design space in sensor networks: A case study in SCADA systems. Ad Hoc Networks, 7(8), 1434-1447. doi:10.1016/j.adhoc.2009.04.012.

[16] Carvalho, M. (2008). Security in mobile ad hoc networks. IEEE Privacy and Security, 6(2), 72-75. doi:10.1109/MSP.2008.44.

[17] Chen, L., & Leneutre, J. (2009). A game theoretical framework on intrusion detection in heterogeneous networks. IEEE Transaction on Information Forensics and Security, 4(2), 165-178. doi:10.1109/TIFS.2009.2019154.

[18] Chen, R.-C., Hsieh, C.-F., & Huang, Y.-F. (2010). An isolation intrusion detection system for hierarchical wireless sensor networks. Journal of Networks, 5(3), 335-342.

[19] Creti, M. T., Beaman, M., Bagchi, S., Li, Z., & Lu, Y.-H. (2009). Multigrade security monitoring for ad-hoc wireless networks. In Proceedings of the 6th IEEE International Conference on Mobile Ad-hoc and Sensor Systems.

[20] De, P., Liu, Y., & Das, S. K. (2009). Deploymentaware modeling of node compromise spread in wireless sensor networks using epidemic theory. ACM Transactions on Sensor Networks, 5(3), 1-33. doi:10.1145/1525856.1525861.

[21] Denning, D. E. (1987). An intrusion detection model. IEEE Transactions on Software Engineering, 13(2), 222-232. doi:10.1109/TSE.1987.232894.

[22] Du, J., & Peng, S. (2009). Choice of Secure routing protocol for applications in wireless sensor networks. In Proceedings of the International Conference on Multimedia Information Networking and Security, 2, 470-473. doi:10.1109/MINES.2009.14.

[23] Farooqi, A. S., & Khan, F. A. (2009). Intrusion detection systems for wireless sensor networks: a survey. In

Ślęzak, D. (Eds.), Communication and networking(pp. 234 – 241). Berlin, Germany: Springer – Verlag. doi:10.1007/978 – 3 – 642 – 10844 – 0_29.

[24] Garcia – Teodoro, P., Diaz – Verdejo, J., MaciaFernandez, G., & Vazquez, E. (2009). Anomalybased network intrusion detection: Techniques, systems and challenges. Computers & Security, 28(1 – 2), 18 – 28. doi:10.1016/j.cose.2008.08.003.

[25] Gast, M. S. (2005). 802.11 wireless networks: The definitive guide(2nd ed.). Sebastopol, CA: O'Reilly Media.

[26] Giannetous, T., Kromtiris, I., & Dimitriou, T. (2009). Intrusion detection in wireless sensor networks. In Y. Zhang, & P. Kitsos (Ed.), Security in RFID and sensor networks(pp. 321 – 341). Boca Raton, FL: Auerbach Publications, CRC Press.

[27] Giordano, S. (2002). Mobile ad hoc networks. In Stojmenovic, J. (Ed.), Handbook of wireless networks and mobile computing(pp. 325 – 346). New York, NY: John Wiley & Sons, Inc. doi:10.1002/0471224561.ch15.

[28] Jackson, K. (1999). Intrusion detection system product survey. (Laboratory Research Report, LAUR – 99 – 3883). Los Alamos National Laboratory.

[29] Kabiri, P., & Ghorbani, A. A. (2005). Research on intrusion detection and response: A survey. International Journal of Network Security, 1(2), 84 – 102.

[30] Karlof, C., & Wagner, D. (2003). Secure routing in wireless sensor networks: Attacks and countermeasures. Ad Hoc Networks, 1(2 – 3), 293 – 315. doi:10.1016/S1570 – 8705(03)00008 – 8.

[31] Karrer, R. P., Pescapé, A., & Huehn, T. (2008). Challenges in second – generation wireless mesh networks. EURASIP Journal on Wireless Communications and Networking, 2008, 1 – 10. doi:10.1155/2008/274790.

[32] Khanum, S., Usman, M., Hussain, K., Zafar, R., & Sher, M. (2009). Energy – efficient intrusion detection system for wireless sensor network based on musk architecture. In Zhang, W., Chen, Z., Douglas, C. C., & Tong, W. (Eds.), High performance computing and applications(pp. 212 – 217). Berlin, Germany: Springer – Verlag.

[33] Komninos, N., & Douligeris, C. (2009). LIDF: Layered intrusion detection framework for adhoc networks. Ad Hoc Networks, 7(1), 171 – 182. doi:10.1016/j.adhoc.2008.01.001.

[34] Krontiris, I., Benenson, Z., Giannetsos, T., Freiling, F. C., & Dimitriou, T. (2009). Cooperative intrusion detection in wireless sensor networks. In Roedig, U., & Sreenan, C. J. (Eds.), Wireless sensor networks(pp. 263 – 278). Berlin, Germany: Springer – Verlag. doi:10.1007/978 – 3 – 642 – 00224 – 3_17.

[35] Krontiris, I., Dimitriou, T., & Freiling, F. C. (2007). Towards intrusion detection in wireless sensor networks. In Proceedings of the 13th European Wireless Conference(pp. 1 – 10).

[36] Krontiris, I., Dimitriou, T., & Giannetsos, T. (2008). LIDeA: A distributed lightweight intrusion detection architecture for sensor networks. In Proceeding of the fourth International Conference on Security and Privacy for Communication.

[37] Kulik, J., Heinzelman, W., & Balakrishnan, H. (2002). Negotiation – based protocols for disseminating information in wireless sensor networks. Wireless Networks, 8(2 – 3), 169 – 185. doi:10.1023/A:1013715909417.

[38] Kyasanur, P., & Vaidya, N. H. (2005). Selfish MAC layer misbehavior in wireless networks. IEEE Transactions on Mobile Computing, 4(5), 502 – 516. doi:10.1109/TMC.2005.71.

[39] Lauf, A. P., Peters, R. A., & Robinson, W. H. (2010). A distributed intrusion detection system for resource – constrained devices in ad – hoc networks. Ad Hoc Networks, 8(3), 253 – 266. doi:10.1016/j.adhoc.2009.08.002.

[40] Law, Y. W., Palaniswami, M., Hoesel, L. V., Doumen, J., Hartel, P., & Havinga, P. (2009). Energy – efficient link – layer jamming attacks against wireless sensor network MAC protocols. ACM Transactions on Sensor Networks, 5(1), 1 – 38. doi:10.1145/1464420.1464626.

[41] Lazarevic, A., Kumar, V., & Srivastava, J. (2005). Intrusion detection: A survey. In Kumar, V., Lazarevic, A., & Srivastava, J. (Eds.), Managing cyber threats (pp. 19 – 78). New York, NY: Springer – Verlag. doi:10.1007/0 – 387 – 24230 – 9_2.

[42] Li, W., Joshi, A., & Finin, T. (2010). (accepted for publication). Security through collaboration and trust in MANETs. ACM/Springer. Mobile Networks and Applications. doi:10.1007/s11036 – 010 – 0243 – 9.

[43] Li, W., Joshi, A., & Finin, T. (2010). Coping with node misbehaviors in ad hoc networks: A multi-dimensional trust management approach. In Proceedings of the 11th IEEE International Conference on Mobile Data Management (pp. 85–94).

[44] Lima, M. N., dos Santos, L. A., & Pujolle, G. (2009). A survey of survivability in mobile ad hoc networks. IEEE Communications Surveys and Tutorials, 11(1), 1–28. doi:10.1109/SURV.2009.090106.

[45] Madhavi, S., & Kim, T., H. (2008). An intrusion detection system in mobile ad-hoc networks. International Journal of Security and Its Applications, 2(3), 1–17.

[46] Mandala, S., Ngadi, M. A., & Abdullah, A. H. (2008). A survey on MANET intrusion detection. International Journal of Computer Science and Security, 2(1), 1–11.

[47] Milenković, A., Otto, C., & Jovanov, E. (2006). Wireless sensor networks for personal health monitoring: Issues and an implementation. Computer Communications, 29(13–14), 2521–2533. doi:10.1016/j.comcom.2006.02.011.

[48] Mishra, A., Nadkarni, K., & Patcha, A. (2004). Intrusion detection in wireless ad hoc networks. IEEE Wireless Communications, 11, 48–60. doi:10.1109/MWC.2004.1269717.

[49] Molva, R., & Michiardi, P. (2003). Security in ad hoc networks. In M. Conti et al. (Eds.), Personal Wireless Communications, 2775, 756–775. Berlin, Germany: Springer-Verlag.

[50] Naveen, S., & David, W. (2004). Security considerations for IEEE 802.15.4 networks. In Proceedings of the ACM Workshop on Wireless Security (pp. 32–42). New York, NY: ACM Press.

[51] Neves, P., Stachyra, M., & Rodrigues, J. (2008). Application of wireless sensor networks to healthcare promotion. Journal of Communications Software and Systems, 4(3), 181–190.

[52] Ng, H. S., Sim, M. L., & Tan, C. M. (2006). Security issues of wireless sensor networks in healthcare applications. BT Technology Journal, 24(2), 138–144. doi:10.1007/s10550-006-0051-8.

[53] Omar, M., Challal, Y., & Bouabdallah, A. (2009). Reliable and fully distributed trust model for mobile ad hoc networks. Computers & Security, 28(3–4), 199–214. doi:10.1016/j.cose.2008.11.009.

[54] Parker, J., Pinkston, J., Undercoffer, J., & Joshi, A. (2004). On intrusion detection in mobile ad hoc networks. In 23rd IEEE International Performance Computing and Communications Conference - Workshop on Information Assurance.

[55] Perrig, A., Szewczyk, R., Tygar, J., Wen, V., & Culler, D. E. (2002). SPINS: Security protocols for sensor networks. Wireless Networks, 8, 521–534. doi:10.1023/A:1016598314198.

[56] Porras, P. (2009). Directions in network-based security monitoring. IEEE Privacy and Security, 7(1), 82–85. doi:10.1109/MSP.2009.5.

[57] Pugliese, M., Giani, A., & Santucci, F. (2009). Weak process models for attack detection in a clustered sensor network using mobile agents. In Hailes, S., Sicari, S., & Roussos, G. (Eds.), Sensor systems and software (pp. 33–50). Berlin, Germany: Springer-Verlag.

[58] Rafsanjani, M. K., Movaghar, A., & Koroupi, F. (2008). Investigating intrusion detection systems in MANET and comparing IDSs for detecting misbehaving nodes. World Academy of Science. Engineering and Technology, 44, 351–355.

[59] Raghavendra, C. S., Sivalingam, K. M., & Znati, T. (Eds.). (2004). Wireless sensor networks. Berlin/Heidelberg, Germany: Spriger-Verlag. doi:10.1007/b117506.

[60] Sabahi, V., & Movaghar, A. (2008). Intrusion detection: A survey. In Third International Conference on Systems and Networks Communications (pp. 23–26).

[61] Shrestha, R., Sung, J.-Y., Lee, S.-D., Pyung, S.-Y., Choi, D.-Y., & Han, S.-J. (2009). A secure intrusion detection system with authentication in mobile ad hoc network. In Proceedings of the Pacific-Asia Conference on Circuits, Communications and Systems (pp. 759–762).

[62] Stojmenovic, I. (Ed.). (2002). Handbook of wireless networks and mobile computing. New York, NY: John Willy & Sons. doi:10.1002/0471224561.

[63] Stojmenovic, I. (Ed.). (2005). Handbook of Sensor Networks. England: John Willy & Sons. doi:10.

1002/047174414X.

[64] Subhadrabandhu, D., Sarkar, S., & Anjum. F. (2006). A statistical framework for intrusion detection in ad hoc networks. IEEE INFOCOM.

[65] Vu, T. M., Safavi-Naini, R., & Williamson, C. (2010). Securing wireless sensor networks against large-scale node capture attacks. In Proceedings of the 5th ACM Symposium on Information, Computer and Communications Security (pp. 112–123).

[66] Walters, J. P., Liang, Z., Shi, W., & Chaudhary, V. (2007). Wireless sensor network security: A survey. In Y. Xiao (Ed.), Security in distributed, grid, and pervasive computing (pp. 367–311). Boca Raton, FL: Auerbach Publications, CRC Press.

[67] Wang, F., Huang, C., Zhao, J., & Rong, C. (2008). IDMTM: A novel intrusion detection mechanism based on trust model for ad hoc networks. In Proceedings of the 22nd International Conference on Advanced Information Networking and Applications (pp. 978–984).

[68] Wang, W., Man, H., & Liu, Y. (2009). A framework for intrusion detection systems by social network analysis methods in ad hoc networks. Security and Communication Networks, 2(6), 669–685.

[69] Wu, B., Chen, J., Wu, J., & Cardei, M. (2006). A survey on attacks and countermeasures in mobile ad hoc networks. In Xiao, Y., Shen, X., & Du, D.-Z. (Eds.), Wireless/mobile network security (pp. 170–176). Berlin/Heidelberg, Germany: SprigerVerlag.

[70] Wu, S. X., & Banzhaf, W. (2010). The use of computational intelligence in intrusion detection systems: A review. Applied Soft Computing, 10(1), 1–35. doi:10.1016/j.asoc.2009.06.019.

[71] Xiao, Y., Chen, H., & Li, F. H. (Eds.). (2010). Handbook on sensor networks. Hackensack, NJ: World Scientific Publishing Co. doi:10.1142/9789812837318.

[72] Yang, H., Ricciato, F., Lu, S., & Zhang, L. (2006). Securing a wireless world. Proceedings of the IEEE, 94(2), 442–454. doi:10.1109/JPROC.2005.862321.

[73] Zhang, Y., & Lee, W. (2000). Intrusion detection in wireless ad-hoc networks. In Proceedings of the 6th Annual International Conference on Mobile Computing and Networking (pp. 275–283).

[74] Zhang, Z., Ho, P.-H., & Naït-Abdesselam, F. (2010). (in press). RADAR: A reputation-driven anomaly detection system for wireless mesh networks. Wireless Networks. doi:10.1007/s11276-010-0255-1.

[75] Zhou, L., & Haas, Z. (1999). Securing ad hoc networks. (Technical Report, TR99-1772). Ithaca, NY: Cornell University.

补 充 阅 读

[1] ACM International Conference on Mobile Computing and Networking (www.acm.org/sigmobile).

[2] ACM Symposium on Mobile Ad Hoc Networking and Computing (http://www.sigmobile.org/mobihoc/). ACM Symposium on Information, Computer and Communications Security.

[3] ACM Transactions on Sensor Networks. (http://tosn.acm.org/).

[4] ACM/Springer Wireless Networks. (http://www.springer.com/engineering/signals/journal/11276).

[5] Choi, H., Enck, W., Shin, J., Mcdaniel, P. D., & Porta, T. F. (2009). ASR: anonymous and secure reporting of traffic forwarding activity in mobile ad hoc networks. Wireless Networks, 15(4), 525–539. doi:10.1007/s11276-007-0067-0.

[6] Communications of the ACM. (www.acm.org).

[7] Elsevier Ad Hoc Networks. (http://www.elsevier.com/wps/find/journaldescription.cws_home/672380/description#description).

[8] Elsevier Computer Communications. (http://www.elsevier.com/wps/find/journal description.cws_home/525440/description#description).

[9] Elsevier Computer Networks. (http://www.elsevier.com/wps/find/journaldescription.cws_home/505606/description#

description).

[10] Elsevier Computers and Security(http://www.elsevier.com/wps/find/journaldescription.cws_home/405877/description#description).

[11] Elsevier Journal of Network and Computer Applications.(http://www.elsevier.com/wps/find/journaldescription.cws_home/622893/description#description).

[12] Ferreira, A., Goldman, A., & Monteiro, J. (2010). Performance evaluation of routing protocols for MANETs with known connectivity patterns using evolving graphs. Wireless Networks, 16(3), 627–640. doi:10.1007/s11276-008-0158-6

[13] IEEE GLOBECOM. (http://www.ieee-globecom.org/).

[14] IEEE INFOCOM. (www.ieee-infocom.org).

[15] IEEE International Conference on Advanced Information Networking and Applications (http://www.aina-conference.org/). Commercial Intrusion Detection Systems. Retrieved June 01, 2010, from http://www.dmoz.org/Computers/Security/Intrusion_Detection_Systems/.

[16] IEEE Transactions on Mobile Computing.(http://www.computer.org/portal/web/tmc).

[17] IEEE/ACM Transactions on Networking. (http://www.ton.seas.upenn.edu/).

[18] International Collaboration for Advancing Security Technology. (iCAST) (2006–2009). Retrieved June 01, 2010, from http://www.icast.org.tw/.

[19] International Symposium on Recent Advances in Intrusion Detection (http://www.raid-symposium.org/).

[20] Mobile, A. C. M. Computing and Communications Review (http://www.acm.org/sigmobile/MC2R).

[21] NIST. Wireless Ad Hoc Networks, Advance Network Technologies Division. Retrieved June, 01, 2010, from http://www.antd.nist.gov/wahn_home.shtml.

[22] Simplicio, M. A. Jr, Barreto, P. S. L. M., Margi, C. B., & Carvalho, T. C. M. B. (2010). (in press). A survey on key management mechanisms for distributed Wireless Sensor Networks. Computer Networks. doi:10.1016/j.comnet.2010.04.010.

[23] Stavrou, E., & Pitsillides, A. (2010). (in press). A survey on secure multipath routing protocols in WSNs. Computer Networks. doi:10.1016/j.comnet.2010.02.015.

[24] Tarique, M., Tepe, K. E., Adibi, S., & Erfani, S. (2009). Survey of multipath routing protocols for mobile ad hoc networks. Journal of Network and Computer Applications, 32(6), 1125–1143. doi:10.1016/j.jnca.2009.07.002.

[25] Wilensky, U. (1999). NetLogo. Center for Connected Learning and Computer-Based Modeling. Northwestern University, Evanston, IL Retrievd June 01, 2010, from http://ccl.northwestern.edu/netlogo/.

[26] Wiley Security and Communication Networks (http://www3.interscience.wiley.com/journal/114299116/home).

[27] Wireless Sensor Networks Security. (2004–2010). Retrieved June 01, 2010, from http://www.wsnsecurity.info/index.htm.

[28] Zhang, J., & Varadharajan, V. (2010). Wireless sensor network key management survey and taxonomy. Journal of Network and Computer Applications, 33(2), 63–75. doi:10.1016/j.jnca.2009.10.001.

[29] Zhang, Z., Zhou, H., & Gao, J. (2009). Scrutinizing Performance of Ad Hoc Routing Protocols on Wireless Sensor Networks. In Proceedings of the Asian Conference on Intelligent Information and Database Systems (pp. 459–464).

[30] Zhu, B., Setia, S., Jajodia, S., Roy, S., Wang, L. (2010). (in press). Localized Multicast: Efficient and Distributed Replica Detection in Large-Scale Sensor Networks. IEEE Transactions on Mobile Computing.

关键术语和定义

ad hoc 网络：由一组可以在无需一个访问接入点介入的情况下相互通信的移动节点(peers)组成。根据其应用,无线 ad hoc 网络可被进一步分为移动 ad hoc 网络(MANETs)、无线网状网络(WMNs)和无线传感器网络(WSNs)。

基于异常的检测：分析网络行为以识别可能的威胁。网络活动剖面通过分析节点、用户、应用等网络要素的特征得以建立。

身份认证：允许一个实体向远程用户证明其身份的机制。

授权：指访问控制机制和一个实体访问共享资源的能力。

密码学：隐藏信息的方法。包括两个主要步骤：加密，利用一个加密密钥将数据（即明文）转换成费解的无意义数据（即密文）；解密，使用相应的解密密钥执行的逆操作。按照所用加密密钥的不同，密码学可分为：私钥（对称）加密和公钥（不对称）加密，前者使用相同的密钥进行加解密，后者使用不同的密钥加密和解密数据。

数据完整性：指确保在通信双方之间传输的数据未被篡改的方法。

入侵检测系统：一个审查在网络或计算机系统中发生的事件，以识别可能的威胁或违反安全策略的情况的系统。

协议分析检测：建立网络协议正常行为的容许谱，而不是网络组件。这些方法能够扫描并理解网络、传输、应用协议的状态。

安全路由协议：一个保护无线 ad hoc 网络通信不受普通攻击（control plain attack）、黑洞攻击、虫洞攻击等路由攻击控制的协议套件。其关键思想是通过控制消息的完整性和机密性、即通过消息身份认证码（MACs）或数字签名哈希链在参与节点之间建立可信通信。

基于特征的检测：利用存储在知识库中的信息以高的准确性识别已知威胁。基于特征的检测的主要缺陷是检测未知攻击的无效率和缺乏对网络和应用协议的理解。

第 2 章　利用移动使用模式匹配的智能手机数据防护

Wen-Chen Hu　北达科他大学,美国
Naima Kaabouch　北达科他大学,美国
S. Hossein Mousavinezhad　爱达荷州立大学,美国
Hung-Jen Yang　高雄师范大学,中国台湾

---- 摘要 ----

智能手机等便携设备必须具备严密而便利的掌上数据防护以防设备遗失或遭窃。本研究提出了一套通过利用移动使用模式匹配,即比较设备的当前掌上使用模式与存储的使用模式进行掌上数据防护的新方法,若二者差异显著,将激活一个类似要求入口口令这样的安全动作。许多模式匹配算法可用于本研究,本章讨论其中的两个:①相似使用字符串匹配;②使用有限自动机。前者使用相似字符串匹配去校验设备使用,后者将使用树转换为一个确定性有限自动机(DFA, deterministic finite automaton)。实验结果表明了本方法对掌上数据防护的有效性和便利性,但准确性或需改进。

2.1　引言

当今智能手机极其普及和便利,人们随时随地携带着智能手机来完成打电话、查收邮件、浏览移动 Web 等日常事务。但是由于其个头较小且高度移动性,智能手机容易遗失或遭窃。一旦手机遗失,则其中存储的地址、消息等个人数据即遭泄露(文献 Ghosh & Swaminatha, 2001)。针对智能手机数据保护已经采用或提出了各种方法,大致分五类:①口令/关键字身份鉴别;②人工干预;③基于计量生物学的身份鉴别;④基于异常/行为的身份鉴别;⑤其他 ad hoc 方法。这些方法将在下节介绍。本章针对基于异常/行为的身份鉴别开展的研究将掌上/移动使用数据匹配应用于智能手机数据保护。主要思想为使设备鉴别使用者,分析使用模式,并采取一切必要措施保护手机中所存敏感数据的机密性。一言以蔽之,就是将统计的、基于异常或基于行为的使用者模式范例行为与典型的、已知为正常的使用剖面进行比对。就我们的了解,在此领域尚未见到有研究应用模式识别技术。试验结果证明了该方法的有效性和易用性。

本研究旨在设计和实施一项智能手机数据保护战略,包括以下特征(按重要性顺序):

- 缜密而有效的掌上数据保护:此为研究主要目标。
- 易于使用和应用:许多安全方法被舍弃是因为使用者不愿学习如何使用它们。

● 易于适应每一个个体所有者：当手机所有者发生变更时，该方法能够快速、简便地适应新的所有者。

本章提出了一套采用使用模式鉴别保护掌上数据的新方法。所提方法分为五个步骤：

（1）使用数据收集，完成对设备使用数据的收集。

（2）使用数据整定，从原始使用数据中去除杂乱数据。

（3）使用模式发现，从整定后的使用数据中发现有价值的模式。

（4）使用模式分析与可视化，分析显示所发现的模式以找到隐藏知识。

（5）使用模式应用，在本研究中，用于智能手机数据保护就是其中之一。

本章组织如下：2.2 节给出一个包含三个主要话题的背景研究。2.3 节介绍本章提出的应用掌上使用模式匹配的系统，为核查所有可能的非授权使用，采用了两个结构类似的算法：①相似使用字符串匹配；②使用有限自动机。这两个方法在下面的两个小节中介绍。2.4 节给出了一些实验结果并加以讨论。末节给出结论和一些未来方向。

2.2 背景

本研究包括三个主题：

● 移动掌上计算，即智能（蜂窝）电话的计算。

● 掌上安全，检测掌上数据异常访问并保护数据免遭非授权使用。

● 相似字符串匹配，在众多字符串中找到最匹配的一个。

本节讨论这三个主题的相关研究。

2.2.1 移动便携设备

像智能蜂窝电话这样的便携设备是移动商务交易必不可缺的关键要素。人们通常难以理解这些设备所采用的技术，原因在于这些技术涉及无线和移动网络、移动操作系统等各种复杂的学科。图 2.1 显示了一个一般移动便携设备的系统结构，从结构上看其包含五个主要组件（文献 Hu, Yeh, Chu, & Lee, 2005）：

● 移动操作系统或环境：移动 OS 不像桌面 OS，没有一个统治性品牌。普及的移动 OS 或环境有：①Android；②BREW（binary runtime environment for wireless）；③iPhone OS；④Java ME（以前所谓 J2ME，Java Platform，Micro Edition）；⑤Palm OS；⑥Symbian OS；⑦Windows Mobile。

● 移动中央处理单元：基于 ARM 的 CPU 是最普及的移动中央处理单元。ARM 公司并不生产 CPU，而是向 Intel 和 TI 这样的芯片生产商供应移动 CPU 设计。

● 输入输出组件：主要的输出组件只有一个，那就是显示屏。流行的输入组件则有好几个，尤其是键盘和要求使用手写笔的触屏/手写屏。其他 I/O 组件还包括扬声器、麦克风。

● 内存和存储器：便携设备通常使用三类存储器：随机存取存储器（RAM）、只读存储器（ROM）和 Flash 存储器，硬盘驱动器罕有采用。

● 电池：可充电锂离子电池是便携设备最常用的电池。前途光明的燃料电池技术仍处于发展早期阶段,在可见的将来不会广泛采用。

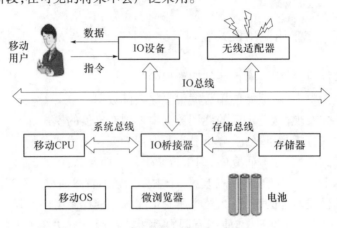

图 2.1 移动便携设备系统结构

传输或同步数据的需要使得便携设备与桌面计算机、笔记本计算机或者外围设备通过时间一致性建立了联系。为避免对线缆的依赖,当前许多便携设备采用红外(IR)接口或蓝牙技术向其他设备发送信息。便携移动设备的广域可用性和持续改进的技术的引入正在打开移动商业新的大门,因而正成为对许多行业吸引力日增的愿景。

2.2.2 掌上安全

掌上安全的方法分作五类:①口令/关键字身份鉴别;②人工干预;③基于计量生物学的身份鉴别;④基于异常/行为的身份鉴别;⑤其他 ad hoc 方法。每一类方法的细节如下:

- 口令/关键字身份鉴别:这是数据保护的基础方法,大部分便携设备具备口令保护选项。但是由于口令记忆和登录均不方便,故而设备使用者不乐意使用。数据加密是为许多便携设备所采用的另一种数据保护方法,同样地,它也不方便,因为加密数据读起来需要密钥登录,而解密则要耗费时间做额外的工作。加密算法和标准综述可参见文献(Kaliski 1993,December)。这里描述以下一些相关的研究内容:

    ◇ 公钥用于加密机密信息。但便携设备有限的计算能力和能量决定了其不适于公钥签名。文献(Ding et al. 2007)探讨了对便携设备应用服务器辅助签名(SAS,Server - Aided Signatures)的实际意义和概念意义。服务器辅助签名是一种依赖部分可信的服务器为常规用户生成公钥(通常耗资不菲)的签名方法。

    ◇ 文献(Argyroudis et al. 2004)对 SSL、S/MIME 和 IPsec 等三个最常用的网络应用安全协议进行了性能分析。结果表明:执行加密功能所耗费的时间足够小,并不对实时移动事务产生显著影响,在便携移动设备中采用较为复杂的加密协议不存在障碍。

    ◇ 数字水印对于便携设备使用和交换数字媒体极具价值。但水印计算量甚巨,会增加便携设备可用能源的消耗。文献(Kejariwal et al. 2006)提出了一种方法,该方法将水印的嵌入和提取算法分开,转嫁一部分任务给代理服务器,通过这种方式在无损水印安全性的情况下降低便携设备能量消耗。关于数字水印算法请参见文献(Zheng,Liu,Zhao,Saddik,2007,June)。

- 人工干预:有几个公司像设备制造商 HP(2005 年)和嵌入式数据库供应商 Sybase(2006 年)提出实用的掌上安全方法,如,遗失设备的所有人可以通过打电话给服务中心远程锁死设备。这些方法确实管用,但不具有创新性。而且,这些方法是被动消极的,当所有者发现他们的设备丢失时可能已经太晚了。
- 基于计量生物学的身份鉴别:先进的设备采用指纹、视网膜、语音识别等计量生物学方法鉴别设备所有者(文献 Hazen,Weinstein,Park,2003;文献 Weinstein,Ho,Heisele,Poggio,Steele,Agarwal,2002)。这种方法之所以未被广泛采用是因为尚不实用,比如,指纹识别需要一个额外的传感器。这种方法还存在一个可靠性问题,如所有者的手指割伤或患咽部疼痛会影响到识别结果。
- 基于异常/行为的身份鉴别(参见文献(Shyu,Sarinnapakorn,KuruppuAppuhamilage,Chen,Chang,& Goldring,2005)和文献(Stolfo,Hershkop,Hu,Li,Nimeskern,& Wang,2006)):本章的研究应用了这种方法。其通过比对当前使用模式和存储的模式检测所有非授权使用,以此保护掌上数据。所说的模式包括应用的使用、打字节奏等。当被检出的行为超出基线参数或限幅水平时,一个内建的保护机制将阻止进一步的操作并激发一个如索要口令这样的动作。
- 其他 ad hoc 方法:文献(Susilo,2002)研究了将便携设备接入国际互联网的风险和威胁,并提出一个个人防火墙来抵御这些威胁。临时身份认证的方法能够解除用户身份鉴别的负担,该方法采用了一个可佩戴的令牌以时刻核对用户是否远离。当用户和设备分开时,令牌与设备失去联系,设备即将自己保护起来。文献(Nicholson,Corner,&Noble,2006,November)解释了这一身份验证框架的工作过程,认为除了造成微小的性能损失外,这种方法能够运转良好且不会给使用者带来不便。文献(Shabtai,Kanonov,&Elovici,2010,August)提出了一种新方法来检测以移动设备为攻击目标的、前所未见的恶意软件。该方法在目标移动设备内持续监控打有时间戳的安全数据,再用基于知识的时间抽象(knowledge – based temporal abstraction,KBTA)方法处理安全数据,然后对自动生成的时间抽象进行监控以检测可疑时间模式(或时态模式)并发出警报。

2.2.3 相似字符串匹配

最长公共子序列搜索方法在相似搜索中广泛采用,但这种方法并不总能揭示两个字符串之间的区分度。本研究提出一个相似方法更好地刻画了两个字符串之间的不吻合之处。以下三个方面与所提字符串搜索方法相关:最长公共子序列、字符串到字符串的修正、字符串匹配。

2.2.3.1 最长公共子序列

寻找一个最长公共子序列(longest common subsequence,LCS)主要用于测量两个字符串的不吻合度。LCS 问题(见文献 Hirschberg,1977)是,给定两个字符串 X 和 Y,要求找到 X 和 Y 的一个最大长度的公共子序列。一个给定字符串的子序列是指除去某些字符(也可能不除去任何字符)后得到的确定的字符串。若 Z 既是 X 的子序列也是 Y 的子序列,则 Z 就是 X 和 Y 的公共子序列。Hirschberg 推荐了两种算法去解决此问题。但是,LCS 问题是计算编辑距离(文献 Masek & Paterson,1980)问题的特殊案例。两个字符串之间的编辑距离可定义为:将一个字符串转换为另一个字符串代价最小的编辑操作序列。

2.2.3.2 字符串到字符串修正

由文献(Wagner and Fischer,1974,或者是这两个人1974年提出的)首先提出的字符串到字符串修正问题是要确定两个字符串之间的距离,这个距离由将一个字符串变为另一个所需代价最小的编辑操作序列来测量。在研究之列的编辑操作包括插入、删除、修改。文献(Lowrance and Wagner,1975)提出扩展的字符串到字符串问题,将两个毗邻字符互换位置这一操作纳入到许可的编辑操作集合中。此问题的一个例子(仅允许删除和替换)在1975年由Wagner证明是一个NP完全问题。

2.2.3.3 字符串匹配

给定两个字符串 P 和 X,字符串匹配问题是要研究文本 X,以期找到一种模式 P 可作为 X 的一个子串,即看是否 X 可写成 $X = YPY'$(Y 和 Y' 为字符串)。文献(Baeza-Yates & Gonnet,1992)中出现了几个针对此问题的算法。但在有些情况下,所谓的模式和/或文本并非精确的,比如在文本中名字可能拼错。相似字符串匹配问题在一定的接近程度度量下给出所有 X 中与 P 接近的子串。最常见的接近度度量就是所谓编辑距离,该度量决定着是否 X 包含一个与 P 相似的子串 P'(P 到 P' 至多存在一定的编辑距离)。编辑操作可以将字符串中的一个字符替换成另一个字符、从一个字符串中删除一个字符,或向一个字符串中插入一个字符。文献(Wu & Manber,1992)中有一些相似字符串匹配算法。

2.2.4 应用掌上使用模式匹配的智能手机数据保护

本研究运用使用者操作模式去识别和阻止非法便携设备用户的访问,提出以下步骤保护便携设备中的敏感数据免遭非授权访问(Hu, Yang, Lee, & Yeh, 2005):

(1)使用数据收集;

(2)使用数据整定;

(3)使用模式发现;

(4)使用模式分析与可视化;

(5)使用模式应用于掌上数据保护。

图 2.2 显示了上述步骤及其中的数据流。如果系统检测到一个与存储的模式不同的使用模式,就会认定使用者是非法的并阻止其访问。使用者需要通过输入口令、回答一个问题等方式核实身份才能继续其操作。与口令保护、指纹识别等其他方法相比,本方法具有方便、保护强度高的优点。

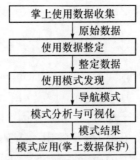

图 2.2 本文所提出的系统的结构

2.2.5 使用数据收集

本阶段重点在于收集规定类别的数据以建构使用者使用剖面。基于工业研究和我们的观察,每一个便携设备使用者都遵循独有的模式操作其设备。可能的使用者模式度量包括(但不限于):

- 开关频率
  ◇ 使用几何平均和标准偏差每天、时刻测量;
  对于检测这样的非授权使用者有用:该非法使用者可能在合法用户预计不会使用其便携设备的业余时间操作该设备。
- 定位频率
  ◇ 测量一个便携设备在不同地点操作使用的频率;
  ◇ 对于检测这样的非授权使用者有用:该非法使用者在一个特定用户很少或从不去到的地方操作该设备。
- 每会话持续时间
  ◇ 每个会话持续时间的资源测量;
  ◇ 明显的偏离可使冒用者暴露。
- 输出位置的数量(向指定位置输出的数量)
  ◇ 输出终端的数量(向终端输出的数量);
  向远端传输过量数据可能意味着泄露敏感数据(比如一个经由隐蔽通道实施的攻击采用的方法)。

使用数据应该包括使用者使用该便携设备的独有特征。我们的研究基于这样的假定:每个使用者具有一系列可区分、可辨别的使用行为,这些行为可将该使用者与其他人区分开来。这一假定已被其他信息安全应用(包括入侵检测)证实和采用。比如,一个蜂窝电话使用者可能在早晨遵循以下模式首次操作他/她的电话:

- 开机。
- 查阅电话信息。
- 查阅地址簿并回复/拨打电话。
- 查阅短信。
- 回复/编发信息。
- 查阅日程表。
- 写笔记。
- 关机。

上述步骤是掌上使用模式的一个例子。该使用者还存在其他使用模式,而每一个使用者也有他/她自己独有的使用模式。为采集使用数据,用户点击图 2.3(a) 中界面上的 "Pattern" 调出图 2.3(b) 中的界面,该界面要求用户输入一个采集使用数据的天数。采集持续时间可为一周或一个月,取决于使用频率。图 2.3(a) 所示的界面是可再执行的,故当一个应用被点击时会在激活前先被记录下来。

 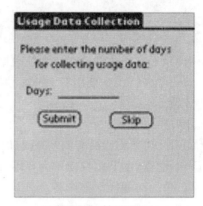

(a) 设备用于采集使用数据的可再执行用户界面　　(b) 数据采集时间设置入口

图 2.3

2.2.6 使用数据整定

前一步骤采集的数据通常是原始的、粗糙的,故无法有效使用。比如,若使用者很少使用闹铃,则其使用模式中不应包含一个闹铃操作事件。数据整定大致包括以下任务(义献 Mobasher, Cooley, & Srivastava, 2000):

- 去除频率低于某个阈值(比如 5)的事件。例如,如果使用数据按一个月采集,则若数据同步事件在该周期内执行了两次,其可以忽略。
- 若一个事件的持续时间低于某个阈值(比如 10s)则去除之。持续时间短于 10s 的事件通常是一个误操作。
- 重复执行同一动作视为执行该动作一次。例如,接连拨打三个电话应作为拨打一次电话对待。

图 2.4 中的界面允许使用者决定是否修改默认的阈值,如果使用者单击"Yes"按钮即可在图 2.4(b)所示的界面中输入两个新的阈值。

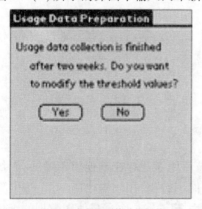 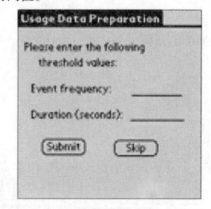

(a) 用户决定是否修改门限值　　(b) 两个门限值输入域

图 2.4

原始使用数据整定之后便创建了一棵使用树。图 2.5 所示为一棵简化的使用树的示例,其中圆括号中的数字表示发生的次数,如(20)指该事件发生了 20 次。这棵使用树只是一个简化的示例,一棵真实的使用树要大得多也复杂得多。理想情况下,应当用一个有向图而不是树来描述使用数据,但是,有向图较为复杂,难以处理。采用树能够简化处理过程,但也引入了节点重复的问题,如图 2.5 的使用树中"拨打电话"这个事件出现了 4 次。

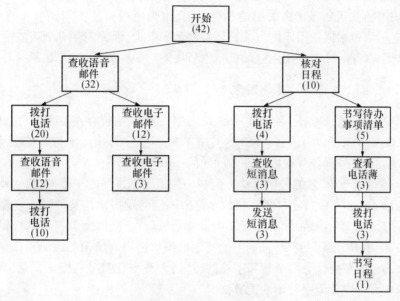

图 2.5　简化的使用树示例

2.2.7　使用模式发现、分析、可视化及应用

使用模式发现阶段着眼于辨识期望的使用模式。鉴于使用者行为的复杂性和动态性,辨识出的使用模式可能是模糊的、不那么显而易见。先进的人工智能技术如机器学习、决策树和其他模式匹配与数据挖掘技术可在这一阶段应用。许多数据挖掘算法被应用于使用模式发现,其中多数算法采用顺序模式生成的方法(文献 Agrawal & Srikant, 1995),其他算法则倾向于更加自治。发现顺序模式的问题在于找到关联性达到如下程度的事务关联模式:在以时间戳排序的事务集合中一系列事项的出现伴随着另一个事项紧随其后。

模式分析与可视化这一步骤的主要任务是从已经发现的模式中择取一个令人满意的并将其显示出来。如果使用树图和 2.4 节所说的使用 DFA(确定性有限自动机)图能够在便携设备的屏幕上显示出来,将会极大地帮助移动用户更好地使用本章提出的方法。但是,创建并显示复杂的图形需要很多计算时长且消耗内存等宝贵资源。故本章的研究允许使用者查看使用数据(对于使用者而言使用数据可能太过复杂难以使用)而不是使用图。

使用模式应用是用户识别中最后也是最重要的步骤,其将最终模式应用于掌上数据保护。这项任务最关键的部分是在将实际观察到的数据集合与预先建立的用户剖面进行匹配的时候减少虚警和漏报。用户模式可用于各种应用,如推荐系统(文献 Adda, Valtchev, Missaoui, & Djeraba, 2007)和 Web 页面再组织(文献 Eirinaki & Vazirgiannis, 2003)。本章的研究运用掌上使用模式识别去找到所有对该设备的非法使用。接下来两节详细描述掌上数据保护的模式应用。

2.3 相似使用字符串匹配

利用使用树找到全部非法使用是不可能的,因为使用树并不能涵盖所有使用模式。本章研究应用两种相似使用匹配方法进行移动数据保护,而无需存有全部使用模式:①相似字符串/模式匹配;②有限使用自动机。本节描述前一种方法,后者在下一节描述。

2.3.1 相似字符串/模式匹配

字符串匹配问题,即给定字符串 P 和 X,考察文本 X 是否存在一个"P"这样的子串,换言之,是否文本 X 可以写成 $X = YPY'$,其中 Y 和 Y' 系字符串。字符串匹配是包括文本编辑、书目检索、符号操作等在内的许多问题的一个重要部分。文献 Baeza – Yates & Gonnet,1992 中列举了此问题的若干算法。但在一些情况下这样的子串和/或文本又是不严密的,比如名字在文本中可能拼错。相似字符串匹配问题揭示在某种接近度度量下 X 中所有与 P 接近的子串。最常见的接近度度量就是编辑距离,该度量判定是否 X 包含一个类似于 P 的子串 P',从 P 到 P' 仅需一个特定的编辑距离。所谓的编辑操作包括:插入、替换、删除、调换(互换任意两个相邻字符的位置)和整齐化符号匹配。文献(Wu & Manber,1992)中有一些相似字符串匹配算法。

2.3.2 最长公共子序列

找到两个字符串的一个最长公共子序列(LCS)(文献 Hirschberg,1977)在许多计算机应用中存在。一个最长公共子序列主要用于衡量两个字符串之间的不吻合度,然而一个最长公共子序列并不总能反映某些问题所要求的两个字符串之间的区分度。例如,$s_0 = <a,b>$,$s_1 = <b,b>$,$s_2 = <b,a>$,s_0 和 s_1 的一个最长公共子序列 $<b>$ 跟 s_2 和 s_0 的一个最长公共子序列是一样的。从最长公共子序列的角度看,s_0 和 s_1 的相似度跟 s_2 和 s_0 的相似度是一样的,但与 s_1 相比,s_2 和 s_0 的符号尽管顺序有异但符号本身更加趋同。对最长公共子序列作近似处理更能够刻画两个字符串之间的区分度。

最长相似公共子序列(LACS, longest approximate common subsequence)问题产生了两个字符串的最大增益相似公共子序列(文献 Hu, Ritter, & Schmalz, 1998)。字符串 X 的一个相似子序列系编辑自 X 的一个子序列,这里允许的编辑操作仅有相邻符号位置调换。如果字符串 Z 既是字符串 X 的一个相似子序列,也是字符串 Y 的一个相似子序列,则 Z 是 X 和 Y 的一个相似公共子序列。增益函数 g(稍后描述)赋予每个子序列一个非负实数。那么从形式上最长相似公共子序列(LACS)问题可定义如下:给定两个字符串 X 和 Y,一相似公共子序列中每个符号的权重记为 $W_m(W_m > 0)$,及每个相邻符号位置互换操作的权重记为 $W_s(W_s \leq 0)$,如果一个字符串 Z 满足以下两个条件,则 Z 是 X 和 Y 的一个最长相似公共子序列:

(1) Z 是 X 和 Y 的一个相似公共子序列;

(2) 增益函数 $g(X,Y,Z,W_m,W_s) = |Z|W_m + \delta(X,Z)W_s + \delta(Y,Z)W_s$ 的值是 X 和 Y 的所有相似公共子序列中最大的,其中 $\delta(X,Z)$ 是从 X 的一个子序列到 Z 的最小编辑距离,$\delta(Y,Z)$ 是从 Y 的一个子序列(注:"的一个子序列"原文没有,似有误)到 Z 的最小编

辑距离。

如果一个字符串 Z 可在一个最小的 k 次相邻符号位置互换操作后转换为字符串 Z'，则称 Z 与 Z' 之间编辑距离为 k。下面给出一个 LACS 的例子：设若 $X = <B,A,C,E,A,B>, Y = <A,C,D,B,B,A>, W_m = 3, W_s = -1, X$ 和 Y 的一个最长相似公共子序列为 $Z = <A,B,C,B,A>$，增益函数值为 12，即 $g(X,Y,Z,W_m,W_s) = |Z|W_m + \delta(X,Z)W_s + \delta(Y,Z)W_s = 5 \times 3 + 2 \times (-1) + 1 \times (-1) = 12$。

LACS 问题可用另一种所谓 trace 图（文献 Wagner，1975）的方法诠释。该方法为，将输入字符串 X 和 Y 大致对齐，将 X 中的符号与其在 Y 中的匹配符号之间划线连接，便得到 X 和 Y 的 trace 图。图 2.6 即是上述例子的一个 trace 图表达。在一个 LACSi trace 图中，每条线可有最多 i 条相交线，也就是说连线一端的符号最多只需要做 i 次相邻符号位置互换。一个 trace 图中相交线的总数为 $\delta(X,Z) + \delta(Y,Z)$。

$LACS_2(X,Y) = Z = <A\quad B\quad C\quad B\quad A>$
$g(X,Y,Z,3,-1) = 5 \times 3 + 3 \times (-1) = 12$

图 2.6　$LACS_2$ 的一个 trace 图表达

2.3.3　使用有限自动机

从使用树中找到一个序列，代价高昂，因为匹配工作的运行时间最少是 $O(|V_1||V_2|)$，其中 V_1, V_2 分别是该序列和树的节点集。为加快搜索速度，本研究将有限自动机技术（文献 Aho，Lam，Sethi，& Ullman，2006）应用于使用模式匹配。一个使用有限自动机 M 是一个 5 元组 $(Q, q_0, A, \Sigma, \delta)$，其中：

- Q，一个有限的状态集；
- $q_0 \in Q$，起始状态；
- $A \subseteq Q$，接受状态的一个卓越集（distinguished set）；
- Σ，事件集；
- δ, M 的转换函数，$Q \times \Sigma$ 到 Q 的映射。

对于前节第二部分准备好的使用树，一个使用确定性有限自动机（DFA，deterministic finite automaton）M 可按如下步骤建立：

（1）每个始于根止于叶的路径皆是一个规则表达式。例如，路径"核对日程（H）→拨打电话（P）→查收短消息（I）→发送短消息（M）"的规则表达式是"HPIM"，其中的字母系图 2.5 中事件的简写。

（2）使用"或"运算符"|"将所有规则表达式合并进一个规则表达式。如图 2.5 中使用树的结果规则表达式为"VPVP|VEL|HPIM|HTBPW"。

（3）将该规则表达式转换为一个 NFA（nondeterministic finite automata，非确定有限自动机）。

（4）将此 NFA 转换为一个 DFA（其中一个边缘标签是一个事件，如拨打电话，一个接受状态代表一个模式的一次匹配)。

图 2.5 中使用树的 DFA 如图 2.7 所示,其中的双环节点为接受状态。

采用 DFA 存储使用模式和进行模式搜索是一种高效、便利的方法,但这一方法也存在以下缺陷:

- DFA 可能接受使用树以外的模式。例如,模式"核对日程→拨打电话→查收语音邮件→查收电子邮件→发送电子邮件"根据其 DFA 路径"0→1→4→2→5→8"被 DFA 接受,路径中的最终状态"8"是一个接受状态,而这一模式在树中并不存在。但是这个问题可能不被视为是有害的,因为它可能接受更多"合理的"模式,比如,上面所说的模式就是非常合理的,也就是说使用者的确可能使用这个模式操作他们的设备:"核对日程、拨打电话、查收语音邮件、查收电子邮件、发送电子邮件"。
- 此方法漏掉了信息的一个重要部分:事件频率。本方法的第二步(使用数据整定)去除了频率低于某个阈值的事件。此外,DFA 并不使用频率信息,而事实上频率信息可能非常有用。
- 由于 DFA 使用来自使用树的所有路径,在本研究中实际上并未使用模式发现。由于没有使用大量的模式发现,使用树和 DFA 可能增长太大从而无法存储在设备中。

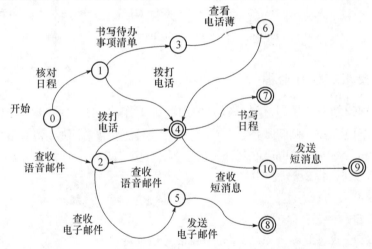

图 2.7 图 2.5 中准备的使用树的一个确定有限自动机

2.4 实验结果

本研究使用了相似字符串匹配和使用有限自动机这两种结构类似的算法去发现非法掌上使用,本节给出有关实验结果。

2.4.1 相似使用字符串匹配

增益低于一个阈值的相似字符串匹配可用于发现非法使用,而增益大于或等于该阈值的用户行为则会被接受。例如下面的掌上行为序列:S_0 = Checking voice mails→Checking emails→Checking schedule→Checking IMs→Making phone calls→Sending IMs,S_1 = Checking schedule→Making phone calls→Checking IMs→Sending IMs,二者有 4 个匹配点,

trace 图中有 1 条相交线,而 z(同 s_1)为 $LACS_2(s_0,s_1)$ 之一,故增益为 $g(s_0,s_1,z,3,-1)=4\times 3-1=11$。若阈值为 10,则不会认为有危及安全的行为发生。再看另一个行为序列:
S_2 = Checking voice mails→Making phone calls→Sending IMs→Making phone calls→Checking IMs,由于有 3 个匹配点,1 条相交线,z'(同 s_1 - < Checking schedule >)为 $LACS_2(s_0,s_2)$ 之一,故增益为 $g(s_0,s_2,z',3,-1)=3\times 3-1=8$,若阈值仍为 10,则会被视为发生了一个危及安全的行为。在使用者被允许继续其操作之前,一个典型的动作是图 2.8(a)所示的要求使用者输入口令,若其提交的口令有误,图 2.8(a)所示的界面继续驻留。若口令正确,则系统会显示图 2.8(b)所示界面,让使用者决定是否继续应用这种方法,以顾及用户不希望本章所提的方法不断妨碍其工作。然后图 2.3(a)所示的界面显示出来,用户重返其原操作。

 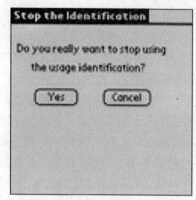

(a) 检测到可疑掌上使用后的安全警报　　(b) 供选择继续使用本方法与否的用户入口

图 2.8

2.4.2　使用有限自动机

这一小节讨论使用有限自动机的应用。如下面这个掌上行为序列:
Checking voice mails→Making phone calls→Checking voice mails→Making phone calls→Checking IMs→Sending IMs

Checking voice mails→Checking emails→Checking schedule→Making phone calls→Checking IMs

这些搜索自动机非常有效率:它们检查每个使用者行为且只检查一次,因此所需时间(在自动机建立之后)为 $O(m)$,m 为序列中使用者行为的数量,但是建立自动机的时间可能很长。这一方法的一个主要缺陷是精确性问题,比如设备所有者的操作会因其尝试新功能/新模式而被多次中断。而有时候推定的非法使用会因使用 DFA 包含太多模式而未能检出。

2.5　结论

便携设备因为小尺寸和高移动性而容易遗失,当便携设备遗失或由未授权人士使用时,其中存储的地址、电话号码等个人数据便会泄露。本章的研究提出了两种掌上使用数据匹配的新方法进行掌上数据保护,方法分为 5 个步骤:

（1）使用数据采集：收集设备的使用数据，如拨打电话、发送电子邮件等。

（2）使用数据整定：上步收集的数据通常是原始的、粗糙的，无法有效使用。须去除噪声以供进一步处理。

（3）使用模式发现：从整定好的使用数据中发现有价值的模式。

（4）使用模式分析与可视化：分析并显示发现的模式以找到隐藏知识。

（5）使用模式应用：本研究中的掌上数据保护即是应用之一。

掌上使用数据的采集和存储工作在应用本方法之前完成，之后利用本方法将使用数据与存储的使用数据加以核对，当检测到类似非法使用者试图访问掌上数据这样的异常使用数据时，设备将自动自行锁死，直到像输入一个口令这样的动作发生。这里提出的方法有以下优越性：

- 方便：与基于口令的方法相比，本方法比较方便，因为在使用模式存入设备之后，除非检测到可疑行为，否则无需用户介入。
- 精准：本方法识别设备所有者的精准性应该比指纹识别或者视网膜识别高（视网膜识别尚处发展早期）。当然这一断言还需要进一步实验的支持。
- 可伸缩：用户可通过尝试各种数据采集时长或设定不同的阈值调整安全等级。

实验结果表明了本章所提出的方法对于掌上数据保护的有效性和方便性，但是在这些方法投入实用之前必须解决精确性问题。精确性问题与以下问题有关：

- 使用数据采集：应当花费多少时间进行数据采集？应当采集多少使用数据？
- 数据整定：将事件作为琐碎事件予以去除的频率阈值是多少？
- 模式发现：本研究采用字符串和一个确定有限自动机存储使用模式，此二者是有效的，但存储的模式可能太多了，或者可能不是最优的。是否最流行的模式发现方法——序列模式发现（文献 Agrawal & Srikant, 1995）或者关联规则（文献 Agrawal & Srikant, 1994）等其他模式发现方法能够有所帮助？

本章仅给出了一般的使用者实验，对系统的正式评估和寻找上述问题的答案将是我们下一步研究的方向。

参 考 文 献

[1] Adda, M., Valtchev, P., Missaoui, R., & Djeraba, C. (2007). Toward recommendation based on ontology – powered Web – usage mining. IEEE Internet Computing, 11(4), 45 – 52. doi:10.1109/MIC.2007.93

[2] Agrawal, R., & Srikant, R. (1994). Fast algorithms for mining association rules in large databases. Proceedings of 1994 Int. Conf. Very Large Data Bases (VLDB'94), (pp. 487 – 499), Santiago, Chile, Sept.

[3] Agrawal R. & Srikant, R. (1995). Mining sequential patterns. Proc. 1995 Int. conf. Data Engineering (ICDE'95), (PP. 3 – 14). Taibei, Taiwan.

[4] Aho, A. V., Lam, M. S., Sethi, R., & Ullman, J. D. (2006). Compilers—Principles, techniques, and tools (2nd ed.). Addison – Wesley.

[5] Argyroudis, P. G., Verma, R., Tewari, H., & D'Mahony, O. (2004). Performance analysis of cryptographic protocols on handheld devices. Proc. 3rd IEEE Int. Symposium on Network Computing and Applications, (pp. 169 – 174). Cambridge, Massachusetts.

[6] Baeza – Yates, R. A., & Gonnet, G. H. (1992, October). A new approach to text search. Communications of the ACM, 35(10), 74 – 82. doi:10.1145/135239.135243.

[7] Ding, X., Mazzocchi, D., & Tsudik, G. (2007). Equipping smart devices with public key signatures. ACM Transactions on Internet Technology, 7(1). doi:10.1145/1189740.1189743.

[8] Eirinaki, M., & Vazirgiannis, M. (2003, February). Web mining for Web personalization. ACM Transactions on Internet Technology, 3(1), 1–27. doi:10.1145/643477.643478.

[9] Ghosh, A. K., & Swaminatha, T. M. (2001). Software security and privacy risks in mobile ecommerce. Communications of the ACM, 44(2), 51–57. doi:10.1145/359205.359227.

[10] Hazen, T. J., Weinstein, E., & Park, A. (2003). Towards robust person recognition on handheld devices using face and speaker identification technologies. Proc. 5th Int. Conf. Multimodal Interfaces, (pp. 289–292). Vancouver, British Columbia, Canada.

[11] Hewlett–Packard Development Company. L. P. (2005). Wireless security. Retrieved January 12, 2010, from http://h20331.www2.hp.com/Hpsub/downloads/Wireless_Security_rev2.pdf.

[12] Hirschberg, D. S. (1977). Algorithms for the longest common subsequence problem. Journal of the ACM, 24(4), 664–675. doi:10.1145/322033.322044.

[13] Hu, W.-C., Ritter, G., & Schmalz, M. (1998, April 1–3). Approximating the longest approximate common subsequence problem. Proceedings of the 36thAnnual Southeast Conference, (pp. 166–172). Marietta, Georgia.

[14] Hu, W.-C., Yang, H.-J., Lee, C.-w., & Yeh, J.-h. (2005). World Wide Web usage mining. In Wang, J. (Ed.), Encyclopedia of data warehousing and mining(pp. 1242–1248). Hershey, PA: Information Science Reference. doi:10.4018/978–1–59140–557–3.ch234.

[15] Hu, W.-C., Yeh, J.-h., Chu, H.-J., & Lee, C.-w. (2005). Internet–enabled mobile handheld devices for mobile commerce. Contemporary Management Research, 1(1), 13–34.

[16] Kaliski, B. (1993, December). A survey of encryption standards. IEEE Micro, 13(6), 74–81. doi:10.1109/40.248057.

[17] Kejariwal, A., Gupta, S., Nicolau, A., Dutt, N. D., & Gupta, R. (2006). Energy efficient watermarking on mobile devices using proxy–based partitioning. IEEE Transactions on Very Large Scale Integration (VLSI) Systems, 14(6), 625–636.

[18] Lowrance, R., & Wagner, R. A. (1975). An extension of the string–to–string correction problem. Journal of the ACM, 22(2), 177–183. doi:10.1145/321879.321880.

[19] Masek, W. J., & Paterson, M. S. (1980). A faster algorithm for computing string edit distances. Journal of Computer and System Sciences, 20, 18–31. doi:10.1016/0022–0000(80)90002–1.

[20] Mobasher, B., Cooley, R., & Srivastava, J. (2000). Automatic personalization based on Web usage mining. Communications of the ACM, 43(8), 142–151. doi:10.1145/345124.345169.

[21] Nicholson, A. J., Corner, M. D., & Noble, B. D. (2006, November). Mobile device security using transient authentication. IEEE Transactions on Mobile Computing, 5(11), 1489–1502. doi:10.1109/TMC.2006.169.

[22] Shabtai, A., Kanonov, U., & Elovici, Y. (2010, August). Intrusion detection for mobile devices using the knowledge–based, temporal abstraction method. Journal of Systems and Software, 83(8), 1524–1537. doi:10.1016/j.jss.2010.03.046.

[23] Shyu, M.-L., Sarinnapakorn, K., Kuruppu–Appuhamilage, I., Chen, S.-C., Chang, L., & Goldring, T. (2005). Handling nominal features in anomaly intrusion detection problems. Proc. 15th Int. Workshop on Research Issues in Data Engineering (RIDE 2005), (pp. 55–62). Tokyo, Japan.

[24] Stolfo, S. J., Hershkop, S., Hu, C.-W., Li, W.-J., Nimeskern, O., & Wang, K. (2006). Behaviorbased modeling and its application to email analysis. ACM Transactions on Internet Technology, 6(2), 187–221. doi:10.1145/1149121.1149125.

[25] Susilo, W. (2002). Securing handheld devices. Proc. 10th IEEE Int. Conf. Networks, (pp. 349–354).

[26] Sybase Inc. (2006). Afaria—The power to manage and secure data, devices and applications on the front lines of business. Retrieved June 10, 2010, from http://www.sybase.com/files/Data_Sheets/Afaria_overview_datasheet.pdf.

[27] Wagner, R. A. (1975). On the complexity of the extended string–to–string correction problem. Proc. 7th Annual ACM Symp. on Theory of Computing,(pp. 218–223).

[28] Wagner, R. A., & Fischer, M. J. (1974). The stringto–string correction problem. Journal of the ACM, 21(1), 168–173. doi:10.1145/321796.321811.

[29] Weinstein, E., Ho, P., Heisele, B., Poggio, T., Steele, K., & Agarwal, A. (2002). Handheld face identification technology in a pervasive computing environment. Short Paper Proceedings, Pervasive 2002, Zurich, Switzerland.

[30] Wu, S., & Manber, U. (1992). Text searching allowing errors. Communications of the ACM, 35(10), 83–91. doi: 10.1145/135239.135244.

[31] Zheng, D., Liu, Y., Zhao, J., & Saddik, A. E. (2007, June). A survey of RST invariant image watermarking algorithms. ACM Computing Surveys, 39(2), article 5.

补充阅读

[1] Aho, A. V., Lam, M. S., Sethi, R., & Ullman, J. D. (2006). Compilers: Principles, Techniques, and Tools(2nd ed.). Addison Wesley.

[2] Cormen, T. H., Leiserson, C. E., Rivest, R. L., & Stein, C. (2001). Introduction to Algorithms(2nd ed.). Cambridge, Massachusetts: The MIT Press.

[3] Hall, P. A. V., & Dowling, G. R. (1980). Approximate string matching. ACM Computing Surveys, 12(4), 381–402. doi:10.1145/356827.356830.

[4] Kahate, A. (2009). Cryptography and network security(2nd ed.). McGraw–Hill Education.

[5] Michailidis, P. D., & Margaritis, K. G. (2001). On–line string matching algorithms: survey and experimental results. International Journal of Computer Mathematics, 76(4), 411–434. doi:10.1080/00207160108805036.

[6] Navarro, G. (2001). A guided tour to approximate string matching. ACM Computing Surveys, 33(1), 31–88. doi: 10.1145/375360.375365.

关键术语和定义

相似字符串匹配：对于给定的字符串 P 和 X，相似字符串匹配问题显示了 X 中按照某种接近度度量与 P 接近的所有子串。最常见的接近度度量为编辑距离，即将一个字符串转换为另一个字符串所需操作的数量。相似字符串匹配是要确定是否 X 包含一个与 P 类似的子串 P'，而从 P 到 P' 至多存在一定编辑距离。

有限自动机：系一个由有限数量的状态、状态两两之间转换和活动组成的抽象机器。一个有限自动机的运转始于起始状态，经由基于各种输入的状态转换，最终可能到达一个接受状态。

掌上/移动/智能手机数据：指存储在移动便携设备中的数据。这些数据通常存储在闪存等非易失性存储器上且即时变化。典型的移动数据包括联络情况、日程、音频/图片/视频文件等。

掌上/移动/智能手机安全：计算机技术的一个分支，应用于移动便携设备以保护设备及其数据免遭偷窃、破坏或自然灾害。

移动便携设备：小巧、多用途、可编程、电池供电的计算机，能处理像基于位置的服务之类的移动应用前端，可使用户在单手操持状态下舒适地操作，并可使移动用户能够与移动应用直接互动。

智能手机：一种具备电话功能的移动便携设备，或一种具备先进特征的移动电话。一个典型的智能手机包括5部分：移动操作系统、移动 CPU、键盘显示屏等 I/O 组件、内存及存储器、电池。

字符串匹配：字符串匹配问题即，给定字符串 P 和 X，考察文本 X 是否存在一个"P"这样的子串，意即，是否文本 X 可以写成 $X = YPY'$，其中 Y 和 Y' 是字符串。

第 3 章 移动数据保护与可用性约束

Rania Mokhtar 马来西亚博特拉大学,马来西亚
Rashid Saeed 马来西亚国际伊斯兰大学,马来西亚

摘要

ISO/IEC 27002 赛博安全标准一个重要部分是对机密性的保护(在计算机设备保护部分),即确保该计算机及存储其中的信息仅可由授权用户访问。对于典型的、使用移动计算设备的移动环境,需要给予特殊考虑以保护移动设备和移动数据,进而确保数据和安全应用的机密性、完整性和可用性。保护移动设备的安全技术有多种,如对特定用户进行正确的身份验证、数据加密、物理锁定设备、监控与跟踪软件、警报等。本章对应用于移动计算的、面向安全的硬件和软件做了一个综述,介绍了其优越性和不足,然后考虑了移动计算安全语境下可用性约束的概念,还介绍了特定用户或设备进行身份证明的、无漏洞的安全方法。

3.1 引言

在赛博安全极其广阔的竞技场上,机构或许能够提供物理和环境安全,但这些安全并未覆盖存储在包括膝上电脑、掌上电脑、USB 驱动器等移动存储设备在内的移动设备中的数据。Acer、Compaq、MPC 和 IBM 等膝上电脑制造商已经为某些型号增加了聚焦安全的特征。其他供应商也已专注于用基于硬件的加密引擎(如加密卡)、面向安全的身份认证与加密软件(如 SafeBoot,文献 Sharp 2004)增强膝上电脑供应商的系统。

缺乏对移动计算设备的管理显著增加了安全失效和数据妥协的可能性。遭窃或遗失携带有私密电子邮件、客户数据和金融报告等保密数据的移动计算/存储设备引发落入不法者手中的风险。丢失高度机密数据及潜在关联媒体丑闻本身就是一个大问题,然而如果疏于保护某些敏感数据可能会被理解为对制度的挑战,这造成的影响可能更大。在目前的赛博安全文献中,移动计算语境下保护敏感移动数据的安全要求依然缺乏。本章目的有二:处理赛博安全需求范畴内的移动计算安全策略,研究计及用户可用性约束的、无漏洞的安全工具和机制。

3.2 背景

多数最初的移动计算设备可以说是有用的,但对其的保护问题却多年遭到无视,直到人们真正认识到移动数据的重要性。当移动计算应用被开发出来用于处理安全的机构数据和个人数据时,移动数据安全的真正需求给人的感觉就像从未曾有过。所幸人们已经

认识到移动计算设备里面的移动数据是现代生活的重要方面。

移动计算能力强大，而且移动计算设备由于经济性和便携性变得非常时尚。移动计算设备成为员工存储、处理、传递或访问机构保密数据的得力工具。使用移动计算设备带来了灵活性，加强了沟通，进而使组织更具创造性。

在一些机构里，笔记本计算机已经取代台式机成为标准计算平台，以使得员工能够将工作带回家中完成，实现生产力最大化。在另一些机构，个人数据助理则在白天充当计算平台。但是各机构需要将适当的工具配置在合适的位置，以确保其移动设备和网络不因这种移动性的上升陷入危险。然而，移动计算给存储的移动数据和基于互联网连接静态资源能力和/或内联能力的固定设备/数据带来威胁，比如，在缺乏像防火墙这样的、机构负担得起的内部防护手段的环境中泛滥的病毒。保护移动设备和移动设备可能存储或访问的敏感数据是必须解决的关键安全问题（文献 security policies 4 – 007, 2007）。

多种线索和风险在不同程度上威胁着移动计算设备，如：
- 被遗失或遭窃（称物理风险）威胁。
- 非法访问风险。设备被不合法的使用者访问。
- 外网风险。移动计算设备在移动过程中可能使用不同的网络连接。诚然所有的网络都易受攻击，但移动无线网络还是因其潜能、灵活性、可伸缩性、节点独立性和自组织特点而最不安全。无线网络还在事实上证明为对无线电频率畸变、恶意的数据包级破坏和入侵毫无防范。因此移动设备易于遭受经由/来自缺乏认可的外部网络的攻击。

上述风险也被可移动硬盘和 USB 驱动器等移动数据存储设备所继承。

移动计算设备还受到攻击固定设备的病毒、蠕虫和应用威胁攻击的风险。

3.3 ISO/IEC 27002 赛博安全标准中的设备保护

ISO/IEC 27002 赛博安全标准在其 12 个主要部分中专注于以计算机设备保护为目的的物理安全和环境安全，给出了实现物理安全的一般原则和具体技术，从而使得机构能够实践物理安全以使得成功攻击的数量最小化，要知道，针对当前关键基础设施中的控制系统的攻击中得逞的正在增多（文献 Ward, 2008）。

物理和环境安全描述的既是阻止或吓阻攻击者访问一个设备、资源或存储在物理媒介上的信息的措施，也是关于如何设计结构以抗拒各种敌对行为的指南。它可能简单如一道锁闭的门，也可能复杂如多重荷枪实弹的安全卫士和警戒关卡。物理安全并非一个现代概念，它的存在是为了吓阻人们进入一个物理设施，物理安全在纵向时空中的例子包括城墙、护城河等。关键的因素是用于物理安全的技术已经随着时间发生了改变。在过往那些时代，没有基于被动红外的技术、电子入口控制系统或视频监控摄像机，但物理安全的基本方法并未随时间改变。物理和环境安全并不对移动计算和远程工作的关切构成支持。

位于机构网络内部边界的桌面计算机受益于网络安全设置（如应用在网络层面的防病毒和防火墙等防护手段），以及办公地点的物理安全。机构必须确保移动计算设备受到设备安全手段的保护。一名管理者需要在设备层面执行安全解决方案以保护设备免受感染或非授权访问，并保护存储在该设备上的数据。此外管理者需要确切知道该机构的网络无遭错乱设备和/或错乱数据攻陷之虞。机密或私人数据可通过多种渠道逃离机构网络,如数据可能被有意或无意地通过电子邮件发送出去,这使得保护信息免遭泄露十分困难。

应用于外部安全领域的移动计算设备受到特别的安全威胁:遗失、被盗、遭非授权访问或篡改等。携往海外的移动计算设备也可能面临危险,比如被警察或海关官员收缴。移动计算设备的丢失不仅意味着该设备及其数据可用性的丢失,而且可能导致专利权或其他敏感信息的披露。这种机密性的损失,以及潜在的完整性损失,经常比实际资产损失更加严重。对于有大量数据存储在一个膝上电脑(或其他任何存储介质)这种情况,风险评估必须考虑全部数据丢失带来的影响。注意,已删除的文件应当视为仍然存在该膝上电脑的硬盘里(文献 NIST, 2009)。

ISO/IEC 27002、信息安全管理操作守则、NHS(National Health Services,国民医疗服务)信息安全管理操作守则、NHS 信息管理工具包等赛博安全标准阐述了适用于移动计算设备的重要方面:

1. ISO/IEC 27002, 9.2.5.(远程设备安全 Equipment Off – Premises)
- 安全应当适用于厂区外设备,将在机构建筑物以外工作的不同风险考虑在内。
- 不考虑所有权,在机构建筑物以外使用任何信息处理设备都应当得到管理人员授权。
- 损坏、失盗或窃听等安全风险在不同地点可能差异显著,在确定最适当的控制措施时,对此应加以考虑。

2. ISO/IEC 27002, 11.7.1.(移动计算和通信)
- 应当有一个正式的政策,针对使用移动计算和通信设施的风险采取安全措施。
- 应对保护商业信息不受损害给予特别关切。移动计算策略应计及在无防护环境中使用移动计算设备的风险。
- 移动计算策略应包括对物理防护、访问控制、加密技术、备份和病毒防护的要求,还应包括关于移动设施连接网络的规章和建议以及在公共场所使用这些设施的指南。

3.4 移动计算赛博安全策略

从赛博安全预期的角度可将移动计算设备分作两类:受机构管理的移动设备,包括由机构授权之下的设备和机构为其制定并实施了严密的安全要求的设备;个人拥有的移动设备。移动设备的赛博安全策略和程序需根据设备类型制定,这些策略应当既用于保护机构的静态数据,又用于保护机构的移动数据。

机构管理之下的移动计算的策略针对的是保护机构系统或静态数据的如下要求(IS-SP – 22 – 0410 Policy Draft,2004):

- 对所有移动设备应用登记和管理系统。
- 使存储在移动计算/存储设备中的敏感数据数量最小化。
- 使用控制策略与管制。移动计算设备应配置为采用访问控制策略。
- 连接控制,仅许可符合约束的连接。此外,无线连接应根据无线安全策略进行认证和加密。

- 关闭允许在移动设备上不受监控地、非有意执行代码的功能。
- 携行需考虑：对携带外出的移动设备应用特殊、强有力的安全配置，并在携返时复核。
- 由指定的安全责任人发布程序，对移动设备及其存储的信息进行随机审验。

用于个人移动设备的策略和程序考虑以下要求以保护机构的系统：

- 限制个人所有的移动计算设备、可写、可移除介质在机构信息系统中使用。
- 对未授权无线系统进行无线访问控制、扫描、监控。
- 若一个可移除介质没有可辨别的所有者，禁止其在机构信息系统中使用。

保护敏感移动数据需要为个人使用的移动设备另外制定并执行一套策略程序。

3.4.1 遗失和遭窃

为应对遗失和遭窃问题，安全控制必须对移动设备使用警报、锁定线缆等物理安全程序，一旦设备连上机构网络便自动运行的自动备份和恢复系统可确保机构拥有移动数据的一份最新拷贝。当移动计算设备丢失或被盗时，第一时间告知机构和警方的做法是可取的。记录有所有移动设备信息的系统在机构快速处理案件时必须是可用的。

3.4.2 非法访问

使用强身份认证方法进行用户授权是移动设备的决定性安全控制手段。移动计算设备可能被落在无人照看/不安全的地方，这极大增加了设备和数据遭非法访问的风险。设置良好并频繁更换的口令、计量生物学身份验证、管理台账和加密技术均是关键策略，必须在移动计算设备中得到采用以避免非法访问。

3.4.3 连接控制

机构必须为移动计算设备提供 VPN，以强化经过外网的连接安全，而且连接外网或经过外网的时间必须最小化，移动计算设备还必须安装自己的防火墙。

3.4.4 加密

移动数据必须以需要身份认证的加密格式存储，或者移动设备可以使用一个需要预先引导身份认证的全盘加密。而且当数据穿过外网传输时，移动设备必须使用加密方法，同时限制无法加密的设备使用无线网络。

3.4.5 操作系统与应用

机构必须制定一个程序确保移动计算设备使用的是最新的操作系统、应用、反病毒软件和防火墙设置。

3.5 移动数据加密与访问控制工具

与移动设备最相关的技术主要有两种，表 3.1 是对包括另外三种在内的便携式计算机安全技术的总结。

表 3.1 便携式计算机安全技术

技　　术	原　　则
加密	保护数据
用户身份验证	确认为授权用户防止非法访问
物理锁定设备	防止偷盗
监控和追踪软件	定位并帮助被盗电脑的寻回
警报	防止偷盗

3.5.1 加密

鲁棒的操作系统级身份认证系统阻止对便携式计算机操作系统的非授权访问。但是,如果将被盗机器硬盘驱动器摘除并加挂到另一台机器上,或者该被盗机器允许从软盘引导,则其中的文件仍可被访问。除非硬盘驱动器锁死选项是可用且有效的,否则保护文件免遭此类攻击的唯一途径就是将其加密。加密数据需要使用数字密钥(解密数据同样需要)。在对称系统中,加密和解密使用相同的密钥。基于 PKI(Public Key Infrastructure,公共密钥基础设施)的应用使用非对称加密,即采用两个密钥:一个用于加密的公钥和一个用于解密的私钥。

目前的很多加密产品将其密钥存储在硬盘驱动器中,这使得它们易于遭受攻击。加密领域的权威如美国网络安全公司 RSA – Security 建议将密钥存储在防篡改硬件设备中,以便在内部执行加密功能的同时防止密钥被导出,从而实现对密钥的保护。这是加密卡、令牌以及 IBM 在其 ThinkPad 便携式计算机中采用的嵌入式安全子系统(ESS,Embedded Security Subsystem)的基础。ESS 由两部分组成:支持密钥存储、加密和数字签名的内置加密安全芯片,提供用户和管理员界面以及与其他应用接口的可下载软件组件。由于关键安全功能在芯片的受保护环境中而不是主存中执行,且不依赖硬盘驱动器来存储加密密钥,故该系统比纯软件解决方案更加安全。

3.5.2 身份、身份认证与授权

身份认证是所有加密系统解决方案的第一步,原因在于,除非设备知道使用者是谁,否则加密存储其中的东西毫无意义。加密文件系统的根本目的是保护所存储的信息,而如果身份认证缺失,则非授权用户就能够访问这些信息。身份认证的根本思想是建立在秘密之上的。

在任何计算机系统中,使用者提交身份是建立给予该使用者何种权利、权限或授权等这一套东西的起点。显然,如果一个未经授权的人能够阴差阳错地被认证为一个被系统信任的人,那么所有的安全措施就都失去了意义。强身份认证系统的目标是确保在所有情况下所认证的人确确实实是应该得到认证的人。

为了识别用户,就需要使用者身份认证。所有的身份认证机制不外乎以下三种方法(文献 Chen,2000)基础上的鉴别:

(1) 基于秘密的方法,如口令、PIN 码、通行短语、秘密握手等。

(2) 基于令牌的方法,即基于用户拥有的 id 徽章、密钥(物理的)、驾驶证、制服等物理令牌。

（3）基于用户身体特征的计量生物学方法（文献 Evans，1994），如指纹、声波纹、面部特征、虹膜模式、视网膜模式等。

3.5.3　基于秘密的方法

许多计算机操作系统采用的最简单最廉价的身份认证机制是，一个用户通过输入一个只有用户自己和系统知道的秘密口令证明自己的身份（文献 Kahate，2003）。系统将此口令与记录在口令表（该表仅对身份认证程序可用）中的口令进行比对，系统的完整性依赖于保持该表的私密性，此技术称为明文口令。这项技术在设计上存在若干缺陷：首先，它的成功依赖于操作系统的一个很大的部分——完全访问控制机制——的正确运行；第二，系统管理员可以获知所有口令，关于为什么他应该知道这些口令，或者为什么他能够知道这些口令，原因无法解释；第三，一个未经授权的人可能无意中看到口令列表（即便是基于正当目的）；第四，任何可以接触到该计算机的人（如操作员）都有可能将该文件打印出来；最后一个，有一种环境，其文件系统安全并非是防范非授权读取文件，那么在这种环境下基于秘密的方法根本就是不可实现的。

一种不要求在计算机中保守秘密的口令体制使明文口令得到了强化。包括所有相关编码和数据库在内，该系统的所有方面可能为任何试图入侵的人所知晓。这一体制的基础是使用了一个自任的入侵者不可能求反的函数 H，此函数被应用于用户的口令，其结果与一个表入口比对，发生一次匹配会被视为该用户身份认证通过。入侵者可能知道该表的所有内容，甚至可能能够访问该表，但只有在他能够对函数 H 求反、从而找到生成给定输出的输入的情况下，他才能潜入系统。多数市售操作系统使用这种类型的身份认证，有些进行了某种增强，Palm OS 在特定时间或在一段时间不活动之后可自动关电锁闭设备（文献 Clark 1990）。口令系统真正的主要缺陷是用户 ID 和对应口令被套取的威胁——在一个广泛应用的系统中（如银行 ATM 网络），很多情况下用户口令（PIN 码）在卡主账户存续期间是不变的。口令系统的这些问题使得它不适用于物理安全性低、容易被盗的膝上设备。为了其中的数据而窃得该设备的人有足够的时间使用各种攻击策略破解口令：

- 尝试所有可能的口令（组合的）；
- 尝试多种可能口令（字典攻击）；
- 尝试用户可能采用的口令；
- 渗透进入系统口令列表；
- 询问用户。

3.5.4　基于令牌的方法

在计算机环境中，用户可以将其拥有的一样东西用于访问控制。实现二元身份认证最普通的方法就是将标准的"用户名/口令"拓展成"你知道的某样东西"或"你拥有的某样东西"，通常是某种形式的电子"令牌"。这些令牌多归为四个主要领域：

（1）磁/光阅读卡；
（2）智能卡；

(3) 口令产生器；

(4) 个人身份验证器。

3.5.4.1 磁/光阅读卡

这是通过增加某种持有物强化口令体制的基本范例。在商业上可用的物理访问控制系统中，卡片用于登录到计算机键盘并允许键盘与处理器单元通信(称为"软"锁)。攻击这种令牌相对比较直截了当：一般来说磁条种类服从公开的标准，而读写单元可以买到，复制一个令牌既快又容易。光卡伪造起来稍困难一些——尤其是在其写入机制不再像磁卡那样能够随意获得之后。

3.5.4.2 智能卡

与磁卡、光卡不同，智能卡将它们的数据保持在卡内一个受保护环境中。智能卡上固化有简单的微处理器结构和一个控制程序，卡片一旦收到一个合法的 PIN 码，则仅仅允许数据从卡片的受保护区域往外吐。智能卡比磁卡、光卡更安全，因为它的数据不允许随意检视和复制，但是智能卡的代价也更大一些。

3.5.4.3 口令产生器

同信用卡尺寸差不多，但略厚，有一个 LCD 显示屏，在时长固定的时段内显示一个唯一的口令。无 PIN 码保护。

3.5.4.4 个人身份认证器

手持型，尺寸与掌上计算机相当，受一个独一无二的用户 PIN 码保护。有询问/应答型和同步序列型两种，前者依赖主机向用户发起一个询问(该询问由用户键入他/她的身份认证器)，然后身份认证器计算并显示一个应答，这个应答可被返回给主机接受一个附加秘密控制器的核实。同步序列型设备不要求询问，而是产生一个密码相关会话 PIN(SPINS)序列，以同样的方式在计算机上追踪与核实。"用户持有的某样东西"这种体制主要的问题是它在意味着长期授权的全部时间内取得授权，这种授权持续存在直到用户有意识地撤除它。即使定期获取，大部分时间用户容易将智能卡遗弃在机器里。

3.5.5 基于计量生物学的方法

计量生物学身份认证是一种永久性核实技术，它基于对个人身体特征的核实。在这一领域已经进行了很多研究，像指纹(Intel. 2002)识别、声音识别、视网膜扫描这些技术都已商业化。还有一些意想不到的研究是关于唇印、头部隆起和脚印的。生物识别技术可以通过"你是某样东西"体制，即一个人独有的东西(如指纹、视网膜或面部识别)来增强"你知道的某样东西"体制(如一个用户 ID 和口令)。增加生物计量学创造了二重识别和身份认证，用户也很容易使用。比如，图 3.1 所示的 Acer、Compaq 和 MPC 等公司的便携式计算机的某些型号，通过内置生物计量指纹扫描器改进了识别和身份认证。当生物计量身份鉴别设备恰当地置入便携式计算机时，不需要额外的硬件，生物计量扫描硬件和身份认证软件就可以用在引导过程的前期，从而更快速地拒绝非法引导系统的企图。引导前鉴别和身份认证确保无法通过操作系统和应用漏洞，或其他潜在后门(如可在系统引导后被利用的远程控制软件、键盘记录器、病毒/蠕虫等)获取访问权。例如，生物计量鉴别和身份识别可简单地以另一种形式的 BIOS 密码在 BIOS 层面得以实现。

BIOS 中的选项有"文本密码—关"、"文本密码—开"或"指纹"。MPC 的便携式计算机具有额外的特征,可保护自身免受通过暴力尝试令生物计量身份认证失效的侵害。若无效鉴别和身份认证尝试超过三次,BIOS 将不允许重启之前再度尝试。如果有人企图解除引导密码(文本或指纹识别),系统将最终硬锁定且只能送供应商解锁。一旦操作系统引导完成,选项通常继续存在,使用存储的生物计量信息或将其与一个用户 ID/密码对加以匹配以便登录,为可能不具有本地生物计量安全或其他安全机制的应用提供身份认证也是如此。安全硬件面市以后,原本未内建生物计量安全措施的便携式计算机便可赶上潮流,比如它可以在鼠标或 PC 卡内植入指纹阅读器。这个水平的生物计量安全,其自身并不能保证便携式计算机硬件安全,只是能够为操作系统登录和/或个别程序执行等提供额外的纯软件身份认证服务。生物计量身份认证技术的缺陷表现为若干可用性问题:虚警率较高,不易撤除(即倘若某人拥有你的指纹拷贝,你无法轻易改变它),生物计量身份认证还要求用户方面的某种有意识行为,在这个问题上虹膜识别是个例外(文献 Negin,2000)。

图 3.1 内建生物计量指纹扫描器

3.6 安全方法与可用性约束

桌面计算机和移动计算设备的身份认证系统总是一经启用便持续有效,直至用户明确无疑地撤除之,或用户因其频繁要求重建身份而关闭之(文献 Noble,2002)。如本章所述,许多安全技术既存在于软件中又存在于硬件中,旨在以灵活便捷的方式为多因子(三种以上)身份认证和机密数据加密提供一个便携式计算机安全解决方案。其实安全强度仅需比窃贼继续努力的意愿高一个等级即可。

将数据存入一个加密文件系统没有任何意义,这样的系统要求用户给予其解密的长期授权。如果一个不法用户取得便携式计算机的访问权,他或她也将取得对用户数据的访问权,何况加解密功能还影响系统性能。在现实生活中多数(如果不是全部的话)用户需要确保没有其他人能够访问他们的机器,但是很少有人去使用加密技术作为解决方案,反而是他们努力找到并运用强身份认证策略。倘或因用户不在场而获得充足的时间,一个锲而不舍的窃贼盗取用户便携式计算机访问权的努力是没有哪个单项身份认证技术可以阻止的。相反,一个简单而有效的身份再认证机制可提供深度防御策略,且可确保防御强度足够使数据得到保护。为系统安全应用强有力而频繁的身份再认证机制可迟滞窃贼的行动,而且有望迫使其放弃转售所窃财物(甚至最糟糕的转售公司机密数据)的努力。

3.6.1 移动计算安全中蓝牙技术的相互影响

蓝牙系统的体系结构在一开始就对安全问题有所考虑。蓝牙安全体系结构考虑了一组加密协议以实现身份认证、完整性和机密性。蓝牙通用访问配置文件(Bluetooth Generic Access Profile)具有三种特殊安全模式,每个蓝牙设备在一个特定时间仅能使用一种安全模式。模式一定义了非安全模式,针对的是无安全必要的应用。模式二称为服务级安全,管理着对服务以及基于不同安全策略和信任等级的设备的访问,在收到信道初始化请求或信道建立过程自行开启之后,蓝牙启动安全程序。称为链路级安全的模式三是一种内建安全模式,在该模式下,蓝牙设备在物理信道建立之前开启安全程序。该模式支持身份认证(单向或双向)和加密,且不依赖任何可能存在的应用层安全,如:

- 身份认证。身份认证确保蓝牙设备身份的安全。它验证了连接另一端的设备。身份验证是通过使用一个预存的连接密钥或通过配对(输入一个 PIN 码)达成的。
- 配对。配对是一个基于通用密钥验证两个设备,进而在两者之间创建一个可信关系过程。必须给两个设备输入一个任意但完全相同的密钥。只要两个设备配对成功,那么当再次连接这些设备时就不复需要配对过程了(已有连接密钥用于身份验证)。没有任何输入方法的设备(比如蓝牙耳机)具有固定密钥。
- 授权。授权是决定一个设备可否被允许访问一个特定服务的过程。除非远程设备已经被标记为"可信",否则可能会要求进行用户交互。通常用户可分别为每一个远程设备设置授权开/关。授权始终需要认证。
- 加密。加密保护通信免遭窃听。例如它可以确保没有人能够听到一台便携式计算机向一个电话传送的内容。加密密钥的长度可在 8 位到 128 位之间。

安全模式三使得蓝牙能够为使用蓝牙使能设备的移动设备(如移动电话)提出一种新的身份认证模型。

3.6.2 无漏洞安全机制

在这个模型中,用户使用他的蓝牙使能设备(蓝牙安全令牌),该设备就像一个身份验证令牌那样通过蓝牙短距离无线连接为移动计算设备提供身份验证。用户并不经常通过具有蓝牙使能设备进行认证,而蓝牙使能设备时刻通过短距离无线连接与移动计算进行验证。这个模型可确保一个非法用户的蓝牙设备不能为其他用户的移动计算设备提供身份认证服务,它使用安全模式三,即通过认证和加密蓝牙无线连接,以确保消息通过链路传输时不发生窃测、修改和插入的情况。此身份验证模型的安全应用在移动计算设备和蓝牙安全令牌之间执行四项功能:

- 相互认证
- 用户告知
- 创建会话密钥
- 轮询、断开和重新连接

身份认证系统的整个流程如图 3.2 所示。

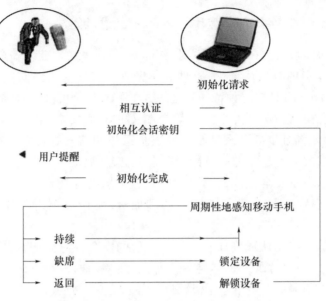

图 3.2 便携式计算机—蜂窝电话身份认证系统

3.7 通信模型与服务安全等级

讨论中的身份认证系统包括两个部分:移动计算设备和蓝牙安全令牌中的安全应用,短距离无线链路通信模块。

3.7.1 互相认证

相互的身份验证是身份验证系统中的第一步。在这一步中系统在便携式计算机和蓝牙安全令牌之间执行一个询问——应答功能,以便在公共密钥系统的基础上彼此验证。蓝牙安全令牌和便携式计算机有预定义的密钥对,分别是(em,dm)和(el,dl)。其中 e 开头的是公钥,d 开头的是私钥。rm 和 rl 是蓝牙安全令牌和便携式计算机分别产生的随机数(询问)。每个蓝牙安全令牌和便携式计算机交换其随机数,对端收到询问并用其私钥解密,由于这些数字是用公钥加密的,故只有对应私钥的持有者才能打开并查看该数字。所以返回的正确信息识别出每个人合法与否。图 3.3 显示了三方交换。蓝牙安全令牌响应便携式计算机的询问并表明自己的询问。相互身份验证功能结合了公钥认证和 diffie – hellman 密钥交换协议/算法[文献 14],交换的询问被视为 diffie – hellman 密钥交换的基本随机数。

3.7.2 用户告知

用户告知是身份验证系统的下一步。便携式计算机和蓝牙安全令牌相互认证以鉴定用户对连接的约定后,蓝牙安全令牌将所建立连接的有关信息告知用户,并请求用户允许。一旦用户同意该连接,系统即不再向他/她请求,蓝牙安全令牌(手机)承担起身份验证系统的所有责任。

```
蓝牙安全令牌                     移动计算设备(笔记本)
                                选择主随机数 $N$
                                用蓝牙安全令牌公钥加密 $N$
                                     $e_m(N)$
                        ←  发送 $e_m(N)$ 给蓝牙安全令牌
用蓝牙安全令牌私钥解密 $e_m(N)$
       $d_m[e_m(N)]$
选择主随机数 $G$
用笔记本公钥加密 $(G+N)$
        $e_l(G+N)$
发送 $e_l(G+N)$ 给笔记本  →
                                用笔记本私钥解密 $e_l(G+N)$
                                       $d_l[e_l(G+N)]$
                                确认解密的 $N=N$
                                用蓝牙安全令牌公钥加密 $G$
                                       $e_m(G)$
                        ←  发送 $e_m(G)$ 给蓝牙安全令牌
用蓝牙安全令牌私钥解密 $e_m(G)$
       $d_m[e_m(G)]$
确认解密的 $G=G$
```

图 3.3 便携式计算机—蜂窝电话互相认证

3.7.3 会话密钥创建

会话密钥用于对便携式计算机与蓝牙安全令牌之间通信进行加密。一旦建立了会话密钥，所有通过该无线链路传输的信息将不会采取明文格式，相反，它将用一个会话密钥进行加密和认证。一个会话密钥的创建基于 Diffie–Hellman 密钥交换协议/算法。这种作法的优点是双方可以使用这种技术商定一个对称密钥，然后这个密钥可以用于加密/解密。基于数学原理的 Diffie–Hellman 密钥交换协议可在移动信息设备概要文件(Mobile Information Device Profile, MIDP)应用(MIDlet)程序上实现。Diffie–Hellman 密钥交换提供了完美的前端安全；即使两端私钥都是已知的，会话密钥也不能够重建。会话密钥创建工作如图 3.4 所示。

3.7.4 轮询、断开与重新连接

在这项功能中，系统周期性感知蓝牙安全令牌，以确保用户依然存在，当蓝牙安全令牌超出范围之外时，便携式计算机采取措施保证自身安全。为此功能我们定义周期性发送给蓝牙安全令牌的"在场检查"消息，蓝牙安全令牌必须认可这个信息以显示用户的存在。有两种可能性：

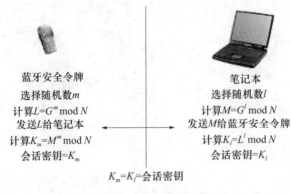

图 3.4 会话密钥创建

便携式计算机发送"在场检查"消息并收到确认,如图 3.5 所示;在这里它所要做的只是定期重新核查用户是否在场而已。

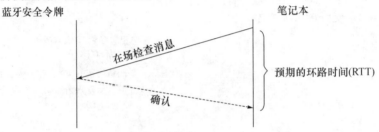

图 3.5 轮询,便携式计算机与移动电话

另一种可能性是,便携式计算机发送"在场检查"消息,但没有收到确认信息。在这种情况下便携式计算机将重新发送"在场检查"消息,以期收到确认。如果便携式计算机如图 3.6 所示三次发送"在场检查"信息而没有收到确认,它将声明用户的缺失并将其从系统断开,通过运行一个类似屏保的简单安全应用终止他/她访问这台机器的权限。同时系统将继续定期复查用户是否在场。

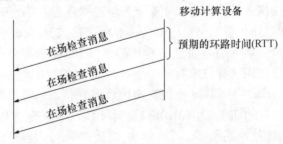

图 3.6 三次"在场检查"消息未获确认后宣告用户不在场

便携式计算机收不到蓝牙安全令牌的响应有两个原因,蓝牙安全令牌和用户真的分开了,或者链路丢弃了数据包。对于后者,系统使用便携式计算机和蓝牙安全令牌之间的预期往返时间(RTT,Round Trip Time)解决,因为这是单一的、无争议的一跳,时间是相对稳定的。如果在两次预期往返时间内没有收到响应,便携式计算机再次尝试请求。连续复查过程将定期发送"在场检查"信息并等待确认。无论何时便携式计算机收到确认,它

即声明承认用户的存在并将其连回到系统,停止安全应用,并给予用户访问机器的权限。

3.8 零交互认证

零交互认证(Zero Interaction Authentication,ZIA)是一个能够处理这类临时身份验证问题的密码学文件系统(Corner,2002)。ZIA 是一个允许便携式计算机所有者在该计算机上进行身份认证的系统,认证时不需用户部分做任何实质性努力(故名零交互认证)。ZIA 所针对的威胁模型本质上是便携式计算机在合法用户尚处于认证通过状态时遭物理盗窃的情形:由于便携式计算机并不知道攻击者和真实用户之间的差异,所以攻击者便可以获得用户的数据。针对此问题的一个解决方案是要求用户频繁验证身份,但不幸的是许多用户觉得此举不胜其烦,并可能因此禁用安全特性,从而置自身于易受攻击的境地。ZIA 试图通过让用户无需做任何事情就完成认证,而在安全和便利之间找到一个"折中办法"。

ZIA 的基本思想如下:磁盘上所有的文件都是加密的,但由于性能原因,缓存的文件没有加密;用户有一个形式为可穿戴设备的令牌,便携式计算机有一组密钥来加密其文件系统的内容,对于其中的每一个密钥,令牌中包含一个密钥的密钥,用于将相应的密钥以加密形式存储在便携式计算机中。便携式计算机定期轮询令牌以确定用户是否还在。当令牌在便携式计算机附近时,缓存在便携式计算机中的密钥和文件可保持解密状态,便携式计算机为可用;如果便携式计算机检测到令牌不在附近,它即假定用户已经离开,于是清除缓存,将所有东西重新加密。这可以防止物理占有该便携式计算机的攻击者从中获取任何数据。当用户返回时,便携式计算机取回密钥,解密文件缓存,返回到用户离开时的状态。

身份认证系统保护移动计算设备和蓝牙安全令牌之间的蓝牙无线链路不受恶意利用,保护消息免遭查看、修改和插入。通过使用双方已经创建的对称会话密钥和 AES 算法对消息进行加密,该系统为移动计算设备和蓝牙安全令牌之间交换的消息提供了机密性。

由于系统在创建会话密钥的过程中使用加密的询问作为原始数,它支持抗中间人攻击(man-in-the-middle attack,也称偷梁换柱攻击、水桶队列攻击或斗链式攻击),而这与 Diffie-Hellman 密钥交换算法冲突,故会导致失败。

本系统通过面向蓝牙的 Java APIs 实现,后者支持安全客户端和服务器的连接。在连接建立之前,蓝牙安全令牌(服务器)连接通过使用一个指定安全参数的连接 URL 使自身具备安全属性。

3.9 结论

移动计算设备的使用提供了灵活性和增强的通信,可带来更高的生产力。然而这些设备的使用给移动资源和固定资源造成风险。因此必须采取额外的安全措施来减轻移动计算带来的安全风险。本章讨论移动计算的威胁和风险,并基于移动计算安全的考量对赛博安全标准化的精髓进行了探索;此外,本章还讨论了临时身份认证机制,对可用性约束加以考虑。

参 考 文 献

[1] Chen, L., Pearson, S., & Vamvakas, A. (2000). On enhancing biometric authentication with data protection. Fourth International Conference on Knowledge – Based Intelligent Engineering System and Allied Technologies, Brighton, UK.

[2] Clark, A. (1990). Do you really know who is using your system? Technology of Software Protection Specialist Group.

[3] Corner, M. D., & Noble, B. D. (2002). Zero interaction authentication. In Proceeding of the ACM International Conference on Mobile Computing and Communications (MOBICOM'02), Atlanta, Georgia, USA.

[4] Corner, M. D., & Noble, B. D. (2002). Protecting applications with transient authentication. MOBICOM'02, Atlanta, Georgia, USA.

[5] Evans, A., & Kantrowitz, W. (1994). A user authentication schema not requiring secrecy in the computer. ACM Annual Conf. M. I. T. Lincoln Laboratory and Edwin Weiss Boston University.

[6] Hardjono, T., & Seberry, J. (2002). Information security issues in mobile computing. Australia.

[7] Intel. (2002). Biometric user authentication fingerprint sensor product evaluation summary. ISSP – 22 – 0410. (2004). Policy draft: Mobile computing. Overseas Private Investment Corporation.

[8] Kahate, A. (2003). Cryptography and network security (1st ed.). Tata, India: McGraw – Hill Company.

[9] National Institute of Standards and Technology. (2009). Special publications 800 – 114, 800 – 124.

[10] National Institute of Standards and Technology (NIST). (2009). Special publication 800 – 53, revision 3: Recommended security controls for federal information systems and organizations.

[11] Negin, M., Chemielewski, T. A. Jr, Salgancoff, M., Camus, T., Chan, U. M., Venetaner, P. L., & Zhang, G. (2000, February). An iris biometric system for pubic and personal use. IEEE Computer, 33(2), 70 – 75.

[12] Noble, B. D., & Corner, M. D. (September 2002). The case for transient authentication. In Proceeding of 10th ACM SIGOPS European Workshop, Saint – Emillion, France.

[13] Sharp, R. I. (2004). User authentication. Technical University of Denmark.

[14] University of Central Florida. (2007). Security of mobile computing, data storage, and communication devices. University of Central Florida.

[15] Ward, R. (2008). Laptop and mobile computing security policy. Devon PCT NHS.

关键术语和定义

访问控制：将信息或信息处理资源限定为仅经过授权的人或应用可用的一种机制。

身份验证：一个核实一个个人、设备或进程身份的过程。

移动通信设备：配备无线或有线通信能力的蜂窝电话、智能手机和移动计算设备。

移动计算设备：任何能够存储和处理信息、具有信息储存能力（如笔记本电脑/便携式计算机、个人数字助理、蜂窝电话）、旨在于办公室以外使用的便携式设备。

移动数据：存储在移动计算/存储设备上、依数据分类和保护策略定义视为敏感的数据。

移动存储设备：具有信息储存能力但不具备信息处理能力、旨在于办公室以外使用的设备。

第二部分

社交网络、僵尸网络和入侵检测

第 4 章　在社交网络时代的赛博安全和隐私
第 5 章　僵尸网络与赛博安全：对抗网络威胁
第 6 章　现代异常检测系统的评估（ADSs）

第4章 在社交网络时代的赛博安全和隐私

Babar Bhatti
MutualMind, Inc., 美国

摘要

社交网络正在转变我们发现、创造和共享信息的方式,它贯穿于人们生活和工作的进程中。社交网络、无处不在的分享和通过多种数字媒介获取信息的渠道都在快速增长,相应地产生了新的脆弱点和赛博威胁。本章将对社交网络和团体的安全及隐私的含义进行概述。本章从社交网络角度考察并提出赛博安全面临的威胁,描述其技术特征,以降低从社交网络中引入的安全风险,还清晰地描述了身份、信息共享或信息缺失的标准,给出了最新的研究发展情况。本章可为社会媒体、赛博安全和信息与通信技术领域的学生、研究者、从业者和顾问提供参考。

4.1 引言

本章目标是提供社交互联网络和与之相关的安全与隐私问题方面的信息,谈论了社交互联网络以及它们在社会中的范围和距离、对这些网络采取何种行动以及缺少安全和隐私的后果。本章也涵盖了最新的关于社交互联网络安全和隐私方面的内容。

本章也提到了为控制和解决问题做出的努力,为相关研究提供参考;同时为研究报纸、博客和其他涉及社交互联网络安全与隐私的媒体提供参考。

4.2 背景

社交网络的演变是一个相对新的现象。社交媒体和数字内容正在逐渐植入我们的个人生活和工作环境。这种改变的新颖性、规模和速度引入了大量的安全和隐私方面的问题。正是在这种背景下,我们回顾网络安全和隐私的现状。

社交网络和 Web 2.0 发展迅速,这使得为组织和个人制定标准、边界和机制来保护身份和信息变得愈发困难。有积极的研究正在识别和专注于社交网络安全和隐私问题的种种方面。工业实践和文献评论公开了许多新的方法和实验,引起了公众、企业和政府的关注。本章最后的参考部分是一个好的开始。我们期望在接下来的几年里有关于安全和隐私的新工具和工业标准出现。

本章的更多部分将提供专门的社交网络和它们脆弱性的信息,还将介绍社交网络如何、在哪里被接入和使用,以及为非专业人士和安全实践者提供的手段。

4.3 社交媒体对赛博安全和隐私的影响

正如介绍部分所描述,新的社交媒体带来的新的交流和分享模式使我们必须重新审视安全和隐私。本章介绍社交媒体的影响,让我们从以下开始着眼:社交媒体的规模、关于社交媒体的核心安全和隐私问题、在社交媒体领域最新的违反安全和隐私的例子。

4.3.1 社交媒体成长

过去的几年里,社交媒体快速成长,改变了人们创造、分享和发布数字信息的方式,无论是短信、照片还是其他数字信息。

这里有关于三种流行的社交网络的统计数字,这些数字随着时间而变化。

- Facebook 有超过 5 亿个活动用户。
- LinkedIn 有超过 7500 万会员。
- Twitter 每月有超过 1.5 亿注册用户和 1.8 亿的访问者。

用户创造内容的增长速度令人震惊:Facebook 平均一个用户每月能创造 70 条内容。统计显示(Rao,2010)Twitter 用户一天能创造约 7000 万条信息——在社交媒体领域被称作是 Twitter(留言或日志)。

大多数增长发生在近 5 年里,它彻底改变了人们沟通交流和信息流动的方式。例如,由于 Twitter 具有病毒传染式特征,碎片新闻能够得以快速扩散。同样,恶意软件也可以通过 Twitter 快速传播。社交媒体和伴随的用户创造内容的增长,改变了隐私与安全的格局。在许多情况下,标准和法律还没有跟上社交媒体引起的变化。这个环境为那些恶意搜索用户信息或者利用社交媒体的传染特征传播病毒和恶意程序的人们提供了新的机会。

关于社交媒体应用安全方面的担心主要有:网络钓鱼、骗局、社会工程学攻击和身份假冒。有证据证明许多事件关乎社交媒体安全和隐私,这些事件包括网络钓鱼、骗局、直接黑客攻击、泄露个人信息的故障、错误数据获取、工作人员因疏忽造成的数据泄露、滥用数据的第三方应用。

据 2009 年 12 月的一项调查(Sophos,2009)显示,60% 的回复者认为 Facebook 含有社交网络网站最大的安全风险,远远超过 MySpace、Twitter 和 LinkedIn。图 4.1 显示社交网络上的安全缺口在 2009 年 4 月和 12 月期间不断增加。

该报告发现:

- 超过半数的被调查企业表示收到过社交网络网站兜售的信息,超过三分之一表示收到过恶意软件。
- 调查结果表明社交媒体的弊端正在日益显现和增长。
- 超过 72% 的企业表示员工在社交网站上的行为可能危及企业安全。

4.3.2 Facebook、Twitter 和赛博安全现状

在本节中,我们参考 Facebook 和 Twitter 这两个最流行的社交网络,回顾用户和软件开发者如何与这些平台进行交互,还将讨论涉及这些平台的安全问题以及如何解决这些

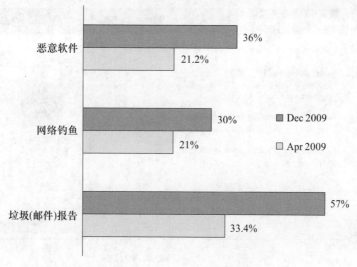

图 4.1　ICCP 协议工作机理

安全隐患。

这里列出一些安全缺口和涉及社交媒体与社交网络的安全问题。

我们来看看 Facebook 和 Twitter 平台的应用生态系统和安全设施。

4.3.2.1　Facebook

截至 2010 年 9 月,全球最大的社交网站——Facebook 达到 5 亿用户,其拥有超过 100 万的开发者和 55 万个基于 Facebook 平台开发的活动应用,为此提出了特殊的安全挑战。之前的章节列举了一些公共安全和隐私事件。

让我们来看看 Facebook 平台应用是如何运行的,以及它们涉及的安全问题。Facebook 允许每个开发者设计能在 Facebook.com 平台运行的顾客应用。除了这些应用,还有其他的方式能让网站和信息被融入 Facebook,那就是 Facebook 连接和社交插入。此外,移动手机应用也可同样做到。

所有的平台应用必须遵守 Facebook 的准则和政策。一旦应用被成功部署到 Facebook,先验证用户是否持有特定信息和应用接入权,通过此认证后用户可以接入应用。一个例子,据报道,Facebook 上的顶级应用每月有超过 6000 万活动用户(Allfacebook,2010)。

随着时间推移,Facebook 加强了独立开发者接入和使用用户数据(参见图 4.2)的方式。最近,Facebook 为提高应用安全采取了一系列可靠的手段。2010 年 6 月 30 日,一些应用获准能获取用户公开信息,除非用户授权才能获取更多扩展信息。

这些改变被记录在 Facebook 开发者网站上(2010)。

4.3.2.2　Twitter

Twitter 是一款让用户之间互相分享短信息的社交网络。跟 Facebook 不同,Twitter 限制文本信息在 140 个字内。一般来说,Twitter 上大多数的信息以非对称方式被分享。这种非对称网络导致更快速的信息分享——既包括信息,也包括安全上的威胁。

Twitter 也有大量的应用开发者。但是,Twitter 有着比 Facebook 更为简易的公共/私人设置。尽管如此,Twitter 还是成为了受黑客和恶意软件发布者欢迎的目标。用搜索引

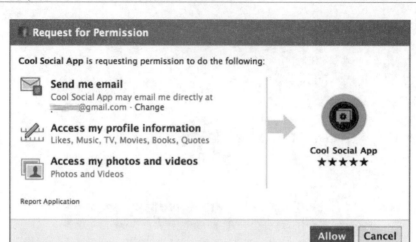

图 4.2　Facebook 应用入口

擎搜索"Twitter Malware"会产生出超过 800 万条结果,我们在表 4.1 中提到一些。Prince (2009) 和 Naraine & Danchev (2009) 有描述 Twitter 恶意软件。

表 4.1　社交媒体事件

安全问题	细　节
Facebook 已成为许多攻击和网络钓鱼骗局的对象,这些攻击和网络钓鱼骗局导致了隐私破坏、数据暴露和信息盗取。Koobface 是一个批量邮件发送病毒,其目标是 Facebook 用户,把受害者引向指定网站,下载伪装成 Adobe Flash update 的木马	Vamosi (2008) 报告了 Koobface 事件的细节。McCarthy (2010) 描述了 Facebook 上的网络钓鱼骗局如何使公司董事成员陷入圈套。Siciliano (2010) 记录了公司成员在 Facebook 上如何被骗取分享登录信息,以盗取公司数据。Vascellaro (2010) 记录了一个 Facebook 小错误,该错误暴露了私人聊天信息
Twitter 网站被黑客成功袭击过多次	2009 年 8 月,多次分布式拒绝服务攻击引起 Twitter.com 瘫痪。2010 年,一名黑客控制操纵开发 Twitter 应用编程接口以更改用户信息
Twitter 安全问题(短连接恶意软件和兜售信息)	Cluley (2010) 在 Twitte 上发布"on mouse over"安全缺陷,这是 Twitter 一系列安全问题之一。官方 Twitter 日志 (2010) 提供了信任与安全增强的更新。另一个 Twitter 日志 (2010) 宣布了现有的在对抗兜售信息上的努力

　　由于 Twitter 信息是基于文本的,链接是传播恶意软件的主要机制。更困难的是,Twitter 上的链接不是完全的 URLs,而是类似 http://bit.ly/cOCwHX 的短表(见图 4.3)。这些短 URLs 用于在一个有限长度信息上保存字符。但另一方面,它们使说明性信息变得模糊,而这些信息常常是网络链接的一部分。这导致了一个被利用多次的薄弱环节。

　　Twitter 上广泛使用短链接,而且短链接已经迅速成为在线文本共享的重要部分,它不仅仅限于在 Twitter 上使用,也被 Google 和 Facebook 采用,以及其他的如邮件信息上的链接也会用到。

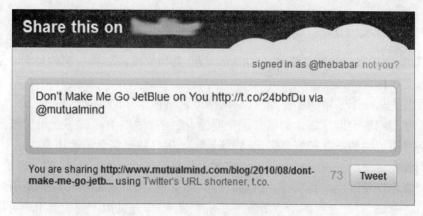

图 4.3　一个 Twitter 短链接的例子

Twitter 上分享链接主要有两种方法：一是通过所有用户和直接信息分享的更新，二是通过用户间私人信息的更新。这两种类型的信息均可通过使用 Twitter 自动编程接口来自动完成。Twitter 安全团队做出许多改进，以有效检测并对抗兜售信息和恶意软件。任何 Twitter 用户都可以报告 Twitter 账户的滥用，Twitter 也支持检查这类事件。

随着安全问题频发，Twitter 开始管理链接被模糊和缩短的现象。第一阶段改进应用在直接信息上，因为这方面出现的安全问题较多。2010 年 6 月 8 日，Twitter 宣告所有的链接被一种特殊的短 URL 包起来。具体细节可通过 Twitter 日志（2010. 链接和 Twitter）获取。

类似 Bit.ly 这样的链接缩短服务提供商已经与类似 Verisign 的安全公司合作，可以基于自身的数据库对 IP 地址、域名和 URLs 进行审查。当用户单击一个指向可疑网站的短 URL 时，Bit.ly 会提示目标网站不安全的警告（图 4.4）。

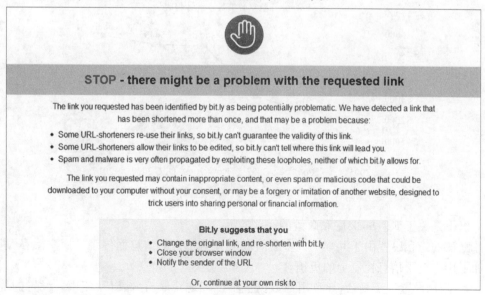

图 4.4　Bit.ly 链接警告实例

4.3.3 社交媒体的隐私

本节里,我们来讨论社交媒体上的隐私问题,并研究由隐私所引起的公众骚乱的两件重要的社交媒体案件。

让我们先从一个基本问题开始:社交网络上谁掌握了你的数据信息?

关于社交网络上谁掌握你的信息这个问题,已经被激烈争论过了。用户被他们使用的社交网络所列举的条款和服务绑定,协议规定了用户数据信息的使用方式。

我们曾在关于第三方应用能获取用户大多数信息的地方讨论过这些。理论上,用户能够微调隐私设置以决定共享哪些信息。事实却发现,用户对隐私和数据使用政策的细节要么粗心忽略,要么迷惑不清。最近一些研究显示,部分见识广的线上用户对待隐私设置越来越认真了。很明显,大多数用户还不会控制他们的线上信息如何被获取和使用。

第二个大问题是关于个人数据和信息的使用,它触及了协议和公开声明中的概念。关于社交媒体的主要论战围绕在出于商业目的使用个人数据方面。由于规模大、普及广,Facebook 深陷论战中心。下一节将讨论 Facebook 平台在隐私方面是如何演化的。

有趣的是,无论企业和其基础设施设在何处,某些地区在数据利用的隐私方面有着较为严格的法律。比如,Facebook 在欧洲区必须遵守当地法律,在那里,欧洲地区数据保护条令规范了个人数据的处理要求。

4.3.3.1 Facebook 不断变化的隐私政策

Facebook 的隐私策略已成为网络和其他媒体的争论中心。引起这种关注的主要原因是 Facebook 最近对其政策做出了巨大调整,之后几个月由于公众的抗议又进行了更改。据某文(纽约时报,2010)披露,Facebook 在 2010 年的隐私政策共 5830 字长,2005 年的隐私政策仅 1004 个字长。图 4.5 显示了 Facebook 隐私政策数字统计历年增长情况。

图 4.5 Facebook 隐私政策时间线

以下是关于 Facebook 隐私政策的一些控诉。

默认的隐私设置由于共享了许多之前被设置为私人的信息而侵害了用户隐私,进而增加了用户对于信息控制上的负担。

- 隐私设置过于复杂,导致用户数据被不合理地获取、存储以及使用。设置的范围包括电话簿信息、身份更新等,而这些会出现在大众搜索、分程序列表、私人信息等地方。
- 即使不了解友人情况,一个人的用户信息(兴趣、简介、图片、身份等)也会被其朋友共享,因而用户难以分辨和控制自己的哪些信息会被第三方共用。

- 像社交插入这样的新功能允许外部网站显示 Facebook 信息。Facebook 基于隐私设置和用户的配合,来与外部网站进行交互,数据在 Facebook 和外部网站之间交换。这对多数用户来说是难以理解的概念。

"默认设置"对隐私的损害程度是显而易见的。大多数人在启用应用时倾向于不充分阅读和更改默认设置,而这些默认设置恰恰是利于应用开发商的。正如 Bruce Schneier 指出,假如可以选择,开发商企业必定会制定对其盈利的默认设置,而非利于用户个人的设置。像 Rowan(2010)这样的评论家对于使用 Facebook 的安全性表示质疑。

Facebook 的应用隐私设置在 Facebook 隐私政策(2010)中有解释。从该链接中,我们摘录部分内容如下以阐明应用是如何获取用户信息的。

当你链接一个应用或网站时,它将获取你的基本信息,基本信息包括你以及朋友的名字、头像图片、性别、用户 ID、联系人以及通用的个人隐私设置中可以共享的内容。我们也能够定位你的电脑、获取设备以及用户使用应用和网站的年限,以帮助他们采取合适的安全措施,并控制与年限相适应的内容的发布。如果应用或者网站希望获取任何其他数据,它会向你发出请求。

我们用一些工具来控制你的信息是如何被基于平台的应用和网站共享的。例如,在访问它们时,你可以完全阻止所有的平台应用和网站,或者阻止特定应用获取你的个人信息。你也可以通过个人隐私设置来限制哪些信息是能够被所有人获取的。

你应当阅读第三方应用和网站的政策,以确保理解和接受它们共享你个人信息的方式。我们无法保证他们会遵守我们的规定。如果你发现一款应用或网站违背我们的规定,你应当在帮助页面上进行报告,我们会采取必要的行动(Facebook 隐私政策,2010)。

4.3.3.2　Google 公司 Buzz 的投产导致隐私上的惨败

2010 年 2 月,Google 发布一个新的社交网络工具,名为 Buzz,设在 Google 的 Gmail 中,Gmail 是个由 Google 为超过 1.7 亿用户提供的免费邮件服务。

Buzz 一被引入,Gmail 用户就开始发表对他们邮箱账户隐私的关注。日志和 Twitter 信息与 Google Buzz 引起的潜在隐私入侵混杂在一起,使得用户感到他们的邮件连接变得公开。由此,Google 面临大规模的抱怨、批评和愤怒。最终,Google 做出道歉,更改了 Google Buzz 上的默认设置,并发表了隐私关注以及进行了其他的更改。

Google Buzz 事件为不断变化的在线隐私观念提供了一些有益的参考。人们一般认为,邮件是一种非常私人的交流方式,因此会对社交网络入侵个人隐私行为感到不悦。显然 Google 低估了(人们对)一个把邮件与社交网络绑定起来的产品的反应敏感程度。

4.3.3.3　学到的教训

上述例子让我们看到,与在线和社交网络隐私相关的论战正在迅速增加。可以预计,在不远的将来,大众和政府官员将会对社交网络产品进行更细致的审查。随着个人信息方面的数据变得更容易获取,主流意识增强,社交媒体的平台也必然会采取更多的步骤。我们也希望法律的修订能成为隐私保护提高的重要驱动力。多方隐私监管团体也一直致力于此类问题,发布了相关声明和建议。

在此建议,有时候需要采取多种不同手段来管理在线隐私。

在计算机世界里,隐私通常通过访问控制来进行设定。然而,隐私也不仅仅与控制访问有关,它还与对社交环境的认知、对信息如何传递以及分享的理解有关。随着社交媒体

的成熟,我们必须重新思考如何把隐私编码到系统中去。(Boyd,2010,网络文章)

4.3.4 便携互联设备上的社交网络

人们能够通过多种设备访问社交媒体,如家用或工作计算机、便携式计算机等设备。近年来最明显的变化是通过手机、平板等小型便携互联设备来访问社交网络,这个趋势快速增长。社交网络的普及几乎与新一代智能手机应用的引入和获取同步发生。

这直接引起社交网络应用在移动设备上的快速使用。苹果手机应用商店为用户提供了一个可以直接下载应用软件的中心平台。这些"应用"由第三方开发,苹果审查其是否符合商业政策和技术要求,如与 iPhone 专有的操作系统是否兼容等,通过后由苹果授权该应用。安卓平台——一个为手机等设备所用的开源操作系统,是由 Google 公司开发的,它也能提供移动应用商店。此外,另一款流行的名叫黑莓的操作系统也能提供移动应用服务。

越来越多的流行社交网站为这些平台提供移动版本。例如,Facebook 应用在苹果、安卓和黑莓移动操作系统上均可以使用(图 4.6)。数据显示,手机上装载了社交网络应用的人群比仅仅通过电脑使用的人群,每天花在社交应用上的时间多。

自从计算机设备便携化以来,社交网络应用在这些设备上的使用更加频繁。随着第三方应用的增加,用户的敏感信息数量也随之增长。这意味着,如果便携设备被弄丢,更多的信息将处于危险中。此外,移动恶意软件也是一个引起危险的问题。

图 4.6　iPhone 上的 Facebook

移动应用面临着移动恶意软件和安全上的威胁,但在隐私损害和数据盗取风险上暴露出更多的脆弱性。金融交易数据就是黑客重点攻击目标。

移动电话最大的问题体现在第三方应用带来的安全问题。Ante.S(2010)谈到移动应用的问题时,表明不像苹果公司,"Google 公司从不检查所有的应用,而是直接让用户下载使用"。这篇文章还提到,一些安全专家认为 Google 的安卓市场比其他应用商店更脆弱、更不安全。

事实上,有许多基于软件或硬件的方法可以确保移动设备的安全,减轻设备落入他人之手带来的不利影响。比如黑莓,采用了一种集中结构模型来处理安全防护、信息和数据商店。

4.3.5 基于位置的社交应用

基于位置的应用允许用户获取某人或某物的地点,例如寻找最近的医院或者酒店。这些应用大多装载在基于 GPS 的设备和移动手机上,很适合社交网络网站。基于位置的应用受到了广泛的支持,比如 Foursquare(图 4.7)、Google 公司的 Loopt 和 Latitude;还有像 Twitter 这样常见的社交网络网站,允许把位置信息添加到所有人或者个人 tweets 中。据说 Facebook 不久也将进行更新,增加位置定位功能。

图 4.7　Foursquare 定位

像往常一样,这些服务带来好处的同时,也伴随着缺点和安全威胁。位置信息可以通过多种方式搜寻和分享,最终被黑客利用。Puttaswamy 和 Zhao(2010)列举了一些真实世界的案例,关于利用具有定位功能的应用进行恶意破坏的事件。"Please Rob Me"(http://pleaserobme.com)网站就是个例子,由无意间"过度分享"位置信息引起了安全威胁。

Blumberg and Eckersley (2009)把位置隐私定义为"一个人能够在公共场合行动,但前提是他的个人位置信息不会被有计划地秘密记录,被用作它处。"

大多数应用开发者认识到安全和隐私的意义,对如何搜集、使用和分享位置信息制定出了清晰的政策。例如,使用 Twitter 的用户可以从个人信息中删除位置信息。

接下来的几年里,具有定位功能的应用可能会大规模出现,它们必然会从用户数据信息中受益。我们会看到围绕定位服务的开发蓬勃发展,而这也会导致隐私拥护者、安全专家与开发定位服务和应用的人士之间更多的矛盾。图 4.8 显示了 Twitter 定位功能是如何实现的。

图 4.8　Twitter 定位功能

4.3.6　组织内的社交媒体应用

如前所述,社交媒体网站可以在工作场所被访问,并用于同事间多种形式的互联和交流。这些工作场所的机构可以是公司、学校、政府部门或非盈利组织。

组织中使用社交媒体既蕴含机会,也带来了威胁隐患。组织面临的最普遍的一个问题就是内部系统中的授权用户难以快速共享信息,而社交媒体的出现正好可以弥补公司和机构存在的这个问题。这也是定制的企业社交网络产生的主要原因。其他方面的应用还包括客户服务和支持等。

早些年,很多企业由于生产率和安全方面的考虑,把社交网站隔离开。虽然这种趋势正在缓慢变化,一些企业仍在不断地处理和解决政策上的问题:如是否允许开放对社交网站的访问?何处设置过滤?等等。

目前,社交网络网站是许多市场营销策略的重要部分,因此需要有更好的保护措施来应对安全问题。尽管一些组织已经开始为社交媒体研发可接受的应用策略,对大多数企业和公司来说,工作中社交媒体的使用仍然面临着管理上的难题。

政府机构使用社交媒体可能会引发敏感信息和数据上的泄露。一方面,发展中国家为其公开透明感到骄傲,但另一方面,政府提供过多的访问又存在一定的风险。

在美国,许多政府部门研究了社交媒体和 Web2.0 方面的案例,并发布相关的政策指南,指出哪些是允许,哪些是禁止的(Godwin, B., et al., 2008)。这里列举了一些关于政府和社交媒体的资料供参考。

- Social Media and Web 2.0 in Government
- http://www.usa.gov/webcontent/technol‐ogy/other_tech.shtml
- Barriers and Solutions to Implementing Social Media and Web 2.0 in Government
- http://www.usa.gov/webcontent/docu‐ments/Social Media Fed % 20 Govt _ Bar‐

riersPotentialSolutions.pdf

- http://www.futuregov.net/articles/2010/feb/05/govts-warned-about-social-media-security-risks/

国防大学的 Drapeau，M 和 Wells，L.(2009)清晰地描述了四个特别的联邦政府应用社交媒体的案例。这四个案例分别是：内部共享、外部共享、本国共享、外国共享。报告介绍如下。

安全使用社交媒体是一个基本的行为问题。对行为和数据保护都进行规定的政策才可能既覆盖当今的社交媒体技术，又面向未来(Drapeau and Wells，2009)。

为了有效应对与安全、隐私和遵从相关的挑战，组织需要引进法律、安全和人力资源方面的专业人士，这些人应当负责制定政策和构建管理模型。

总而言之，企业有必要灵活地采取相应措施，来提供颗粒访问控制、安全加密、数据监控以及综合恶意防护。

4.4 身份认证

对于用户来说，社交网站的主要问题在于多重身份(用户名)登录不同社交网站。每个社交网站都要求用户有注册号和认证。这会引起用户资料和信息被地下存储。

目前，社交网站还没有出现核心的权威能提供安全和可靠的方式来管理身份信息，这仍是个未解决的问题。一些主流的社交网络和公司正致力于提出解决方案。例如，微软要求用存活账号，谷歌要求用谷歌账户，Facebook 则要求用属于自己的账号登录。有一个办法也许可以解决这个问题，那就是开放身份账号。

开放身份账号是一种开放的、分散的用户认证标准，可用于访问控制，允许用户用相同的数字身份登录使用不同的服务，且这些服务都认可这种认证体(图 4.9)。Facebook

图 4.9　开放身份账号

和谷歌都支持开放身份账号。这意味着用户可以用谷歌提供的 Gmail 账号来注册 Facebook。对于用户来说,这是一种更快捷和高效的启用方式。

Facebook 链接使得第三方网站能在其自己的站点进行 Facebook 登录。用户可以在第三方网站上使用 Facebook 证书。同以往的社交媒体一样,这种便利也伴随着风险。

随着 Twitter 的普及以及应用编程接口的易用性,许多第三方应用开发者采用 Twitter 应用编程接口来创建应用。只要有 Twitter 证书,这些基于 Twitter 的应用就可以运行。用户不能使用其他任何账号登录 Twitter 和基于 Twitter 的应用,甚至是开放身份账号,这种模式击败了单一的通用登录概念。

4.5 社交数据交换和携带:OAuth

OAuth 等开放组织给予用户许可,即授权第三方网站访问用户存储在其他服务提供商那里的个人信息,不需要分享访问许可或者数据信息的完整内容。有了 OAuth,通过应用生态系统分享信息的过程变得更加可信和安全,而且用户也能控制应用访问其账号的方式和时间了。例如,社交媒体统计学为商业应用提供了多种计量方法。这些应用可以利用 OAuth 向 Twitter(图 4.10)、Facebook 或者谷歌账号发出信任请求。

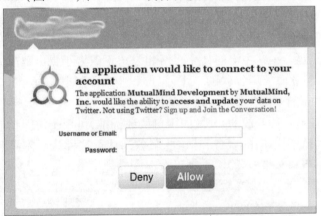

图 4.10　在 Twitter 上使用 OAuth 的例子

4.6 未来研究方向

社交媒体改变着信息流动和交易发生的方式。社交网络、网站和应用的蓬勃兴起将带来社会商业、社交客户关系及其他交易行为的变化。在这种快速变化的环境里,社交媒体软件和安全将成为研究的聚焦点。主要的论题包括:身份管理、身份盗取保护、应用和文本安全、安全威胁的信息处理。

这里列举了一些研究方向:
- 开发有隐私考量的社交用户关系软件
- 开发基于用户资料的隐私商店
- 开发隐私提醒软件(Lohr,2010),当发生在线共享信息等行为时,如果涉及隐私,

自动给用户发送提醒
- 确保基于社交网络的定位安全
- 对连接线下和在线行为的软件进行升级,以检测安全问题
- 管理企业和政府对社交媒体的应用,以避免数据泄露

据预计,采用新发明的方法,可用于解决这些富有挑战的问题。例如,以下内容摘自 Dwyer 等人(2010)撰写的一篇文章,该文阐述了他们对隐私储存的方法。

用户会在社交网络网站上无意间暴露个人隐私信息(SNSs)。信息猎手会挖掘这些公开敏感信息,用于广告、营销和兜售信息等目的。我们发布了一种新的方法来量化隐私,这种方法基于概率和平均值理论。仅仅依靠由该方法计算出的隐私泄露值总和,用户就能调整其在 SNSs 上发布的信息数量。过去的研究关注隐私量化,多是出于数据挖掘和位置发现的目的。本文的隐私度量方法解决了 SNSs 上无意的信息泄露问题。我们的度量方法帮助 SNSs 的用户发现在 SNSs 上发信息后,有多少隐私可能被储存。这是一种通过实验估算出的简单而精确的方法(Dwyer 等人)。

4.7 结论

社交网络仍在发展和使用的早期阶段。本章回顾了社交媒体安全和隐私方面的内容,同时介绍了解决安全和隐私问题上的多种尝试与努力。

本章还阐述了社交媒体开发的案例,讨论了其面临的挑战以及主流平台如何应对安全攻击和隐私泄露。我们给出了用户在管理和控制个人隐私设置上面临的困境,特别是隐私政策处于较混乱状态。

由于这是个活跃的研究领域,我们探讨了新的方法,还为延伸阅读提供了参考。我们还讨论了移动技术和定位数据给社交媒体隐私和安全带来了何种挑战。

读者需要认识到,赛博安全和隐私不仅仅是个技术问题,还是个社会和政策问题。因此需要采取适当的方法来解决技术、行为和政策上的问题。此外,还需要注意保持社交媒体的利益与安全隐私的解决方案间的平衡。

社交媒体平台带来的改变和新功能使得新的威胁出现。安全专家需要不断监测环境变化,并引导和告知大众这些威胁之所在以及如何排除。

由于这个话题涉及面广且动态性强,我们难以对其涉及的内容进行全方位的考察和阐述。希望读者参考以下文献资料,对相关资源进行扩展阅读。

参 考 文 献

[1] All Facebook. (2010). Facebook application leaderboard. Retrieved September 2010, from http://statistics. allfacebook. com/applications/ leaderboard/.

[2] Ante, S. (2010). Dark side arises for phone apps. Retrieved June 3, 2010, from http://online. wsj. com/article/ SB10001424052748703340904575 284532175834088. html.

[3] Boyd, D. (2010). Why privacy is not dead. Re - trieved September 2010, from http://www. tech - nologyreview. com/web/26000/.

[4] Cluley, G. (2010). How to protect yourself from Facebook Places. Retrieved September 17, 2010, from http://www.

sophos. com/blogs/ gc/g/2010/09/17/protect – facebook – places/.

[5] Cluley, G. (2010). Twitter "onmouseover" secu – rity flaw widely exploited. Retrieved September 21, 2010, from http://www. sophos. com/blogs/ gc/g/2010/09/21/twitter – onmouseover – security – flaw – widely – exploited/.

[6] Drapeau, M., & Wells, L. (2009). Social software and security: An initial net assessment. Wash – ington, DC: Center for Technology and National Security Policy, National Defense University.

[7] Dwyer, C., Hiltz, S. R., Poole, M. S., Gussner, J., Hennig, F., & Osswald, S. … Warth, B. (2010). Developing reliable measures of privacy manage – ment within social networking sites. 43rd Hawaii International Conference on System Sciences, (pp. 1 – 10).

[8] Facebook. (2010). Privacy policy. Retrieved Sep – tember 2010, from http://www.facebook.com/ privacy/explanation. php#! /policy. php.

[9] Facebook. (2010). Developers. Retrieved Septem – ber 2010, from http://developers.facebook.com/.

[10] Gates, G. (2010). Facebook privacy:Abewildering tangle of options. Retrieved May 12, 2010, from http://www.nytimes.com/interactive/2010/05/12/ business/facebook – privacy. html.

[11] Godwin, B., et al. (2008). Social media and the federal government: Perceived and real barri – ers and potential solutions. Retrieved December 23, 2008, from http://www.usa.gov/webcontent/ documents/SocialMediaFed%20Govt_Barriers – PotentialSolutions. pdf.

[12] Lohr, S. (2010, February 28). Redrawing the route to online privacy. New York Times. Retrieved March 27, 2010, from http://www.nytimes.com/2010/02/28/technology/internet/28unbox. html.

[13] McCarthy, C. (2010). Facebook phishing scam snares company board member. Retrieved May 10, 2010, from http://news. cnet. com/8301 – 13577_3 – 20004549 – 36. html?

[14] Puttaswamy, K. P. N., & Zhao, B. Y. (2010). Pre – serving privacy in location – based mobile social applications. Paper presented at HotMobile'10, Annapolis, Maryland.

[15] Rao, L. (2010). Twitter seeing 6 billion API calls per day, 70k per second. TechCrunch. Re – trieved from http://techcrunch.com/2010/09/17/ twitter – seeing – 6 – billion – api – calls – per – day – 70k – per – second/.

[16] Rowan, D. (2010). Six reasons why I'm not on Facebook. Retrieved September 18, 2010, from http://www.wired.com/epicenter/2010/09/six – reasons – why – wired – uks – editor – isnt – on – facebook/.

[17] Siciliano, R. (2010). Social media security: Us – ing Facebook to steal company data. Retrieved May 11, 2010, from http://www.huffingtonpost.com/robert – siciliano/social – media – security – usi_b_570246. html.

[18] Sophos. (2010). Security threat report. Retrieved January 2010, from http://www.sophos.com/ sophos/docs/eng/papers/sophos – security – threat – report – jan – 2010 – wpna. pdf.

[19] Twitter Blog. (2010). Links and Twitter: Length shouldn't matter. Retrieved June 8, 2010, from http://blog.twitter.com/2010/06/links – and – twitter – length – shouldnt. html.

[20] Twitter Blog. (2010). State of Twitter spam. Re – trieved March 23, 2010, from http://blog.twitter.com/2010/03/state – of – twitter – spam. html.

[21] Twitter Blog. (2010). Trust and safety. Re – trieved March 9, 2010, from http://blog.twitter.com/2010/03/trust – and – safety. html.

[22] Twitter Help Resources. (2009). About the Tweet with your location feature. Retrieved November 12, 2009, from http://twitter.zendesk.com/fo – rums/26810/entries/78525.

[23] Vamosi, R. (2008). Koobface virus hits Facebook. CNET. Retrieved December 4, 2008, from http:// news.cnet.com/koobface – virus – hits – facebook/.

[24] Vascellaro, J. (2010). Facebook glitch exposed private chats. Retrieved May 5, 2010, from http:// online.wsj.com/article/SB10001424052748703961104575226314165586910. html.

补 充 阅 读

[1] Blumberg, A., & Eckersley, P. (2009). On Loca – tional Privacy, and How toAvoid Losing it Forever. Retrieved Au-

gust 2009, from http://www.eff.org/ wp/locational‐privacy.

［2］ Carey, R., et al. (2009). Guidelines for Secure Use of Social Media by Federal Departments and Agencies. Retrieved September 2009, from http:// www.cio.gov/Documents/Guidelines_for_Se‐cure_Use_Social_Media_v01‐0.pdf.

［3］ Chen, X., & Shi, S. (2009). A Literature Review of Privacy Research on Social Network Sites. Mines, vol. 1, pp. 93‐97, 2009 International Con‐ference on Multimedia Information Networking and Security, 2009.

［4］ Cramer, M., & Hayes, G. (2010). Acceptable Use in theAge of ConnectedYouth: How Risks, Policies, and Promises of the Future Impact StudentAccess to Mobile Phones and Social Media in Schools. IEEE Pervasive Computing, 01 Apr. 2010. IEEE computer Society Digital Library.

［5］ Eston, T. Privacy and Security of Open Graph, Social Plugins and Instant Personalization on Facebook. Retrieved April 23, 2010, from http:// www.spylogic.net/2010/04/privacy‐of‐open‐graph‐social‐plugins‐and‐instant‐personalization‐on‐facebook/.

［6］ Facebook (2010). Press Room. Retrieved Sep‐tember 2010, from http://www.facebook.com/ press.php.

［7］ Hawkey, K. (2009). Examining the Shifting Nature of Privacy, Identities, and Impression Management with Web 2.0. Cse, vol. 4, pp. 990‐995, 2009 International Conference on Computational Science and Engineering, 2009.

［8］ Ho, A., Maiga, A., & Aimeur, E. (2009). Privacy protection issues in social networking sites. Aiccsa, pp. 271‐278, 2009 IEEE/ACS International Con‐ference on Computer Systems and Applications.

［9］ LinkedIn. (2010). About Us. Retrieved September 2010, from http://press.linkedin.com/.

［10］ Marwick, A. E., Murgia‐Diaz, D. & Palfrey, J. G (2010). Youth, Privacy and Reputation. Berkman Center Research Publication No. 2010‐5.

［11］ Meister, E., & Biermann, E. (2008). Implementa‐tion of a Socially Engineered Worm to Increase Information Security Awareness. Broadcom, pp. 343‐350, Third International Conference on Broadband Communications, Information Tech‐nology & Biomedical Applications.

［12］ Mitra, A. (2009). Multiple Identities on Social Networks: Issues of Privacy and Authenticity. Workshop on Security and Privacy in Online Social Networking. Retrieved 2009, from http://www.sis.uncc.edu/LIISP/WSPOSN09/index.html.

［13］ Nagy, J., & Pecho, P. (2009). Social Networks Se‐curity. Securware, pp. 321‐325, Third International Conference on Emerging Security Information, Systems and Technologies.

［14］ Ngoc, T. H., Echizen, I., Komei, K., & Yoshiura, H. (2010). New Approach to Quantification of Privacy on Social Network Sites. Aina, pp. 556‐564, 2010 24th IEEE International Conference on Advanced Information Networking and Applications.

［15］ Nielsen (2009). Global Faces and Networked Places. Retrieved March 2009, from http:// blog.nielsen.com/nielsenwire/wp‐content/up‐loads/2009/03/nielsen_globalfaces_mar09.pdf.

［16］ Rosenblum, D. (2007). What Anyone Can Know: The Privacy Risks of Social Networking Sites. IEEE Security and Privacy, 5(3), 40‐49. doi:10.1109/MSP.2007.75.

［17］ Schneier, B. (2010). Keynote speech by Bruce Schneier at Higher Education Security Summit, Indiana University. Retrieved April 2010, from http://bit.ly/d0le8N and from http://www.indiana.edu/~uits/cacrsummit10/program.html.

［18］ Wikipedia (2010). Data Protection Directive. Retrieved from http://en.wikipedia.org/wiki/ Data_Protection_Directive.

［19］ Wikipedia (2010). Facebook Privacy Criticism. Retrieved from http://en.wikipedia.org/wiki/Criti‐cism_of_Facebook.

［20］ Worthen, B. (2010). Web Watchdogs Dig for Privacy Flaws, Bark Loud. Retrieved June 2010, from http://online.wsj.com/article/SB10001424 052748704312104575298561398856680.html.

关键术语和定义

API: 应用编程接口。一种软件项目与其他项目共享数据的方法。

联系人：社交网站上互相之间联系的用户，能够共享和浏览彼此间和网站的信息。

"所有人"：Facebook 使用的术语，指的是互联网上所有的用户。常用在 Facebook 术语"朋友"和"朋友的朋友"的文本提示中。

追随者：对其他用户的更新和发布内容表示赞同的人。

OAuth：一种开放的工业标准，通过标记而非询问用户账号和密码的方式，许可用户跨网站分享隐私资源。

短链接：把长 URL（网站地址）转换为短 URL。例如，http://bit.Ly 提供了一种链接缩短服务。短连接在 Twitter 上很流行，因为 Twitter 有信息长度必须少于 140 个字的限制，所以每个字符都很重要。

社交网络网站：此类网站允许用户创建个人资料，能与其他用户联系，创建和共享数字文本信息和资源。

Tweets：Twitter 上的 140 字符内的文本信息。

Twitter：一种社交网络，该网络允许用户与用户间发布和共享 140 字符内的短信息，可以通过网站，也可以通过 sms 来完成。

删除好友：把像 Facebook 这样的社交网络网站上的"朋友"移出朋友圈。

第5章 僵尸网络与赛博安全:对抗网络威胁

Ahmed Mansour Manasrah 国家高等IPV6中心,马来西亚
Omar Amer Abouabdalla 国家高等IPV6中心,马来西亚
Moein Mayeh 国家高等IPV6中心,马来西亚
Nur Nadiyah Suppiah 国家高等IPV6中心,马来西亚

——┤摘要├——

互联网是采用协议和架构的方法设计的,最初的设计理念是基于相互间的信任,然而其天生就具有不安全因子。最基本的弱点很大程度上在于互联网的互联特征,连同软件业革命引起的大规模开发,比如以僵尸网络的形式。近年来,尽管人们付出大量努力,基于互联网的攻击活动,特别是通过僵尸网络的攻击,仍普遍存在,并且在国家和国际范围内引起了大量的危害。本章简要概述僵尸网络现象和它潜移默化的不良影响,同时描述了当今政府和组织为减轻其威胁而做的努力,以及在许多国家制约其发挥作用的瓶颈。本章还总结了一些对抗僵尸网络现象的调查研究。

5.1 引言

僵尸网络是互联网上由黑客集中控制的一群计算机,通常能完成分布式非法攻击活动。这种系统包括一系列被称为僵尸的受害机器,这些机器运行着恶意软件应用,又称僵尸程序。僵尸程序使得每个机器在不被所有者知晓的情况下被直接控制。由于互联网的特性和不安全系统的普遍存在,人们创造出大型僵尸网络,这些网络具有非常强大的综合计算能力,一旦被利用,会成为强大的赛博武器,不仅能记录在线服务,还会被用于非法谋利。当然,僵尸网络的所有者有可能遍布任何地方、任何城市、国家和大洲,但严重的是,互联网的架构方式使得僵尸网络能被匿名控制。僵尸程序要么用嵌入式命令被直接控制,要么通过控制中心或者网络上其他受害主机被间接控制。

僵尸网络发展迅速,用于盗窃个人数据的新方法也不断增加,这对政府部门和企业组织造成了伤害,也造成用户访问信息和服务的困难,还对互联网经济、个人网上隐私以及国民经济构成了严重威胁。不幸的是,无论何时只要攻击行为一发生,人们就容易责难基础技术,基础技术被认为应为此负责。然而,法律和政治体制在解决赛博安全威胁上,与技术一样有力,任何技术解决方案都必须符合社会标准和价值观。因此,减少僵尸网络的威胁,不能仅仅局限在技术解决层面。尽管技术是一个重要的起点,我们仍需要从一个清晰而宽广的视角来看待其面临的挑战,也许是任务整合方面的。事实上,也许正是僵尸网络构成的威胁,需要通过技术、策略、政策和法律的结合使用来应对。然而,多家国内外组织在提高防范意识、追踪恶意软件、改进法律结构、增强法律执行以及提高应对威胁的反

应等方面做出了大量努力,这些努力却收效甚微。

由此,我们可以看到,技术本身并不是万能的,而且,若其他人不配合行动,仅仅依靠单个国家或单个组织来单独解决问题也是不够的。因此,需要产生一个跨越国界的赛博安全平台,通过该平台来制定全球研究开发计划,开发全世界通用的赛博安全技术框架,建立有效机制,面向世界范围内宣传相关知识。而且,该框架还应尽可能地在全世界范围内增强监控,应对新发生的攻击,提供更好更动态的全球联动反应。只有一种包含了政策、操作规程和技术手段在内的综合方法,才能确保有效而完全的信息分享、协调以及跨境合作。这些努力想要奏效,需要所有相关的人都参与其中。而且,在国际组织进行全球协作活动时,这些努力会展示出巨大的推进效果。本章试图为不同组织在对抗僵尸网络的过程中面临的挑战和做出的努力,提供综合背景知识。

5.2 背景

僵尸程序这一术语,是机器人的简称,来自于捷克语,意思是"工作运转"(Saha& Gairola 2005)。通常在一些情况下,十到几十万的网络和数以百万计的僵尸程序共同组成了僵尸网络。这些僵尸程序由一个或者一群指挥者(攻击者/僵尸主人)操纵和下达指令,指挥者能够远程下令给僵尸程序,让其执行某些特定任务。由于僵尸网络的基础是一个个受害的主机,因此僵尸网络出现在多种类型的计算机系统中,比如家用电脑、学校、商业场所和政府办公室等,所有这些地方的主机必然包含有价值的数据,能给攻击者带来经济利益(Cooke, Jahanian, Mcpherson, & Danny 2005;Dagon 等, 2005;Gu 2008)。

赛门铁克公司下属的 MessageLabs,在 2009 年做了一份调查,识别出世界上最活跃的僵尸网络(Symentec 2009)。如表 5.1 所示,Cutwail 是目前存活的最大的僵尸网络,每天发出 74115721081 封带有兜售信息的邮件,每封邮件容量为 1400～2100KB。巴西有 14% 的主机遭到了感染,是被 Cutwail 感染最为严重的国家。此外,可以注意到,Darkmailer 是排名最后的僵尸网络,每天发出 93954453 封带有兜售信息的邮件,每封约 1KB(Symentec 2009)。

表 5.1 MessageLabs 调查结果:活跃的僵尸网络排名

Cutwail	毫无疑问,目前最大的僵尸网络。从 2009 年 3 月开始,它已在规模和僵尸程序输出上翻倍
Rustock	有时爆发性对外输出信息,当其活跃时,此类型僵尸网络显示出其大规模兜售信息的能力。不过,也经常进行不活跃的周期
Grum	仍在输出上不够完整,近几个月中越来越活跃
Donbot	尽管是众多僵尸网络中的一种,最近仍然不太活跃
Xarvester	早在 2009 年就是主要僵尸网络之一,但近几个月里,规模和输出均上大幅下降
Mega－D	2009 年早期的顶级僵尸网络,从那时起规模稳步减少,但从每分钟每个僵尸程序的信息兜售量产出看,它仍然是工作最努力的僵尸网络
Gheg	较小规模的僵尸网络,但有稳定的输出量
Asprox	零星输出。近期开始努力增加僵尸程序产量
Darkmailer	一种很小的僵尸网络,但由于每个僵尸程序每分钟纯粹的产出量,它开始受到关注

尽管病毒和蠕虫仍旧是一个巨大危害，他们也无法像僵尸网络那样对关键国家基础设施构成全球性的威胁。僵尸网络利用大量被感染主机定位一个或多个目标受害者，执行大规模的协同攻击（Green，Marchette，Northcutt，& Ralph 1999）。这些协同攻击会记录下重要的互联网资源。由 Mydoom. M（F - Secure 2009b）发起的大规模邮件蠕虫就是个例子，这种蠕虫以 1034/TCP 端口为攻击目标，发送邮件模拟邮件系统故障。W32. Randex. E（Symantec 2007）是一种通过 IRC 协议控制的 IRC 特洛伊木马。POLY - BOOT - B * （Trendmicro 2003）是一种被加密的带有记忆储存的驱动型病毒，会危害硬驱和软驱的启动区。需要注意的是，每种攻击在实施前都必须做好充足的准备。因此，攻击者需要不断发明新的方法和手段来危害更大范围内的主机，达到攻击的有效和不可追踪。最终，攻击者将总在不断吸收新的主机同时，保持已有主机可用。通过漏洞扫描、蠕虫开发、基于网络的恶意软件开发以及僵尸网络接管等方法，挖掘新的脆弱点，从而获取更多新成员（Cole，Mellor，& Noyes 2007）。

当今的僵尸程序和传统病毒或蠕虫是不同的，主要体现在僵尸程序具有一种有效负载，这种负载能够通过对互联网 IP 地址扫描，搜寻更多的脆弱主机。此外，僵尸程序还能通过命令和控制中心/服务端（C&C）与僵尸主人交流，不断进行升级。利用恶意应用程序进行犯罪繁殖的过程实际上是由一到多的自动复制过程（Bailey，Cooke，Jahanian，Xu，& Karir 2009）。一旦成功感染足够多的主机（即把他们变成僵尸），攻击者将运行一种"壳代码"，用来从远程服务器上下载僵尸程序二进制。之后，僵尸程序就会被装载在僵尸的某个可配置目录上，每次系统启动时一起激活（Rajab，Zarfoss，Monrose，& Terzis 2006）。很多网络拓扑结构采用像 P2P、IRC 和 HTTP 等常用的协议，僵尸与命令控制中心之间的通信通过多种类型的网络拓扑结构而频繁发生着（Rajab，et al. 2006）。这种通信模式的特点是既快速、可靠而且匿名、不可追踪。因此，攻击者可以不断发起多种类型的攻击，以获取最大限度的经济收益（Rajab，et al. 2006；Saha & Gairola 2005）。

在 2007 年 5 月，针对爱沙尼亚政府和商业网站，发生了一系列的赛博攻击。有些攻击包括肆意破坏网站、把网页替换成俄罗斯宣传或假冒信息。攻击致使高达 6 家网站在不同时段无法正常访问，其中涉及外交和司法部门的网站。大多数攻击是由数以千计的普通计算机组成的僵尸网络发起的。针对这些攻击，主要采用过滤阻断与外界通信的方法来进行抵御。例如，爱沙尼亚的第二大银行，SEB Eesti Uhispank，切断了来自国外对其网上银行服务的访问，却对其本地用户仍保持开放（Sydney morning herald，2007）。在攻击结束的三周里，某位研究人士在爱沙尼亚 9 个不同网站发现了至少 128 次单独的攻击，其中 35 次是针对爱沙尼亚警察部门的网站，另 35 次是针对财政部网站，36 次是针对爱沙尼亚国会、总理和普通政府网站的（Lemos and Robert，2007）。

5.3 当前努力

学术界、企业界和政府组织在发布僵尸网络的问题上做出了许多努力，旨在降低风险、追踪攻击者以及对抗威胁。例如，日本国家警察署的赛博武器中心（CFC）发明了一种捕获恶意程序和追踪僵尸网络的方法（Ono，Kawaishi，& Kamon 2007）。他们使用蜜罐

(EU 2008；Honeynet Project 2005，2006)来捕获恶意软件,分析其互联网流量来辨别潜在的僵尸程序。CFC 基于目的端口、源国家和时间线来对这些数据进行实时的分类。不幸的是,在评估裁决和相应的行动上,CFC 与其他全球执法机构之间缺少合适的联系与合作。然而,国与国之间的问题仍然是一个明显的限制。

微软也在对抗僵尸网络的过程中做出了一定的贡献,它发起了一个名为"Operation b49"的计划,记录下了一个重要的名为 Waledac 的用来兜售信息的僵尸程序(Cranton 2010)。Waledac 是一种蠕虫,它在每个被感染主机里以邮件附件方式传播病毒。一旦被安装,它会扫描本地文件以搜寻邮件地址,然后进行繁殖。攻击者可以通过远程服务端来对其发送命令(F-Secure 2009a)。统计显示,Waledac 是美国 10 大僵尸网络之一,每天有无数被感染计算机,发送高达 15 亿兜售信息的邮件。该计划的出现,从源地址、".com"和域名注册的层面上,切断了 Waledac 的运行。这个行动是非常关键的,因为它为僵尸网络的命令与控制中心以及全世界数以千计的僵尸计算机之间提供了连接。当然,在僵尸网络中对等的指挥控制层上,还可以采用其他的技术对抗手段来影响许多现存的通信。从另一方面看,这是一种必要的行动和解决方法,只是我们并不非常清楚这种行动是否在实施,如果是的话,它是在全球的层面上还是一个国家层面上,有待商榷。

思科研究人员研制了一种检测技术,能够发现僵尸主人使用何种手段来侵害计算机主机。这种方法作为 C&C 的通道,聚焦在 IRC 上,因为 IRC 协议对于恶意活动使用了一种非标准化的端口,能够对用户定制开放协议(Cisco 2009b)。思科 ASA 8.2 软件和思科 ASA 5500 系列设备通过监视所有的协议和端口,能够对僵尸网络流量进行过滤,以达到分辨和阻止 C&C 流量的目的。然而,该软件的数据库有限,需要频繁更新,且只能辨识已有的僵尸网络活动模式。这些更新只能通过成熟而广泛的国际合作而实现,因为发生在某个国家的一次攻击也许不会同时在另一个国家出现。因此,不断学习已有的攻击手段也许是在未来避免遭受更多攻击的第一步。

总部设在瑞士日内瓦,有 191 个成员国家和超过 700 个部门成员(ITU 2010)的国际电信同盟(ITU),是另一个为减少僵尸网络威胁而付出努力的大型组织。ITU 的减轻僵尸网络威胁工具包,采用了一种多要素多保管人的策略,来识别和记录下每一个与恶意程序或者僵尸网络活动相关的域名(Secor,2008)。但是,该工具包仍处在提议阶段,还尚未实施。而且,该工具包无法全面地表达主机被侵害而遭到感染带来的社会影响,也无法明确定位用户的角色。

政府部门制定并发布相关规章制度,也在为增强信息安全做出努力。例如,早在 1994 年,中华人民共和国就发布了《计算机信息系统安全防护法律法规》(APEC,2008)。2002 年 4 月,日本内务省和交通省颁布了一条反兜售信息的法律(对特定电子邮件传输管理的法律),来明确提示兜售信息的危害(APEC,2008)。大韩民国,这个擅长信息兜售的国家,在 2001 年签订了《信息通信网络使用促进和信息保护法案》等系列法律。2002 年 7 月,欧盟批准发布了《欧盟隐私和电子通信指示》(APEC,2008)。像意大利、英国、丹麦和西班牙等其他欧盟成员国家如果没有基于这个协议的契约存在,就不能在欧盟境内发送商业信件(EU,2008)。还有许多其他国家也投入了精力和金钱,来声明互联网安全。然而,以上措施和法规仅仅对兜售信息的情况有效。兜售信息只是僵尸网络的一种行为,而众所周知,僵尸网络还包括蠕虫等其他活动。因此,无法从全球的角度,在任何互联网相关的安全法案、制度和法规中,对僵尸网络威胁进行联合声明。

互联网服务提供商 ISP,负责提供互联网、电子邮件等多种类型的服务,是攻击者瞄准的重点目标。像 MAAWG(MAAWG,2010),IETF(IETF,2010)和 IAB(IAB,2008)这样的组织在这个领域进行了大量的研究(Sector,2008)。技术手段包括对入境电子邮件的过滤,比如 HELO 过滤(Inc,2004);还有出境过滤,目的是阻止来自其他 ISP 的感染;路由层面的过滤,包括采用边界路由协议 BGP,对源地址流量欺骗的过滤(NISCC,2004);对 25 号端口的管理(MAAWG,2010);以及类似 DKIM(DKIM,2009)这样的认证机制,发送人 ID(Microsoft,2006)和 SPF(SPF,2008)。ISP 在这一战役中扮演着重要角色。在世界范围内,ISP 和多个玩家之间应当有一个合适的信息分享渠道。某次攻击可能指向一个 ISP 网络,但出于名声的考虑,此次攻击可能不被大众所了解。在对抗像僵尸网络这样的网络进程方面,为了吸取教训和早期预防,联合起来消除对安全团体和机构的攻击威胁,这的确是非常重要的一步。

5.4 减少僵尸网络威胁的限制因素

为什么现有的技术和策略很少发挥作用呢?有人谴责说是由于缺少恰当的统计数据使得知识资产保管人缺少相关方面的意识所造成(Bergstrand, Borryd, Lindmark, & Slama 2009)。的确,我们知道大多数 ISP 无法遵守有关僵尸网络方面的限制,因为大多数工作只是估计该问题的规模。例如,瑞典邮政电信机构(PTS)预计,在瑞典,仅有不到1%的连接宽带的主机被感染(Bergstrand 等,2009)。另一方面是用户行为,会引起所有由 ISP 提供的防护措施无效。这个问题的出现,源自对信息安全相关的技巧和认识不够(Bergstrand 等,2009)。因此,需要靠培训来解决,培训对象既包括信息安全专家,也包括普通用户。第一个对用户进行培训的政府是美国政府,早在 1987 年,就有规定出台,强制要求新员工接受定期的信息安全培训(APEC,2008)。这确实是一个很好的实践,但是我们并不清楚这些课程是否仍旧在开设。然而,僵尸网络具有全球危害性,即使某一个国家单方面努力,也是无法解决全部问题的。

目前,政府、工业和民间团体都在努力为其终端用户指定适当的规章制度。但是,仍存在些问题阻止这一进程,特别是缺少相应的资源来处理僵尸网络带来的影响。而且,由于所有的努力都具有相同的特征,会引起大量的重复工作。因此,最好是采用一种系统方法对资产保管人进行分类,比如基于地理位置、角色或者是政策。为了沟通更顺畅,需要他们之间相互开展合作(Sector,2008)。

5.5 解决方法和建议

许多人会认为,尽管其经济和社会影响难以量化,由恶意软件引起的危害仍是巨大的,并且需要去减少。也就是说,人们应当考虑采取些行动来对抗僵尸网络。这些包括:不同参与者的角色和职责、市场参与者开展活动的动机、那些擅长对抗僵尸网络的组织和团体业已采取的行动。在不同的参与者中,恶意程序需要考虑的是:
- 用户(家庭用户、小型和中型组织(SMEs),公共和私人部门组织),这些用户的数据和信息系统是潜在的目标,而且这些用户有不同程度的能力来保护他们的数据和信息系统。

- 软件供应商,他们开发可信、可靠、安全的软件。
- 反病毒厂商,他们给用户提供安全解决方案(例如在恶意程序上用最新信息升级反病毒软件)。
- 互联网服务提供商(ISPs),他们管理网络,为上述机构连接使用互联网服务。
- 法律实施机构,他们授权调查和检举赛博犯罪。
- 政府机构,他们管理政府信息系统和关键信息基础设施的安全风险。
- 政府和政府内组织,他们研究国内和国际政策、法律工具,增强预防、检测能力,提高对恶意程序传染和相关犯罪的反应能力。

组织在参加对抗恶意程序的行动时,对正在进行活动的性质、成功和限制的理解也很重要,因为需要评估如何增强对恶意程序的预防和应对。许多参与者在国家和经济上采取了大量的努力,在国际层次上进行合作、提高意识、治理恶意程序、设计或修改法律框架、增强法律实施力度以及提高反应能力。例如:

- 许多网站和资源可用来帮助终端用户和组织保护他们的信息系统。
- 许多团体追踪、测试,有时甚至发布他们对抗恶意程序和其他威胁的经验数据(CME 2007)。再者,有图表(CERT 2006)显示,在发生恶意感染事件时,可以为市面上最新和最流行的病毒威胁提供单一或通用的标识,以降低公众的困惑。
- 世界上许多国家有对抗黑客、兜售信息、数据接口和系统接口相关的法律条款。而且,欧洲赛博安全理事会公约是世界上第一个也是唯一的公约,它从法律上把在线犯罪活动出现的问题进行多边条约绑定,世界上有 43 个国家是该组织成员。

对抗恶意程序是非常复杂的,且会受益于更综合的测试、合作和政策措施。在许多正在采取的行动(OECD 2008)为对抗恶意程序做出努力的同时,仍旧有许多需要提高的方面。

5.5.1 对抗僵尸网络的全球合作

解决全球问题的方式并不新颖,由于参加的角色甚为广泛,对抗恶意程序显示出特别的复杂性。各类组织加入对抗恶意程序的活动中,不论政府、企业、用户或者是科研机构,都需要提高对其面临挑战和合作机会的理解,而且,他们之间的合作必须是全球性的。如果没有很好的配合,光靠一个国家或者一个团体,不足以有效组织全球间的合作。

5.5.2 预防性策略框架

这个框架用以检验和推动更大的努力,以提高在线用户对恶意程序的风险意识,以及加强信息系统安全所应采取的措施。在更新 IETF 安全手册 RFCs 时,应当鼓励把恶意程序带来的新挑战写入其中,目的是提高安全标准和安全准则。应当鼓励像恶意软件检测与分析、安全可用性这样的研发活动——弄清人们如何与机器、软件和在线资源相交互。

5.5.3 政策框架/法律实施

这个框架用以检验在提供公共支援和分享对赛博犯罪的起诉信息方面,政府所做出的努力。此外,这个框架还用以对 CSIRT 团队和法律实施机构间进行检查和发起协作。最后,还对专门的赛博犯罪法律实施机构进行必要的资源核查,与其他公共和私人保管者之间进行合作,调查并检举赛博犯罪。

5.5.4 技术措施框架

这个框架可以检查过滤等类型的技术手段,以帮助我们更好地理解如何对抗恶意软件,如何给用户提供更好的工具以监视和检查恶意代码攻击时和攻击后的活动。

总之,只有通过包含政策、操作规程和技术防御措施等在内的综合手段,才能确保信息分享、共同授权和跨境合作被有效整合和实现。全球"反僵尸网络合作"的成功需要来自所有成员的积极参与。然而,这样的努力体现了国际组织在通过国际合作行动,克服重重困难,发布像僵尸网络这样的国际威胁的能力方面的进步。另一方面,政府应当设置专门的预算,致力于信息安全,预算应当覆盖到国际条约的建立、高安全软件的开发、增强用户意识的教育和培训,以及增强组织安全等方面。而且,一些国家已经为像执行 DDOS 攻击和发送兜售信息邮件这样的互联网犯罪,制定了惩罚措施严格的法律条款(APEC, 2008)。然而,仍缺少专门的法律和制度来针对僵尸网络。因此,政府应当在国际会议上进行合作,制定可以应用于全世界的专门的法规。

5.6 未来研究方向

目前大多数研究集中在潜在的问题上,而社会、教育和技术层面上存在的问题几乎没有人去研究。然而,基于过去和正在进行的研究,我们在这儿大致列举几条与僵尸网络相关的,一些需要引起关注的赛博安全问题,这些问题别处还没有人列出:

(1)国内和国际法律实施。联网计算机上的敌对方可以轻而易举地从千里之外对目标方实施攻击。常常很难辨认出这类攻击的罪犯,甚至即使罪犯被找到,对其进行跨越国际界限的犯罪起诉也常常是困难的。

(2)教育。个人互联网用户需要持续维护和更新他们系统的安全。企业和大型组织也必须加强安全管理实践。例如,一些大型组织目前为其所有系统设置了严格的安全准则。所有的计算机和联网服务器都能被自动更新,不遵守安全政策的系统一律不允许上线。

(3)信息安全。信息安全指的是在网络上采取保护措施或备份信息。因此,它也包括物理安全、人员安全、犯罪法律以及调查、经济状况以及其他问题。这些因素需要被包含在赛博安全从业者培训课程中、支撑法律以及可获取的技术手段中。

(4)社会学问题。在许多与赛博安全相关的领域里,有着冲突的利益和需求,有必要对这些紧张局面,在赛博安全的综合解决方法中进行提及。例如,在抵御攻击和跟踪赛博罪犯的过程中,有必要确定互联网上数据包的源头,但是这些行为可能会受到一些个人隐私权维护者的察觉。另一个例子,一些国家和个人被认为是必要的数据过滤的行为,在另一些地方却被当成是不受欢迎的人口调查。这些问题涉及道德、法律和社会等多方面,同技术手段一样受关注。所有这些非技术类因素使得赛博安全问题变得更加具有挑战性。

因此,一个理想的解决办法是建立僵尸网络活动的赛博安全平台,把学者、研究人员、组织以及政府联合起来。赛博安全平台应当旨在构建赛博安全研究平台,制定国际研发计划,研究未来能保护信息系统和网络的技术手段。赛博安全平台可以主要包含以下内容:

(1) 搭建战略平台,旨在增强用户意识,主持并安排世界范围内的国际赛博安全会议。此外,战略平台也应当在标准化上下功夫,在国家之间调和赛博安全意识,与已有的法律机构一起联手开发教育项目,这也会使得国际法律实施机构项目开发能力迅速增强。这本身也将是赛博安全知识在国际范围内的有效传播机制。聚焦在道德、文化、行为和其他可能会导致非技术安全缺失方面的同时,战略平台也应当朝着为人们如何与信息基础设施交互方面提供重要输入,为技术层面做出贡献。再者,平台也应当为关于社会学和行为学方面可能导致人们犯下赛博罪行的研究提供便利。这也应当被考虑进任何政策框架中,把社会学/行为学方面的影响因素纳入其中。

(2) 工程平台是进行创新和检测的平台,为建立标准的赛博安全风险评估框架提供帮助。这个框架也应当提供多种赛博安全需求控制手段和基线。这些控制基线是开发有效的赛博安全事件报告机制的第一步。当攻击行动被多方面的监视活动检测到时,可以提供更好的动态保护以做出反馈。这个工程平台也应当使得多种基于改进的正常流量行为模型而进行的工具开发变得便利。它还应当辨识出赛博攻击的源头,包括网络流量的跟踪,通过行为辨识出攻击者,在非合作网络环境中搜集证据,以用于将来的研究。

(3) 最后,这个平台应当回顾、分析并进一步增强国家间已有的赛博法律,通过关闭国家间在僵尸网络威胁领域中的赛博法律缺口,发布赛博安全威胁(僵尸网络)的动态特征,分析僵尸网络犯罪和隐私法律之间产生的冲突,指导并监视信息系统,在任何行为发生之前,确保它们符合公开的安全政策。平台还提供国际法律和标准的考虑,赛博安全技术、政策和实现上的影响。这些考虑应当有来自工程和战略平台的多种技术、社会学和行为学方面的因素。

5.7 结论

随着攻击变得越来越精密,攻击者也越来越聪明。因此,应当不断提高和升级防御能力。在本章中,我们从三个主要领域广泛地讨论了在减少僵尸网络威胁方面的努力:政府或团体,互联网服务提供商以及个人用户。对于政府部门,我们的建议是在不断出现的安全威胁和相关政策及规定的实施方面,制定长期的训练计划。对于互联网服务提供商,鉴于他们在提供互联网服务方面的关键性作用,应当加强其基础设施建设,构建更强大的防御系统,对某些资源使用过滤策略,与其他互联网服务提供商共同分享僵尸网络信息。对于个人用户,是目前来看最为脆弱的一方,应当做好准备,对脆弱点保持警觉,掌握技术问题和检测方法,并学习如何使用和应用技术手段。

总之,国家或团体为其网络单独组织或构建策略已经不再有用或有效。每个国家的制度和政策受到国与国之间界限的制约,然而攻击者发起的攻击并不受此限制。因此,政府和团体必须在功能层面建立健全的交流渠道,用来分享信息和协调解决手段,制定专门的政策来应对随时随地可能发生的威胁。

参 考 文 献

[1] APEC. (2008). Guide on policy and technical approaches against botnet. Lima, Peru.

[2] AusCERT. (2002). Increased intruder attacks against servers to expand illegal file sharing net - works. (AdvisoryAA - 2002.03). Retrieved March 27, 2010, from http://www. auscert. org. au/render. html? it = 2229&cid = 1.

[3] Bailey, M., Cooke, E., Jahanian, F., Xu, Y., & Karir, M. (2009). A survey of botnet technology and defenses. Paper presented at the 2009 Cyber - security Applications \& Technology Conference for Homeland Security.

[4] Bergstrand, P., Borryd, K., Lindmark, S., & Slama, A. (2009). Botnets: Hijacked computers in Sweden (No. PTS - ER, 2009, 11.

[5] Bort, J. (2007). How big is the botnet prob - lem? Network World. Retrieved March 27, 2010, from http://www. networkworld. com/ research/2007/070607 - botnets - side. html.

[6] Canavan, J. (2005). The evolution of malicious IRC bots.

[7] CERTCoordination Center. (2006). List of CSIRTs with national responsibility. Retrieved from http:// www. cert. org/ csirts/national/contact. html.

[8] Cisco. (2009). Cisco ASA botnet traffic filter. Retrieved March 27, 2010, from http://www. cisco. com/en/US/prod/vpndevc/ps6032/ps6094/ ps6120/botnet_index. html.

[9] Cisco. (2009). Infiltrating a botnet. Retrieved March 27, 2010, from http://www. cisco. com/web/ about/security/intelligence/bots. html.

[10] CNet News. (Jan 2010). InSecurity complex, Behind the China attacks on Google (FAQ). Re - trieved from http:// news. cnet. com/8301 - 27080_3 - 10434721 - 245. html? tag = mncol;txt.

[11] Cole, A., Mellor, M., & Noyes, D. (2007). Botnets: The rise of the machines. Paper presented at the 6th Annual Security Research Associates Spring Growth Conference.

[12] Common Malware Enumeration (CME). (2007). Data list. Retrieved from http://cme. mitre. org/ data/list. html.

[13] Cooke, E., Jahanian, F., & Mcpherson, D. (2005). The zombie roundup: Understanding, detecting, and disrupting botnets. In Workshop on Steps to Reducing Unwanted Traffic on the Internet (SRUTI), (pp. 39 – 44).

[14] Cranton, T. (2010). Cracking down on bot - nets. Retrieved March 27, 2010, from http:// microsoftontheissues. com/cs/blogs/mscorp/ archive/2010/02/24/cracking - down - on - botnets. aspx.

[15] Dagon, D., Gu, G., Zou, C., Grizzard, J., Dwivedi, S., Lee, W., et al. (2005). A taxonomy of botnets. Paper presented at the CAIDA DNS - OARC Workshop.

[16] DKIM. (2009). DomainKeys identified mail (DKIM). Retrieved March 27, 2010, from http:// www. dkim. org/.

[17] EU. (2008). About European Union. Retrieved March 27, 2010, from http://europa. eu/index_ en. htm.

[18] F - Secure. (2009). Email - Worm: W32/Waledac. A. Retrieved March 27, 2010, from http://www. f - se - cure. com/v - descs/email - worm_w32_waledac_a. shtml.

[19] F - Secure. (2009). Mydoom. M. Retrieved April 07, 2010, from http://www. f - secure. com/v - descs/ mydoom_m. shtml.

[20] freed0. (2007). ASN/GeoLoc reports and what to do about them. Retrieved March 27, 2010, from http://www. shadowserver. org/wiki/pmwiki. php/ Calendar/20070111.

[21] Gandhi, M., Jakobsson, M., & Ratkiewicz, J. (2006). Badvertisements: Stealthy click - fraud with unwitting accessories. Journal of Digital Forensic Practice, 1(2). doi:10. 1080/15567280601015598.

[22] Green, J., Marchette, D., Northcutt, S., & Ralph, B. (1999). Analysis techniques for detecting co - ordinated attacks and probes. Paper presented at the Intrusion Detection and Network Monitoring, Santa Clara, California, USA.

[23] Gu, G. (2008). Correlation - based botnet detection in enterprise networks. Unpublished Dissertation, Georgia Institute of Technology, Georgia.

[24] Honeynet Project. (2005). Know your enemy: GenII honeynets. Retrieved from http://old. hon - eynet. org/ papers/gen2/.

[25] Honeynet Project. (2006). Know your enemy: Honeynets. Retrieved March 27, 2010, from http://old.honeynet.org/papers/honeynet/.

[26] IAB. (2008). IAB documents and current activi-ties. Retrieved March 27, 2010, from http://www.iab.org/documents/index.html.

[27] IETF. (2010). Operational security capabilities for IP network infrastructure (OPSEC). Retrieved March 27, 2010, from http://datatracker.ietf.org/wg/opsec/charter/.

[28] ITU. (2008). ITU botnet mitigation toolkit: Back-ground information.

[29] ITU. (2010). About ITU. Retrieved March 27, 2010, from http://www.itu.int/net/about/#.

[30] Lemos, R. (2007). Estonia gets respite from web attacks. Security Focus. Retrieved from http://www.securityfocus.com/brief/504.

[31] Li, C., Jiang, W., & Zou, X. (2009). Botnet: Survey and case study. Paper presented at the Fourth International Conference on Innovative Computing, Information and Control (ICICIC).

[32] MAAWG. (2010). MAAWG published docu-ments. Retrieved March 27, 2010, from http://www.maawg.org/published-documents.

[33] Messmer, E. (2009). America's 10 most wanted botnets. Retrieved March 27, 2010, from http://www.networkworld.com/news/2009/072209-botnets.html.

[34] Micro, A. T. (2006). Taxonomy of botnet threats.

[35] Microsoft. (2006). Sender ID. Retrieved March 27, 2010, from http://www.microsoft.com/mscorp/safety/technologies/senderid/default.mspx.

[36] Microsoft. (n.d.). Windows products. Retrieved March 27, 2010, from http://www.microsoft.com/windows/products/.

[37] OECD Ministerial Background Report. (2008). DSTI/ICCP/REG(2007)5/FINAL, malicious software (malware): A security threat to the Interne economy.

[38] Myers, L. (2006, October). Aim for bot coordination. Paper presented at 2006 Virus Bulletin Conference (VB2006).

[39] National Infrastructure Security Co-Ordination Centre. (2004). Border gateway protocol.

[40] Ono, K. Kawaishi, I., Kamon. T. (2007). Trend of botnet activities. Paper presented at 41st Annual IEEE International Carnahan Conference on Security Technology.

[41] Puri, R. (2003). Bots & botnet: An overview.

[42] Rajab. M. A., Zarfoss, J., Monrose, F., & Terzis, A. (2006). A multifacetecd approach to understanding the botnet phenomenon. Paper presented at 6th ACM SIGCOMM conference on Internet measurement.

[43] Saha. B., & Gairola, A. (2005). Botnet: An overview.

[44] Sink, C. (July 2004). Agobot and the kit.

[45] SPF. (2008). Sender policy framework.

[46] Symantec. (2007). W32. Randex. E. Retrieved March 27, 2010, from http://www.symantec.com/security_response/wrileup.jsp?docid=2003-081213-3232-99.

[47] Symantec MessageLabs. (2009). MessageLabs intelligence: Q2/June 2009.

[48] Symantec, (n.d.). Learn more about viruses and worms.

[49] Szor. F. P. a. P. (2003). An analysis of the slapper worm exploit.

[50] The Shadowserver Foundation. (2007). Botnets. Retrieved March 27, 2010, from http://www.shadowserver.org/wiki/pmwiki.php/Information/Botnets#toc.

[51] The Sydney Morning Herald. (2007). Cyber attacks force Estonian bank to close website. Retrieved from http://www.smh.com.au/news/breaking-news/cyber-attacks-force-estonian-bank-to-close-website/2007/05/16/1178995171916.html.

[52] Trendmicro. (2003). POLYBOOT-B*. Retrieved from http://threatinfo.trendmicro.com/vinfo/vi-rusencyclo/default5.asp?VName=POLYBOOT-B*.

补充阅读

[1] Akiyama, M., et al. (2007) A proposal of metrics for botnet detection based on its cooperative be-havior. Proceedings of the Internet Measurement Technology and its Applications to Building Next Generation Internet Workshop (SAINT 2007). pp. 82–82.

[2] Bacher, P., Holz, T., Kotter, M., & Wicherski, G. (2005) Know your Enemy. Available from URL: http://www.honeynet.org/papers/bots/.

[3] Castillo-Perez, S., & Garcia-Alfaro, J. (2008) Anonymous Resolution of DNS Queries. Lec-ture Notes in Computer Science, International Workshop on Information Security (IS'08), International OTM Conference. pp. 987–1000.

[4] Choi, H., Lee, H., Lee, H., & Kim, H. (2007) Botnet Detection by Monitoring GroupActivities in DNS Traffic. Seventh IEEE International Conference on Computer and Information Technology (CIT 2007). pp. 715–720.

[5] Cooke, E., Jahanian, F., & Mcpherson, D. (2005) The Zombie Roundup: Understanding, Detecting, and Disrupting Botnets. In The 1st Workshop on Steps to Reducing Unwanted Traffic on the Internet (SRUTI 2005). pp. 39–44.

[6] Dagon, D. (2005) Botnet Detection and Response. The Network is the Infection, OARC Workshop, 2005. Available from URL: http://www.caida.org/workshops/dns-oarc/200507/slides/oarc0507-Dagon.pdf.

[7] Global Secure Systems, M. A. P. S. (2008). In-troduction to the Realtime Blackhole List (RBL). Retrieved March 27, 2010, from http://www.mail-abuse.com/wp_introrbl.html.

[8] Gomes, L. H., Cazita, C., Almeida, J. M., Almeida, V., & Meira, J. W. (2004). Characterizing a spam traffic. Paper presented at 4th ACM SIGCOMM Conference on Internet Measurement, Taormina, Sicily, Italy, (pp. 356–369).

[9] Gower, J. C. (1971). A general coefficient of similarity and some of its properties. Biometrics, 27(4), 857–871. doi:10.2307/2528823.

[10] Gu, G. (2008) Correlation-Based Botnet Detection In Enterprise Networks. Ph.D thesis, College of Computing. Georgia Institute of Technology, Georgia. pp. 1–6.

[11] Harris, E. (2003). The Next Step in the Spam Control War: Greylisting. PureMagic Software - Projects. Retrieved March 27, 2010, from http://projects.puremagic.com/greylisting/index.html.

[12] Husna, H., Phithakkitnukoon, S., Palla, S., & Dantu, R. (2008). Behavior analysis of spam botnets. 3rd International Conference on Com-munication Systems Software and Middleware and Workshops (pp. 246–253).

[13] Ianelli, N., & Hackworth, A. (2005). Botnets as a Vehicle for Online Crime (pp. 1–28). CERT Coordination Center.

[14] Jian, Z., Zhen-Hua, D., & Wei, L. (2007). A Behavior-Based Detection Approach to Mass-Mailing Host. Paper presented at International Conference on Machine Learning and Cybernetics (pp. 2140–2144).

[15] Kim, M. C., & Choi, K. S. (1998). A comparison of collocation-based similarity measures in query expansion. Information Processing & Manage-ment, 19–30.

[16] Kristoff, J. (2004) Botnets. North American Net-work Operators Group (NANOG 32). Available from URL: http://www.nanog.org/mtg-0410/kristoff.html.

[17] Kugisaki, Y., Kasahara, Y., Hori, Y., & Sakurai, K. (2007) Bot Detection based on Traffic Analysis. International Conference on Intelligent Pervasive Computing (IPC). pp. 303–306.

[18] Lim, T. M., & Khoo, H. W. (1985). Sampling Properties of Gower's General Coefficient of Similarity. Ecology, 66 (5), 1682–1685. doi:10.2307/1938031.

[19] Miao, Y., Qiu-Xiang, J., & Fan-Jin, M. (2008). The Spam Filtering Technology Based on SVM and D-S Theory. First International Workshop on Knowledge Discovery and Data Mining (WKDD) (pp. 562–565).

[20] Mockapetris, P. (1987) Domain Names - Concepts And Facilities. RFC 1034. Available from URL: http://www.faqs.org/rfcs/rfc1034.html.

[21] Mockapetris, P. (1987) Domain Names - Imple-mentationAnd Specification. RFC 1035. Available from URL: http://www.faqs.org/rfcs/rfc1035.html.

[22] Oikarinen, J., & Reed, D. (1993) Internet relay chat protocol. RFC 1459. Available from URL: http://www.faqs.org/rfcs/rfc1459.html.

[23] Qiong, R., Yi, M., & Susilo, W. SEFAP: An Email System for Anti–Phishing. In Proceedings of the ICIS 6th IEEE/ACIS International Conference on Computer and Information Science (pp. 782–787).

[24] Ramachandran, A., & Feamster, N. (2006). Un–derstanding the network–level behavior of spam–mers. SIGCOMM Comput. Commun. Rev., 36(4), 291–302. doi:10.1145/1151659.1159947.

[25] Ramachandran, A., Feamster, N., & Dagon, D. (2006) Revealing botnet membership using dnsbl counter–intelligence. 2nd Workshop on Steps to Reducing Unwanted Traffic on the Internet (SRUTI 2006).

[26] Rieck, K., Laskov, P. & Klaus–Robertmuller. (2006) Efficient Algorithms for Similarity Mea–sures over Sequential Data: A Look Beyond Ker–nels. Proc of 28th DAGM Symposium (LNCS). pp. 374–383.

[27] Sandford, P. J., Sandford, J. M., & Parish, D. J. (2006). Analysis of SMTP Connection Character–istics for Detecting Spam Relays. Paper presented at International Multi–Conference on Computing in the Global Information Technology (pp. 68–68).

[28] Sauver, J. S. (2005). Spam Zombies and Inbound Flows to Compromised Customer Systems. Paper presented at MAAWG General Meeting, San Diego, 2005.

[29] Schiller, C. A., Binkley, J., Harley, D., Evron, G., Bradley, T., Willems, C., & Cross, M. (2007). Botnets: The Killer Web App (pp. 77–93). Syn–gress Publishing. doi:10.1016/B978–159749135–8/50005–6.

[30] Schonewille, A., & Helmond, D.–J. V. (2006). The Domain Name Service as an IDS. Master's Project (pp. 5–14). Netherlands: University of Amsterdam.

[31] Symantec (2007) Internet Security Threat Report White Paper. Available from URL: http://www.symantec.com/.

[32] Tu, H., Li, Z.–T., & Liu, B. (2007). Detecting Botnets by Analyzing DNS Traffic (pp. 323–324). Intelligence and Security Informatics.

[33] Weimer, F. (2005) Passive DNS Replication. In 17th Annual FIRST Conference on Computer Security Incident Handling (FIRST 2005).

[34] Whyte, D., Oorschot, P. C. v., & Kranakis, E. (2006). Addressing SMTP–Based Mass–Mailing Activity within Enterprise Networks. In Pro–ceedings of the 22nd Annual Computer Security Applications Conference (pp. 393–402). IEEE Computer Society.

[35] Wills, C. E., Mikhailov, M., & Shang, H. (2003) Inferring Relative Popularity of Internet Applica–tions byActively Querying DNS Caches. Proceed–ings of the 3rd ACM SIGCOMM conference on Internet measurement. PP. 78–90.

[36] Xie, Y., Yu, F., Achan, K., Gillum, E., Goldszmidt, M., & Wobber, T. (2007) How Dynamic are IP Addresses. In Proceedings of the 2007 conference on Applications, technologies, architectures, and protocols for computer communications (SIG–COMM 2007).

[37] Yoshida, K., Adachi, F., Washio, T., Motoda, H., Homma, T., Nakashima, A., et al. (2004). Density–based spam detector. Paper presented at TenthACM SIGKDD International Conference on Knowledge Discovery and Data Mining, Seattle, WA, USA (pp. 486–493).

[38] Zhaosheng, Z., Guohan, L., Yan, C., Fu, Z. J., Rob–erts, P., & Keesook, H. (2008). Botnet Research Survey. Paper presented at 32nd Annual IEEE International Conference on Computer Software andApplications (COMPSAC '08) (pp. 967–972).

[39] Zou, C. C., & Cunningham, R. (2006) Honeypot–Aware Advanced Botnet Construction and Main–tenance. Proceedings of the 2006 International Conference on Dependable Systems and Networks (DSN 2006). PP. 100–208.

第6章 现代异常检测系统的评估(ADSs)

Ayesha Binte Ashfaq 国立科学技术大学(NUST),巴基斯坦
Syed Ali Khayam 国立科学技术大学(NUST),巴基斯坦

---- 摘要 ----

由于网络攻击的快速发展,人们对可检测出零日漏洞攻击的基于网络的异常检测系统越来越关注。这时,评估现有的异常探测器以学习它们的优劣显得较为重要。因此,作者试图评估八个显著的在网络环境中恶意端口扫描攻击下的异常探测器的性能。这些异常检测系统可以按照三个标准进行评估:精确度(ROC 曲线)、可测量性(关于不断变化的正常流和攻击流速率,部署点)以及检测时延。基于实验,我们提炼出有价值的准则来提高精确度和存在范围,以及未来异常探测器。据显示,被提议的准则为所有被评估的异常检测系统提供了可观的精确度改进。

6.1 引言

随着宽带互联网连接的快速渗透和全球信息基础设施的指数级增长,个人和组织目前在通信和商业需求上过于依赖互联网。虽然这些易获取的网络连接大大促进了经营效率和联网,但是互联网相连的信息系统在面对网络攻击时,仍存在许多脆弱点。过去的几年里,这些攻击在数量和复杂度上快速增长(赛门铁克,2002-2008)。恶意程序、僵尸网络、兜售信息邮件、网络仿冒以及拒绝服务攻击已经成为当今网络和主机面临的持续不断的威胁(赛门铁克,2002-2008;McAfee,2005)。这些攻击带来的经济损失高达数十亿美元。除了给企业和公司带来的短期收入损失,网络攻击也损害了信息的机密性和完整性,破坏服务,进而导致长期可靠性的损失。

自从2001年"红色代码"蠕虫的出现,恶意程序攻击对网络和主机呈现出普遍和潜在的安全威胁。过去的几年里,许多基于网络的异常检测系统(简称 NADSs)被用于检测新的网络攻击(Williamson,2002—Cisco NetFlow)。自从恶意端口扫描成为恶意程序和其他自动工具进行定位和破坏潜在脆弱主机的工具后,这些异常检测器被设计专门用于进行端口扫描检测(Williamson,2002-Ganger,2002),(Zou,2003),其他类型的检测器则多为通用类的,用来检测不规则流量趋势(Mahoney,2001-Soule,2005),(Gu,2005)。大多数基于网络的异常检测器,通过建立模型、改变正常流量的深层次属性,以检测异常行为。包括随机的、机器学习、信息理论和信号处理等在内的大量理论框架,已经被用于开发健壮的正常行为模型以及检测/提取偏离正常模型的特征值。

NADSs 面临的主要挑战在于,如何定义一个正常流量行为的稳健模型。特别是,一个精确的模型需要迎合来自正常流量行为随着时间而发生的变化。这些变化会导致

NADSs 潜在的低检测率和高错误报警率。纵观网络异常检测目前已有的海量文献,对已有 NADSs 进行评估显得尤为重要。虽然综合表现评价使得对当今异常检测器进行研究更加便利,然而更重要的是应展现出已有 NADSs 的优势和缺点,设计出前瞻性的准则,提高 NADSs 的精确度。

在本章中,我们将评估典型的基于网络的异常检测系统,学习它们的优点,提出有建设性的准则,提供当前和未来异常检测器的精确度。为了量化和对比这些精确度,延迟近几年里提出的典型 NADSs 的规格参数,我们还需要展示出不同异常检测系统集的相对表现评价。本章所比较的异常检测器在(Williamson, 2002)、(Jung, 2004)、(Schechter, 2004)、(Mahoney, 2001)、(Lakhina, 2004)、(Soule, 2005)、(Gu, 2005) 和 (NIDES) 中被提及。之所以选择这些 NADSs,是因为他们为异常检测采用完全不同的流量特征和理论框架。而且,大多数检测器在入侵检测研究文献中被频繁使采用,作为表现的基准(Sellke, 2005)、(Weaver, 2004 - Ganger, 2002)、(Mahoney, 2002)、(Mahoney, 2003)、(Lakhina, 2004)、(Lakhina, 2005) 和 (Zou, 2003)。某些 NADSs 被用于端点评估,而其他的则被组织/互联网服务提供商所采用。同样,一些检测器被用于端口扫描检测,而其他的则为通用的 NADSs。这种多样性使我们能够决定有多少性能提高是因为端口扫描 NADSs 而非通用型 ADSs 所引发。

我们常基于三种标准来评估 NADSs:精确度、可量测性和检测延迟。精确度通过比较 NADSs 的 ROC(每天的错误报警数比检测数的比率)参数值来获取。可测量性是根据不同背景和攻击流量率来评价。由于本章中使用的两个数据集存储在不同的网络中,涵盖具有多种特征的攻击,通过对这些数据集的评价,我们能够比较在不同流量空间下 NADSs 的可测量性。检测延迟则对高频率和低频率攻击分别进行评估。

根据调查,我们提出一些建设性的准则,用以提高现有和未来 NADSs 的精确度和可测量性。结果显示被提议的准则会导致平均检测率增长 5% ~ 10%,而错误报警率会下降至 50%。

6.2 背景

为了对抗迅速演化的恶意攻击,网络入侵检测方法也越来越精密复杂。入侵检测系统(简称 IDS)为构造模型、识别正常的和具有欺骗性的系统行为提供了技术手段。如果更新签名或者新式攻击识别和响应能力适当,则有可能减轻或阻止恶意攻击。这些方法包括:统计模型、免疫系统方法、协议证实、文件检查、神经网络、白名单、词组匹配、状态迁移分析、专用语言、遗传算法以及盗窃报警等。但是,通过选择合适的攻击手段,攻击者也有可能避开 IDS 的检测。

6.3 IDS 检测方法

广义上,入侵检测领域包含两种类型检测方法:误用检测(又称为签名检测)以及异常检测。误用检测是当今反病毒软件常用的检测手段,需要在攻击被检测到之前采用已知的攻击签名。虽然这些基于检测器的签名能够 100% 检测到已知攻击,它们仍有着局限性,无法检测新的或者未知的攻击;在 2007 年的 6 个月时间里,未知攻击增加了 468%。而且,攻击签名的发展和传播需要人为干预,因此误用检测在解决快速演化的网络入侵问题上困难重重。

在入侵检测系列的另一边是基于网络的异常检测系统(NADSs),为网络或主机建立正常或良性的流量行为模型,检测偏离模型的异常值,以识别网络流量中的异常行为。由于 NADSs 进行攻击检测时,依赖于正常流量行为,因此它们能检测到未知攻击。正因如此,过去的几年里,大量研究集中在 NADSs 上面(WiSNet, 2008)。

异常检测系统既可以被归类在基于主机的系统,也可以被归类为基于网络的系统(Khayam, 2006)。

基于网络的 ADS:基于网络的系统通过分析异常网络流量模式来检测异常(WisNet, 2008)。

基于主机的 ADS:基于主机的系统通过监视终端操作系统(简称 OS)行为来检测异常,例如跟踪操作系统审计日志、进程、命令行或者按键(Cui, 2005 – DuMouchel, 1999)。

基于网络的 IDSs 可以是基于终端或者基于外围的,这取决于异常流量分析。

入侵检测系统的精确度通常有两个相媲美的评判标准:

(1)检测率:IDS 能正确检测到的异常比率。

(2)错误报警率:IDS 能检测到的总异常数实际上是良性数据。

为更好地理解这些精确度标准,假设一个 IDS 把所有测试数据归类为异常,这样的 IDS 将达到 100% 的检测率,但是代价是让人无法接受的 100% 错误报警率。另一方面,假设 IDS 把所有测试数据归类为正常,则将有一个 0% 的错误报警率,但这是没用的,因为它无法检测到任何异常。为评价 IDS 的精确度,IDS 检测之初即被调整,每一个初始检测值被标记为错误报警率。这里的每一个点对应着 ROC 曲线(Lippmann, 2000),代表着一个配置的表现结果(或者初始值),曲线则代表着全部配置集的行为。

一个操作 ROC 规格参数曲线的接收者是基于它们的表现值来设想、组织和筛选分类器的(Fawcett, 2004; Fawcett, 2005)。

6.4 ADS 评价框架

在本小节,我们将给出被评估的异常检测系统和用于评价的数据集的更多细节,并且会给出这两个数据集的特征。

6.4.1 异常检测运算法则

我们将聚焦在基于网络的异常检测器上,并比较以下文章中提到的多种异常检测器(Williamson, 2002; Jung, 2004; Schechter, 2004; Mahoney, 2001; Lakhina, 2004; Soule, 2005; Gu, 2005; NIDES)。大多数检测器应用非常普遍,常被用于进行性能的对比,在 ID 研究团体中常被采纳为基准。这些算法的改进在下面文章中被提及(Sellke, 2005),(Weaver, 2004 – Ganger, 2002),(Mahoney, 2002; Mahoney, 2003; Lakhina, 2004; Lakhina, 2005; Zou, 2003; Wong, 2005)[1]。

在描述这些检测器之前,我们希望强调下,有些检测器被设计专门用来进行端口扫描检测,而其他的则为通用型网络异常检测器。被评估的 ADSs 的范围从像 PHAD 这样非常简易的规则模型系统(Mahoney,2001)到非常复杂偏理论的类似基于 PCA 子空间方法这样的部分自学习系统(Lakhina,2004)以及连续假设检测技术(Jung,2004)。引入多种评估方法的目标如下:①把 NADSs 的表现与它所处的分类系统的类别关联起来;②辨别有价值的流量特征和理论框架,以进行端口扫描异常检测;③检查精确度,这些异常检测器在不同攻击和正常流量场景和网络开发点下的的延迟;④辨认出一系列有价值的端口扫描检测规则,这些规则建立在优点基础上,避免了被评估异常检测器的缺陷。

我们给出了被评估算法的简单描述,重点关注算法的适应性和被考虑数据集的参数调整。读者可参考以下文献中的算法细节(Williamson,2002;Jung,2004;Schechter,2004;Mahoney,2001;Lakhina,2004;Soule,2005;Gu,2005;NIDES)。由于采用运行在固定时间窗口的技术,我们为一个窗口设置的时间为 20 秒。本小节未提及的所有其他参数与相关描述算法的文章中提及的基本相同。

(1)速率限制:速率限制(Williamson,2002;Twycross,2003)检测不规则连接行为,其前提是被感染主机将在短时间内尽量连接多种不同机器。速率限制是通过把新的连接放入队列中一个特定的开始处,来检测端口扫描。当队列长度 η_q 超出初始值时,就会报警。端点处的 ROCs 由变化的 $\eta_q = \mu + k\sigma$ 生成,μ 和 σ 代表样本平均值和训练集合中连接速率的样本标准偏差,$k = 0,1,2,\cdots$ 是正整数。k 的最大值将代表低误报率和检测率,而最小值则代表高误报率和检测率。在 LBNL 数据集中,背景流量中的连接速率方差比攻击流量中的方差更多。因此,为获取 LBNL 数据集中检测和错误报警率的系列值,我们使用初始值 $\eta_q = \omega\mu$,变化参数 $0 \geqslant \omega \leqslant 1$,队列在 5~100 时间值中变化。

(2)初始随机漫步(TRW)算法:TRW 算法(Jung,2004)通过判断扫描器连接成功率高于正常主机连接成功率,来检测最新的端口扫描结果。为更进一步观察,TRW 采用连续假设测试(即可能性比率测试),来区分远程主机是否是个扫描器。我们采用(Jung,2004)中描述的方法,通过设置不同误报率和检测率的值,计算可能性比率初始值 η_0 和 η_1,来为这个算法绘制出 ROCs 曲线。

(3)带有基于信任速率限制的 TRW:具有速率限制和 TRW 互补优势的混合解决方案被 Schechter 等人提出(Schechter,2004)。反向 TRW 是个异常检测器,会通过应用反向时间顺序的连续假设测试,来限制新连接发起的速率。一种信任增加/缩减算法被用于减缓连接不成功主机的速度。对于 TRW 中变化的 η_0 和 η_1,我们为这种技术绘制出 ROCs。

(4)最大熵方法:这种探测器采用最大熵方法来估算正常流量分布(Gu,2005)。训练流量被分为 2348 个包类别,最大熵方法预测用于为每个包类别开发一种基线初始分布。通过库尔贝克-莱布勒(K-L)离散方法,在实时窗口中观察到的包类别分布可被用于对比基线分布。如果包类别的 K-L 散度超过初始值 η_k,每 t 秒中最后的 W 窗口高出 h 倍,报警就会发出。因此,最大熵方法引起检测延迟,至少 $h \times t$ 秒。多个变化的 η_k 值产生 ROCs。

(5)包头异常检测(PHAD):在以太网、IP、TCP、UDP 和 ICMP 头部中,PHAD 学习所有 33 个领域的正常值范围(Mahoney,2001)。在测试阶段,每个包头领域被赋予一个数值,领域值被汇总用于获取包的平均异常值。我们采用以下的包头域来评估 PHAD-C32:源 IP、目标 IP、源端口、目标端口、协议类型和 TCP 标识位(Mahoney,2001)。6 个域的平均间隔是从 5 天的训练数据中获取。在测试数据中,未能落入学习间隔的域值被标记为可疑。因此,前 n 个包的值被称为异常。为获取 ROC 曲线,n 的值在一定幅度内变化。

(6) 基于 PCA 的子空间方法:子空间方法使用主要成分分析(PCA),把连接流量测度空间隔离成有用的子空间,以方便分析,每个子空间代表一个正常的或异常的流量行为(Lakhina, 2004)。作者提出从三个角度:字节数、包和 IP 层次的 OD 流,为源-目的地(OD)流的域值减少应用 PCA。顶部 k 特征向量代表正常子空间。连接流量中的大部分差异值一般被 5 个主要的成分所捕获(Lakhina, 2004)。最新研究显示,PCA 的检测率随着集合的层次和方法而变化(Ringberg, 2007),该研究还包括,在数据融合时,在 OD 流层次上运行一个基于 PCA 的异常检测器是不实际的。我们可以通过使用融合进 10min 间隔的 TCP 流来评估子空间方法。为了产生 ROC 结果,我们可以改变正常子空间数值为 $k=1,2,\cdots,15$。由于当我们增加 k 的值时,剩余子空间的规模和能用于检测的可获取资料越来越少。换句话说,随着越来越多的主要成分被选作正常子空间,检测和误报率会适当地下降。由于没有清晰地检测初始值,对于子空间方法来说,我们就不会获取整个 ROC 值的范围。然而,我们会因为主成分数量的变化而评估和报告子空间方法的精确度结果。

(7) 基于检测的卡尔曼过滤:基于检测器的卡尔曼过滤(Soule,2005)首先从平均流量中过滤出正常流量,然后检查异常的残量。在(Soule,2005)中,卡尔曼过滤运转在 SNMP 数据上,以检测异常横向多连接。由于 SNMP 数据在任何数据集中都无法获取,我们需建立 2-D 向量 X_t 的流量模型。X_t 的第一个要素是会话(在终端数据集中)或者包(在 LBNL 数据集中)的总数量,而第二个要素是流量中观察到的离散远端端口的总数量。我们定义一个初始值,η_f,在剩余值 r 上以获取 ROC 曲线。r 的初始值与速率限制情况基本一致。当 $r<\eta_f$ 或者 $r>\eta_f$ 时,警报响起。

(8) 下一代入侵检测专家系统(NIDES):NIDES 是一个数据表示的异常检测器,通过比对长短期流量率情况来检测出异常。如果实时 Q 分布与长期值偏差巨大,就会报告出异常。在特定间隔之后,通过检测新的速率,与前面定义的初始值 η_s 对比,Q 的新值即产生。如果 $\Pr(Q>q)<\eta_s$,即会报警。我们通过一系列变化的 η_s 值为 ROC 赋值。

6.4.2 赋值数据集

我们采用真实的、标识的、公开的攻击数据集,来测量被赋值异常检测器的精确度。真实和标识的数据允许一个异常检测器的精确度实际可行且可重复量化,这也是本章的一个主要目标。而且,正如前面所定义,另一个目标是,评估在不同正常和攻击流量速率下以及网络中不同调度点中的精确度,或者异常检测器的可测量性。

这个赋值目标稍微有些独特,(Wong,2005)是唯一一个能提供主机与边缘部署情况的研究成果。

不同的网络部署点用来处理来自变化的节点数的流量。例如,一个端点必须满足它自己的流量,而一个边缘路由器需要从其子网内的大量主机处监视和分析流量。一般来说,随着一个节点从端点处朝着网络核心移动时,节点数和网络实体需要的流量容积将大幅度增加。在一个特殊部署点处,我们如果设计一个算法用于检测高-或者低速率的攻击,例如一个边缘路由器,在其他流量速率下和部署点处提供高精确度,还比如一个端点,那么这个算法会是非常有价值的,因为它能为不同网络实体提供现货供应的部署选择。(我们将随后在本节中展示一些已有的算法,就能达到该目标。)

为测试异常检测器的可测量性,我们使用两种真实的流量数据集,该数据集是从不同部署点被分别收集到的。第一个数据集是从劳伦斯·伯克利国立图书馆(LBNL)的边缘路由器上收集到的,而第二个数据集从 WiSNet 研究实验室的网络端点处收集到。在本节中,我们将描述数据收集步骤,以及 LBNL 和端点数据集的攻击和背景流量特征。

LBNL 数据集:该数据集是从美国劳伦斯·伯克利国立图书馆(LBNL)的两个国际网络场所获取。数据集的流量包括包层次的入、出和 LBNL 边缘路由器上的内部路由流量串。通过使用 tcpmkpub 匿名攻击来获取流量;可参考(Pang,2006)中关于匿名方面的细节。

LBNL 背景流量:本章中使用的 LBNL 数据是在三个不同时期收集到的。背景流量的一些相关统计资料见表6.1。平均远程会话速率(即来自不同非—LBNL 主机处的会话)大约每秒4个会话。包中每秒的总 TCP 和 UDP 背景流量速率约为4。我们也希望使用一种从骨干 ISP 网络中收集到的流量数据集;这些数据集在之前的一些研究中被用到(Lakhina,2004 - Lakhina,2005)。然而,我们无法发现一个公开可用的 ISP 流量数据集,在表中第5栏可见。还可以在不同日期中的背景流量速率里观察到一个大的方差,这个方差对用于检测突发正常和异常流量的容量异常检测器的表现有较大影响。在内外流量中观察到的主要应用是 Web(HTTP)、Email 和域名服务。一些其他的应用如窗口服务、网络文件服务和备份,被内部主机使用;每个服务的细节、每个服务包的信息和其他相关类型可在(Pang,2005)中查找到。

表6.1 LBNL 数据集的背景流量信息

日期	持续时间/min	LBNL 主机数	远程主机数	背景速率/(pkt/s)	攻击速率/(pkt/s)
10/4/04	10	4767	4342	8.47	0.41
12/15/04	60	5761	10478	3.5	0.061
12/16/04	60	5210	7138	243.83	72

LBNL 攻击流量:攻击流量在总流量路径中被具有辨识能力的扫描器所隔离。扫描器通过标记那些未能成功探测超过20个主机的机器被识别出来,其中16个主机以向上或向下的顺序被探测出来(Pang,2006)。恶意流量大多包括未成功进入的 TCP SYN 请求;换言之,TCP 端口扫描目标是 LBNL 主机。然而,在数据集中也有一些往外出的 TCP 扫描。数据中观察到的大部分 UDP 流量(入和出)涵盖成功的连接;换言之,主机回复由于 UDP 流而被接收。表6.1第6栏显示了 LBNL 数据集中观察到的攻击速率。很明显,攻击速率严重低于背景流量速率。因此,这些攻击被认为是比背景流量速率相对低的速率(我们后面展示端点处背景和攻击流量完全相反的特征)。由于本章中使用的大部分异常流量检测器运行在 TCP、UDP 和/或者 IP 包特征上,为保持公正,我们过滤掉背景数据以仅仅保持 TCP 和 UDP 流量。再者,由于大部分扫描器被放置在 LBNL 网络外部,为不带有任何偏见,我们会过滤出内部路由流量。在过滤完这些数据集后,我们会在不同日

子和端口处合并入所有的背景流量数据。同步恶意数据集被插入汇集的背景流量。

端点数据集:由于无法获取公开可用的端点流量集,我们将花近14个月时间,在一处含有13个端点的反向集中,搜集我们自己的数据集。复杂度和隐私是端点数据搜集研究中两个主要的储备要素。为表述这些储备要素,我们为端点数据搜集开发一种定制工具。这个工具是多线程的微软窗口程序,用 Winpcap API(Winpcap)开发。(工具的实现在(WiSNet,2008)处可获取)。为降低端点处的包登录复杂度,我们仅分析 TCP 和 UDP 包中一些非常简单的会话层信息。这里有一个两个 IP 地址之间双向通信的会话;不同端口处相同 IP 地址之间的通信被认为是相同网络会话的一部分。为保护用户隐私,源 IP 地址(固定在特定主机上)未能被分析,每个会话入口处被一个带主机名目的 IP 的单向散列所检索。本章中大部分被评估的检测器可以在这种数据粒度层次上运行。这两个最高速率和最低速率端点的统计值被列入表6.2中。

表6.2　4个高低速率端点的背景流量信息

端点 ID	端点类型	持续时间/月	总会话数	平均会话时间/s
3	Home	3	373009	1.92
4	Home	2	444345	5.28
6	Univ	9	60979	0.19
10	Univ	13	152048	0.21

正如直观所说的,端点处观察到的流量速率大大低于那些 LBNL 路由处的速率。在端点处,我们可以观察到家用计算机比办公室和大学计算机中产生大得多的流量容积,这是因为:①他们在多用户之间被共享;②他们运行了对等的多媒体应用。这些家用计算机的巨大流量容积也明显不同于那些每秒会话平均数高的计算机。在本章中,我们用6周的端点流量数据进行训练和测试。时间长的测试结果在质量上与时间短的几乎相似。

为产生攻击流量,我们通过下述恶意程序感染端点上的虚拟机器:Zotob. G、Forbot-FU、Sdbot-AFR、Dloader-NY、SoBig. E@mm、MyDoom. A@mm、Blaster、Rbot-AQJ 和 RBOT. CCC;恶意程序的细节可在(Symantec)中查找。这些恶意程序有反向扫描速率和攻击端口/应用。表6.3显示了最高和最低扫描速率蠕虫的统计数据;Dloader-NY 有最高的扫描速率,大约每秒46.84次扫描(sps),而 MyDoom-A 有着最低的扫描速率,约0.14sps。为了完整起见,我们还模拟出三种其他的蠕虫,某种程度上不同于之前所描述的,叫做 Wityy、CodeRedv2 和一种带有固定和独有源端口的虚构 TCP 蠕虫。在研究和商业文献资料中,Wityy 和 CodeRedv2 通过扫描率、伪代码和给定参数被模拟出来(Symantec;Shannon,2004)。

表6.3　两个高—低速率蠕虫的端点攻击流量

恶意程序	发布日期	平均扫描速度/s	使用的端口数
Dloader-NY	2005.7	46.84	TCP 135,139
Forbot-FU	2005.9	32.53	TCP 445
MyDoom-A	2006.1	0.14	TCP 3127-3198
Rbot-AQJ	2005.10	0.68	TCP 139,769

端点背景流量:这些端点用户包括家庭用户、学生研究者以及技术/行政人员。特别是家用计算机,在多用户之间被分享。本研究中采用的端点可运行在不同类型的应用程序上,包括对等文件共享软件、在线多媒体应用、网络游戏以及 SQL/SAS 用户等。

端点攻击流量:端点处的攻击流量大多包含向外出的端口扫描。可以注意到,这与 LBNL 数据集正好相反,其中大部分攻击流量是朝内的。再者,端点处的攻击流量速率一般比背景流量速率高得多(表6.2)。这个特征也不同于 LBNL 数据集中观察到的。攻击方向和速率上的多样性为我们在本章中进行异常检测器评估表现比对,提供了扎实的基础(Jung, 2004; Schechter, 2004)。

对每一个恶意软件来说,15min 长度的攻击流量,在一个随机时间长度中,被插入到每个端点的背景流量里。在每个端点背景流量中,会反复进行 100 次蠕虫攻击操作。

6.5 现代 NADs 的性能评估和经验学习

在本章里,我们将采用端点和路由器数据表对上一小节描述的异常检测器的精确度、可测量性和时延。

6.5.1 精确度和可测量性对比

我们在端点数据集中进行接收器操作曲线(ROC)分析。下面的小结中将阐述可测量性实验,其间将在 LBNL 数据集中进行 ROC 的分析,其结果可用于端点实验的对比。

端点数据集的平均 ROCs:图 6.1 提供了异常检测计划的平均 ROC 分析。很明显,最大熵检测器通过在每天将近 5 个误报的这样一个非常低的误报率下,实现近乎 100% 的检测率,提供最高精确度。最大熵检测器密切遵守基于信任的 TRW 方法。TRW – CB 在每天 5 个误报的情况下,达到近乎 90% 的检测率。然而,最初的 TRW 算法为端点数据集提供非常低的检测率。基于这些结果,最大熵检测器算法在端点处提供最好的精确度,而 TRW 在 LBNL 数据集处能提供最好的检测。

卡尔曼过滤方法也很精确,因为它以合理的低误报成本提供超过 85% 的检测率。速率限制,尽管被设计用于检测出扫描攻击,然而只能提供较差的表现。这个结果印证了(Wong, 2005)的结果,那就是对于高检测率,高错误速率被报告出来以用于传统的速率限制。因此,我们也推断出,速率限制对于端口扫描检测率是失效的。

PHAD 在端点数据集处表现不佳。这个检测伴随着非常高的错误报警率。NIDES 在一个非常低的误报率的条件下实现合理的检测率,但是无法从根本上提高其事后检测速率。PHAD 对于异常检测,在训练数据集中依赖之前可见的数值。因此,如果一个扫描器攻击一个普通 IP 应用端口,那么 PHAD 就无法检测到它。同样的,如果恶意流量与背景流量相比不够多,那么 NIDES 也无法检测到它,不管有多少检测初始值被调整。由于对于子空间方法存在初始的困难,图 6.2 中我们将对这个技术进行报告,重点针对被筛选的主要成分的变化数值进行报告。在主要成分值 $k=2$ 时,能观测到 22% 的最高检测率。这个较低的检测率不断降低,在 $k=5$ 和 $k=15$ 时降到 0。错误报警率显示了相反的趋势。因此,子空间方法在端点数据集处无法给出可接受的精确度。

第6章 现代异常检测系统的评估(ADSs)

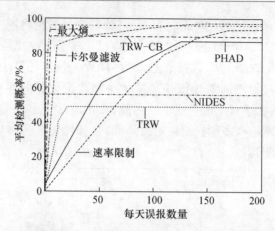

图6.1 端点数据集处的ROC分析;每个ROC平均分布在超过13个端点处,
每个端点处有12个攻击,每个攻击100个实例

端点数据集处的ROC结果多少有些令人吃惊,因为三个顶级检测器中的两个是普通用途上的异常检测器(最大熵和卡尔曼过滤),但是仍比其他专门用于端口扫描检测的检测器表现更好。然而,我们可以注意到这个分析对TRW算法并不完全公平,因为TRW被设计用于检测进入流量的端口扫描,而我们的端点攻击流量多数涵盖的是出流量扫描包。TRW这种基于信任的变体能达到较高精确度,因为端口扫描能影响出流量扫描。因此TRW-CB结合速率限制和TRW的互补优势,为端点处提供一个实用的和精确的端口扫描器。这个结果与(Wong,2005)早期结果一致。

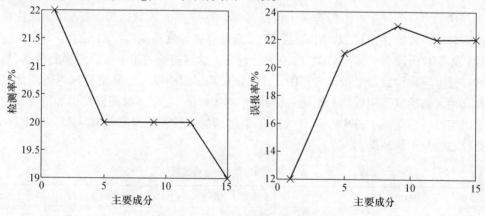

图6.2 子空间方法的检测率和误报率

LBNL数据集的平均ROCs:图6.3显示了LBNL数据集的ROCs。它显示出最大熵检测器无法保持LBNL数据集的高精确度;换言之,最大熵算法不能全面涵盖网络部署点。TRW的表现大大提高,因为它以一个可忽略的误报成本提供了100%的检测率。另一方面,TRW-CB达到将近70%的检测率。因此,对比端点处数据集,初始TRW算法容易在表现上优于LBNL轨迹上的TRW-CB算法。正如解释的,LBNL攻击流量大多包含失效的入流量TCP连接请求。TRW基于端口扫描检测算法的前序假设被设计用于检测这些失效的入流量连接,因此它能提供高检测率。所以在边缘路由器上,TRW不失为一种切实可行的部署选择。

当无法达到超过60%的检测率时,卡尔曼过滤检测器的精确度下降。尽管在一个无法接受的误报警率下,PHAD也能提供非常高的检测率。其他检测器的结果与端点情况类似。从图6.3中可见,在LBNL数据集上,除了TRW外所有的算法都无法到达100%的检测率。这是因为这些算法固有地依赖高发生率和攻击流量的容率。在LBNL数据集中,攻击流量速率大大低于背景流量速率。因此,攻击流量分布在多时间窗口中,每个窗口包括非常少的包。不论有多少检测初始值降低,在被评估时间窗口中的这些低密度的攻击流量仍旧无法检测到。

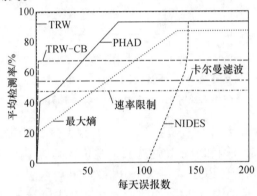

图6.3 LBNL数据集上的ROC分析

6.5.2 延迟对比

表6.4为每个异常检测器提供了检测延迟。在端点处的数据集,最高和最低速率攻击的延迟被报告出,然而在LBNL数据集上,只计算被异常检测器检测出的第一次攻击的延迟。如果攻击没有被完全检测出,一个延迟为1的值将被列出。可以观察到的是,检测延迟对所有异常检测器来说是合理的(不到1s),除了能引发非常高检测延迟的最大熵检测器。最大熵检测器能观测到高延迟,因为发起警报前,它在多时间窗口中等待扰动。在其他切实可行的选择中,TRW-CB为这三个全部的实验提供最低的检测延迟。TRWDE检测延迟也是相当地低。

表6.4 异常检测器的检测延迟

	速度限制	TRW	TRW-CB	最大熵	NIDES	PHAD	子空间方法	卡尔曼滤波器
MyDoom/ms	310	510	40	215000	∞	900	79	377
Dloader-NY/ms	140	320	20	56000	0.086	990	23	417
LBNL/ms	660	660	290	86000	330	330	∞	800

6.5.3 经验总结

在这里,我们列出研究目标和与之相关的结论。而且,我们会基于NADS评估和实验结果给出实用性强的端口扫描检测指南,以ROC曲线的形式,根据这些指南提高精确度。

研究目标:在这个研究里,我们会评估8种显著的基于网络的异常检测器,使用2种具有互补特征的端口扫描流量数据集。这些检测器按照精确度、可测量性和延迟等标准进行评价。基于本研究的结果,我们现在改述和概括出关于本研究主要目标的结论:

- 哪种算法在不断变化的攻击正常流量和不同部署点处能提供最好的精确度?在2个数据集中能观察到的变化攻击和背景流量速率下,一种通用的最大熵检测器(Gu,2005)和初始随机行走算法(TRW)变种(Jung,2004;Schechter,2004)在大多数评估标准下,能提供最好的表现。在本部分内容中,TRW 适合路由器的部署,而 TRW－CB 和最大熵检测器适合端点处的部署。

- 适用的端口扫描异常检测的流量特征和理论框架是什么?最大熵检测器和 TRW 检测器使用失效连接、端口和 IP 地址的统计分布。再者,基于端点处最大熵检测器的结果,可以使用一种基于柱状图的检测方法,其一系列特征的基线频率概况,与实时特征频率相比较而言,显得非常实用。

- 异常检测器能引起什么样的检测延迟?如果能检测到攻击,除了引起很大延迟的最大熵预测方法,检测延迟对所有异常检测器而言均少于 1s。

- 以优势为基础,且能避免被评估异常检测器劣势的较为适用的端口扫描检测规则有哪些?从最大熵和 PHAD 检测器的高检测率来看,使用较高维度特征空间能方便检测,而且不会损害复杂度。另一方面,随着攻击和背景流量特征变化,依赖专门的流量特征(例如,速率、连接失误等),会降低精确度。总之,在基于柱状图分类框架下的大量统计特征看上去对端口扫描异常检测比较适用。

为何一些 NADSs 比其他的表现要好?根据精确评估结果,最大熵能提供最好的检测和错误报警率,因为它具有以下特征:

- 它把流量隔离到多包类别中;
- 分析高维度特征空间;
- 当异常跨越多个时间窗口间隔时,发出警报。

PHAD 检测器运行原理类似,因此也能提供高检测率。在所有数据集中,我们观察到流量率不断变化。当所有 NADSs 把固定初始值应用于实时流量的异常分类时,一种精确的 NADS 应当根据正常流量中的变化模式,改变其分类初始值。

提高现有和将来 NADSs 精确度的适用准则:基于上述讨论,我们提出以下准则以提高 NADSs 的精确度:

- 准则 1:为降低误报率,NADSs 只应在跨多时间窗口遭遇异常时发出警报。
- 准则 2:为提高检测率,NADSs 应同时考虑多个包头领域,如 TCP SYN、端口和协议等。
- 准则 3:为提高检测率,NADSs 应当在异常检测前把流量分散到多包类别中。
- 准则 4:自适应的初始值应当被引入,允许 NADSs 动态调整他们的检测初始值,与不断变化的正常流量特征相一致。

准则 1~4 旨在提高异常检测系统的精确度,并降低操作过程中的人为干预。下面是对这些准则和精确度提高的详细描述:

多窗口分类(准则 1):我们在 NADSs 的对比评估研究中可见,大部分 NADS 遭受高误报率,问题主要是由于大部分 NADSs 一旦在第一次异常事件窗口被识别出来时,就会发出警报。还可以观察到,由于攻击流量会天然地爆发,异常行为倾向于长期保持跨越多时间窗口。这种行为的例子在图 6.4 中可见。在图 6.4(a)中,尽管错误报警出现在正常流量窗口中,错误报警仍无法跨越多个窗口。另一方面,异常行为倾向于突然出现,因此连续窗口被标记为不规则。NADS 对恶意和正常流量分类的不同可以降低 NADS 的错误报警率。具体来说就是,NADS 如果在给定时间段里观测到足够数量的发起报警时可以降低错误报警数量。我们把这种简单已有的技术称为"多窗口分类"。

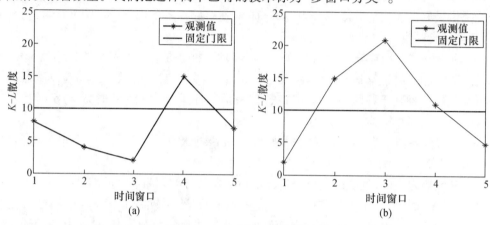

图 6.4 一个多窗口分类的例子

注:最大熵检测器在五种 LBNL 时间窗口上的输出,包含正常和异常流量。

对于精确的多窗口分类,我们将固定数量的窗口数看作是由 NADS 测试到的最近的分类。在这些窗口分类中,用投票表决的方法对当前时间窗口进行分类,分为正常或异常。需要强调的是多窗口分类将在 NADSs 中引入检测延迟。然而,正如已显示的,大多数已存在 NADSs 的检测延迟非常低,因此这些 NADSs 会容忍较长检测延迟以达到更高的精确度。

特征空间扩展(规则 2):我们在相对表现评估中可见最大熵和 PHAD 是精确度最高的检测器。这两种检测器为检测而采用一种丰富的特征空间。因此用于异常检测的被分析包域数量越多,发现异常的概率越高。因此,如果在一个时间窗口里,不分析包头域,取而代之去分析最大可获取域的话,那么极有可能 NADS 发现一种异常,会干扰到任何被观测到的包特征。

图 6.5 显示了基于分析的包头域里为每个包计算的包分数的分布。在图 6.5(a)中,PHAD 检测器计算了基于单个异常包头域的包分数。图 6.5(b)显示,对于 PHAD 来说,当多包头域被同时用于包分数计算时的包分数分布。在图 6.5(a)中,由于包分数不超过特定初始值,PHAD 检测器无法检测到异常,如果多种包特征被分析出来(显示在图 6.5(b)中),则异常要用别的方法检测。因此,采用一种丰富的特征空间法有助于异常的检测,还会干扰到任何会导致 NADSs 高检测率的网络流量特征。

流量分割(规则 3):流量分割也旨在提高 NADS 的检测率。我们的初步调查显示大多数恶意流量未被检测到是由一种超出平均的效应引起的,是被相对大容量的正常背景流量引入的。更具体来说,如果攻击流量率比背景流量率低或接近之,那么背景流量在异常检测中就会像是噪音,且允许恶意流量绕过 NADS。

例如,可以注意到朝向/来自一个网络的总流量是多流量类型的一个混合,如 TCP、UDP、ARP 和 ICMP 流量等。现在认识一下 Witty 蠕虫,这是一种非常高速的基于 UDP 的

第6章 现代异常检测系统的评估(ADSs)

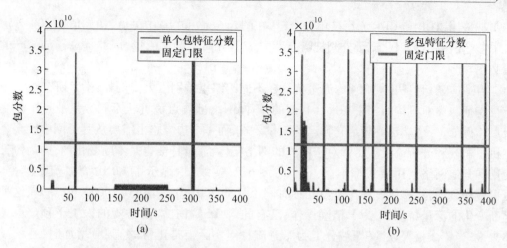

图6.5 PHAD检测器对在LBNL数据集上用于分析异常检测的单一特征和多特征的输出

蠕虫。TCP包括几乎80%的可见于互联网上的流量,如果NADS能分析出全部网络流量,那么攻击流量会被多数TCP流量淹没。这种流量的平均降低了NADS的检测率。可注意到的是,在这个例子中,除了UDP之外的流量都表现的像噪声,而且根据背景流量的容积是否客观,可以延迟或阻止对异常的检测。为反驳这个问题,我们提出在不同类型网络流量上实行异常检测。因此,在异常检测被实行之前,我们使用流量语义学把一个单独的流量流分成多流量分支。这种流量分割将天然地把背景流量从攻击流量中分割出来,因此有助于异常检测阶段的进行。在流量分割之后,NADS的实例在不同分支上并行发生。基于以上例子,除了提高检测率,流量分割会降低检测延迟。

作为一个概念证明,图6.6显示了综合流量与TCP和UDP分支流量的区别。在RBOT.CCC和Witty恶意流量下基于信任的初始随机漫步算法(TRW - CB)中可看到这些异常窗口,并有对其的分析。TRW - CB计算了检测异常的可能性比率。从图6.6中明显可见,当全部流量在未被分离的情况下被分析出来时,可能性比例测试的输出不会超过固定的TRW - CB初始值,两个例子中的恶意流量都会保持未被检测状态。然而,当流量

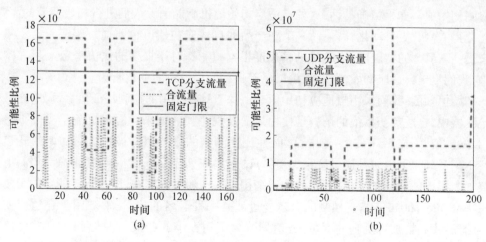

图6.6 流量分割的例子:在一次TCP和一次UDP攻击中分别的和综合的流量速率

分割被采用，TCP 和 UDP 流量被单独分析，在图 6.6(a)和(b)中可见，初始值在 200 秒窗口中被超出多倍。因此流量分割把噪音背景流量分离出恶意流量，因此提高了 NADS 的检测率。

自适应初始值法（规则 4）：流量特征在不同组织里差别巨大。例如，学术研究组织中流量特征与商业机构的相去甚远。相似的，不同网络部署点负责从不同数量节点中控制流量。例如，一个端点要满足它自己的流量要求，而一个边缘路由需要从其子网中的多个主机里监视和分析流量。尽管对于同样的网络实体，流量特征也是不断变化的，因为每日使用和其他网络使用模式都不同。例如，图 6.7（实线）中显示了 LBNL 背景流量速率。可以观测到的是，流量速率在短短几秒时间里从约 500 包/s 变化到 10000 包/s。在这种不断变化的流量特征中，为了精确操作，已有的 NADSs 往往需要常规的人工干预。更具体来说，当错误报警数量（即被分类为恶意流量但实际上是正常的流量）增加时，系统或网络管理员负责对异常检测器的敏感度进行调整。敏感度的调整方式为采用被用于标记异常的检测初始值。

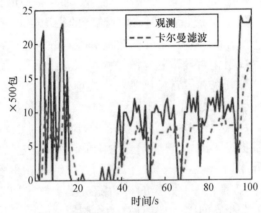

图 6.7　LBNL 数据集的背景流量速率预测

一种有效的 ADS 应当能自动检测变化的流量模式，并根据变化的流量特征来调整它的检测初始值。如果精确的话，这种自适应初始值机制能消除人们进行初始调节的需要，因此使得 NADS 更自动化。再者，一个副产品的自适应初始值也要通过跟踪正常流量模式来提高 NADS 的精确度。（这里的精确度根据检测率对误报率的比值来定义。）在本小节中，我们提出自适应初始值技术，可以精确追踪网络流量的变化行为。

初始值预测：我们采用自适应初始值来追踪 NADS 使用的检测特征值。例如，在最大熵检测器中，自适应初始值的逻辑是使用之前被观测到的值来预测每个流量类的下一个 K-L 发散值，而在 TRW 检测器中，可能性比例测试的输出值将被自适应初始模式追踪到。不论 NADS 采用何种流量度量，一种好的自适应初始值模式应当能准确地预测下一个值。为实现精确的初始值预测，我们曾采用过一种随机的算法，即基于检测器的卡尔曼过滤法（Soule,2005）。基于预测的卡尔曼过滤是一种著名的技术，常被用于自适应初始值。然而，我们把被观测到的度量/分值划分为平均大小的分段（即排列）。这些分段通过卡尔曼过滤法被预测，这也为下一个时间段间隔提供了一系列期望数值。

自适应初始值的主要动机是通过精确跟踪变化的流量特征来减少人工干预。作为一个例子,让我们参看图6.7,其显示了在一个100s的LBNL数据集的子集中观测到的流量速率(包数/s),以及通过卡尔曼过滤预测到的速率。为了预测,速率被分成 $k=500$ 个包的分段,在每分钟的基础上被预测出来。由图6.7可见,卡尔曼预测器符合被观测到的速率趋势。

类似的,图6.8显示了在最大熵检测器的异常LBNL时间窗口中的初始值追踪到的预测器的精确度;本案例中的初始值是被攻击干扰的某个包类别的K-L的离散值。可以清晰地看到卡尔曼预测器估计出带有明显精确度的高度变化的K-L离散值。而且,图6.8中可注意到选择一个固定初始值会使得一些异常值无法被检测到,特别是在实际网络流量中不会引起巨大干扰的异常值。例如,图6.8中显示的60s输出中,仅有10个值覆盖到固定初始值。在本实验中,如果在60s窗口中12个或12个以上的值超过固定初始值,则最大熵算法会检测到异常。因此,这种异常将不会被固定初始值检测到。另一方面,自适应初始值在下一个窗口中精确地预测K-L离散值,且被观测到的(被干扰到的)离散值在一个60s的窗口中超出初始值20倍以上,那么则允许最大熵检测器标记异常。而且,从图6.8可以看到有许多秒的时间里K-L的值降至为0。这些低值使得狡猾的攻击者借机引入不超过[0;10]的固定初始值的恶意流量。然而,一种自适应初始值快速学习到了变化,从而把初始值设为0,因此能确保这种模仿性攻击没有可用空间。

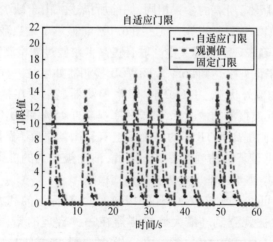

图6.8 异常窗口中自适应和固定初始值行为

前面提到的准则指出NADS可达到的表现提升:我们目前讨论的准则是相互弥补的。这些可被同步用于达到更高的精确度,并且NADS操作过程中限制人为干预的需要。

图6.9显示了一种NADS的阻塞图表,联合使用了前面提到的准则。我们需要注意的第一件事是没有一种准则需要对NADS进行更改。流量分流器工作在预-NADS阶段,它把一个单独的流量流分成多个包类;这些类别可以在任何基础上形成。第二阶段,如图6.9所示,是特征空间扩展。一旦流量被划分为多个包类别,每个包类再进一步被分割成多个包特征,用于异常检查。每个包特征类被送到一个单独的NADS实例中,并采用自适应初始单元提供的初始值来对观测窗口中的流量进行正常或异常的划分。从多个NADS实例中得到的输出值,对每个值分析出一种唯一的包特征类,这些值被合并成为一个单独的结果并传递给多窗口分类器。多窗口分类器在后-NADS阶段发挥作用,它利

用前面分类结果的多数票选来决定是否报警。

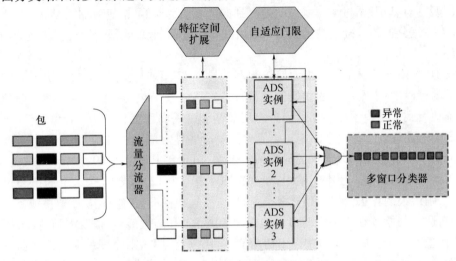

图6.9 基于网络的异常检测系统的阻塞图表,联合使用之前提出的准则

图6.10显示了5个显著的NADSs的精确度,以及在使用过前面提到的准则后的这些检测器的联合提高版本;所有的参数相同,如前所描述。由于缺少初始值调校能力,自适应初始值仅形成ROC平面上的单一点。图6.10(a)显示了端点数据集的精确度对比。最大熵检测器在其精确表现上提高甚少。联合提高卡尔曼过滤检测器比传统算法提供了更好的精确度,检测率可近乎达到96%。TRWCB检测器如以往一样维持相似精确度,但是有着ADS自动化的额外优势。PHAD和TRW检测器显示了在精确度上的巨大提高,相应地,在不损害其低误报率的情况下,其检测率提高近45%和70%。可以注意到,尽管LBNL数据集中,在共同提高的TRW的精确度上有轻微的下降,端点数据集中被提出的技术仍能为TRW提供显著的精确度提升。因此,前面被提到的准则,除了已有优势外,还能允许NADS对网络中不同部署点进行覆盖式检测。

从图6.10(b)中可见,在所有NADSs的精确度上,被标记的和大多数一贯的改进可以在LBNL数据集中被观测到。最大熵检测器在一种合理的错误率下能达到显著的

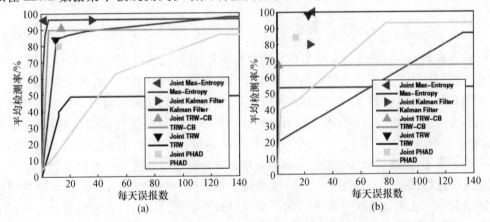

图6.10 原始和改进NADS算法的基于ROC的精确度评估

100%的检测率。当检测率从54%增加到80%,在几乎没有错率报警的情况下,基于检测器精确度的卡尔曼过滤方法也大幅改进。PHAD检测器可以观测到一种相似的精确度提升趋势。在 TRW – CB 检测器中可以观测到检测/错误报警率的不变;然而,它在没有任何人为干预的情况下,在一种可接受的错误报警率下,持续提供相同的检测率。这种TRW 检测器在 LBNL 数据集中是唯一的例外,因为它在采用上述准则后,会引起某种较高的错误报警率。

在空间中和跨多时间窗口中评估 NADSs,也许对检测器的检测延迟有影响。因此,我们也实施延迟比对,以观测由准则-1引起的延迟的程度。表6.5为最大熵检测器和PHAD 提供检测延迟。可以观察到最大熵检测器改进版的检测延迟比原始算法大幅降低。这是因为最大熵检测器的改进版在发起警报前不会等待多个异常窗口。对于 PHAD,检测延迟则保持不变,因为改进版在时空上能进行同步操作。在接下来的章节,我们强调精确度提高,可以通过联合应用这些准则来实现。

表6.5 最大熵检测器和 PHAD 改进变量的检测延迟

	Impro	Im
MyDoom	157	900
Dloader – NY	100	990
LBNL（msec）	333	330

6.6 结论

本章旨在为读者介绍基于网络的异常检测系统的基本构造模块,识别能把不同 NADS 区分开的特征。我们在两个单独的公共端口扫描数据集中,评估并对比了8种显著的基于网络的异常检测器。这些 NADSs 使用不同的流量特征和多种异常检测理论框架,被频繁用于入侵检测研究资料中的表现基准。NADSs 有三个评价标准:精确度、可量测性以及检测延迟。精确度通过对比 NADSs 的 ROC(每天的错误警报比检测率)特征来进行评估。可量测性与不同背景和攻击流量率相关。由于本章中采用的两个数据集是在不同网络实体中收集到的,包含不同特征的攻击,对这些数据集的评估,使我们能对比不同流量容积下 NADSs 的可量测性。高速和低速攻击的检测延迟被分别评估。基于发现,我们提出一些有价值的端口扫描准则,以提高现有和未来 NADSs 的精确度和可量测性。我们的实验结果显示,被提出的准则使得平均检测率从5%上升到10%,而错误报警率则降低50%。因此,被提出的准则,在降低人为干预的同时,也使 $NADS_s$ 精确度得到了稳定的、巨大的提高。

参 考 文 献

[1] Aguirre, S. J., & Hill, W. H. (1997). Intrusion detection fly – off: Implications for the United States Navy. (MITRE Technical Report MTR 97W096).

[2] Arbor Networks. (2010). Peakflow SP& Peakflow – X. Retrieved from http://www.arbornetworks.com/peakflowsp,

http://www.arbornetworks.com/peakflowx.

[3] Chen, S., & Tang, Y. (2004). Slowing down internet worms. IEEE ICDCS.

[4] Cisco. (2010). IOS flexible network flow. Retrieved from http://www.cisco.com/go/netflow.

[5] Cui, W., Katz, R. H., & Tan, W.-T. (2005, April). BINDER: An extrusion-based break-in detector for personal computers. Usenix Security Symposium.

[6] Debar, H., Dacier, M., Wespi, A., & Lampart, S. (1998). A workbench for intrusion detection systems. IBM Zurich Research Laboratory.

[7] Denmac Systems, Inc. (1999). Network based intrusion detection: A review of technologies.

[8] DuMouchel, W. (1999). Computer intrusion detection based on Bayes factors for comparing command transition probabilities. Tech. Rep. 91, National Institute of Statistical Sciences.

[9] Durst, R., Champion, T., Witten, B., Miller, E., & Spagnuolo, L. (1999). Testing and evaluat- ing computer intrusion detection systems. Communications of the ACM, 42(7), 53-61. doi:10.1145/306549.306571.

[10] Fawcett, T. (2004). ROC graphs: Notes and practical considerations for researchers. HP Laboratories Technical Report, Palo Alto, USA.

[11] Fawcett, T. (2005). An introduction to ROC analysis. Elsevier.

[12] Ganger, G., Economou, G., & Bielski, S. (2002). Self-securing network interfaces: What, why, and how. (Carnegie Mellon University Technical Report, CMU-CS-02-144).

[13] Gu, Y., McCullum, A., & Towsley, D. (2005). Detecting anomalies in network traffic using maximum entropy estimation. ACM/Usenix In- ternet Measurement Conference (IMC).

[14] Ilgun, K., Kemmerer, R. A., & Porras, P. A. (1995, March). State transition analysis: A rulebased intrusion detection approach. IEEE Transac- tions on Software Engineering, 21(3), 181-199. doi:10.1109/32.372146.

[15] Ingham, K. L., & Inoue, H. (2007). Comparing anomaly detection techniques for HTTP. Sympo- sium on Recent Advances in Intrusion Detection (RAID).

[16] Jung, J., Paxson, V., Berger, A. W., & Balakrishnan, H. (2004). Fast portscan detection using sequen- tial hypothesis testing. IEEE Symp Sec and Priv.

[17] Khayam, S. A. (2006). Wireless channel model- ing and malware detection using statistical and information-theoretic tools. PhD thesis, Michigan State University (MSU), USA.

[18] Lakhina, A., Crovella, M., & Diot, C. (2004). Characterization of network-wide traffic anoma- lies in traffic flows. ACM Internet Measurement Conference (IMC).

[19] Lakhina, A., Crovella, M., & Diot, C. (2004). Diagnosing network-wide traffic anomalies. ACM SIGCOMM.

[20] Lakhina, A., Crovella, M., & Diot, C. (2005). Mining anomalies using traffic feature distribu- tions. ACM SIGCOMM.

[21] Lazarevic, A., Ertoz, L., Kumar, V., Ozgur, A., & Srivastava, J. (2003). A comparative study of anomaly detection schemes in network intrusion detection. SIAM International Conference on Data Mining (SDM).

[22] LBNL/ICSI. (2010). Enterprise Tracing Project. Retrieved from http://www.icir.org/enterprise-tracing/download.html.

[23] Lincoln Lab, M. I. T. (1998-1999). DARPA-sponsored IDS evaluation. Retrieved from www.ll.mit.edu/IST/ideval/data/dataindex.html.

[24] Lippmann, R. P., Fried, D. J., Graf, I., Haines, J. W., Kendall, K. R., & McClung, D. … Zissman, M. A. (2000). Evaluating intrusion detection sys- tems: The 1998 DARPA off-line intrusion detection evaluation. DISCEX, 2, (pp. 12-26).

[25] Lippmann, R. P., Haines, J. W., Fried, D. J., Korba, J., & Das, K. (2000). The 1999 DARPA offline intrusion detection evaluation. Computer Networks, 34(2), 579-595. doi:10.1016/S1389-1286(00)00139-0.

[26] Mahoney, M. V., & Chan, P. K. (2001). PHAD: Packet Header anomaly detection for identifying hostile network traffic. (Florida Tech technical report CS-2001-4).

[27] Mahoney, M. V., & Chan, P. K. (2002). Learning models of network traffic for detecting novel at- tacks. (Flori-

daTech, technical report CS-2002-08).

[28] Mahoney, M. V., & Chan, P. K. (2003). Network traffic anomaly detection based on packet bytes. ACM SAC.

[29] Mahoney, M. V., & Chan, P. K. (2003). An analysis of the 1999 DARPA/Lincoln Laboratory evaluation data for network anomaly detection. Symposium on Recent Advances in Intrusion Detection (RAID).

[30] McAfee Corporation. (2005). McAfee virtual criminology report: North American study into organized crime and the Internet.

[31] McHugh, J. (2000). The 1998 Lincoln Labora-tory IDS evaluation (a critique). Symposium on Recent Advances in Intrusion Detection (RAID).

[32] Mueller, P., & Shipley, G. (2001, August). Dragon claws its way to the top. Network Computing. Retrieved from http://www.networkcomputing.com/1217/1217f2.html.

[33] Next-Generation Intrusion Detection Expert Sys-tem (NIDES). (2010). NIDES Project. Retrieved from http://www.csl.sri.com/projects/nides/.

[34] Pang, R., Allman, M., Bennett, M., Lee, J., Paxson, V., & Tierney, B. (2005). A first look at modern enterprise traffic. ACM/Usenix Internet Measure-ment Conference (IMC).

[35] Pang, R., Allman, M., Paxson, V., & Lee, J. (2006). The devil and packet trace anonymization. ACM CCR, 36 (1).

[36] Ptacek, T. H., & Newsham, T. N. (1998). Insertion, evasion, and denial of service: Eluding network intrusion detection. Secure Networks, Inc.

[37] Puketza, N., Chung, M., Olsson, R. A., & Mukher-jee, B. (1997). A software platform for testing intrusion detection systems. IEEE Software, 14(5), 43-51. doi:10.1109/52.605930.

[38] Puketza, N. F., Zhang, K., Chung, M., Mukherjee, B., & Olsson, R. A. (1996). A methodology for testing intrusion detection systems. IEEE Transac-tions on Software Engineering, 22(10), 719-729. doi:10.1109/32.544350.

[39] Ringberg, H., Rexford, J., Soule, A., & Diot, C. (2007). Sensitivity of PCA for traffic anomaly detection. ACM SIGMETRICS.

[40] Roesch, M. (1999). Snort-Lightweight intrusion detection for networks. USENIX Large Installa-tion System Administration Conference (LISA).

[41] Schechter, S. E., Jung, J., & Berger, A. W. (2004). Fast detection of scanning worm infections. Symposium on Recent Advances in Intrusion Detection (RAID).

[42] Sellke, S., Shroff, N. B., & Bagchi, S. (2005). Modeling and automated containment of worms. DSN.

[43] Shannon, C., & Moore, D. (2004). The spread of the Witty worm. IEEE Security & Privacy, 2(4), 46-50. doi: 10.1109/MSP.2004.59.

[44] Shipley, G. (1999). ISS RealSecure pushes past newer IDS players. Network Computing. Retrieved from http://www.networkcomputing.com/1010/1010r1.html.

[45] Shipley, G. (1999). Intrusion detection, take two. Network Computing. Retrieved from http://www.nwc.com/1023/1023f1.html.

[46] Soule, A., Salamatian, K., & Taft, N. (2005). Combining filtering and statistical methods for anomaly detection. ACM/Usenix Internet Mea-surement Conference (IMC).

[47] Symantec. (2010). Security response. Retrieved from http://securityresponse.symantec.com/avcenter.

[48] Symantec Internet Security Statistics. (2008).

[49] Symantec Internet security threat reports I-XI.

[50] The, N. S. S. Group. (2001). Intrusion detection systems group test (2nded.). Retrieved from http://nsslabs.com/group-tests/intrusion-detection-systems-ids-group-test-edition-2.html.

[51] Twycross, J., & Williamson, M. M. (2003). Implementing and testing a virus throttle. Usenix Security.

[52] Weaver, N., Staniford, S., & Paxson, V. (2004). Very fast containment of scanning worms. Usenix Security.

[53] Wikipedia. (2010). Wikipedia main page. Re-trieved from http://en.wikipedia.org/.

[54] Williamson, M. M. (2002). Throttling viruses: Restricting propagation to defeat malicious mobile code. ACSAC.
[55] Winpcap. (2010). Winpcap homepage. Retrieved from http://www.winpcap.org/.
[56] WiSNet. (2008). Bibliography of network-based anomaly detection systems. Retrieved from http://www.wisnet.seecs.nust.edu.pk/downloads.php.
[57] WiSNet. (2010). WiSNet ADS comparison homep-age, November 2010. Retrieved from http://www.wisnet.seecs.nust.edu.pk/projects/adeval/.
[58] Wong, C., Bielski, S., Studer, A., & Wang, C. (2005). Empirical analysis of rate limiting mechanisms. Symposium on Recent Advances in Intrusion Detection (RAID).
[59] Yocom, B., & Brown, K. (2001). Intrusion battleground evolves. Network World Fusion. Retrieved from http://www.nwfusion.com/reviews/2001/1008bg.html.
[60] Zou, C. C., Gao, L., Gong, W., & Towsley, D. (2003). Monitoring and early warning of Internet worms. ACM Conference on Computer and Com-munications Security (CCS).

关键术语和定义

僵尸网络：僵尸网络是一群能自治或自动运行的软件代理或机器人的集合（Wikipedia）。

网络仿冒：网络仿冒是通过冒充可靠的电子信息实体，企图获取敏感信息，如用户名、密码和信用卡细节的过程（Wikipedia）。

端口扫描：端口扫描是在某主机上发送用户请求给一系列服务端地址，其目的是发现活动端口，开发该服务的已知脆弱点。

ROCs：ROC曲线是一种基于表现的设想、组织和选择分类器的技术（Fawcett, 2004; Fawcett, 2005）。

兜售信息邮件：兜售信息邮件采用电子信息系统发送大量无差别的未被要求的信息（Wikipedia）。

零日攻击：零日攻击是利用对软件开发者尚且未知的系统脆弱点进行的攻击和威胁。

尾 注

（1）一些有价值的商业ADSs在市场上也可以买到（Peakflow; Cisco NetFlow）。我们过去无法获取这些ADSs，因此在本研究中这些商用产品不被评估到。

（2）我们也想在骨干ISP网络中使用流量数据集；这些数据集在前面的研究中已被使用过（Lakhina, 2004 - Lakhina, 2005）。但是，我们还尚未发现公开可用的ISP流量数据集。

（3）表II中的平均会话率可用包含一个或更多新的会话的时间窗口来计算。因此，把总会话按照持续时间划分不会带来第5栏的会话率。

第三部分
形式化方法和量子计算

第7章 实用量子密钥分发
第8章 安全协议工程学中的形式化自动分析
       方法

第7章 实用量子密钥分发

Sellami Ali 马来西亚国际伊斯兰大学(IIUM),马来西亚

----| 摘要 |----

本章介绍了一个可以估计 BB84 与 SARG04 诱骗态协议参数的方法。该方法可给出 BB84 与 SARG04 单光子计数率的下界(y_1),双光子计数率的下界(y_2),单光子脉冲误比特率的上界(e_1),双光子脉冲误比特率的上界(e_2),以及密钥生成速率的下界。同时给出了统计涨落对我们 QKD(Quantum Key Distribution,量子密钥分发)系统部分参数的影响。并在最大传输距离和最优密钥生成速率下对信号态与诱骗态光子强度和百分比的选择进行了优化。数值仿真结果表明,在基于 QKD 与自由空间 QKD 系统的光纤中,针对 BB84 提出的方法与针对 SARG04 提出的方法相比具有更高的密钥速率和更远的安全传输距离。结果还表明,使用我们的协议,星地双向通信和星际双向通信都是可能的。利用基于标准"Plug &Play"设置的商业 QKD 系统 ID-3000,完成了诱骗态 QKD 演示验证实验。在不同传输距离的标准电信光纤上,针对 BB84 与 SARG04 的诱骗态 QKD 均已得到实现。

7.1 引言

当今世界对高安全性通信系统的需求是显而易见的。大量信息在连续不断传输,它们可能是重要的银行信息,也可能是一次简单的电话呼叫。随着信息交换量的增多,非授权接收的可能性也在增大。经典密码学引入了一系列的加密算法,这些算法可以提供不同程度的安全性。但有一点,它们从原理上讲都是可以被攻破的。例如,应用广泛(比如用于 SSL、SSH 等)的 RSA 加密系统,其安全依赖于分解一个大整数的困难性。这种方法面临两个威胁:一是更强的计算能力将使得耗时的攻击(比如穷举式攻击)趋于实用,甚或有人可能找到一种有效率的大整数分解算法;二是利用量子计算已经能够高效地进行因数分解。诚然量子计算到目前为止尚无法胜任大整数分解,距离实用尚需时日,但对关键应用来说,"或然安全"是不够的。

另一方面,存在一个经典的、绝对安全的加密算法,但这个算法存在一个大问题:它需要一个和加密信息一样长的随机密钥,这只是将安全问题从一个转为另一个而已。这个问题是传统方法无法解决的。

现在,一个令人惊奇的想法正在变为现实:维尔纳·海森堡提出的"不确定关系"(译者注:量子力学的一个基本原理,又称"测不准原理"、"不确定性原理")告诉我们,量子力学具有对人们隐藏信息的特性。这种固有的蒙蔽特性能被用作一个对付潜在窃听者的利器吗?事实证明,这确实是可能的,在讨论基本的量子力学特性的基础上,将会提出一种

在两个实体之间建立密钥的方法,而且这种方法可证明是安全的。这种安全性直接建立在量子力学的基本原理之上,除非我们发现能够从量子力学所描述的光量子态中获得更多信息,否则这种方案的安全性就势必应该被认可。

这种方法真正有趣的地方在于:量子力学一项通常视为无益的特性竟然被用于完成量子世界之外无法实现的事情。两个非交换观测量仅能够以有限精度被测量的事实为绝对安全的密钥分发提供了充分的前提,这样的思想称之为量子密码学或量子密钥分发(QKD)。

本章聚焦于研究和实现实用的、采用诱骗态协议的量子密码学系统。特别地,我们力图显著改善实用 QKD 系统的安全性和性能(也即更高的密钥生成速率和更远的传输距离)。主要研究目标如下:

(1) 基于针对 BB84 和 SARG04 的单诱骗态协议给出对诱骗态方法进行参数估计的方法。

(2) 基于上述的实际诱骗态协议,对基于光纤的诱骗态量子密钥分发和自由空间量子密钥分发进行仿真。

(3) 完成上述单诱骗态协议的一个实验性实现。

7.2 背景

量子密码学构建于不可被推翻的物理法则之上。对安全通信的需求极大促进了对量子密码学,尤其是量子密钥分发的研究。1983 年,Wiesner 提出了利用单量子态来实现防伪货币的思想(Wiesner, S. 1979; Bennett, C. H., Brassard, G., Breidbart, S., and Wiesner, S. 1982),但在实践上单量子态的存储是很困难的,因此上述思想更多被认为是学术成果。1984 年,Bennett 和 Brassard 提出利用单量子态来传递信息而不是存储信息的思想(Wiesner, S. 1979; Bennett, C. H., Brassard, G., Breidbart, S., and Wiesner, S. 1982),几年之后,该思想得到试验验证,进而在 1989 年,具有突破性意义的自由空间试验系统得以建立(Bennett, C. H., Brassard, G. 1989)。包括基于光纤的量子密钥分发系统(Bennett, C. H. 1982)、基于 Einstin – Podolsky – Rosen 纠缠对的量子密钥分发系统(J. D. Franson and H lives. 1994)在内的其他量子信息系统也得以建立。

量子密钥分发(QKD)(Ekert, A. K. 1991)作为一种可以达到完全保密通信的方法于 1991 年被提出。在一次量子通信中,第三方的窃听企图必定导致一个异常高的量子误比特率,从而被通信双方发现。利用一个完美的单光子源,QKD 提供了可被量子力学基本法则证明的绝对安全性(Mayers, D. 2001)。目前的大多数试验性 QKD 系基于弱化的、间或发出多光子的激光脉冲。因此,任何安全性证明都必须考虑灵巧型窃听攻击的可能性,包括 PNS(光子数分束)攻击(Ma, X., Fung, C. – H. F., Dupuis, F., Chen, K., Tamaki, K., and Lo, H. – K. 2006)。这些巧妙攻击的特点在于为信号引进一个依赖于光子数的衰减。幸运的是,理论已经证明即便利用衰减的(随机相位)激光脉冲仍然可能获得绝对安全的 QKD,(Inamori, H., L̈utkenhaus, N., and Mayers, D. 2001)和 Gottesman – Lo – L̈utkenhaus – Preskill(GLLP)(Gottesman, D., Lo, H. – K., Lütkenhaus, N., and Preskill, J. 2004)在理论上对此作出了揭示。但是,为此人们须付出对传输距离和密钥生成速率进行苛刻限制的代价。

怎样提高绝对安全 QKD 的密钥生成速率和传输距离呢？一个直观的方法是开发单光子源，这是最近很热门的一个课题（Keller, M., Held, K., Eyert, V., Vollhardt, D., and Anisimov, V. I. 2004），而这个如此直观的方法也显然吸引了大量研究兴趣。令人惊奇的是，一个简单的解决方案——诱骗态方法的确存在（Hwang, W. -Y. 2003），该方法基于更好的理论，而不是更好的实验。诱骗态方法使得我们能够基于量子力学获得绝对安全，并显著提高 QKD 系统的性能。

诱骗态协议的思想如下：除了平均光子数为 μ 的信号态外，Alice 还准备平均光子数分别为 $\mu_0, \mu_1, \mu_2, \cdots$（但有相同的波长、定时等）的诱骗态。Alice 可以很容易做到这一点，例如，使用一个可变衰减器去调整每个信号的强度。每一个信号是信号态还是诱骗态需随机选取，信号态和诱骗态都是由包含 $\{0,1,2,\cdots\}$ 个光子的脉冲构成，只是以不同概率而已。考虑一个单 i 光子脉冲，窃听者没办法分辨其源自信号态还是诱骗态，因此，理论上窃听者不能够对信号态和量子态区别对待，进而任何抑制信号态单光子信号的企图将导致对诱骗态单光子信号的抑制。在 Bob 宣告自己的探测行为后，Alice 公布哪个信号是信号态，哪个是诱骗态（包括类型）。（译者注：Alice 和 Bob 是密码学领域描述密码协议时引入的通信双发的人格化指称，实即 A 和 B，系由 RSA 加密算法的三名提出者之一 Ron Rivest 在 1970 年代阐述其算法思想时首次使用，后随着 RSA 算法广泛应用，使用 Alice 和 Bob 成为领域惯例。后来《应用密码学》的作者 Bruce Schneier 引入了另外一些人物方便技术问题交流和理解，如 Eve——偷听者，Mallory——恶意攻击者，Walter——守护者。）由于信号态和诱骗态是由比例不同的单光子和多光子脉冲构成，故任何依赖光子数的窃听策略对信号态和诱骗态具有不同的效果。通过分别计算信号态和每个诱骗态的增益（即探测事件数量与 Alice 发送的信号数量之比），合法用户可以很高的概率发现信号所受的依赖于光子数的抑制，从而发现一次 PNS 攻击。

7.3 已提出的诱骗态方法

本节我们提出一个简单的方法，对单光子和双光子脉冲用于产生安全密钥时的安全密钥生成速率进行研究。我们针对 BB84 和 SARG04 给出了单诱骗态和双诱骗态协议的诱骗态参数的估计和性能优化。这种方法可以估算单光子计数率（y_1）和双光子计数率（y_2）的下界、单光子脉冲 QBER（e_1）的上界、双光子脉冲 QBER（e_2）的上界，也可用来求取 BB84 和 SARG04 密钥生成速率的下界。由于实际实验中数据的有限性，我们给出了一些参数的统计涨落的估计，例如：信号态的增益与 QBER，诱骗态的增益与 QBER（在估算密钥生成速率下界时需要这些数据）。我们给出了求解诱骗态和信号态最优百分比和强度的方程组。据此我们便可以进一步得到最大和最优的密钥生成速率。

这里通过估算单光子计数率 y_1 和双光子计数率 y_2 的下界、单光子的量子误比特率 e_1 的上界、双光子的量子误比特率 e_2 的上界，我们给出了一种求取 BB84 和 SARG04 密钥生成速率下界的方法。假设 Alice 可以准备并发出一个弱相干态 $|\sqrt{\mu}e^{i\theta}\rangle$，且假设每个信号的相位 θ 是随机的，则信号态光子数量的概率函数服从泊松分布 $p_i = e^{-\mu}\dfrac{\mu^i}{i!}$，其中 μ 为

信号态的强度，i 为 Alice 发送脉冲所含光子数。所以前面假设 Alice 可生成任意符合泊松分布的光子数状态混合，而且 Alice 还能够改变每一个独立脉冲的强度。

假设 Alice 和 Bob 选择期望光子数为 $\mu, \nu_1, \nu_2, \nu_3, \cdots, \nu_n$ 的信号态和诱骗态，则他们将得到信号态和 n 诱骗态的如下增益和量子误比特率（文献 Ma, X., Qi, B., Zhao, Y., and Lo, H.-K. 2005）：

$$Q_\mu e^\mu = y_0 + \mu y_1 + \sum_{i=2}^\infty y_i \frac{\mu^i}{i!}$$

$$Q_\mu = y_0 + 1 - e^{\eta\mu}$$

$$E_\mu Q_\mu e^\mu = e_0 y_0 + \mu e_1 y_1 + \sum_{i=2}^\infty e_i y_i \frac{\mu^i}{i!}$$

$$E_\mu = \frac{1}{Q_\mu}(e_0 y_0 + e_{\text{detector}}(1 - e^{\eta\mu}))$$

$$Q_{\nu_1} e^{\nu_1} = y_0 + \nu_1 y_1 + \sum_{i=2}^\infty y_i \frac{\nu_1^i}{i!}$$

$$Q_{\nu_1} = y_0 + 1 - e^{\eta\nu_1}$$

$$E_{\nu_1} Q_{\nu_1} e^{\nu_1} = e_0 y_0 + e_1 \nu_1 y_1 + \sum_{i=2}^\infty e_i y_i \frac{\nu_1^i}{i!}$$

$$E_{\nu_1} = \frac{1}{Q_{\nu_1}}(e_0 y_0 + e_{\text{detector}}(1 - e^{\eta\nu_1}))$$

$$Q_{\nu_2} e^{\nu_2} = y_0 + \nu_2 y_1 + \sum_{i=2}^\infty y_i \frac{\nu_2^i}{i!}$$

$$Q_{\nu_2} = y_0 + 1 - e^{\eta\nu_2}$$

$$E_{\nu_2} Q_{\nu_2} e^{\nu_2} = e_0 y_0 + e_1 \nu_2 y_1 + \sum_{i=2}^\infty e_i y_i \frac{\nu_2^i}{i!}$$

$$E_{\nu_2} = \frac{1}{Q_{\nu_2}}(e_0 y_0 + e_{\text{detector}}(1 - e^{\eta\nu_2}))$$

$$Q_{\nu_3} e^{\nu_3} = y_0 + \nu_3 y_1 + \sum_{i=2}^\infty y_i \frac{\nu_3^i}{i!}$$

$$Q_{\nu_3} = y_0 + 1 - e^{\eta\nu_3}$$

$$E_{\nu_3} Q_{\nu_3} e^{\nu_3} = e_0 y_0 + e_1 \nu_3 y_1 + \sum_{i=2}^\infty e_i y_i \frac{\nu_3^i}{i!}$$

$$E_{\nu_3} = \frac{1}{Q_{\nu_3}}(e_0 y_0 + e_{\text{detector}}(1 - e^{\eta\nu_3}))$$

$$\vdots$$

$$Q_{\nu_n} e^{\nu_n} = y_0 + \nu_n y_1 + \sum_{i=2}^\infty y_i \frac{\nu_n^i}{i!}$$

$$Q_{\nu_n} = y_0 + 1 - e^{\eta\nu_n}$$

$$E_{\nu_n} Q_{\nu_n} e^{\nu_n} = e_0 y_0 + e_1 \nu_n y_1 + \sum_{i=2}^\infty e_i y_i \frac{\nu_n^i}{i!}$$

$$E_{\nu_n} = \frac{1}{Q_{\nu_n}}(e_0 y_0 + e_{\text{detector}}(1 - e^{\eta \nu_n})) \tag{1}$$

其中,y_i 为 Bob 一方探测行为发生的条件概率,这里假设 Alice 发送了一个由两部分(背景部分 y_0 和真实的信号部分)构成的 i 光子态,η 为总传输距离,e_i 为一个 i 光子信号的量子误比特率,e_0 为背景信号错误率,e_{detector} 为一个光子误击中探测器的概率。假设 Alice 和 Bob 以平均光子数 $\mu, \nu_1, \nu_2, \nu_3, \cdots, \nu_n$ 选择信号态和诱骗态,且满足如下不等式:

$$0 < \mu \leq 1, 0 < \nu_1 \leq 1, 0 < \nu_2 \leq 1, 0 < \nu_3 \leq 1, \cdots, 0 < \nu_n \leq 1, \nu_1 > \nu_2 \geq \nu_3 \geq \cdots \geq \nu_n \tag{2}$$

其中 n 为诱骗态的个数。

这里,我们对单诱骗态、真空+单诱骗态、双诱骗态和真空+双诱骗态协议加以介绍,更精确地说明其如何能够被用来估计 y_1 的下界和 e_1 的上界,以得到我们 QKD 系统的最终密钥生成速率,以及估计 SARG04 双光子计数率 y_2 的下界和双光子的量子误比特率 e_2 的上界。我们将引入两个因子 x,z,它们是决定单光子和双光子计数率下界以及单光子和双光子 QBER 上界的因素。

7.3.1 情形 A1:单诱骗态 BB84 协议

在这个协议中,我们将估计 y_1 的下界以及 e_1 的上界。直觉上,作这种估计仅需要单诱骗态。因此,我们下面研究怎样利用单诱骗态来估计这些界限。

假设 Alice 随机地在两个值(诱骗态和信号态)之间改变其泵浦光的强度,以使得两种光源之一的强度在 ν, μ 之间随机改变,其中 ν, μ 满足 $0 \leq \nu < \mu \leq 1, 0 < x \leq 1, x > \frac{\nu}{\mu}$。这里 ν 为诱骗态平均光子数,μ 为信号态期望光子数。

由等式(1),信号态及诱骗态的增益为

$$\begin{aligned} Q_\mu e^\mu &= y_0 + \mu y_1 + \sum_{i=2}^{\infty} y_i \frac{\mu^i}{i!} \\ Q_\nu e^\nu &= y_0 + \nu y_1 + \sum_{i=2}^{\infty} y_i \frac{\nu^i}{i!} \end{aligned} \tag{3}$$

利用(文献 Hwang,2003)中的不等式(8),$0 \leq \nu < \mu \leq 1, 0 < x \leq 1, x > \frac{\nu}{\mu}$,可得:

$$\frac{\sum_{i=2}^{\infty} P_i(\nu) y_i}{\sum_{i=2}^{\infty} P_i(\mu) y_i} \leq \frac{P_2(\nu)}{P_2(\mu)} \tag{4}$$

则

$$\frac{\sum_{i=2}^{\infty} y_i \frac{\nu^i}{i!}}{\sum_{i=2}^{\infty} y_i \frac{\mu^i}{i!}} \leq \frac{\nu^2}{\mu^2} \leq \frac{1}{x} \frac{\nu^2}{\mu^2}$$

将上述式子两边同乘 $x\mu^2 \sum_{i=2}^{\infty} y_i \dfrac{\mu^i}{i!}$,有

$$x\mu^2 \sum_{i=2}^{\infty} y_i \frac{\nu^i}{i!} \leqslant \nu^2 \sum_{i=2}^{\infty} y_i \frac{\mu^i}{i!} \tag{5}$$

利用等式(3),有

$$x\mu^2(Q_\nu e^\nu - y_0 - \nu y_1) \leqslant \nu^2(Q_\mu e^\mu - y_0 - \mu y_1) \tag{6}$$

通过解不等式(6),可给出 y_1 的下界:

$$y_1 \geqslant y_1^{L,\nu} = \frac{1}{x\mu^2\nu - \nu^2\mu}[x\mu^2 Q_\nu e^\nu - \nu^2 Q_\mu e^\mu - (x\mu^2 - \nu^2)y_0] \tag{7}$$

由等式(1),y_1 的下界为

$$y_1 \geqslant y_1^{L,\nu} = \frac{1}{x\mu^2\nu - \nu^2\mu}[x\mu^2 Q_\nu e^\nu - \nu^2 Q_\mu e^\mu - (x\mu^2 - \nu^2)y_0] \tag{8}$$

由等式(1),单光子态增益的下界为

$$Q_1^{L,\nu} = \frac{\mu e^{-\mu}}{x\mu^2\nu - \nu^2\mu}[x\mu^2 Q_\nu e^\nu - \nu^2 Q_\mu e^\mu - (x\mu^2 - \nu^2)y_0] \tag{9}$$

根据选择的不同 x 值,我们可推导出单光子态不同的增益下界。若 $x=1$:

$$Q_1^{L,\nu} = \frac{\mu e^{-\mu}}{\mu^2\nu - \nu^2\mu}[\mu^2 Q_\nu e^\nu - \nu^2 Q_\mu e^\mu - (\mu^2 - \nu^2)y_0] \tag{10}$$

若 $x = \dfrac{\nu}{\mu^2}$:

$$Q_1^{L,\nu} = \frac{\mu e^{-\mu}}{\dfrac{1}{\mu} - \mu}\left[\frac{1}{\nu\mu} Q_\nu e^\nu - Q_\mu e^\mu - \left(\frac{1}{\nu\mu} - 1\right)y_0\right] \tag{11}$$

若 $x = \dfrac{\nu}{\mu^4}$:

$$Q_1^{L,\nu} = \frac{\mu e^{-\mu}}{\dfrac{1}{\mu^2} - \mu}\left[\frac{1}{\nu\mu^2} Q_\nu e^\nu - Q_\mu e^\mu - \left(\frac{1}{\nu\mu^2} - 1\right)y_0\right] \tag{12}$$

若 $x = \dfrac{\nu}{\mu^5}$:

$$Q_1^{L,\nu} = \frac{\mu e^{-\mu}}{\dfrac{1}{\mu^3} - \mu}\left[\frac{1}{\nu\mu^3} Q_\nu e^\nu - Q_\mu e^\mu - \left(\frac{1}{\nu\mu^3} - 1\right)y_0\right] \tag{13}$$

$\vdots$

对于 $x = \dfrac{\nu}{\mu^N}, N \geqslant 2, \mu^N \geqslant \nu$,则:

$$Q_1^{L,\nu} = \frac{\mu e^{-\mu}}{\dfrac{1}{\mu^{N-2}} - \mu}\left[\frac{1}{\nu\mu^{N-2}} Q_\nu e^\nu - Q_\mu e^\mu - \left(\frac{1}{\nu\mu^{N-2}} - 1\right)y_0\right] \tag{14}$$

由等式(1),信号态和诱骗态的量子误比特率(QBER)为:

$$E_\mu Q_\mu e^\mu = e_0 y_0 + \mu e_1 y_1 + \sum_{i=2}^{\infty} e_i y_i \frac{\mu^i}{i!}$$

$$E_\nu Q_\nu e^\nu = e_0 y_0 + \nu e_1 y_1 + \sum_{i=2}^{\infty} e_i y_i \frac{\nu^i}{i!}$$

(15)

利用等式(15), $0 \leq \nu < \mu \leq 1$, 给不等式乘以一个参数 $z(0 \leq z \leq 1)$, 可得:

$$\sum_{i=2}^{\infty} e_i y_i \frac{\mu^i}{i!} \geq \sum_{i=2}^{\infty} e_i y_i \frac{\nu^i}{i!} \geq z \sum_{i=2}^{\infty} e_i y_i \frac{\nu^i}{i!} \qquad (16)$$

则

$$E_\mu Q_\mu e^\mu - e_0 y_0 - \mu e_1 y_1 \geq z(E_\nu Q_\nu e^\nu - e_0 y_0 - \nu e_1 y_1) \qquad (17)$$

通过解不等式(17), e_1 的上界为

$$e_1 \leq e_1^{U,\nu} = \frac{1}{(\mu - z\nu) y_1^{L,\nu}} [E_\mu Q_\mu e^\mu - z E_\nu Q_\nu e^\nu - (1-z) e_0 y_0] \qquad (18)$$

由不同的 z 值我们可得到 e_1 的不同上界。若 $z = 0$:

$$e_1^U = \frac{1}{\mu y_1^{L,\nu}} [E_\mu Q_\mu e^\mu - e_0 y_0] \qquad (19)$$

若 $z = 1$:

$$e_1^{U,\nu} = \frac{1}{(\mu - \nu) y_1^{L,\nu}} (E_\mu Q_\mu e^\mu - E_\nu Q_\nu e^\nu) \qquad (20)$$

若 $z = \mu$:

$$e_1^{U,\nu} = \frac{1}{\mu(1-\nu) y_1^{L,\nu}} [E_\mu Q_\mu e^\mu - \mu E_\nu Q_\nu e^\nu - (1-\mu) e_0 y_0] \qquad (21)$$

若 $z = \nu$:

$$e_1^{U,\nu} = \frac{1}{(\mu - \nu^2) y_1^{L,\nu}} [E_\mu Q_\mu e^\mu - \nu E_\nu Q_\nu e^\nu - (1-\nu) e_0 y_0] \qquad (22)$$

若 $z = \nu\mu$:

$$e_1^{U,\nu} = \frac{1}{\mu(1-\nu^2) y_1^{L,\nu}} [E_\mu Q_\mu e^\mu - \mu\nu E_\nu Q_\nu e^\nu - (1-\mu\nu) e_0 y_0] \qquad (23)$$

7.3.2 情形 B1: 单诱骗态 SARG04 协议

在本协议中, 我们估计 y_2 的下界以及 e_2 的上界, 以得到 SARG04 密钥生成速率的下界。直觉上, 作这种估计, 仅需要单诱骗态。因此, 下面研究怎样利用单诱骗态来估计这些界。

假设 Alice 随机地在两个值(诱骗态和信号态)之间改变其泵浦光的强度, 以使得两种光源之一的强度在 ν,μ 之间随机改变, 其中 ν,μ 满足 $0 \leq \nu < \mu \leq 1$。这里 ν 为诱骗态平均光子数, μ 为信号态期望光子数。

由等式(1), 信号态及诱骗态的增益为

$$Q_\mu e^\mu = y_0 + \mu y_1 + \frac{\mu^2}{2}y_2 + \sum_{i=3}^{\infty} y_i \frac{\mu^i}{i!}$$

$$Q_v e^v = y_0 + v y_1 + \frac{v^2}{2}y_2 + \sum_{i=3}^{\infty} y_i \frac{v^i}{i!}$$
(24)

利用等式(24)以及(4)可得, $0 \leq v < \mu \leq 1$:

$$\frac{\sum_{i=3}^{\infty} P_i(v) y_i}{\sum_{i=3}^{\infty} P_i(\mu) y_i} \leq \frac{P_3(v)}{P_3(\mu)} \tag{25}$$

则

$$\frac{\sum_{i=3}^{\infty} y_i \frac{v^i}{i!}}{\sum_{i=3}^{\infty} y_i \frac{\mu^i}{i!}} \leq \frac{v^3}{\mu^3} \tag{26}$$

将两边同乘以 $\mu^3 \sum_{i=3}^{\infty} y_i \frac{\mu^i}{i!}$, 可得:

$$\mu^3 \sum_{i=3}^{\infty} y_i \frac{v^i}{i!} \leq v^3 \sum_{i=3}^{\infty} y_i \frac{\mu^i}{i!} \tag{27}$$

利用等式(2)可得:

$$\mu^3 \left(Q_v e^v - y_0 - v y_1 - \frac{v^2}{2}y_2\right) \leq v^3 \left(Q_\mu e^\mu - y_0 - \mu y_1 - \frac{\mu^2}{2}y_2\right) \tag{28}$$

通过解不等式(28), y_2 的下界为

$$y_2 \geq y_2^{L,v} = \frac{2}{\mu^3 v^2 - v^3 \mu^2}[\mu^3 Q_v e^v - v^3 Q_\mu e^\mu - (\mu^3 v - v^3 \mu) y_1^{L,v} - (\mu^3 - v^3) y_0] \tag{29}$$

由等式(1),双光子态增益的下界为

$$Q_2^{L,v} = \frac{\mu^2 e^{-\mu}}{\mu^3 v^2 - v^3 \mu^2}[\mu^3 Q_v e^v - v^3 Q_\mu e^\mu - (\mu^3 v - v^3 \mu) y_1^{L,v} - (\mu^3 - v^3) y_0] \tag{30}$$

由等式(1),信号态及诱骗态的量子误比特率由下式给出:

$$E_\mu Q_\mu e^\mu = e_0 y_0 + \mu e_1 y_1 + e_2 y_2 \frac{\mu^2}{2} + \sum_{i=3}^{\infty} e_i y_i \frac{\mu^i}{i!}$$

$$E_v Q_v e^v = e_0 y_0 + v e_1 y_1 + e_2 y_2 \frac{v^2}{2} + \sum_{i=3}^{\infty} e_i y_i \frac{v^i}{i!}$$
(31)

$$0 \leq v < \mu \leq 1$$

利用等式(31)可得

$$\sum_{i=3}^{\infty} e_i y_i \frac{\mu^i}{i!} \geq \sum_{i=3}^{\infty} e_i y_i \frac{v^i}{i!} \tag{32}$$

则

$$E_\mu Q_\mu e^\mu - e_0 y_0 - \mu e_1 y_1 - e_2 y_2 \frac{\mu^2}{2} \geq E_v Q_v e^v - e_0 y_0 - v e_1 y_1 - e_2 y_2 \frac{v^2}{2} \tag{33}$$

解不等式(33)，e_2 的上界为

$$e_2 \leq e_2^{U,\nu} = \frac{1}{(\mu^2 - \nu^2)y_2^{L,\nu}}[E_\mu Q_\mu e^\mu - E_\nu Q_\nu e^\nu - (\mu - \nu)e_1^{U,\nu}y_1^{L,\nu}] \tag{34}$$

在对每一个诱骗态协议估计了 y_1, y_2 的下界以及 e_1, e_2 的上界之后，我们可以利用以下公式来估算基于我们面向 BB84 和 SARG04 协议的 QKD 系统的密钥生成速率(文献 Fung, C. -H., Tamaki, K., & Lo, H. -K. 2006)：

$$R_{BB84} \geq R_{BB84}^L = q\{-Q_\mu f(E_\mu)H_2(E_\mu) + Q_1^L[1 - H_2(e_1^U)]\} \tag{35}$$

$$R_{SARG04} \geq R_{SARG04}^L = -Q_\mu f(E_\mu)H_2(E_\mu) + Q_1^L[1 - H_2(e_1^U)] + Q_2^L[1 - H_2(e_2^U)] \tag{36}$$

其中参数 q 依赖于具体实现(对于 BB84 协议为 1/2，这是由于 Alice 和 Bob 有一半时间基不同，若利用更有效的 BB84 协议，$q \approx 1$)，$f(x)$ 为双向纠错效率函数，是错误率的函数，一般 $f(x) \geq 1$，由 Shannon 限制 $f(x) = 1$，$H_2(x)$ 为二进制 Shonnon 信息熵函数，

$$H_2(x) = -x\log_2(x) - (1-x)\log_2(1-x)$$

7.4 统计涨落

在现实生活中，我们喜欢考虑一个可在几小时之内模拟的 QKD 实验，这同时意味着我们的数据量是有限的。这里，我们将看到统计涨落是一个相当复杂的问题。依靠标准误差分析，我们可给出一些参数统计涨落的估计，例如：信号态的增益和量子误比特率，以及用来估计单光子计数率 y_1、双光子计数率 y_2 下界，单光子量子误比特率 e_1、双光子量子误比特率 e_2 上界的诱骗态的增益和量子误比特率。然后我们利用统计涨落来估计 BB84 和 SARG04 协议密钥生成速率的下界。一些参数的统计涨落可由如下给出：

$$\hat{Q}_\mu = Q_\mu\left(1 \pm \frac{\sigma}{\sqrt{N_\mu Q_\mu^2}}\right)$$

$$\hat{E}_\mu = E_\mu\left(1 \pm \frac{\sigma}{\sqrt{N_\mu E_\mu^2}}\right)$$

$$\hat{Q}_{v_1} = Q_{v_1}\left(1 \pm \frac{\sigma}{\sqrt{N_{v_1} Q_{v_1}^2}}\right)$$

$$\hat{E}_{v_1} = E_{v_1}\left(1 \pm \frac{\sigma}{\sqrt{N_\mu E_{v_1}^2}}\right)$$

$$\hat{Q}_{v_2} = Q_{v_2}\left(1 \pm \frac{\sigma}{\sqrt{N_{v_2} Q_{v_2}^2}}\right) \tag{37}$$

$$\hat{E}_{v_2} = E_{v_2}\left(1 \pm \frac{\sigma}{\sqrt{N_\mu E_{v_2}^2}}\right)$$

$$\vdots$$

$$\hat{Q}_{v_n} = Q_{v_n}\left(1 \pm \frac{\sigma}{\sqrt{N_{v_n} Q_{v_n}^2}}\right)$$

$$\hat{E}_{v_n} = E_{v_n}\left(1 \pm \frac{\sigma}{\sqrt{N_\mu E_{v_n}^2}}\right)$$

其中 $\hat{Q}_\mu, \hat{Q}_{v_1}, \hat{Q}_{v_2}, \cdots, \hat{Q}_{v_n}$ 分别是考虑统计涨落情况下 $\mu, v_1, v_2, \cdots, v_n$ 增益的估计；$N_\mu, N_{v_1}, N_{v_2}, \cdots, N_{v_n}$ 是信号态与诱骗态 $(\mu, v_1, v_2, \cdots, v_n)$ 的脉冲数量，σ 为标准偏差。注意，信号态与诱骗态的增益随着距离增加呈指数下降。因此，随着 QKD 距离的增大统计涨落变得越来越重要。总之，随着 QKD 距离的增加，需要越来越多的数据来可靠地估计 Q_1, Q_2, e_1, e_2（从而推及 R_{BB84}^L, R_{SARG04}^L），因此需要一个更长的 QKD 实验。

在实验中，很自然选择具有最大传输距离与最优密钥生成速率的信号态与诱骗态的强度与百分比。用 N_μ 表示脉冲信号的数量（Alice 发送的），用 $N_\mu, N_{v_1}, N_{v_2}, N_{v_3}, \cdots, N_{v_n}$ 表示 n-诱骗态时脉冲信号的数量。则 Alice 发送的脉冲总数为

$$N_T = N_\mu + N_{v_1} + N_{v_2} + N_{v_3} + \cdots N_{v_n} = const. \tag{38}$$

为了使得密钥生成速率最大，充分考虑统计涨落，我们需推导出 Q_1, Q_2 的下界与 e_1, e_2 的上界（作为 $N_\mu, N_{v_1}, N_{v_2}, N_{v_3}, \cdots, N_{v_n}$ 与 $\mu, v_1, v_2, v_3, \cdots, v_n$ 的函数）。将这些界代入方程（35）、（36）以估算 BB84 与 SARG04 协议密钥生成速率的下界，这里用 $R_{BB84}^{L, v_1, v_2, v_3, \cdots, v_n}$ 与 $R_{SARG04}^{L, v_1, v_2, v_3, \cdots, v_n}$ 表示。因此，$R_{BB84}^{L, v_1, v_2, v_3, \cdots, v_n}$ 与 $R_{SARG04}^{L, v_1, v_2, v_3, \cdots, v_n}$ 作为 $N_\mu, N_{v_1}, N_{v_2}, N_{v_3}, \cdots, N_{v_n}, \mu, v_1, v_2, v_3, \cdots, v_n$ 与 l 的函数，在最优分布条件满足时（如 Box1）其将达到最大。对于 SARG04 则见 Box2。

Box1：

$$\begin{cases} \dfrac{\partial R_{BB84}^{L, v_1, v_2, v_3, \cdots, v_n}}{\partial N_\mu} = \dfrac{\partial R_{BB84}^{L, v_1, v_2, v_3, \cdots, v_n}}{\partial N_{v_1}} = \dfrac{\partial R_{BB84}^{L, v_1, v_2, v_3, \cdots, v_n}}{\partial N_{v_2}} = \dfrac{\partial R_{BB84}^{L, v_1, v_2, v_3, \cdots, v_n}}{\partial N_{v_3}} = \cdots = \dfrac{\partial R_{BB84}^{L, v_1, v_2, v_3, \cdots, v_n}}{\partial N_{v_n}} = 0 \\ \dfrac{\partial R_{BB84}^{L, v_1, v_2, v_3, \cdots, v_n}}{\partial \mu} = \dfrac{\partial R_{BB84}^{L, v_1, v_2, v_3, \cdots, v_n}}{\partial v_1} = \dfrac{\partial R_{BB84}^{L, v_1, v_2, v_3, \cdots, v_n}}{\partial v_3} = \dfrac{\partial R_{BB84}^{L, v_1, v_2, v_3, \cdots, v_n}}{\partial v_3} = \cdots = \dfrac{\partial R_{BB84}^{L, v_1, v_2, v_3, \cdots, v_n}}{\partial v_n} = 0 \\ \dfrac{\partial R_{BB84}^{L, v_1, v_2, v_3, \cdots, v_n}}{\partial l} = 0 \end{cases}$$

$$\tag{39}$$

Box2：

$$\begin{cases} \dfrac{\partial R_{SARG04}^{L, v_1, v_2, v_3, \cdots, v_n}}{\partial N_\mu} = \dfrac{\partial R_{SARG04}^{L, v_1, v_2, v_3, \cdots, v_n}}{\partial N_{v_1}} = \dfrac{\partial R_{SARG04}^{L, v_1, v_2, v_3, \cdots, v_n}}{\partial N_{v_2}} = \dfrac{\partial R_{SARG04}^{L, v_1, v_2, v_3, \cdots, v_n}}{\partial N_{v_3}} = \cdots = \dfrac{\partial R_{SARG04}^{L, v_1, v_2, v_3, \cdots, v_n}}{\partial N_{v_n}} = 0 \\ \dfrac{\partial R_{SARG04}^{L, v_1, v_2, v_3, \cdots, v_n}}{\partial \mu} = \dfrac{\partial R_{SARG04}^{L, v_1, v_2, v_3, \cdots, v_n}}{\partial v_1} = \dfrac{\partial R_{SARG04}^{L, v_1, v_2, v_3, \cdots, v_n}}{\partial v_3} = \dfrac{\partial R_{SARG04}^{L, v_1, v_2, v_3, \cdots, v_n}}{\partial v_3} = \cdots = \dfrac{\partial R_{SARG04}^{L, v_1, v_2, v_3, \cdots, v_n}}{\partial v_n} = 0 \\ \dfrac{\partial R_{SARG04}^{L, v_1, v_2, v_3, \cdots, v_n}}{\partial l} = 0 \end{cases}$$

$$\tag{40}$$

解方程组（37）、（39）与（40），可得到 BB84 与 SARG04 协议的 $N_\mu, N_{v_1}, N_{v_2}, N_{v_3}, \cdots, N_{v_n}$ 与 $\mu, v_1, v_2, v_3, \cdots, v_n$ 这些值。

7.5 实用诱骗 QKD 系统的仿真：基于光纤的实用诱骗 QKD 系统

本节，我们讨论并给出实用诱骗态 QKD 系统的仿真，这对于实现某些诱骗方法协议

时设置最优实验参数以及选择合适距离很重要。仿真的准则是,对特定的 QKD 系统,若信号态与诱骗态的强度与百分比是已知的,则我们可以仿真所有状态的增益与量子误比特率,这也是实验的关键所在。更确切地说,我们估计信号态与诱骗态的增益值($\hat{Q}_0$, $\hat{Q}_\mu$, $\hat{Q}_{v_1}$)、信号态与诱骗态的量子误比特率值($\hat{E}_\mu$, $\hat{E}_{v_1}$),然后估算单光子与双光子增益的下界、单光子与双光子脉冲量子误比特率的上界,并将这些结果代入到等式(35)与(36),以得到 BB84 与 SARG04 协议密钥生成速率的下界。

首先,利用我们面向 BB84 的诱骗态方法,尝试对一个基于光纤的 QKD 系统进行仿真,量子信道的损耗可以从损耗系数 α(dB/km)与光纤长度 l(km)推导出。信道透射比可以写为 $\eta_{AB} = 10^{-\frac{\alpha l}{10}}$,Alice 与 Bob 总的透射比为 $\eta = \eta_{Bob}\eta_{AB}$,其中假设损耗系数 $\alpha = 0.21\text{dB/km}$,$\eta_{Bob}$ 为 Bob 一方的透射比。检测效率 $\eta = 4.5 \times 10^{-2}$,检测器暗计数率 $y_0 = 1.7 \times 10^{-6}$,一个光子碰撞错误检测器的概率 $e_{\text{detector}} = 0.033$,波长 $\lambda = 1550\text{nm}$,数据量 $N = 6 \times 10^9$。这些参数取自 GYS 实验(文献 Gobby, C., Yuan, Z., Shields, A. 2004)。我们选择可以使密钥生成速率达到最优以及安全传输距离最大的信号态与诱骗态强度及百分比,这些最优参数可以通过数值仿真得到。

图 7.1 描述了单光子量子误比特率(e_1)对应安全传输距离(光纤传输,$\mu > v$ 情况下)的仿真结果。单光子的量子误比特率(e_1)随着传输距离增加而变大。提请注意,两种情况下,在大约 40km 距离上,原先的单光子的量子误比特率(e_1)比这里提出的单光子的量子误比特率(e_1)高。在 140km 距离上,这里得到的单光子的量子误比特率(e_1)为 0.08 左右,而原先的单光子的量子误码率(e_1)为 0.12。通过利用这里所提出的单光子的量子误比特率(e_1),我们可以提高传输距离,如图 7.2 所示。

图 7.2 给出了 $\mu > v$ 时不同 x 取值情况下单诱骗态协议(统计涨落)密钥生成速率对应安全距离(光纤传输)的仿真结果。$\mu > v$ 时,可以发现 $x = \frac{v}{\mu^2}$,$x = \frac{v}{\mu^3}$ 时的密钥生成速率和传输距离比 $x = 1$ 时的高。

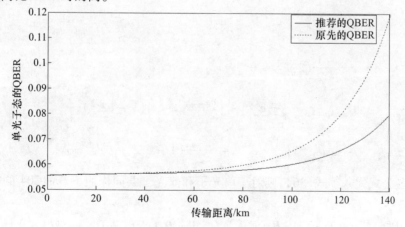

图 7.1 单光子量子误比特率(e_1)对应安全传输距离
(光纤传输,$\mu > v$ 情况下)的仿真结果

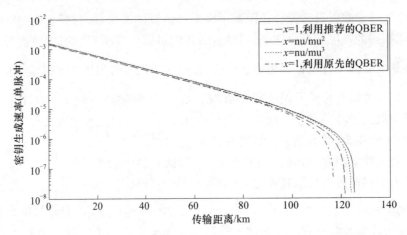

图 7.2 $\mu > v$ 时不同 x 取值情况下单诱骗态协议(统计涨落)
密钥生成速率对应安全距离(光纤传输)的仿真结果

从原理上讲,Alice 和 Bob 利用诱骗态可以精确估计 Q_1, Q_2, e_1, e_2。因此,μ_{Optimal} 应最大化未标记状态比例 $\Omega = \dfrac{Q_1}{Q_\mu}, \Omega' = \dfrac{Q_2}{Q_\mu}$。让我们从直接对等式(36)的数值分析开始。对于每一个距离,我们确定使得密钥生成速率最大的 μ 最优取值。现在我们拟在一些近似之下作一个分析讨论,取近似 $y_0 \ll \eta \ll 1$,则有:

$$
\begin{aligned}
y_{1,\text{SARG04}} &\approx \frac{1}{2}(\eta(e_{\text{det}} + 0.5) + y_0), \\
Q_{1,\text{SARG04}} &\approx y_1 \mu e^{-\mu}, \\
e_{1,\text{SARG04}} &\approx \frac{1}{2}(\eta e_{\text{det}} + 0.5 y_0)/y_1, \\
y_2 &\approx \frac{1}{2}(2\eta(e_{\text{det}} + 0.5) + y_0), \\
Q_2 &\approx y_2 \frac{\mu^2}{2} e^{-\mu}, \\
e_2 &\approx \frac{1}{2}(2\eta e_{\text{det}} + 0.5 y_0)/y_2, \\
Q_{\mu,\text{SARG04}} &\approx \frac{1}{4} y_0 e^{-\eta\mu} + \left(\frac{e_{\text{detector}}}{2} + \frac{1}{4}\right)(1 - e^{-\eta\mu}), \\
E_{\mu,\text{SARG04}} &\approx \left[\frac{1}{4} y_0 e^{-\eta\mu} + \frac{e_{\text{detector}}}{2}(1 - e^{-\eta\mu})\right]/Q_{\mu,\text{SARG04}}.
\end{aligned}
\tag{41}
$$

将这些公式代入等式(36),则对于单光子和双光子共同作用下 SARG04 的密钥生成速率为

$$
R^L_{\text{SARG04}} = - Q_\mu f(E_\mu) H_2(E_\mu) + Q_1^L[1 - H_2(e_1^U)] + Q_2^L[1 - H_2(e_2^U)] \tag{42}
$$

通过解如下方程,可得到使得密钥生成速率下界 R^L_{SARG04} 最大的 μ 的最优选择:

$$
\frac{\partial R^L_{\text{SARG04}}}{\partial \mu} = 0 \tag{43}
$$

利用来自一个实验的数据(文献 Gobby, C., Yuan, Z., & Shields, A. 2004),我们可得到在单光子作用下 $\mu_{\text{Optimal}} \approx 0.221$,单光子与双光子共同作用下 $\mu_{\text{Optimal}} \approx 0.212$。通过仿真我们确认了如图 7.3 所示的 μ 的最优取值选择。通过增加距离我们发现,在达到最大安全距离之前(密钥生成速率近似为 0),最优平均光子数为常数。

然后,我们尝试仿真一个对 SARG04 应用我们诱骗态方法的、基于光纤传输的 QKD 系统。量子信道的损耗可以从损耗系数 $\alpha(\text{dB/km})$ 与光纤长度 $l(\text{km})$ 推导出。信道透射比可以写为 $\eta_{AB} = 10^{-\frac{\alpha l}{10}}$,Alice 与 Bob 之间的总透射比为 $\eta = \eta_{\text{Bob}} \eta_{AB}$,其中假设丢失系数 $\alpha = 0.21 \text{dB/km}$,$\eta_{\text{Bob}}$ 为 Bob 一方的透射比。取检测效率 $\eta = 4.5 \times 10^{-2}$,检测器暗计数率 $y_0 = 1.7 \times 10^{-6}$,一个光子碰撞错误检测器的概率 $e_{\text{detector}} = 0.033$,波长 $\lambda = 1550\text{nm}$,数据量 $N = 6 \times 10^9$。这些参数取自 GYS 实验(文献 Gobby, C., Yuan, Z., and Shields, A. 2004)。

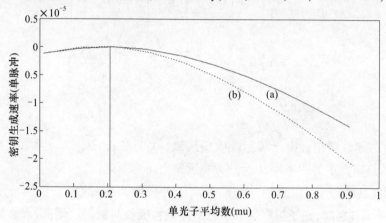

图 7.3 面向 SARG04、仅单光子作用和单光子与双光子作用两种情形下密钥生成速率对应信号平均光子数(μ)仿真结果
(a)单光子与双光子共同作用;(b)仅单光子作用。

图 7.4 给出了不同诱骗态协议密钥产生速率对应光纤链路距离的仿真结果,曲线

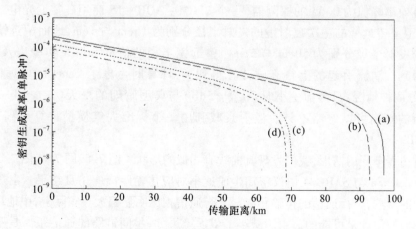

图 7.4 不同诱骗态协议密钥生成速率对应的光纤链路距离仿真结果
(a)单光子与双光子共同作用;(b)仅单光子作用;(c)$\mu > v$ 时单诱骗态。

(a)为面向SARG04、单光子和双光子共同作用(诱骗态数量无穷)的情形,曲线(b)为面向SARG04、仅单光子作用(诱骗态数量无穷)的情形,曲线(c)显示统计涨落下$\mu > v$时的单诱骗态。三条曲线各自的最大安全距离分别为97km、98km以及71km。

自由空间仿真:接下来,我们将注意力转向仿真一个利用我们面向SARG04与BB84的诱骗态方法的自由空间QKD系统。假设传输与接收双方均使用传统的望远镜结构(如Cassegrain类型),其属于反射式望远镜,里面的第二个镜片产生一个中心斑。进而,双方有限的尺寸和之间的距离导致光束衍射。光束衍射与暗斑导致的衰减可以表示为

$$\eta_{\text{diff}} = \eta_{\text{diff}_t} \eta_{\text{diff}_r},$$

$$\eta_{\text{diff}_t} = \exp\left[-\frac{2(D_{M2_t})^2}{w^2}\right] - \exp\left[-\frac{2(D_{M1_t})^2}{w^2}\right],$$

$$\eta_{\text{diff}_r} = \exp\left[-\frac{2(D_{M2_r})^2}{w^2}\right] - \exp\left[-\frac{2(D_{M1_r})^2}{w^2}\right],$$

$$w \approx \frac{\lambda L}{\pi w_0}$$

(44)

其中,下标t表示发射望远镜,r表示接收望远镜。λ为波长,D_{M1},D_{M2}为主镜片和次镜片的半径,w为高斯光束的凹半径,L为双方望远镜之间的距离。

由于大气衰减(η_{atm})由散射、吸收、湍流三种现象产生,故可表示为$\eta_{\text{atm}} = \eta_{\text{scatt}} \eta_{\text{abs}} \eta_{\text{turb}}$。当穿越大气层时,光子被空气分子与悬浮微粒吸收与散射。然而,对衰减贡献最大的是湍流,涡流是由可引起折射率变化的热波动引起的。湍流主要取决于大气状况和地面站位置。总之,整个信道衰减可以表示为

$$\eta = \eta_{\text{diff}} \eta_{\text{atm}} \eta_{\text{det}}$$

(45)

假设的链路参数:波长$\lambda = 650$nm(对应一个吸收窗口),以1.7×10^{-6}计数/脉冲的暗记数且效率峰值为0.65的探测器(一个SPCM-AQR-15商用硅雪崩光电二极管探测器)。卫星望远镜的主次反射镜的发射半径分别为15cm与1cm,地面望远镜的主次反射镜的发射半径分别为50cm与5cm。望远镜半径的值从SILEX实验以及Tenerife望远镜得到。湍流引起的上行衰减计算得到了,计算时考虑了Tenerife望远镜(海拔3km)并分两种情况:日落前一小时($\eta_{\text{turb}} = 5$dB)与典型晴朗的夏天($\eta_{\text{turb}} = 11$dB)。湍流对下行的影响可以忽略不计。散射衰减利用一个标准大气模型计算得到,结果为$\eta_{\text{scatt}} = 1$dB。

通过仿真不同的情形,我们发现其曲线有相似的形状。图7.5、图7.6、图7.7以及图7.8描述了BB84与SARG04协议密钥生成速率对应传输距离的仿真结果。由于缺少了湍流衰减的影响,下行通信的传输距离与上行通信相比明显偏大。实际上,中地球轨道卫星采用我们的估计是可能的。由于减小了望远镜尺寸,星间链路的通信距离是不能增长的。影响决定性通信距离的最为相关因素是湍流衰减与望远镜尺寸。因此,地面到低地球轨道卫星之间的双向通信采用我们的估计是可能的。

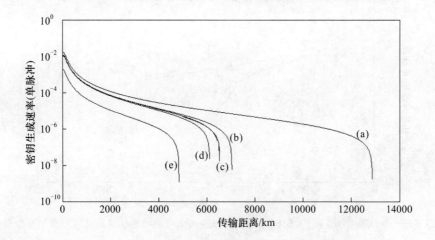

图 7.5 一个卫星—地面下行链路密钥生成速率对应的传输距离
(a) 面向 BB84 的渐近诱骗态方法(诱骗态数量为无穷);
(b) 当 $x = \dfrac{v}{\mu^2}$ 时考虑统计涨落的单诱骗态协议(BB84)的密钥生成速率;
(c) 当 $x = \dfrac{v}{\mu^3}$ 时考虑统计涨落的单诱骗态协议(BB84)的密钥生成速率;
(d) 当 $x = 1$ 时考虑统计涨落的单诱骗态协议(BB84)的密钥生成速率;
(e) 单光子和双光子共同作用下渐近诱骗态方法(诱骗态数量为无穷)(SARG04)。

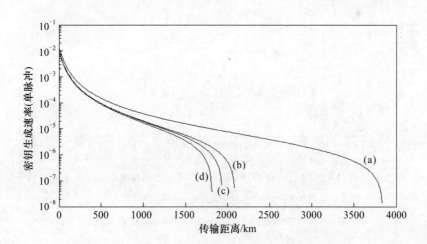

图 7.6 一个卫星间链路密钥生成速率对应的传输距离
(a) 面向 BB84 的渐近诱骗态方法(诱骗态数量为无穷);
(b) 当 $x = \dfrac{v}{\mu^2}$ 时考虑统计涨落单诱骗态协议(BB84)的密钥生成速率;
(c) 当 $x = \dfrac{v}{\mu^3}$ 时考虑统计涨落单诱骗态协议(BB84)的密钥生成速率;
(d) 当 $x = 1$ 时考虑统计涨落单诱骗态协议(BB84)的密钥生成速率。

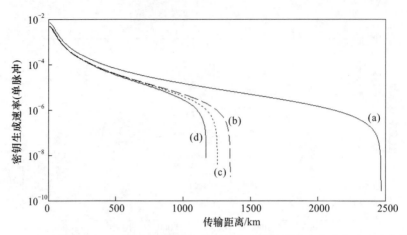

图 7.7　一个日落前 1h(η_{turb} =5dB)的地面—卫星间上行链路密钥生成速率对应的传输距离
（a）面向 BB84 的渐近诱骗态方法（诱骗态数量为无穷）；
（b）当 $x = \dfrac{v}{\mu^2}$ 时考虑统计涨落单诱骗态协议（BB84）的密钥生成速率；
（c）当 $x = \dfrac{v}{\mu^3}$ 时考虑统计涨落单诱骗态协议（BB84）的密钥生成速率；
（d）当 $x = 1$ 时考虑统计涨落单诱骗态协议（BB84）的密钥生成速率。

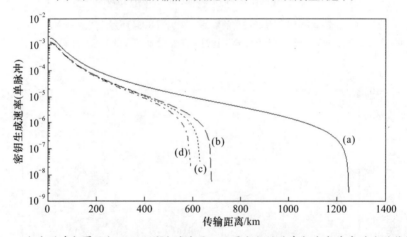

图 7.8　一个典型晴朗夏天(η_{turb} =11dB)的地面—卫星上行链路密钥生成速率对应的传输距离
（a）面向 BB84 的渐近诱骗态方法（诱骗态数量为无穷）；
（b）当 $x = \dfrac{v}{\mu^2}$ 时考虑统计涨落单诱骗态协议（BB84）的密钥生成速率；
（c）当 $x = \dfrac{v}{\mu^3}$ 时考虑统计涨落单诱骗态协议（BB84）的密钥生成速率；
（d）当 $x = 1$ 时考虑统计涨落单诱骗态协议（BB84）的密钥生成速率。

7.6　实验设置

在实验之前，我们进行了数值仿真，这对于设置最优的实验参数和选择传输距离以实现特定诱骗态协议非常重要。而后，我们便可进行实验并观察 $\hat{Q}_0, \hat{Q}_\mu, \hat{Q}_{v_1}$ 与 $\hat{E}_\mu, \hat{E}_{v_1}$ 的值

(这些参数含统计涨落),然后推断出单光子与双光子计数率的最优下界以及单光子与双光子脉冲量子误比特率的上界。现有的商用 QKD 系统是双向的,为了概念性显示应用诱骗态思想到一个商业 QKD 系统是多么的简单,我们选择由 id Quantique 构建的 ID-3000 商用量子密钥分发系统,该系统包括两个站,每个站由一到两台外部电脑控制。一个综合性软件套件控制自动化硬件操作并完成密钥生成,实现了两个量子密码协议(即 BB84 与 SARG04 协议)。交换的密钥可以用在加密文件的传输应用上,其使得两个站之间的安全通信成为现实。

该 QKD 系统的原型在(文献 Gobby, C., Yuan, Z., Shields, A. 2004)中描述。这里我们简要介绍一下:该 QKD 系统被称为 p 和 p 自动补偿系统,其中密钥被编码到在 Bob 和 Alice 之间传递的两个脉冲的相位上(见图 7.1)。在分别穿过一个短腔与一个长腔(包括一个相位调节器(PMb)以及一个 50ns 延迟线路(DL))后,Bob 发射的一个强激光(1550nm 波长)在一个 50/50 光束分路器(BS)分离。Bob 一方的所有光纤与光学元素均偏振保持。线性偏振在短腔中以 90 度偏转,因此两个脉冲通过相同的 PBS 接口离开 Bob 端。这些脉冲射向 Alice,在一个法拉第镜反射,经过衰减并以正交偏振返回。反过来,两个脉冲现在以另外一条路径返回 Bob 处,并在同一时刻到达他们干涉的地方 BS。然后他们要么在 DL 处被探测到,要么在穿越 D2 处的循环器(C_1)后被探测到。由于两个脉冲采用相同的路径,故包括在 Bob 内部反转后,这种干涉仪可以自动补偿。

为了实现单诱骗态协议,我们调整脉冲的幅度为 μ, v。在该实现中,衰减是通过在 Alice 一方放置一个 VOA(可变光衰减器)实现的。

图 7.9 描述我们系统中光电布局之概要。id Quantique 商用 QKD 系统由 "Bob" 与 "Jr. Alice" 组成。在我们的诱骗态实验中,实际的发送方系统称为 "Alice",它由 "Jr. Alice" 与四个我们新增加的光电组件组成。更具体地说,为了我们的诱骗态协议,我们在 Jr. Alice 前面放置了强度调节器(IM),它的 "空闲态" 被设为最大透射比。当从 Bob 送来一帧,强度调节器正处于该空闲态。当第一个脉冲到达耦合器 C2 后,它将被经典探测器探测到,一个同步信号将被发出以触发诱骗产生器。被触发的诱骗产生器(图 7.9 中的 DG)将在输出 NP 调制电压以驱动诱骗 IM 将每一个 NP 信号动态衰减为信号态或诱骗态之前,按照诱骗配置文件保持一个延迟时间。诱骗配置文件在实验之前已经生成,并作为一个随机波形由计算机载入诱骗发生器。为了准备诱骗配置文件,我们生成一个整数序列 $\{1 \leq n_i \leq 100\}$,该序列等于每一个帧中的脉冲数。依赖于最优脉冲分布,某些位置 i 将被指派为信号态,其他的指派为诱骗态。在我们的实验中,具有 $NP(NP=624)$ 个脉冲的一帧由 Bob 处产生并发往 Alice。在一帧之内,信号间的时间间隔为 200ns。直到整个帧返回 Bob 之后,下一帧才产生。在 Jr. Alice 内的延迟线保证进来的信号与返回的信号在 Bob 和 Jr. Alice 间信道上不会重叠,从而避免了 Rayleigh 散射。

7.7 结果与讨论

已经进行了数值仿真来找到最优参数。对于单诱骗态和真空态 + 单诱骗态 BB84 协议,我们令 $\mu = 0.48, v = 0.13$。用于单诱骗态协议的信号态、诱骗态脉冲数分别为 $N_\mu = 0.67N$,$N_v = 0.33N$。对于单诱骗态 SARG04 协议,我们令 $\mu = 0.22, v = 0.14$。用于单诱

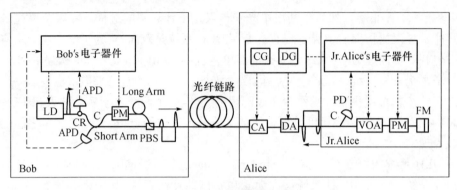

图7.9　系统实验装置概要图

在 Bob/Jr. Alice 里面：Bob/Alice 的 ID-3000QKD 系统组件。我们的修改：IM：强度调节器；DG：诱骗产生器。原先 ID-3000QKD 系统组件：LD：激光二极管；APD：雪崩光二极管；CI：光纤耦合器；Φ_i：相位调节器；PBS：偏振光束分离器；PD：经典光子探测器；FM：法拉第镜；实线：SMF28 单模光纤；虚线：电信号。

骗态协议的信号态、诱骗态脉冲数分别为 $N_\mu = 0.65N, N_v = 0.35N$。实验中 Alice 发送的脉冲总数为 $N = 100 \times 10^6$。在发送所有 N 个信号后，Alice 向 Bob 广播诱骗态的分布以及基本信息，Bob 然后宣布其确实以正确依据接收了哪些信号。我们假设 Alice 与 Bob 宣布了所有诱骗态以及一部分信号态的测量结果。

表 7.1 与表 7.2 为实验结果。有了这一实验结果，再利用上面的方程，可以得到 Q_1^L，$Q_1^U, Q_2^L, Q_2^U, R_{BB84}^L, R_{SARG04}^L$。

表 7.1　面向 BB84 的单诱骗态协议实验结果

长度/km	Q_μ(BB84)	Q_v(BB84)	E_μ(BB84)	E_v(BB84)
10	0.009	0.0025	0.0119	0.0171
30	0.0035	9.65E-04	0.0151	0.0282
60	8.40E-04	2.54E-04	0.0309	0.0791

注：光纤长度，μ 激光脉冲的增益 Q_μ，由 μ 激光脉冲生成密钥时的量子误比特率 E_μ，v 激光脉冲的增益 Q_v，由 v 激光脉冲生成密钥的量子误比特率 E_v。这些值均直接由实验测得。

表 7.2　面向 SARG04 的单诱骗态协议实验结果

长度/km	Q_μ(SARG04)	Q_v(SARG04)	E_μ(SARG04)	E_v(SARG04)
10	0.0011	7.20E-04	0.0689	0.0728

注：光纤长度，μ 激光脉冲的增益 Q_μ，μ 激光脉冲生成密钥时的量子误比特率 E_μ，v 激光脉冲的增益 Q_v，v 激光脉冲生成密钥时的量子误比特率 E_v。这些值均直接由实验测得。

通过将单诱骗态理论应用到实验结果，Alice 与 Bob 可得到密钥生成速率的下界，即面向 BB84 与 SARG04 的 R^L。该诱骗态的透射比/增益 Q_v 及其错误率 E_v 也从实验中直接得到。实验结果如表 7.3 与表 7.4 所示。需注意，真空态的增益的确十分接近于暗计数率，因此我们实验中的真空态是相当的"真空"。考虑统计涨落，通过将实验结果代入方程我们可以估计 $Q_1^L, e_1^U, Q_2^L, e_2^U, R_{BB84}^L, R_{SARG04}^L$。在我们的实验数据分析中，非常谨慎地估

计了 $Q_1^L, e_1^U, Q_2^L, e_2^U$，其标准偏差在 10 以内（即 $u_a = 10$）。

表7.3 计算结果1

长度/km	Q_1^L(BB84)	e_1^U(BB84)	R_{BB84}^L
10	0.0051	0.0212	0.0015
30	0.0019	0.028	4.58E−04
60	3.90E−04	0.0664	2.16E−05

注：光纤长度，单光子激光脉冲增益 Q_1^L，由单激光光子脉冲生成密钥的量子误比特率 e_1^U，安全密钥生成速率 R_{BB84}^L。这些值是通过将表1参数代入前面方程计算得到的。他们是单诱骗态协议的参数。

表7.4 计算结果2

长度/km	Q_1^L(SARG04)	e_1^U(SARG04)	Q_2^L(SARG04)	e_2^U(SARG04)	R_{SARG04}^L
10	8.12E−04	0.1163	2.80E−04	0.1464	7.94E−06

注：光纤长度，单光子与双光子激光脉冲增益 Q_1^L, Q_2^L，单光子与双光子激光脉冲生成密钥的量子误比特率 e_1^U, e_2^U，安全密钥生成速率 R_{SARG04}^L。这些值是通过将表2参数代入前面方程计算得到的。

表7.1~表7.4给出了实验结果。实验结果与仿真结果非常吻合。实验结果显示随着距离的增加密钥生成速率相应下降。对比这些结果，可以发现采用面向BB84的诱骗态方法的、基于光纤的QKD系统，比采用面向SARG04的诱骗态方法的、基于光纤的QKD系统具有更高的密钥速率以及更大的安全距离。这说明在所有距离上双光子部分对密钥生成速率有一个小的贡献。通过使用诱骗态方法，可以实现更高的密钥生成速率与更远的安全距离。

7.8 未来研究方向

对于某些应用仍需要在密钥速率与传输距离两方面进一步改进。另外关键的一点，在现实生活中，需要考虑一些额外的干扰（例如，量子信号可能与常规传统信号共享信道）。最终目标是实现一个用户友好的、可以很容易与Internet整合的QKD系统。在有限密钥长度的QKD中需要考虑统计涨落，近来这方面已经有了一些工作（例如Renner所做的工作）。一个有趣的研究是应用Koashi的互补思想到有限密钥QKD中，并将其与先前的结果做对比。为了实现更高的密钥生成速率，也可以考虑其他QKD协议。已经有研究者提出了旨在中短传输距离上获得更高密钥生成速率的连续可变QKD。连续可变QKD的一个开放的问题是安全性，这是本领域一个极具吸引力的研究主题，对连续可变QKD的建模与仿真也是很有趣的。为了达到洲际传输距离，地面—卫星QKD是一个很有前景的提法。一个有意思的项目是测试地面—卫星QKD的可行性。本章中，我们利用提出的诱骗态方法研究了地面—卫星QKD的可行性。研究大气层的干扰是为地面—卫星信道发展一个更真实模型的需要。通过建模与仿真，可以研究对QKD组件的需求。例如，需要单光子探测器具有怎样的效率与噪声水平，需要多大的望远镜。同时，为地面—卫星QKD探索好的QKD方案也是很有意义的。

7.9 结论

实际的 QKD 系统中存在的主要问题之一是以现有技术很难获得单光子光源。2003 年，Hwang 提出了一个简单的解决方案，该方案被称为诱骗态方法。这样一个简单的解决方案是基于更好的理论而不是更好的实验。诱骗态方法允许我们实现基于量子系统的无条件安全性，并很大程度提高 QKD 系统的性能。

我们给出了一个可以估计面向 BB84 与 SARG04 的单诱骗态协议参数的诱骗态方法。该方法也可给出每个诱骗态协议单光子与双光子计数率的下界以及量子误比特率的上界。由于实验数据量的有限性，这里也讨论了统计涨落问题，并提供了统计涨落对实际实现影响的粗略估计。由数值仿真得到了数据的最优脉冲分布、信号态与诱骗态的平均光子数、最大距离以及最优密钥生成速率。我们的结果表明，针对 BB84 应用所提方法的、基于光纤的 QKD 与自由空间 QKD 系统，均可获得比 BB84 更高的密钥速率与更远的安全距离。因此，双光子部分在所有距离上对密钥生成速率有一个小的贡献。另外，我们的结果表明，地面到卫星以及卫星之间的双向通信使用我们的协议是可能的。

利用 ID-3000 商用 QKD 系统，在标准电信光纤的不同传输距离下，实用的采用商用 QKD 系统的单诱骗态 QKD 系统已经实现了。实验结果与仿真结果非常吻合。无论实验结果还是仿真结果，我们都发现面向 BB84、采用这里所提方法的、基于光纤的 QKD 系统，能够比 BB84 达到更高的密钥速率与更远的安全距离。这进一步说明，双光子部分在所有距离上对密钥生成速率有一定的贡献。

参 考 文 献

[1] Bennett, C. H. (1992). Quantum cryptography using any two nonorthogonal states. Physical Review Letters, 68(21), 3121-3124. doi:10.1103/PhysRevLett.68.3121.

[2] Bennett, C. H., Bessette, F., Brassard, G., Salvail, L., & Smolin, J. (1992). Experimental quantumcryptography. Journal of Cryptology, 5(1), 3-28. doi:10.1007/BF00191318.

[3] Bennett, C. H., & Brassard, G. (1984). Quantum cryptography: Public key distribution andcoin tossing. Proceedings of IEEE International Conference on Computers, Systems, and Signal Processing, Bangalore (p. 175). New York, NY: IEEE.

[4] Bennett, C. H., & Brassard, G. (1989). The dawn of a new era for quantum cryptography: The experimental prototype is working. SIGACT News, 20(4), 78. doi:10.1145/74074.74087.

[5] Bennett, C. H., Brassard, G., Breidbart, S., &Wiesner, S. (1982). Quantum cryptography or unforgettable subway tokens. Advances in Cryptography: Proceeding of Crypto 82 (pp. 267-275). New York, NY: Plenum.

[6] Bennett, C. H., Brassard, G., Crépeau, C., & Maurer, U. M. (1995). Generalized privacy amplification. IEEE Transactions on Information Theory, 41(6), 1915. doi:10.1109/18.476316.

[7] Bennett, C. H., Brassard, G., & Robert, J.-M. (1988). Privacy amplification by public discussion. Society for Industrial and Applied Mathematics Journal on Computing, 17(2), 210-229.

[8] Bennett, C. H., Mor, T., & Smolin, J. A. (1996). The parity bit in quantum cryptography. Physical Review A., 54(4), 2675-2684. doi:10.1103/PhysRevA.54.2675.

[9] Fung, C.-H., Tamaki, K., & Lo, H.-K. (2006). Performance of two quantum key distribution protocols. Physical

Review A., 73(1), 012337. doi:10.1103/PhysRevA.73.012337.

[10] Gobby, C., Yuan, Z., & Shields, A. (2004). Quantum key distribution over122 km of standard telecom fiber. Physical Review Letters, 84(19), 3762–3764.

[11] Gottesman, D., Lo, H.-K., Lütkenhaus, N., & Preskill, J. (2004). Security of quantum key distribution with imperfect devices. Quantum Information and Computation, 4(5), 325–360.

[12] Hwang, W.-Y. (2003). Quantum key distribution with high loss: Toward global secure communication. Physical Review Letters, 91(5), 057901.

[13] Inamori, H., Lutkenhaus, N., & Mayers, D. (2001). Unconditional security of practical quantum key distribution.

[14] Keller, M., Held, K., Eyert, V., Vollhardt, D., & Anisimov, V.I. (2004). Continuous generation of single photons with controlled waveform in an ion-trap cavity system. Nature, 431(7012), 1075–1078. doi:10.1038/nature02961.

[15] Koashi, M. (2004). Unconditional security of coherent-state quantum key distribution with a strong phase-reference pulse. Physical Review Letters, 93(12), 120501. doi:10.1103/PhysRev–Lett.93.120501.

[16] Ma, X., Fung, C.-H.F., Dupuis, F., Chen, K., Tamaki, K., & Lo, H.-K. (2006). Decoy-statequantum key distribution with two-way classical post-processing. Physical Review A., 74(3),032330. doi:10.1103/PhysRevA.74.032330.

[17] Ma, X., Qi, B., Zhao, Y., & Lo, H.-K. (2005). Practical decoy state for quantum key distribution. Physical Review A., 72(1), 012326. doi:10.1103/PhysRevA.72.012326.

[18] Mayers, D. (2001). Unconditional security in quantum cryptography. Journal of Association for Computing Machinery, 48(3), 351–406.

[19] Wiesner, S. (1983). Conjugate. coding. S/GACT News, 15(1), 78–88.

补 充 阅 读

[1] Koashi, M. (2004). Unconditional security of coherent-state quantum key distribution with a strong phase-reference pulse. Physical Review Letters, 93(12), 120501. doi:10.1103/PhysRev–Lett.93.120501.

[2] Koashi, M. (2006). Efficient quantum key distribution with practical sources and detectors. arXive–printsquant–ph/0609180.

[3] Kraus, B., Branciard, C., & Renner, R. (2007). Security of quantum–key–distribution protocols using two-way classical communication or weak coherent pulses. Physical Review A., 75(1), 012316. doi:10.1103/PhysRevA.75.012316.

[4] Kraus, B., Gisin, N., & Renner, R. (2005). Lower and upper bounds on the secret-key rate for quantum key distribution protocols using oneway classical communication. Physical Review Letters, 95(8), 080501. doi:10.1103/PhysRev–Lett.95.080501.

[5] Kurtsiefer, C., Zarda, P., Halder, M., & Gorman, P.M. (2002). Long distance free space quantum cryptography. Proceedings of the Society for Photo-Instrumentation Engineers, 4917, 25–31.

[6] Kurtsiefer, C., Zarda, P., Mayer, S., & Weinfurter, H. (2001). The breakdown flash of silicon avalanche photodiodes backdoor for eavesdropper attacks? Journal of Modern Optics, 48(13), 2039–2047. doi:10.1080/09500340108240905.

[7] Lo, H.-K. (2003). Method for decoupling error correction from privacy amplification. New Journal of Physics 5(1), 36.1–36.24.

[8] Lo, H.-K. (2005). Higher-security thresholds for quantum key distribution by improved analysis of dark counts. Physical Review A., 72(3), 032321. doi:10.1103/PhysRevA.72.032321.

[9] Lo, H.-K., & Chau, H.F. (1999). Unconditional security of quantum key distribution over arbitrarily long distances. Science, 283(5410), 2050–2056. doi:10.1126/science.283.5410.2050.

[10] Lo, H.-K., Chau, H.F., & Ardehali, M. (2005). Efficient quantum key distribution scheme and a proof of its un-

conditional security. Journal of Cryptology, 18(2), 133 – 165. doi:10.1007/s00145 – 004 – 0142 – y.

[11] Lo, H. – K., Ma, X., & Chen, K. (2005). Decoy state quantum key distribution. Physical Review Letters, 94 (23), 230504. doi:10.1103/PhysRev – Lett. 94.230504.

[12] Lütkenhaus, N. (1999). Estimates for practical quantum cryptography. Physical Review A., 59(5), 3301 – 3319. doi:10.1103/PhysRevA.59.3301.

[13] Lütkenhaus, N. (2000). Security against individual attacks for realistic quantum key distribution. Physical Review A., 61(5), 052304. doi:10.1103/PhysRevA.61.052304.

[14] Lütkenhaus, N., & Jahma, M. (2002). Quantum key distribution with realistic states: photon number statistics in the photon number splitting attack. New Journal of Physics 4 (1), 44.1 – 44.9.

[15] Ma, X. (2005). Security of quantum key distribution with realistic devices. arXiv e – printsquant – ph/0503057.

[16] Ma, X., Fung, C. – H. F., Dupuis, F., Chen, K., Tamaki, K., & Lo, H. – K. (2006). Decoy – state quantum key distribution with two – way classical post – processing. Physical Review A., 74(3), 032330. doi:10.1103/PhysRevA.74.032330.

[17] Ma, X., Qi, B., Zhao, Y., & Lo, H. – K. (2005). Practical decoy state for quantum key distribution. Physical Review A., 72(1), 012326. doi:10.1103/PhysRevA.72.012326.

[18] Makarov, V., Anisimov, A., & Skaar, J. (2006). Effects of detector efficiency mismatch on security of quantum cryptosystems. Physical Review A., 74(2), 022313. doi:10.1103/PhysRevA.74.022313.

[19] Mayers, D. (2001). Unconditional security in quantum cryptography. Journal of Association for Computing Machinery, 48(3), 351 – 406.

[20] Morgan, G. L., Nordholt, J. E., Peterson, C. G., & Simmons, C. M. (1998). Free – space quantumkey distribution. Physical Review A., 57(4), 2379. doi:10.1103/PhysRevA 57.2379.

[21] Muller, A., Greguet, J., & Gisin, N. (1993). Experimental demonstration of quantum cryptography using polarized photons in optical fibre over more than1 km. Europhysics Letters, 23(6), 383 – 388. doi:10.1209/0295 – 5075/23/6/001.

[22] Muller, A., Zbinden, H., & Gisin, N. (1996). Quantum cryptography over 23 km in installed under – lake telecom fibre. Europhysics Letters, 33(5), 335 – 339. doi:10.1209/epl/i1996 – 00343 – 4.

[23] Nogues, G., Rauschenbeutel, A., Osnaghi, S., Brune, M., Raimond, J. M., & Haroche, S. (1999). Seeing a single photon without destroying it. Nature, 400(6741), 239 – 242. doi:10.1038/22275.

[24] Pearson, D. (2004). High – speed QKD reconciliation using forward error correction. In: The 7th International Conference on Quantum Communications, Measurement, and Computing, 299 – 302.

[25] Rarity, J. G., Gorman, P. M., & Tapster, P. R. (2000). Free – space quantum cryptography and satellite key uploading. in IQEC, International Quantum Electronics Conference Proceedings.

[26] Rarity, J. G., Gorman, P. M., & Tapster, P. R. (2001). Secure key exchange over1.9 km free – space range using quantum cryptography. Electronics Letters,37(8), 512 – 514. doi:10.1049/el:20010334.

[27] Rarity, J. G., Tapster, P. R., Gorman, P. M., & Knight, P. (2002). Ground to satellite secure key exchange using quantum cryptography. New Journal of Physics, 4(1), 82. doi:10.1088/1367 – 2630/4/1/382.

[28] Renner, R., Gisin, N., & Kraus, B. (2005). Information – theoretic security proof for quantumkey – distribution protocols. Physical Review A. ,72(1), 012332. doi:10.1103/PhysRevA.72.012332.

[29] Scarani, V., AcIn, A., Ribordy, G., & Gisin, N. (2004). Quantum cryptography protocols robust against photon number splitting attacks for weak laser pulses implementations. Physical Review Letters, 92(5), 057901. doi:10.1103/PhysRev – Lett.92.057901.

[30] Shannon, C. E. (1949). Communication theory for secrecy systems. TheBell System Technical Journal, 28(4), 656 – 715.

关键术语和定义

BB84：由 Bennett 和 Brassard 于1984年提出的 QKD 协议。

DSP：诱骗态协议。

EDP：纠缠提取协议。

EPR pair：起源于 Einstein – Podolsky – Rosen 混沌的极大化纠缠光子对。

GLLP：利用 Gottesman, Lo, Lütkenhaus 以及 Preskill 提出的不完全策略对 QKD 的安全证明。

LOCC：本地操作与经典通信。

1 – LOCC：本地操作与单向经典通信。

2 – LOCC：本地操作与双向经典通信。

PNS：光子数分束（攻击）。

QKD：量子密钥分发。

SARG04：由 Scarani – Acin – Ribordy – Gisin 于 2004 年提出的 QKD 协议。

第 8 章　安全协议工程学中的形式化自动分析方法

Alfredo Pironti，都灵理工大学，意大利
Davide Pozza，都灵理工大学，意大利
Riccardo Sisto，都灵理工大学，意大利

────┨ 摘要 ┠────

普遍认为设计与实现安全协议是很容易出差错的工作。而近来在安全协议形式化分析方法方面的研究进展使得相应技术投入使用。本章的目标是详述该领域的最新成果，并展示出形式化分析方法是如何提高质量的。在工程实际中，接受这些技术的一个关键因素在于自动化，因此本章关注自动化技术，并特别详述了在 Dolev–Yao 模型下高层协议模型是如何被自动形式化分析的，以及如何在抽象的高层模型与实现之间自动提取形式上的联系。

8.1　引言

在不安全的网络上，安全协议使得分布的通信能够安全地进行。这样的例子有很多，如我们日常使用的安全认证协议以及密钥交换协议。随着互联网通信的增多，对分布 ICT 系统的需求与日俱增，这反过来迅速扩大了安全协议的传播与范围。Web 服务、格计算、电子商务以及远程控制的 SCADA 系统只是需要安全性的新兴分布式应用的一部分。除了数据的保密与认证（这也是大多数经典协议的目标），近来也出现了新的急需目标，如不可否认性或电子商业中的安全交易，一些新的协议也因此被提出。该领域的标准化十分重要，因为分布式应用依赖于相互作用。但是，当标准不能恰当地满足需求时，应用的多样化有时也需要专有的解决方法。因此，诸如设计与实现安全协议之类的工作正变得越来越普遍，其要么作为新标准的一部分，要么作为新产品的一部分。

这些工作非常重要，因为安全协议在保护有价值财产方面扮演着重要的角色。更重要的是，尽管非常简单，安全协议很难辨别是否正确（甚至当其被专家们提出并接受后），这是因为在一个分布通信环境中，考虑恶意者所有可能的行为是困难的。因此学者们普遍认为，严格形式化分析方法在安全协议的设计与实现中扮演关键的角色。

尽管使用形式化分析方法仍然被认为是困难的且需要相应专业知识，近来在形式化分析方法一般研究以及其在安全协议的应用方面取得了很大进步，更高的自动化水平以及更好的用户体验正逐渐减少这些困难。这些进步也包括发展过程标准以及评价标准，比如信息技术安全评估通用准则（2009），该准则描述了如何使用形式化方法以达到最高的保护等级，而这对大部分关键系统组件是必须的。可以期待在不久的将来，这些准则的角色将进一步提升，正如对关键组件的需求增加一样。

第 8 章 安全协议工程学中的形式化自动分析方法

本章的目标是对最新的形式化分析技术进行详细的描述,而这些技术有助于提升实际中安全协议设计与实现的质量。利用最有前途的研究成果(这些成果对使用者没有额外专业知识需求,因此易于使用),本章希望展示在实际中可以如何去做。此外重点关注那些已经被深入研究的并可以提供用户友好自动化工具支持的技术(这些技术已经被原型工具所证明)。为了显示该领域的研究正如何发展,也将给出最新的理论研究趋势。

8.2 背景

一个安全协议定义为在一个分布式环境甚至在一个敌对方已经接入通信时能达到某个目标的通信协议。使用者认证(即对另一个远程用户提供使用者的鉴别)或者数据交换的保密性(即在公开信道上传输的数据仅有合法接受者可以读取)都是这样的例子。

像其他通信协议一样,一个安全协议涉及一些角色,这些角色也称为参与者或代理人,每一个代理人扮演一个协议角色并与其他协议角色交换信息。但是,不同于通常的通信协议,安全协议设计为在敌对角色存在情况下仍达到预期目标,而这些敌对角色可以偷听和干扰真正代理人之间的通信。例如,一个攻击代理人通常假设为可以拦截并记录协议消息(被动的攻击者),甚至改变、删除、插入、重定向以及重新利用拦截到的协议消息,或者创造和注入新消息(主动攻击者)。协议的目标通常通过使用密码学来实现,因此这些协议也被称为密码学协议。

在不考虑详细密码学知识下,通常可抽象通俗地描述一个密码学协议的逻辑。这种非正式的描述也称为"Alice 与 Bob 标记法",这是因为协议角色用不同的大字字母来区别,并设计为能唤起其角色作用的名字,例如(A)lice 为第一个协议参与者,(B)ob 为第二个,(E)ve 为窃听者,(M)allory 为一个恶意的主动攻击者。

Needham 与 Schroeder(1978)公钥相互认证协议的核心部分可以用 Alice 与 Bob 标记法描述为

1:A B:{A,NA}KBpub
2:B A:{NA,NB}KApub
3:A B:{NB}KBpub

在其发表几年后,Lowe(1996)发现了该协议的一个缺陷,这也使其变得众人皆知。该协议的目标在于保证每一个参与者对另外一个参与者的身份鉴别,并在他们之间确立一对共享密钥。以 Alice 与 Bob 标记法描述的协议是规则的一个序列,每一个规则以形式 X Y:M 描述了一条协议消息交换。其中 X 是发送方,Y 是意欲的接收方,M 为消息。例如,上述第一个规则表示代理人 Alice(A)发给代理人 Bob(B)一个消息{A,NA}KBpub。{A,NA}KBpub 代表一个加密对,该加密对包括 Alice 的身份 A 以及一个刚生成的标记 NA。这个加密对是用 KBpub 加密的,而 KBpub 为 Bob 的公钥。目标(没达到)在于通过信息交换之后,Alice 与 Bob 能确定对方的身份,标记 NA 与 NB 将在其之间共享,但对任意第三方是保密的。

另外一个经常用来表示安全协议逻辑的非正式标记法是 UML 序列图。上面描述的 Needham 与 Schroeder(1978)协议可以用图 8.1 所示的 UML 序列图等价表示。每一个角色都有一个从顶部到底部的竖直生命线,信息交换用箭头来表示,箭头上面内容为信息内容。Alice 与 Bob 标记法以及 UML 序列图方法在表示经典协议方面都非常有效,而更形式化、完善的语言可以更好表示错误操作与受限制的行为,正如本章剩余部分所描述的。

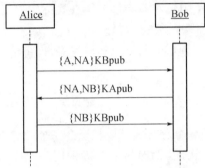

图 8.1　Needham 与 Schroeder 公钥协议

对安全协议的攻击是一个协议实施场景,该场景中由于攻击者的敌对行为使得协议没有实现预定目标。例如,一个协议设计为保证一个秘密数据 D 的保密性,则对该协议的攻击是一个协议场景,该场景中攻击者得到了数据 D(或得到 D 的一部分)。当一个攻击仅利用现实资源且以不可忽略概率发生时,其才是有价值的。一个攻击在不知道密钥情况下猜测密钥的概率是可以忽略的,这是因为密钥的长度以及密钥的伪随机特性。"攻击"暗含着实施场景在现有资源条件下以不可忽略概率条件发生。

对安全协议的一些攻击利用了其逻辑上的错误,它们与诸如加密算法或消息编码方式之类的细节无关。这些攻击可用上面的抽象协议描述来表达。例如,对 Needham - Schroeder 协议的攻击(Lowe,1996)可通过图 8.2 所示的 UML 序列图来表示。当一个恶意代理人 Mallory(M)能使得 Alice 与其交换标记时,此时 Mallory 利用 Alice 发来的消息与 Bob 对话,从而使得 Bob 认为其正在与 Alice 对话,该攻击将取得成功,最终 Mallory 可获得 Bob 本来为 Alice 准备的密码标记。

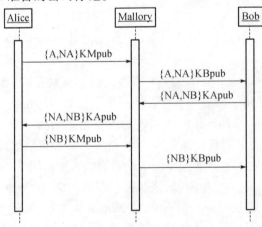

图 8.2　对 Needham - Schroeder 公钥协议的一个攻击

另外的一些攻击没法用这种方法抽象表示,这是由于它们依赖于细节或者特殊加密系统的作用。

对安全协议的攻击可以按它们破坏的协议属性(比如保密性、认证性)来分类。此外,采用更技术化的方法,它们可按其利用的弱点或缺陷来分类(Gritzalis,Spinellis,Sa, 1997 与 Carlsen,1994)。按照后者,主要的分类如下。

基于密码缺陷的攻击利用了加密算法的弱点,通过密码学手段,意图打破理想的密码属性(例如,从一些加密信息的分析中找出加密密钥)。

基于密码系统相关性缺陷的攻击利用了协议逻辑与选择的加密算法特定属性之间不恰当的相互作用造成的协议弱点。可以从 Three-Pass 协议找到这样的一个例子,该协议需要使用一个交换函数(比如异或函数)来执行加密。由于异或函数的可逆特性以及该函数在协议中加密消息的方式,一个攻击者通过异或拦截到协议会话中的加密数据可以解密部分数据。另外一个例子可以从广泛使用的 SSH 协议(Ylonen,1996)的某些实现方案中发现:当加密使用 CBC 模式时,通过注入精心设计的恶意数据包,攻击者可以恢复加密密文的部分比特。

基于初等缺陷的攻击利用了协议没有考虑某些防护措施的弱点。例如,Burrows, Abadi 以及 Needham(1990)发现的对于 CCITTX.509(Marschke,1988)协议的攻击就是此类。在该协议中,加密一个消息,然后将一个签名应用到加密部分。由于签名本身没有任何防护,攻击者可以简单地以自己的签名来代替,使其成为信息的发送方。

基于实时缺陷的攻击(重放攻击)在当一个或者多个协议参与者无法区分新生成消息与重新利用的旧消息时非常有效。此时,攻击者简单重发送一个旧消息使受害者相信其是一个新生成的消息。Needham-Schroeder(1978)私钥协议包含这种缺陷,该协议中的第三个消息可以被攻击者重放,从而旧密钥被重新用来通信。

猜测攻击利用协议采用弱密钥加密可预测信息的弱点,这些弱密钥或者由于拙劣地选择或者是使用弱随机数生成器来产生的。这些弱点可以通过分析旧的协议会话(获得对参数以及伪随机生成器中间态的了解)来得到。当密钥空间可以先验决定时(例如,组成密钥比特的最可能组合可以决定时),另外一个利用这些弱点的方法是字典攻击。除了上面提到的重放攻击,对 Needham-Schroeder(1978)私钥协议的猜测攻击就是一个例子。猜测攻击能够成功是因为密钥是由用户选择的口令得到的。

基于内部行为缺陷攻击,利用了当一个角色不能或者错误地执行某些对安全生成、接受或发送一个消息所必需行为时产生的漏洞。这些行为的例子有:执行某些要求的计算(例如一个 hash),验证完整性的操作,一个消息的实时与认证鉴别,在一个消息里面提供必需的域(比如一个摘要)等。通常,这些缺陷是由于不完善或者错误的协议规范造成的。可以在 Three-Pass 协议中找到此类缺陷的一个例子:在该协议的第三步中,漏掉了对接受消息的加密检查。

黑盒(Oracle)攻击,在攻击者可以把协议参与者当做"数据库"使用时存在,攻击者利用协议参与者来得到部分秘密数据,或者引诱他们生成一些其自身无法生成的数据。攻击者可以通过参与一个或更多协议会话来得到这样的消息,甚至其同时扮演多个角色。多个协议以不可预见的依赖性同时运行着,这类攻击从而是可能的。有可能每一个协议是独立安全的,但他们的组合使用存在缺陷,因为其可能使得黑盒攻击成为可能。这是可能发生的,比如,当相同的密钥被不同的协议使用时。一个例子是,除了上面提到的攻击,Three-Pass 协议还存在这样的攻击方法。

当一个攻击者发送给一个协议角色与期望类型不同的消息,而接受角色没能检测出类型的不匹配，并以不可预测的方式使用了该消息，一个类型缺陷攻击发生了。这种攻击的一个例子是 Otway–Rees 协议（Otway，Rees，1987），攻击者可以回答第一个协议信息的部分内容，使得其被理解为最后协议消息的一个合法域，引导 Alice 相信其已经和 Bob 交换了一个密钥，但实际上没有，这样攻击者就欺骗了 Alice。

也可能存在基于协议实现漏洞而不是协议本身漏洞的攻击。例如，当攻击者找到协议实现与协议本身不一致时，这样的攻击就可能存在。

攻击可进一步分为两个广义类：被动攻击者可以实施的攻击；需要主动攻击者参与的攻击。被动攻击者实施的攻击无需改变信息交换，只是简单地通过对交换信息的窃听来实现。从这个角度上讲，Needham–Schroeder 攻击是一个主动攻击，这是因为攻击者必须通过将其插入两个协议角色之间来与其交互。主动攻击最常见的形式有重放攻击与中间人攻击。前者中，攻击者对一个不能区分新生成消息与旧消息的协议角色重放一个旧消息。后者中，攻击者拦截协议角色交换的所有消息（即攻击者处于通信的中间节点）并重放拦截到的消息或者捏造并插入新的消息。采用这种方法，使得协议角色相信他们是直接与对方通信的，而实际上，对其他协议角色，攻击者分别成功扮演不同的角色。

安全协议通常在交换一些信息后达到目标。但是，尽管看起来非常简单，他们的逻辑缺陷可能是非常微妙的，且发现避免这些逻辑缺陷是非常困难的。这些困难不仅来自于对密码学的直接使用（这对其他密码应用是很常见的），更多的是来自无数的可能场景，这些场景来自不受协议规则限制的不诚实角色实施的各种不受控制行为以及并发的协议会话。

没有严格的协议模型与自动化工具分析，对于一个给定的协议很难考虑所有可能的攻击场景。这已经被许多协议在其发表几年后发现错误所证明，比如在 Needham–Schroeder 认证协议上所发生的。更重要的是对该协议的攻击是在形式化模型与自动化分析的帮助下发现的（Lowe，1996）。

严格的、基于数学的方法来建模、分析与发展应用的思想称为形式化方法。形式化方法的数学基础使得验证模型成为可能。例如，可以理论证明安全协议的一个形式化模型及其环境满足给定的属性（比如攻击者不能得到协议的保密数据）。

当然，协议模型的结果与模型本身一样重要。当获得一个抽象模型的某个正确性证明，但在模型中许多低层次的细节被抽象掉，则依赖低层次细节的攻击并没有排除。在一个更加完善的、考虑了这些细节的模型中，正确性证明可表明这类攻击是不可能的。不幸的是，随着模型复杂性的增加，一个完全形式化模型以及正确性证明是很难得到的，无论如何，在形式化模型与利用程序语言实现的实际模型之间存在差异。

可以利用软件支持形式化方法。例如，可以设计寻找协议模型可能攻击以及模型正确性证明的工具。当一个形式化方法被自动化工具所支持时，该方法称为一个自动形式化方法。

非自动形式方法通常需要专业的知识，因此，对于形式化方法，要想被产品接受，必须能够自动化。自动化的一个问题在于模型的复杂性以非常抽象的层次增长，协议是否正确的问题变得无法判定，这阻止了工具总是能够自动给出正确性证明。

传统上，存在两种不同的方法来建模与分析安全协议。一种是那些使用密码学代数化观点的模型，这经常被称为"形式化模型"；另一种是使用计算观点的模型，这一般被认为是"计算模型"。

密码学的代数化观点是基于完美的加密公理:①唯一解密加密数据的方法是知道相应密钥;②加密数据不透漏加密密钥;③加密数据有充足的冗余,从而解密算法可以发现一个密文是否是使用期望的密钥加密的;④从 Hash 过的数据无法得到原来数据;⑤不同的数据总是得到不同的 hash 结果;⑥新生成的数据不同于已存在的数据并且是无法猜测的(以不可忽略概率);⑦一个私(公)钥不透漏它对应的公(私)钥。

在这些假设下,密码算法可以建模为一个高级的代数系统,其中项代表数据,构造器代表不同的加密算法或数据构造机制,解析器代表相应的解密算法或数据提取机制。例如,构造器 symEnc(M,k),解析器 symDec(X,k),以及方程 symDec(ymEnc(M,k),k) = M 代表用于对称加密算法的一个代数系统。作为另一个例子,构造器 H(M)代表一个哈希函数,相应解析器的不存在性意味着密码中的哈希函数是不可逆的。

形式化模型使得安全协议属性变得简单与高效。但是,形式化模型存在两个主要的缺点:一个是一些主要依靠按位操作的密码函数,比如异或函数,很难用等价的代数模型来表示,或者它们导致不可判定的模型;第二个缺点是,由于高度抽象性,在协议实现中可能存在一些缺陷,但其不存在于形式化模型中,例如,一个密码函数的算法实现不满足一些理想的假设。这是可能发生的,一个这样的例子是,任意实时生成 n 比特的函数在 2^n 轮后不满足假设完美加密公理(6)。

与此相反,计算模型将数据表示为比特串,通过使用概率的方法,允许抛弃某些完美加密假设。假定攻击者具有一个受限制的计算能力(通常是多项式的),计算模型目标是在限制条件下,证明违背一个假设的概率是可以忽略的,也就是说,假设是在一个可接受的范围内。从技术上来说,这是通过证明一个攻击者无法区分加密数据与真正随机数据来达到的。计算模型可以用来处理更多的密码学原语,并以更低层次来建模。但是,在协议分析中他们需要更多的资源,而且在证明中是更难以自动化的。

从历史角度看,形式化模型与计算模型以不同的方向发展,前者关注基本密码函数的使用,并在更高层次发挥作用;后者考虑更多实现细节与可能的问题。近来不断进行的、始于 Abadi 与 Rogaway(2002)启发性研究的工作试图协调两种观点,并使他们相互联系起来。

8.3 技术发展水平

8.3.1 安全协议工程学问题

本小节简要描述、分类以及讨论那些导致有缺陷安全协议的主要问题,这些问题开始于设计阶段并延续到实现与应用开发阶段。如下面所揭示的,缺陷一直不断被发现,这促使对安全协议使用更可靠的工程学方法。下一小节给出了基于自动形式化分析方法技术的进展。

当开发一个新的安全协议,设计是第一可能引入缺陷的阶段。对该阶段而言,不管引入缺陷的严重程度是多么微弱,这些缺陷通常是非常关键的,因为它们将被用于所有开发实现。使用形式化模型与形式化验证是减缓该问题的一个有效方法,这是因为,在形式化模型可以触及的层次,其提高了对协议的理解,并确保了协议的正确性。尽管有证据表明使用形式化方法提高了质量,但使用它们的费效比仍是不能确定的,尤其是在设计阶段仅使用一次时。由于这个原因,对于协议设计者,协议专家在分析设计安全协议最易出现错误后所给出的良好习惯与设计准则是另一个重要的资源。

实现安全协议是另一个可以引入缺陷的阶段,这大多是因为协议规范与编码实现的不一致性。这样的不一致性通常是由于编程错误或者对一个模糊规范的不恰当解释引起的。采用形式化方法描述安全协议避免了解释错误,并原则上可(半自动)推导出实现,从而减少引入错误的可能性。

其他一些编程错误引入一些所谓的脆弱性。他们是安全问题,而不仅是安全协议问题,他们可能影响从公共信道接受数据的任意软件。这些脆弱性来自无法处理的或未预见的输入数据,这可能引起协议实现的崩溃或者对正在运行该协议的主机造成恶意影响。著名的例子是栈溢出,该漏洞使得可以在运行软件的主机上执行任意的代码。脆弱性并不直接意味着协议目标的失败,但是他们可能被用来违反其他的协议策略或者危害整个主机。

8.3.2 自动形式化协议分析

安全协议模型的形式化分析是一个易于出错的工作,这是由于安全性证明需要经过大量的步骤,而这些步骤是很难人工跟踪的。

这些技术自动化的最终目标是给出一个协议模型在一定假设下满足或不满足某些安全属性的形式化证明(比如,一个数学的证明)。技术的数学背景与技术性细节需要特殊的专业知识,而安全专家可能不具有这些知识。因此,技术的工具自动化与用户友好性是实际接受与使用这些技术的关键。

相关研究一直高度关注这些问题。例如,正如 Woodcock 等所强调的,关于形式化方法的自动化已取得很大进步:在 2006 年对 Mondex 项目(基于智能卡的电子交易系统)正确性进行自动化证明的工作量,是其在 1999 年时所需要的 10%。实际上,在 1999 年,通过人工证明了该系统是正确的,而在 2006 年,8 个独立的研究小组给出了该系统的自动化证明。

依赖于输入模型的形式,已经探索了几个不同的自动化技术。在下一小节,介绍了表示安全协议模型与属性的最常见形式,也给出了相应的验证技术。

8.3.3 信任逻辑(BAN 逻辑)

在完美密码学假设条件下,通过跟踪一些逻辑属性,信任逻辑是理解安全协议的高层次模型。技术上,他们是设计为在协议执行中表示协议角色信任的语义逻辑系统。例如,规则"P 相信 X"意味着在 P 具有足够信息来正确地推出 X 是真实的情况下,角色 P 相信 X 是真实的。另一个规则是"更新(X)",这意味 X 是新数据,这些数据没有在协议(也不在以前会话)中使用。若 X 是一个新创建的标记,更新(X)假定为 X 在其创建后保持不变,创建该标记的角色相信其被更新(P 相信 更新(X))。当一个协议会话正在执行,信息正在交换,信任集合与其他每个角色的断言相应更新,这在信任逻辑通过一些可以用来推导合法信任的推理规则来描述。安全属性可以用角色信任(这些信任必须是在协议会话的最后)的断言来表示。

具体地,一个协议用 Alice 与 Bob 标记法描述,并给出每个角色初始信任假设。例如,在协议执行前,Alice 可能相信某个特殊服务器,或者被告知为某一特殊密钥对的合法拥有者。然后,分析协议执行,角色的信任关系在每一次消息交换后更新。例如,在 A B:M 执行后,"A 相信 A 说过 M" 是正确的,其中"A 说过 M"意味着 A 发送过包含 M 的消息。BAN 逻辑推理规则也允许从已知事实推出新的事实。在协议最后,角色信任关系与预期的对比:若他们不匹配,期望的属性就不满足。

注意到 BAN 逻辑在协议对比中非常有效。确实,可以比较达到相同安全目标的不同协议的初始假设。进一步,有可能找到协议中的冗余,例如当接收消息引导角色相信一个已经知道的事实时。

一个 BAN 逻辑模型可以通过理论证明来验证。理论证明方法由基于形式推导系统建立的数学证明组成,目的是对给定的模型,证明一个期望的安全属性成立。人工构造形式化证明是一个困难且易于出错的工作,而自动化技术可以特别有效。一些称为定理证明器的证明工具,可以自动地证明简单的引理,他们也帮助使用者寻找完全的证明。他们中称为自动化理论证明器的一部分,甚至可以自动找到完全的证明。

基于信任逻辑的理论证明是易懂的,因为这些逻辑被定义为命题形式系统。但是,直接使用逻辑不是用户友好的,且对于一个非专业人士也不容易:协议、假设以及期望的属性必须全部用信任逻辑语言表达;然后,必须找到期望属性的一个证明。

为了简化信任逻辑的使用,研究人员已经开发了自动转换工具,可以将协议的用户友好描述(以 Alice 与 Bob 标记法)、初始假设与期望属性转为信任逻辑语言。更重要的是,如 Monniaux(1999)所揭示的,信任逻辑,比如 BAN 与 GNY,是可判定的,即,可以给出一个自动化判定算法,以判定在有限的时间和空间内,是否能给出一个命题的证明,甚至进一步找到这样的证明。总之,将用户友好的协议描述转换为诸如 BAN 信任逻辑、判定期望属性是否可以证明、甚至提出一个证明等都是可以自动化的。此外,这项工作也是计算可行的:对于典型协议只需要几秒钟时间。

当然,诸如 BAN 与 GNY 信任逻辑也有一些限制,它们仅能应用到认证属性,且它们不能捕捉一些类型缺陷,比如揭露基于黑盒的攻击。无论如何,由 Brackin(1998)领导的、对 Clark – Jacob(1997)收集的认证协议的实验性研究表明,采用这种方法,对协议的高层次描述中存在的已知缺陷,仅有一小部分没有捕捉到。在高层次协议描述中,这是一个可以找出一些与认证相关的逻辑缺陷的快速机械化分析方法。在实施其他更昂贵更精确分析之前,它可以用作一个先验的低成本分析。

信任逻辑已经得到广泛研究,现在可认为是成熟的,因此近来的研究更关注它们的应用而不是开发。

8.3.4 Dolev – Yao 模型

安全协议的 Dolev – Yao 模型已经被许多研究工作广泛使用(比如,Hui,Lowe,2001,Abadi,Gordon,1998,Bengtson,Bhargavan,Fournet,Gordon,Maffeis,2008,Fábrega,Herzog,与 Guttman,1999,Durgin,Lincoln,与 Mitchell,2004,Chen,Su,Liu,Xiao,2010),并在许多协议验证工具中实现(比如,Durante,Sisto,Valenzano,2003,Viganò,

2006，Mödersheim，Viganò，2009，Blanchet，2001）。由于该模型非常简单，且具有高层次模型框架，此外在建模协议与理解常见协议属性方面也非常有效，因此变得非常流行。

与信任逻辑类似，这种建模协议的方法源自对密码学的代数抽象，但它是更准确的，因为其跟踪交换信息而不是信任关系。在Dolev-Yao模型中，一个协议用一个离散状态转移系统来描述，该系统由表示协议角色的通信并行子系统组成。每个角色的转移系统描述了发送和接受信息时角色的行为。对于诚实的角色，这是协议所规定的行为，但对于攻击角色，它可以是任何行为。

可以考虑许多具有明显不同特征的网络模型，但通常它们可被证明是等价的，一个系统可以用其他系统模拟或仿真。例如，一个由Schneider提出的网络模型把网络与攻击者作为独立的子系统，其中攻击者是一个具有特殊行为的协议参与者，比如注入和窃听信息。其他模型（Ryan与Schneider，2000）将闯入者视为其环境本身一部分。协作模型把所有安全联系的角色归类为一个"超级角色"，这又回到使"超级角色"通过一个不安全网络通信的基本思想上。通常，人们选择使得证明某个特殊属性尽量简单的网络模型。

尽管Dolev-Yao模型可以不同的方法形式化，如进程演算、图与自动机、细化类型等，相关模型的思想与假设总是一样的。通常，协议角色不是直接在秘密信道上通信，因为这样使得安全协议毫无用处；相反，他们在共享的不安全网络通信。在例外情况下可以建模，此时，两个或更多角色共享一个秘密的安全信道，攻击者无法接入这种信道。由于涉及一个密码学代数模型，Dolev-Yao模型具有数据类型的集合，构造器与解析器的集合，表示密码函数与属性的方程的集合。一些Dolev-Yao模型配有固定的密码原语集合及相应语义，而其他的是可扩展的，因此可以对一系列协议建模。作为代数模型，他们仅表示密码原语的理想属性。因此，密码缺陷攻击在这些模型中无法表示出来。此外，一个主动攻击者总是可以丢弃任何信息，用Dolev-Yao模型无法验证诸如"一个确认最终收到"之类断言。这不是一个大问题，因为许多常见的安全属性，比如保密性与认证性，可以被定义为安全性能，从而可以在Dolev-Yao模型中处理。

总之，Dolev-Yao模型的一般特征使得其易于表示错误使用密码原语造成的协议缺陷，其中密码原语不依赖于使用的密码系统，但这些模型不能用来发现其他协议缺陷或者找出密码系统本身的缺陷。在完美密码学假设下（例如，不能猜想标记或者密钥，或者从一个给定密文部分恢复一个密钥），可认为闯入者的能力足够其执行最坏的行为。值得进一步指出的是，Dolev-Yao模型通常不能捕捉实现细节，因此也无法捕捉这些细节造成的协议缺陷。例如，侧信道攻击通常无法建模：一个攻击者通过观察某个装置在计算中的能量消耗来推断出一些信息，或者在秘密信道发送的数据可通过观察发送数据速率来推断出。

8.3.4.1 用进程演算表示Dolev-Yao模型

在以Dolev-Yao攻击者模型来描述安全协议的各种方法中，进程演算是其中最有用的一个，因此将其作为例子。特别地，pi演算作为一个变种，是用户最友好的进程演算，在此将其作为例子。

利用精心设计的形式语义，进程演算是设计用来表示通信过程及交换数据的代数系统。由于其抽象层次，在Dolev-Yao模型下，它们是描述通信协议的好工具。

例如，Spi演算是安全协议的一种进程演算，是pi演算的一个安全扩展。它可以对输入、输出操作以及接收数据检查进行清晰的表示,更接近于一个编程语言。由于规范中描述的操作可以被映射为实现中的操作,故非常适合推导实现。

pi 演算(A bad;& Fournet,2001)类似于 Spi 演算,但其是基于方程系统,该系统中构造器、解析器以及方程可以自我指定,从而使得语言很容易扩展。本节中,将 pi 演算一个轻微扩展且机器可读的版本作为例子(一个流行的验证工具使用了该版本)。从现在开始,本节中"pi 演算"表示该扩展的且机器可读的版本。

pi 演算的句法规则由项(表8.1 所定义)与进程组成(表8.2 所定义)。一个项可以是一个名字(比如'a'),一个可以被绑定为其他项的变量(比如'x'),或者一个(构造器)应用函数。对于每一个构造器,对应的解析器函数与方程可以分别定义,以便描述一个对密码学属性进行建模的等价系统。方便起见,对于项的元组引进一个语法表示,表示为 $(M_1,M_2,\cdots,M_n)$,其可以在标准语法内用对应的构造器与解析器函数编码。

表 8.1 pi 演算使用的项

M, N::=	项
a, b, c	名字
x, y, z	变量
$f(M_1, M_2, \cdots, M_n)$	应用函数

进程的语义可描述如下:空进程"0"不做任何事情,并行进程 P|Q 同时执行 P 与 Q,复制进程!P 行为类似于 P 的无限数量的实例并行执行。限定进程"new a;P"创建一个新名字"a",该名字对其他角色是不可见的,包括攻击者。条件进程"if M = N then P else Q"在 M 与 N 是相同的项时行为类似 P,否则其行为类似于 Q;若 Q 是"0"else 分支可以忽略。解析器应用进程"let x = $g(M_1,M_2,\cdots,M_n)$ in P else Q"试图计算解析器函数应用的结果。若该结果可以计算,结果存进变量"x",进程行为类似 P,否则行为类似 Q;若 Q 是"0" else 分支可以忽略。利用项的元组语法,解析器应用进程可使用更为紧凑的形式"let $(x_1,x_2,\cdots,x_n)$ = M in P else Q"。信息输入进程 in(c,x);P 从信道"c"接收一个消息,然后将其存入变量"x"。消息输出进程 out(c,M);P 输出信息 M 到信道"c",然后行为类似 P。最后,辅助进程"event $f(M_1,M_2,\cdots,M_n)$;P":P 发出用来确认相应属性(比如认证)的特殊事件。

表 8.2 pi 演算使用的进程

P, Q::=	进程名称
0	空
P | Q	并发
! P	复制
new a; P	限定
if M = N then P else Q	条件
let x = $g(M_1, M_2, \cdots, M_n)$ in P else Q	解析器应用
in(c,x); P	消息输入
out(c,M); P	消息输出
event $f(M_1, M_2, \cdots, M_n)$; P	辅助

典型的 pi 演算协议规范对于每一个角色定义了一个进程，以及一个"协议实例"进程（该进程描述在一次协议运行中协议角色如何与其他角色交互）。在模型中，安全属性被描述为在一次协议运行中必须维护的断言。例如，保密被定义为可达性属性（是否存在一次协议运行使得攻击者可以知道一些应该保密的数据 D）。假设 Alice 要向 Bob 认证，这意味着在一次协议运行的末尾 Bob 可以确定他一直在与 Alice 谈话。这可以用以下属性模拟："每次 Bob 与 Alice 结束一次协议会话，从而在一些会话数据 D 上达成一致时，Alice 曾经与 Bob 开始一次协议会话，并在一些会话数据 D 上达成一致。"定义两个事件——运行事件与完成事件，在协议完成后 Bob 发出一个完成事件，Alice 在会话一开始就发出一个运行事件（此时可获得会话数据 D）。每当一次完成事件发生时（相应的运行事件已经发生），认证属性表示为在协议每一步都需要请求。

通信序列进程（CSP）是另一个用来建模安全协议（Ryan & Schneider, 2000）的进程演算。每一个进程模拟一个协议角色，并用事件描述，这些事件将在一个特殊通信道传输。本质上，信息交换由诚实的代理角色通过传输.A.B.M 事件实施，这意味着角色 A 向角色 B 发送信息 M 然后接收.B.A.M 事件，这意味着 B 从 A 收到信息 M。

不同于 pi 演算，在 CSP 中对接受数据实施的检查由输入操作表示。当产生接收.B.A.M 事件，一个角色仅当接收到的数据与 M 匹配时才接收信息。这意味着，在信息接收中，CSP 模型假设"所有可能的检查"在接收数据时实施。当在代数层次接受该行为时，由于模式匹配可以用句法匹配实现，从而在执行 CSP 进程实现中保留同样的语义变得不平凡，这使得该模型框架不是很适合处理安全协议的实现。

8.3.4.2 通过理论证明自动验证 Dolev–Yao 模型

由 Dolev–Yao 模型表示的安全协议可以通过理论证明来验证。本质上，协议规范可被转换为一个逻辑系统，其中的事件如"信息 M 已经被发送"或者"攻击者知道信息 M"被表示出来。此时，证明一个安全属性成立等价于证明不能由形式化系统得到某个断言。但是，由于 Dolev–Yao 模型中诸如保密性与认证等不确定安全因素，对于一个给定协议的模型，在有限的时间与空间中，利用自动化过程来决定一个安全属性是否成立是不可能的。

目前主要有三个处理该不确定性问题的方法。一个方法是限制模型（例如限定并行会话的数量），以使得结果可以判定，该方法被广泛应用于状态搜索技术，但具有降低结果一般化的缺点。第二个方法是使得验证过程互动，即不完全自动化，Paulson 曾采用该方法作为例子。该方法明显的缺点在于，尽管可重用理论库可降低互动的程度，在理论证明中必须使用经验。此外，该方法不保证一定得到结果。第三种方法是利用半决策程序，其能够自动化但可能无法终止，或者在没有给出结果情况下终止，或者给出一个不确定结果。该方法曾经被 Song, Berezin, Perrig 以及 Blanchet 采用。Pro Verif 是公开获得的、能够自动化证明 Dolev–Yao 模型的最好工具之一。该工具基于一个 Prolog 引擎，接收协议描述，协议描述可以是利用 Prolog 规则（这些规则被加入到 Pro Verif 系统）表示，或者利用表 8.1 和表 8.2 所示的 pi 演算（其会被自动翻译为 Prolog 规则）表示。Pro Verification 在某些情况下不会终止，而当其终止时，得到不同的结果也是可能的。Pro Verif 可能给出正确性的一个证明，在这种情形下结果不受不确定因素影响，比如，协议模型在假设下被证明是正确的。Pro Verif 有时在没有完成证明下终止，在这种情形下，很可能暗示了对该协议的潜在攻击。这种能力有助于理解协议为什么存在缺陷，而其他理论证明一般不能提供该能力。但也要注意到，由 Pro Verify 生成的攻击可能是错误的，这是由于其使用了一些粗略近似。总之，对于大多数协议，该工具终止时可给出有用结果，这也使得其成为验证安全协议的最有用的自动化工具之一。

作为一个例子，将 pi 演算描述的 Needham-Schroeder 协议作为 Pro Verif 的输入，输出结果如 Box 1 所示。

Box 1
1a: A(KA,KBPub,AID):=
2a: new NA;
3a: out(cAB, pubenc((AID,NA), KBPub));
4a: in(cAB, resp);
5a: let resp_decr = pridec(resp, Pri(KA)) in
6a: let (xNA,xNB) = resp_decr in
7a: if xNA = NA then
8a: out(cAB, pubenc(xNB, KBPub));
9a: 0
1b: B(KB,KAPub,AID):=
2b: in(cAB, init);
3b: let init_decr = pridec(init, Pri(KB)) in
4b: let (xAID, xNA) = init_decr in
5b: if xAID = AID then
6b: new NB;
7b: out(cAB, pubenc((xNA,NB), KAPub));
8b: in(cAB, resp);
9b: let xNB = pridec(resp, Pri(KB)) in
10b: if xNB = NB then
11b: 0
1i: Inst():= new KA; new KB; out(cAB, (Pub(KA), Pub(KB))); (
2i: ! A(KA,Pub(KB),AID) | | ! B(KB,Pub(KA),AID)
3i:)

像通常一样，用两个独立的进程 A 和 B 描述两个协议角色，第三个称为 Inst 的进程建模协议会话（通过指定不定数量的 A、B 进程实例并发执行）。

在例子中，角色 A 的参数有密钥对 KA，包括其公钥(Pub(KA))和私钥(Pri(KA))，B 的公钥 KBPub，以及 AID(A 的身份标识)。在 2A 行，A 建立标记 NA，在行 3a，AID 与 NA 通过信道 cAB 被发送给 B(用 B 的公钥加密)。在行 4a，A 通过信道 cAB 收到 B 的答复并将其存储在变量 resp 中，该变量随后在行 5a 中被解密。由于 resp 是用 A 的公钥加密的，故其可用 A 的私钥解密，解密后的结果存储在 resp_decr 变量中。在行 6a，resp_decr 被划分为两部分，分别存储在变量 xNA 和 xNB 中：前者保存 A 的标记，后者保存 B 的标记。由于 A 的标记已知，在行 7a 检验接收的 xNA 是否于原先的 NA 的值相一致。若成立,在行 8a,A 通过信道 cAB 发送用 B 的公钥加密过的 B 标记。

在 pi 演算中,"新鲜"数据(利用新的操作建立的数据)对攻击者既是不可知的也是不可猜测的,而全局数据(比如 AID 或者通信信道 cAB)对攻击者是可知的。这意味着攻击者可主动或被动地控制通信信道 cAB,或者试图欺骗 B 向其发送 A 的身份标识。但是,攻击者不知道角色的私钥(公钥对其是可知的,这是由于在协议开始前,在行 li 中,公钥通过信道公开发送)。

如上所述,Needham - Schroeder 协议应确认在一次会话的最后 A 和 B 互相认证。但是,A 对 B 的认证在该协议中不成立。为了表示该属性,以使得其可以被 Pro Verif 工具验证,协议规范必须具有特殊的运行事件和结束事件。A 对 B 的认证可以通过在 B 进程声明增加一个运行事件(AID,Na,XNB,Pub(KA),KBPub)表示,该事件位于行 7a 和 8a 之间,即正好在第三个消息发送前。相应的在 B 进程会话最后增加一个完成事件声明(AID,xNA,NB,KAPub,Pub(KB)),即在行 10b 和 11b 之间。

当 Pro Verify 分析扩充后的规范时,可以自动验证认证属性是错误的,并返回一个攻击路径,该路径显示攻击者如何在实际中破坏该属性。返回的攻击路径本质上如图 8.3 所示。

相反地,从 B 到 A 的认证成立。通过开始与结束事件来丰富协议规范,然后表示出该属性,ProVerif 可以证明该属性成立。

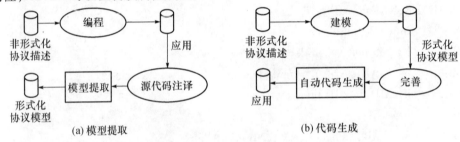

图 8.3 模型提取和代码生成

8.3.4.3 通过状态搜索自动验证 Dolev - Yao 模型

另外一个方法是状态搜索:通过分析协议所有可能运行来工作。该分析期望寻找到运行过程中对安全协议属性的违背,而并非找到一个正确性证明。若模型运行中发现违背了某个期望安全属性,则可以推断协议不满足该安全属性;进一步,导致违背属性的行为构成了对协议的一个攻击。例如,假设某个协议的一个期望属性是攻击者无法知道某个秘密,若模型运行中导致了一个状态,在该状态下攻击者可以知道该秘密,则一个攻击被发现,这也表明了期望属性不成立的一个反例。反之若穷尽搜索没有发现对安全属性的任何违背,可以推断出模型满足该属性,该推断原则上等价于一个正确性证明(类似于理论得到的)。然而,前述的不确定性问题阻止了通过该分析得到一个正确性证明。实际上,Dolev - Yao 模型无法穷尽搜索,其状态是无限的,这也是不确定性的主要来源。状态搜索工具常用方法是限定模型条件,从而将其转化为一个有限的模型,在有限模型下穷尽搜索。采用这种方法,分析总是可以终止的:要么发现一个或更多的反例,要么没有发现任何缺陷。对于后者,仍没有达到完全正确性证明,这是因为简化了模型,但是可以说:在简化模型中不存在任何缺陷。一些研究人员发现,若一个协议满足一些特殊条件,一个非穷尽的搜索也足以给出一个正确性证明。不幸的是,真实的协议并不满足这些条件。另外一种得到正确性证明的方法是：联合使用状态搜索与理论证明技巧：Escobar 在 Maude-NPA 中就是使用该方法作为例子。

尽管状态搜索不能总是得到一个正确性证明，但其主要价值是：其是可以完全自动化的，且在有限模型下，总是可以在给出有用信息下终止：要么正确，要么发现一个反例。此外，其寻找攻击的能力是非常重要的，该能力使得使用者诊断出一个协议为什么是有缺陷的。反之利用理论证明工具，可能发生：没有找到一个证明，但是同时没有给出协议中可能缺陷的任何暗示。

对安全协议的状态搜索分析可以几种不同方式实施。一些研究人员已经建立了适合安全协议分析的原型工具，例如 NRL 协议分析者（Meadows，1996）以及其下一代 Maude-NPA（Escobar 等，2009）、OFMC（Basin，Modersheim，Vigano，2005）及类似继承者（Modersheim，Vigano，2009）、S3A（Durante 等，2003）等。其他研究人员证明了诸如模型检查器之类的广义状态搜索工具也可以用到相同目的上。在已经用来分析安全协议的模型检验工具中，可以考虑 FDR（Lowe，1996）以及 Spin（Maggi，Sisto，2002）。

第一次对状态搜索的尝试以严格有限的模型为对象，这些模型通过施加两个限制得到：一个是有限的协议会话数目，另一个是有限的信息复杂度（例如，假设攻击者用于建立信息操作的数量是有限的）。后来，发现可以放宽第二个条件，也就是关于信息复杂度的那条。当然，放宽该限制导致无限状态模型，这是因为每次协议角色输入一些数据，攻击者可以发给该角色无限多的不同信息（攻击者可以利用其当前知识建立的所有信息，若对信息复杂度没有限定，这些信息是无限的）。然而，无数的状态与变迁可以被划分为有限数目的等价类。每一类可以用自由变量描述，每一个自由变量可以实例化为为无数不同的项。问题的关键在于可在不立即实例化自由变量的情况下分析推导，从而状态与变迁的类在分析中通过未实例化的自由变量来表示。该技巧是由 Haima（1999）提出的，其导致了状态搜索工具的实现，这些工具在限制会话数量的情况下成功分析了协议模型。一些工具，比如 OFMC（Modersheim，Vigano，2009），可使使用者避免引入一个会话的先验上界成为可能。利用一个贪婪评估方法，在这种情形下他们甚至仍能有效搜索状态空间。当然，若会话数量没有界限，由于不确定性，搜索可能不会终止。

一个依然存在的问题是所有状态搜索工具是状态激增的：状态的数量与状态路径随着协议会话增多而急剧增加。因此，实际上通常只使用很少的会话来分析模型。

状态搜索和理论证明工具的不同特性（具有互补性），意味着联合使用他们可能得到很好的结果。例如，状态搜索工具可以首先使用，因为其具有报告攻击的能力。当取得了对于协议正确性的信心，然后转向一个理论证明工具，在不给出会话数量限制的条件下给出最终正确性证明。

在集成使用不同分析工具的努力中，最有意义的项目开始于 AVISPA，紧随其后的是 AVANTSSAR 项目，他们以使用最先进的状态搜索工具来达到安全认知系统的验证为目标。

8.3.4.4　利用类型检查自动验证 Dolev-Yao 模型

F7 框架里采用了一项新颖的技术（增加了基于细化类型系统 pi 演算描述的安全协议规范）。一个细化类型用 $\{x:T|C(x)\}$ 表示，其中 x 是一个变量，T 是一个类型名字，C(x) 是一个依赖于 x 的逻辑规则。细化类型 $\{x:T|C(x)\}$ 是类型 $\{x:T\}$ 的一个子类；$\{x:T|C(x)\}$ 的一个值 M 满足：M 是 $\{x:T\}$ 的一个值，且 C(M) 为真。

例如，类型{k:Key|MayMAC(k)}是一个密码密钥的类型，该类型可以用来对协议数据执行 MAC 操作。

在 F7 中，一个协议使用并发 λ 演算描述，并用细化类型注释。使用的 λ 演算没有内含密码学原语；而是将密码学原语作为一个库，该库实现原语的一个符号化代数模型，因此其行为类似 Dolev - Yao 模型。λ 演算具有特殊的"假设 C(x)"以及"断言 C(x)"表述，其可以被诚实角色用来描述认证属性。给定一个值 M，"假设 C(M)"表述意味着命题 C(M)是真值，而"断言 C(M)"可用来测试是否可以通过一次协议运行推导出 C(M)。

为了描述一个攻击者，定义了通用类型 Un。该类型表示了攻击者知道的数据，可以为任何其他类型的子集或超集。攻击者的描述是类型为 Un 的任意进程 A。当 Un 被用作另一个类型 T 的子集，则 T 被认为是受染类型，意味着 T 的值可能来自攻击者；当 Un 被用作 T 的超集，则 T 被认为是公开类型，意味着 T 的值可能发送给攻击者。

若在攻击者尽最大努力使一个断言失败情形下，协议运行过程中断言没有失败，则可认为验证的属性是安全的。为了检验一个属性是否安全，可以使用标准类型检验与部分类型推导算法。由于不确定性，有可能对于一个正确的协议也无法找到一个类型检验，从而也无法找到正确性证明。

8.3.5 计算模型的自动化验证

如前所述，与上面描述的抽象模型相比，计算模型更完善，因为他们考虑了密码学。从而，对这样模型的自动化验证更加困难。为了验证计算模型的安全属性，已经提出了两种策略。"非直接"策略是在一个更抽象模型上证明安全属性，然后证明对应的计算模型也是安全的；直接"策略"则是在计算环境下直接证明安全属性。

对于非直接方法，可以利用形式化建模领域的工具。然而，为了证明一个形式化模型的计算完整性，经常需要一些难以验证的细节。此外，一旦形式化模型被证明是安全的，仍需要证明是计算完整的。尽管最近 Comon - Lundh 与 Cortier(2008)的研究以提供可应用到某些类安全属性的一般结果为目标，对于协议与安全属性的计算完整性证明仍经常需要手工实现。

对于直接方法，一些人员首先尝试将自动化证明理论应用到计算模型。最具有意义的工作是 Blanchet 所做的(2008)，他构造了一个验证工具原型(称为 Crypto Verif)，该工具适合于计算模型。其接收由 pi 演算启发的一个进程演算，但是，在 Crypto Verif 输入语言和 pi 演算之间存在明显的语义差别，从而不能向 Pro Verif 和 Crypto Verif 输入相同的模型。Crypto Verif 将模型理解为一个"游戏"，当攻击者只能以忽略不计的概率赢得游戏时，可认为协议是安全的。在一些情况下该工具可以自动找到证明，但是不确定性阻碍了其总是在有限时间给出结果。与那些在 Dolev - Yao 模型中已经发挥作用的 Pro Verif 和其他工具，以及那些已在实践中证明有用的工具相比，该工具是新出现的，目前还没有该工具实际应用的体验报告。

8.3.6 形式化联系协议规范与实现

目前为止，本章主要关注协议的形式化抽象描述及其验证。然而，安全协议的真正实现(用一个编程语言实现)可能非常不同于验证时的形式化描述，因此协议的真实行为不同于抽象验证时的行为,从而很可能出现形式化描述中没有的攻击。

为了确信形式化模型在实现中是正确完善的,可以使用两种发展中的方法,他们名字分别为"模型提取"和"代码生成"。这些方法如图8.3所示,下面将对它们进行详细讨论。

8.3.6.1 模型提取

在如图8.3(a)所示的模型提取方法中,首先人工利用安全协议规范编程实现协议,并将源代码用协议语义进行注释。注释过的代码被用来自动化提取一个抽象形式化模型。为了检验预期的安全属性,利用前面描述的技术,对提取的抽象形式化模型进行验证。该方法允许在没有改变应用实现方式情况下(除了需要对源代码进行注释,以便描述在实现代码和抽象项之间的联系),对已存在的实现进行验证。通常,完整的协议实现验证非常复杂,且难以处理。因此,为了使得验证可行,许多方法抽象出一个近似模型,该模型排除掉一些细节,仅提供协议最重要的逻辑部分。当抽象模型存在缺陷时(一些实现细节在形式化模型中被抽象掉了,代码中不存在缺陷),这些近似模型可能导致分析者得到错误的观点。然而,当近似模型合理时,可以确信代码中任何缺陷也存在于抽象模型中,因此可以被发现(换言之,提取模型时没有遗漏缺陷)。

在Bhargavan,Fournet,Gordon以及Tse(2006)所做的工作中,用F#编写协议实现程序(F#是ML函数语言的一种)。然后利用fs2pv工具将编写的F#程序转换为一个Pro Verif模型。在一个Dolev-Yao攻击者情况下,fs2pv采用的转换函数被证明是健全的,这意味着当假设存在一个Dolev-Yao攻击者时,抽象的Pro Verif模型保留了F#代码的所有保密与认证错误。事实上,并不是构成安全协议实现的所有F#代码被转换为Pro Verif模型。F#密码库被认为是正确的,其在抽象模型中用作Dolev-Yao构造器与解析器的符号表示。

通过利用fs2pv模型提取工具,Bhargavan, Fournet, Gordon(2006)对WS-Security开发了一个可证明是正确的实现。尽管这样的研究显示了如何在实际中使用工具,但同时也显示了该方法的一些主要缺点:诸如ML之类函数语言在编程中并不常用;此外,对于输入的F#代码的一些限制实际上只允许新编写的代码被验证,而不是已存在的应用实现。此外,在F#代码中的小变动导致了不同的Pro Verif模型,这些模型中的一些很容易验证,而另外一部分的验证过程可能是发散的,从而需要对原先F#代码进行精调,以使得验证能进行下去。无论如何,这样研究的产物是WS-Security标准一个全部功能可证明正确的实现,其可以被用作参照工具使用,或者直接被其他应用使用。

在Goubault-Larrecq与Parrennes(2005)的工作中提出了一个类似的方法,但是实现的源代码是C语言。为了联接C数据结构与符号化的Dolev-Yao项,要求使用者用可信的断言注释源代码。随后从注释过的C源代码抽象出一个简单的控制流程图,然后将该流程图转换为一个一阶逻辑公理的集合,最后利用自动化理论证明工具检验获得的公理与安全属性的逻辑形式化表示。由于C语言的完整运行模型非常复杂,难以处理,该工具进行了一些近似。这意味着在捕捉安全错误的同时,也可能出现一些错误的观点。

8.3.6.2 代码生成

在如图8.3(b)所描述的代码生成方法中,以从非形式化的协议描述中提取一个抽象的形式化模型开始,然后利用低层次的实现细节来完善高层次的形式化模型。该抽象模型与其完善信息被用来自动化生成最终的实现代码。当然,抽象的形式化模型也可用来检验协议的期望安全属性。

通常,涉及 Dolev - Yao 攻击者的抽象模型使用项的符号表示,这意味着按比特串编码的数据经常丢失。此外,使用完美加密假设,密码学算法通常不被表示。代码生成方法应该允许开发者详述这些细节,以便生成可互操作的应用(这些应用符合已存在的标准或规范)。

在该方法中,一旦形式化模型通过验证,工具自动化是相当重要的,以避免在从形式化模型到提取实现的阶段引入人工错误。与模型抽象方法类似,工具也需是信任的或者可验证的。当一些实现代码必须手工书写时,必须确认书写代码没有引入安全错误。必须指出的是,代码生成方法只允许生成新的应用实现,而不能处理已存在的应用实现,因此没法促进软件重利用(仅常用库与模型可以被重利用)。

该领域已经进行了一些尝试。例如,两个名字均为 sji2java 的独立工作允许编程人员从验证过的 Spi 演算规范开始,得到实现的 java 代码。一方面,Tobler 与 Hutchison 提出的框架使用 Prolog 来执行 Spi 到 java 的转换,方便了对转换正确性的验证。另一方面,Pozza 等提出的框架给出了从 Spi 到 java 转换的形式化定义,该定义使得生成的应用具有互操作性,并且给出了手写代码安全的充分条件。

由 Pozza 等设计的 spi2java 工具已经被用来设计一个 SSH 传输层协议(TLP)客户端。该客户端已经经过第三方测试,这证明了遵守标准的实现是可以获得的。尽管该方法已被证明是实际可用的,有关研究也强调了其缺点,例如,SSH TLP 客户端的一半代码是手工编写的。尽管存在充分条件使得手工代码不会出现缺陷,得到应用实现的手工工作仍是相当多的。此外,代码不如一些其他流行的 SSH TLP 实现有效,开发者也没有办法修正生成的代码,使得在保证其正确性的条件下提高效率。

另一个安全协议代码生成工具是 AGC - C#(JeonDeng,2005),其利用一个验证过的 CASPER 脚本自动生成 C#代码。与其他工具不同,该工具不支持生成代码的互操作。此外,它接受的脚本与经过验证的 Casper 脚本有轻微的不同。形式化模型的手动修改是易于出错的,生成的代码从一个未经检验的模型开始。

8.3.6.3 讨论

模型抽象与代码生成都提供了在证明安全属性能力与应用实现之间的折中。在模型抽象方法中,与没有形式化语义的命令语言(比如 C)相比,有形式化语义的功能语言(比如 ML)是更容易推理的;在代码生成方法中,为了达到对生成代码正确性的高度可信,代码优化是不允许的。注意到,原则上,代码生成方法可以确信自动生成的应用实现是不存在诸如缓冲区或整数溢出等低级错误的,而模型抽象方法则不然。

最后值得指出的是,这些小节中描述的工具是研究原型工具,其目的是证明一个方法的可行性。如 Woodcock 等所指出的,对这些技术的产业化应用可使得其更加实用和有效。

8.4 未来研究方向

无处不在的网络使得安全协议如此广泛,并为不同的应用量体裁衣,它们中的一些在 Dolev - Yao 与 BAN 框架下无法恰当地建模与验证。例如,流行的应用,如电子商务,可能需要安全目标而不是安全属性,从而不能以提供一个活跃的 Dolev - Yao 攻击者来检验。再比如,在一个电子商务协议中,攻击者可能在一次交易中进行欺骗,通过支付少于合同规定的费用来获利。这样的场景看起来利用博弈理论方法可以更好地建模:每一个协议角色是一个潜在攻击者,尽力欺骗以达到利益最大化(或者说赢得游戏)。一个安全协议是公平的,若对任何参与者不存在必赢策略,这也意味着在游戏结束时每一个角色都取得公平的、一致同意的利益。

如以上所暗示的,基本的 Dolev – Yao 模型没时机的概念,也没有侧信道信息的概念,如能量消耗或资源利用。为了解决这个问题,应该考虑更完善的模型。但是,这既提高了规则的复杂性(意味着它们更难于理解和书写),也提高了验证的复杂性。其次,一个组合方法可以减缓该问题。也要注意到,能够建模并追踪资源使用也减少了拒绝服务(DOS)攻击,若一个安全协议设计满足:在一次 DOS 攻击会话中,被攻击角色使用比攻击者更少的资源,此种攻击对攻击者而言变得不划算(Meadows,2011)。不幸的是,这对分布式 DOS 攻击不成立:在这种攻击中,攻击者控制了许多不同的机器,因此具有比被攻击者大得多的计算资源。

Delov – Yao 模型假设存在完美密码学,这意味着在协议与密码算法之间的所有无益的相互影响不予考虑。最近的一些工作给出了某些密码算法的正确性证明(比如 Bresson, Chevassut, Pointcheval, 2007)(也强调了他们的限制),该方向的下一个可预见研究是融合两方面工作,从密码算法层次提供安全协议的模型与正确性证明。

领域成熟度的两个现象表明仍有许多工作要做。第一个现象是提供标准化框架与方法论。事实上,不存在一致认同的协议描述与验证:上面描述的每一个问题都是由特殊的方法和工具解决的,它们的互操作是有限的。实际上,对于通常的安全协议很少存在事实标准;ISO/IEC CD 29128(2010)标准仍在研究中,但仍难以预见该标准是否能被广泛接受。

第二个现象是在一个安全协议标准公布过程中形式化方法的使用。由于这些工具通常需要一些专业知识,且不是自动化和用户友好的,这意味着一个陡峭的学习曲线,从而导致对于安全协议标准,形式化方法被普遍认为是代价高昂的。该问题造成的结果是,标准经常在没有形式化方法支持下公布,或者在标准公布后才使用,这使得很难修改应用中所出现的问题。计算机网变得更加无处不在,通过使用形式化方法,可以满足对一些正确性的验证需求,也期待更自动化与用户友好的工具出现。

反过来,也需要自动形式化分析方法能够处理大规模协议,甚至是同时使用不同协议的安全应用。不幸的是,安全协议的组合不是线性的,这意味着组合两个协议不能保证所得到的协议保留了原先两个协议的安全属性。实际上,组合不同的协议可能带来破坏性的影响,甚至打破一些期望的安全属性。作为一个实际例子,一个电子商务站点可能希望使用 SSL/TCL 来与客户建立一个安全信道,然后为了完成支付过程使用电子支付协议(EPP)来将客户重定向到银行站点。尽管每个协议被证明是独立安全的,当一起使用它们时可能出现缺陷。处理协议联合时,一个(负面)结果总是存在的:对于每一个安全协议,总可以找到一个定制的攻击协议,其打破了原先协议的安全性(Kelsey, Schnier, Wagner, 1997)。原则上,检验一个协议与其他协议的相互影响是不可能的,因为总是可以找到一个相应的攻击协议。然而,选择一组相互影响的协议(如例子中的 SSL/TLS 与 EPP)并检查其影响是很有意义的。组合协议极大增加了复杂性,由于需要资源的巨大,使得很难进行形式化验证。该问题非常具有实际意义,相信将激发对联合安全协议属性的研究。例如,Cortier, Delaune(2009)提出共享相同秘密的安全协议,由于信息不能互换,其执行时每个协议看起来像是独立的。该方法没有应用到已有的协议,但在设计新协议时可以考虑。

作为安全协议新研究方向的一个例子,可以考虑开放式协议。通常,安全协议具有固定数量的参与者与固定的信息结构,仅会话的数量与攻击者建立信息的步骤没有限制。但是,存在这样的协议,如群密钥交换协议,在这些协议中,参与者的数量是没有限制的,或者信息交换序列存在无数的循环闭路,这样的协议称为开放式协议。例如,处理证书验证的任何协议是一个开放式协议,为了检查证书废止列表,其潜在执行了无数的证书验证,每一个都与信息交换有关。很少有工作明确地关注该问题,可能是因为经典的协议有更重要的地方需要关注。无论如何,随着网络互连移动设备数量的增加,对开放式协议也越来越需要,这必将促使出现更多关于开放式协议验证方面的研究工作。

8.5 结论

本章介绍了有关工程实现安全协议的主要问题以及如何利用形式化分析方法与自动化工具帮助协议设计者与实现者提高质量。本章强调了过去几年在该领域取得的进步,以前形式化协议证明需要很高层次的专业知识,导致只有很少的研究人员与领域专家才能进行研究,现在完全自动化工具的出现使得一大批协议设计者能利用安全协议形式化分析方法的优点。考虑到已有方法的巨大数量,本章主要关注最流行与最具有代表意义的方法,而没有进行全面描述。本章不仅覆盖了形式化协议设计分析技术,也包括了可以提取形式化协议规范与其实现之间严格对应的技术。

参 考 文 献

[1] Abadi, M., & Fournet, C. (2001). Mobile values, new names, and secure communication. In Symposium on Principles of Programming Languages (pp. 104–115).

[2] Abadi, M., & Gordon, A. D. (1998). A calculus for cryptographic protocols: The Spi calculus. Research Report 149.

[3] Abadi, M., & Needham, R. (1996). Prudent engineering practice for cryptographic protocols. IEEE Transactions on Software Engineering, 22, 122–136. doi:10.1109/32.481513.

[4] Abadi, M., & Rogaway, P. (2002). Reconciling two views of cryptography (The computational soundness of formal encryption). Journal of Cryptology, 15(2), 103–127.

[5] Albrecht, M. R., Watson, G. J., & Paterson, K. G. (2009). Plaintext recovery attacks against SSH. In IEEE Symposium on Security and Privacy (pp. 16–26).

[6] Arapinis, M., Delaune, S., & Kremer, S. (2008). From one session to many: Dynamic tags for security protocols. In Logic for Programming (pp. 128–142). Artificial Intelligence, and Reasoning.

[7] Basin, D. A., Mödersheim, S., & Viganò, L. (2005). OFMC: A symbolic model checker for security protocols. International Journal of Information Security, 4(3), 181–208. doi:10.1007/s10207-004-0055-7.

[8] Bengtson, J., Bhargavan, K., Fournet, C., Gordon, A. D., & Maffeis, S. (2008). Refinement types for secure implementations. In IEEE Computer Security Foundations Symposium (pp. 17–32).

[9] Bhargavan, K., Fournet, C., & Gordon, A. D. (2006). Verified reference implementations of WSSecurity protocols. In Web Services and Formal Methods (pp. 88–106).

[10] Bhargavan, K., Fournet, C., & Gordon, A. D. (2010). Modular verification of security protocol code by typing. In Symposium on Principles of Programming Languages (pp. 445–456).

[11] Bhargavan, K., Fournet, C., Gordon, A. D., & Tse, S. (2006). Verified interoperable implementations of security protocols. In Computer Security Foundations Workshop (pp. 139–152).

[12] Blanchet, B. (2001). An efficient cryptographic protocol verifier based on prolog rules. In IEEE Computer Security Foundations Workshop (pp. 82-96).

[13] Blanchet, B. (2008). A computationally sound mechanized prover for security protocols. IEEE Transactions on Dependable and Secure Computing, 5(4), 193-207. doi:10.1109/TDSC.2007.1005.

[14] Blanchet, B. (2009). Automatic verification of correspondences for security protocols. Journal of Computer Security, 17(4), 363-434.

[15] Brackin, S. (1998). Evaluating and improving protocol analysis by automatic proof. In IEEE Computer Security Foundations Workshop (pp. 138-152).

[16] Bresson, E., Chevassut, O., & Pointcheval, D. (2007). Provably secure authenticated group Diffie-Hellman key exchange. [TISSEC]. ACM Transactions on Information and System Security, 10(3). doi:10.1145/1266977.1266979.

[17] Burrows, M., Abadi, M., &Needham, R. (1990). A logic of authentication. ACM Transactions on Computer Systems, 8(1), 18-36. doi:10.1145/77648.77649.

[18] Carlsen, U. (1994). Cryptographic protocol flaws: Know your enemy. In IEEE Computer Security Foundations Workshop (pp. 192-200).

[19] Chen, Q., Su, K., Liu, C., & Xiao, Y. (2010). Automatic verification of web service protocols for epistemic specifications under Dolev-Yao model. In International Conference on Service Sciences (pp. 49-54).

[20] Clark, J., & Jacob, J. (1997). A survey of authentication protocol literature: Version 1.0 (Technical Report).

[21] Common Criteria. (2009). Information Technology security evaluation and the common methodology for Information Technology security evaluation. Retrieved from http://ww.commoncriteriaportal.org/index.html.

[22] Comon, H., & Shmatikov, V. (2002). Is it possible to decide whether a cryptographic protocol is secure or not? Journal of Telecommunications and Information Technology, 4, 5-15.

[23] Comon-Lundh, H., & Cortier, V. (2008). Computational soundness of observational equivalence. In ACM Conference on Computer and Communications Security (pp. 109-118).

[24] Cortier, V., & Delaune, S. (2009). Safely composing security protocols. Formal Methods in System Design, 34(1), 1-36. doi:10.1007/s10703-008-0059-4.

[25] Cremers, C. J. F. (2006). Feasibility of multiprotocol attacks (pp. 287-294). In Availability, Reliability and Security.

[26] Dolev, D., &Yao, A. C.-C. (1983). On the security of public key protocols. IEEE Transactions on Information Theory, 29(2), 198-207. doi:10.1109/TIT.1983.1056650.

[27] Durante, L., Sisto, R., & Valenzano, A. (2003). Automatic testing equivalence verification of Spi calculus specifications. ACM Transactions on Software Engineering and Methodology, 12(2), 222-284. doi:10.1145/941566.941570.

[28] Durgin, N. A., Lincoln, P., & Mitchell, J. C. (2004). Multiset rewriting and the complexity of bounded security protocols. Journal of Computer Security, 12(2), 247-311.

[29] Escobar, S., Meadows, C., & Meseguer, J. (2009). Maude-NPA: cryptographic protocol analysis modulo equational properties. In Foundations of Security Analysis and Design (pp. 1-50).

[30] Fábrega, F. J. T., Herzog, J. C., & Guttman, J. D. (1999). Strand spaces: Proving security protocols correct. Journal of Computer Security, 7(2/3), 191-230.

[31] Goubault-Larrecq, J., & Parrennes, F. (2005). Cryptographic protocol analysis on Real C Code(pp. 363-379). In Verification, Model Checking, and Abstract Interpretation.

[32] Gritzalis, S., Spinellis, D., & Sa, S. (1997). Cryptographic protocols over open distributed systems: A taxonomy of flaws and related protocol analysis tools. In International Conference on Computer Safety, Reliability and Security (pp. 123-137).

[33] Gu, Y., Shen, Z., & Xue, D. (2009). A gametheoretic model for analyzing fair exchange protocols. In International Symposium on Electronic Commerce and Security (pp. 509-513).

[34] Hui, M. L., & Lowe, G. (2001). Fault-preserving simplifying transformations for security protocols. Journal of Computer Security, 9(1/2), 3-46.

[35] Huima, A. (1999). Efficient infinite-state analysis of security protocols. In Workshop on Formal Methods and Security Protocols.

[36] ISO/IEC CD 29128. (2010). Verification of cryptographic protocols. Under development.

[37] Jeon, C. -W., Kim, I. -G., & Choi, J. -Y. (2005). Automatic generation of the C# Code for security protocols verified with Casper/FDR. In International Conference on Advanced Information Networking and Applications (pp. 507 –510).

[38] Jürjens, J. (2005). Verification of low-level cryptoprotocol implementations using automated theorem proving. In Formal Methods and Models for Co-Design (pp. 89–98).

[39] Kelsey, J., Schneier, B., & Wagner, D. (1997). Protocol interactions and the chosen protocol attack. In Security Protocols Workshop (pp. 91–104).

[40] Küsters, R. (2005). On the decidability of cryptographic protocols with open-ended data structures. International Journal of Information Security, 4(1–2), 49–70. doi:10.1007/s10207-004-0050-z.

[41] Lowe, G. (1996). Breaking and fixing the Needham-Schroeder public-key protocol using FDR. Software – Concepts and Tools, 17(3), 93–102.

[42] Lowe, G. (1998). Towards a completeness result for model checking of security protocols. In IEEE Computer Security Foundations Workshop (pp. 96–105).

[43] Maggi, P., & Sisto, R. (2002). Using SPIN to verify security properties of cryptographic protocols. In SPIN Workshop on Model Checking of Software (pp. 187–204).

[44] Marschke, G. (1988). The directory authentication framework. CCITT Recommendation, X, 509.

[45] Meadows, C. A. (1996). The NRL protocol analyzer: An overview. The Journal of Logic Programming, 26(2), 113–131. doi:10.1016/0743-1066(95)00095-X.

[46] Meadows, C. A. (2001). A cost-based framework for analysis of denial of service in networks. Journal of Computer Security, 9(1), 143–164.

[47] Milner, R. (1999). Communicating and mobile systems: The Pi-Calculus. Cambridge University Press.

[48] Mödersheim, S., & Viganò, L. (2009). The opensource fixed-point model checker for symbolic analysis of security protocols. In Foundations of Security Analysis and Design (pp. 166–194).

[49] Monniaux, D. (1999). Decision procedures for the analysis of cryptographic protocols by logics of belief. In IEEE Computer Security Foundations Workshop (pp. 44–54).

[50] Needham, R., & Schroeder, M. (1978). Using encryption for authentication in large networks of computers. Communications of the ACM, 21(12), 993–999. doi:10.1145/359657.359659.

[51] OpenSSL Team. (2009). OpenSSL security advisor. Retrieved from http://www.openssl.org/news/secadv_20090107.txt.

[52] Otway, D., & Rees, O. (1987). Efficient and timely mutual authentication. Operating Systems Review, 21(1), 8–10. doi:10.1145/24592.24594.

[53] Paulson, L. (1998). The inductive approach to verifying cryptographic protocols. Journal of Computer Security, 6(1–2), 85–128.

[54] Pironti, A., & Sisto, R. (2007). An experiment in interoperable cryptographic protocol implementation using automatic code generation. In IEEE Symposium on Computers and Communications (pp. 839–844).

[55] Pironti, A., & Sisto, R. (2010). Provably correct Java implementations of Spi calculus security protocols specifications. Computers & Security, 29(3), 302–314. doi:10.1016/j.cose.2009.08.001.

[56] Pozza, D., Sisto, R., & Durante, L. (2004). Spi-2Java: Automatic cryptographic protocol Java code generation from Spi calculus. In Advanced Information Networking and Applications (pp. 400–405).

[57] Qingling, C., Yiju, Z., & Yonghua, W. (2008). A minimalist mutual authentication protocol for RFID system & BAN logic analysis. In International Colloquium on Computing (pp. 449–453). Communication, Control, and Management. doi:10.1109/CCCM.2008.305.

[58] Ryan, P., & Schneider, S. (2000). The modeling and analysis of security protocols: The CSP approach. Addison-Wesley Professional.

[59] Schneider, S. (1996). Security properties and CSP. In IEEE Symposium on Security and Privacy (pp. 174–187).

[60] Shamir, A., Rivest, R., & Adleman, L. (1978). Mental poker (Technical Report). Massachusetts Institute of Technology.

[61] Song, D. X., Berezin, S., & Perrig, A. (2001). Athena: A novel approach to efficient automatic security protocol analysis. Journal of Computer Security, 9(1/2), 47–74.

[62] Tobler, B., & Hutchison, A. (2004). Generating network security protocol implementations from formal specifications. In Certification and Security in Inter–Organizational E–Services. Toulouse, France.

[63] Viganò, L. (2006). Automated security protocol analysis with the AVISPA tool. Electronic Notes in Theoretical Computer Science, 155, 61–86. doi:10.1016/j.entcs.2005.11.052.

[64] Voydock, V. L., & Kent, S. T. (1983). Security mechanisms in high–level network protocols. ACM Computing Surveys, 15(2), 135–171. doi:10.1145/356909.356913.

[65] Woodcock, J., Larsen, P. G., Bicarregui, J., & Fitzgerald, J. (2009). Formal methods: Practice and experience. ACM Computing Surveys, 41(4), 1–36. doi:10.1145/1592434.1592436.

[66] Yafen, L., Wuu, Y., & Ching–Wei, H. (2004). Preventing type flaw attacks on security protocols with a simplified tagging scheme. In Symposium on Information and Communication Technologies (pp. 244–249).

[67] Ylonen, T. (1996). SSH–Secure login connections over the internet. In USENIX Security Symposium (pp. 37–42).

补 充 阅 读

[1] Abadi, M. (1999). Secrecy by typing in security protocols. Journal of the ACM, 46(5), 749–786. doi:10.1145/324133.324266.

[2] Abadi, M. (2000). Security protocols and their properties. In Foundations of Secure Computation (pp. 39–60).

[3] Abadi, M., & Blanchet, B. (2002). Analyzing security protocols with secrecy types and logic programs. ACM SIGPLAN Notices, 37(1), 33–44. doi:10.1145/565816.503277.

[4] Aura, T. (1997). Strategies against replay attacks. In IEEE Computer Security Foundations Workshop (pp. 59–68).

[5] Bodei, C., Buchholtz, M., Degano, P., Nielson, F., & Nielson, H. R. (2005). Static validation of security protocols. Computers & Security, 13(3), 347–390.

[6] Bugliesi, M., Focardi, R., & Maffei, M. (2007). Dynamic types for authentication. Journal of Computer Security, 15(6), 563–617.

[7] Carlsen, U. (1994, Jun). Cryptographic protocol flaws: know your enemy. In Computer Security Foundations Workshop (pp. 192–200).

[8] Clarke, E. M., Jha, S., & Marrero, W. (2000). Verifying security protocols with Brutus. ACM Transactions on Software Engineering and Methodology, 9(4), 443–487. doi:10.1145/363516.363528.

[9] Coffey, T. (2009). A Formal Verification Centred Development Process for Security Protocols. In Gupta, J. N. D., & Sharma, S. (Eds.), Handbook of Research on Information Security and Assurance (pp. 165–178). IGI Global.

[10] Crazzolara, F., & Winskel, G. (2002). Composing Strand Spaces. In Foundations of Software Technology and Theoretical Computer Science (pp. 97–108).

[11] Denker, G., & Millen, J. (2000). CAPSL integrated protocol environment. In DARPA Information Survivability Conference and Exposition (pp. 207–221).

[12] Donovan, B., Norris, P., & Lowe, G. (1999). Analyzing a library of security protocols using Casper and FDR. In Workshop on Formal Methods and Security Protocols.

[13] Durgin, N. A., & Mitchell, J. C. (1999). Analysis of Security Protocols. In Calculational System Design (pp. 369–395).

[14] Gong, L. (1995). Fail–stop protocols: An approach to designing secure protocols. In Dependable Computing for Critical Applications (pp. 44–55).

[15] Gordon, A. D., Hüttel, H., & Hansen, R. R. (2008). Type inference for correspondence types. In Security Issues in Concurrency (pp. 21–36).

[16] Gordon, A. D., & Jeffrey, A. (2003). Authenticity by Typing for Security Protocols. Journal of Computer Security, 11(4), 451–521.

[17] Haack, C., & Jeffrey, A. (2006). Pattern–matching spi–calculus. Information and Computation, 204(8), 1195–

1263. doi:10.1016/j.ic.2006.04.004.

[18] Hubbers, E., Oostdijk, M., & Poll, E. (2003). Implementing a Formally Verifiable Security Protocol in Java Card. In Security in Pervasive Computing (pp. 213 – 226).

[19] ISO/IEC 15408 – Security techniques – Evaluation criteria for IT security. (2005).

[20] Jürjens, J. (2002). UMLsec: Extending UML for Secure Systems Development. In The Unified Modeling Language (pp. 412 – 425).

[21] Kocher, P. C. Ja_e, J., & Jun, B. (1999). Differential power analysis. In Advances in Cryptology – CRYPTO (pp. 388 – 397).

[22] Lodderstedt, T., Basin, D. A., & Doser, J. (2002). A UML – Based Modeling Language for Model – Driven Security. In The Unified Modeling Language (pp. 426 – 441). SecureUML. doi:10.1007/3 – 540 – 45800 – X_33.

[23] Lowe, G. (1997). A hierarchy of authentication specifications. In Computer Security Foundations Workshop (pp. 31 – 43).

[24] Luo, J. – N., Shieh, S. – P., & Shen, J. – C. (2006). Secure Authentication Protocols Resistant to Guessing Attacks. Journal of Information Science and Engineering, 22(5), 1125 – 1143.

[25] Marschke, G. (1988). The Directory Authentication Framework. CCITT Recommendation, X, 509.

[26] Meadows, C. (2003). Formal Methods for Cryptographic Protocol Analysis: Emerging Issues and Trends. (Technical Report).

[27] Meadows, C. (2004). Ordering from Satan's menu: a survey of requirements specification for formal analysis of cryptographic protocols. Science of Computer Programming, 50(1 – 3), 3 – 22. doi:10.1016/j.scico.2003.12.001.

[28] Mitchell, J. C., Mitchell, M., & Stern, U. (1997, May). Automated analysis of cryptographic protocols using Murϕ. In IEEE Symposium on Security and Privacy (pp. 141 – 151).

[29] Pironti, A., & Sisto, R. (2008a). Formally Sound Refinement of Spi Calculus Protocol Specifications into Java Code. In IEEE High Assurance Systems Engineering Symposium (pp. 241 – 250).

[30] Pironti, A., & Sisto, R. (2008b). Soundness Conditions for Message Encoding Abstractions in Formal Security Protocol Models (pp. 72 – 79). Availability, Reliability and Security.

[31] Roscoe, A. W., Hoare, C. A. R., & Bird, R. (1997). The theory and practice of concurrency. Prentice Hall PTR.

[32] Ryan, P., Schneider, S., Goldsmith, M., Lowe, G., & Roscoe, B. (Eds.). (2001). The Modelling and Analysis of Security Protocols. Addison – Wesley.

[33] Stoller, S. D. (2001). A Bound on Attacks on Payment Protocols. In IEEE Symposium on Logic in Computer Science (p. 61).

[34] Wen, H. – A., Lin, C. – L., & Hwang, T. (2006). Provably secure authenticated key exchange protocols for low power computing clients. Journal of Computer Security, 25(2), 106 – 113. doi:10.1016/j.cose.2005.09.010.

[35] Woo, T. Y. C., & Lam, S. S. (1993). A Semantic Model for Authentication Protocols. In IEEE Symposium on Security and Privacy (pp. 178 – 194).

[36] Xiaodong, S. D., David, W., & Xuqing, T. (2001). Timing analysis of keystrokes and timing attacks on SSH. In USENIX Security Symposium (pp. 25 – 25).

关键术语和定义

Code Generation：使一个正规模型自动执行技术。
Formal Method：描述和分析系统的数学化方法。
Formal Model：利用数学定义的语法描述的系统。
Formal Verification：对一个正规模型的属性提供证明(利用数学证明)。
Model Extraction：从一次执行中自动提取正规模型的技术。
Security Protocol：以在一个不安全网络中安全通信为目标的协议。
State Space Exploration：基于穷尽模型所有可能行为的正规验证技术。
Theorem Proving：建立在直接数学证明之上的正规验证技术。

第四部分

嵌入式系统和 SCADA 安全

第 9 章　SCADA 系统中的容错性远程终端单元（RTU）

第 10 章　嵌入式系统安全

第9章　SCADA 系统中的容错性远程终端单元(RTU)

Syed Misbahuddin 赛伊德工程技术大学，巴基斯坦

Nizar Al-Holou 底特律大学，美国

摘要

监视控制与数据采集(SCADA)系统，主要由大量收集工业现场数据的远程终端单元(RTU)组成。这些 RTU 通过通信链路发送数据给主站。主站显示所获取的数据，并允许操作员来执行远程控制任务。一个 RTU 是基于微处理器的独立的数据采集控制单元。由于多在恶劣的环境中工作，在 RTU 内的处理器很容易遇到随机故障。如果处理器出现故障，被监控的设备或过程将变得不可访问。本章提出了一种容错方案解决 RTU 的故障问题。根据该方案，每一个 RTU 将至少有两个处理单元。如果一个处理器出现故障，正常的处理器将接管故障的处理器的任务，并执行其任务。通过这种方法，即使 RTU 内部一个处理器故障，RTU 依然能保持其功能。对可靠性和建议容错方案的可用性模型进行了介绍。此外，对于 SCADA 系统网络安全及相应的减灾手段也进行了讨论。

9.1　引言

监视控制与数据采集(SCADA)系统已被设计用于监控工厂或工业应用中所使的设备。其中使用 SCADA 系统的一些行业有：电信应用，水和废物管理，能源行业(包括石油、天然气精炼和运输应用)等。(IEEE)(ANS/IEEE,1987)。SCADA 系统负责在中央主机与远程终端单元(RTU)之间传输数据。在可编程逻辑控制器(PLC)和 SCADA 主控单元(IEEE,2000)之间存在信息交换。SCADA 系统的应用可以非常简单或非常复杂。例如，一个简单的 SCADA 系统可用于观察一个小建筑的环境条件，而复杂的 SCADA 系统可用于检查核电厂内部的关键活动。

SCADA 系统的中心站发送动态配置和控制程序给 RTU。在某些情况下，本地可编程单元也可用来配置远程的 RTU。根据这些需求，RTU 可以在点对点基础上直接与其他 RTU 进行通信。SCADA 系统中的一个 RTU 可以扮演另一个 RTU 的中继站角色。中继站 RTU 提供存储和转发操作设施。

9.2　SCADA 系统架构

SCADA 系统由一个主控终端单元(MTU)、通信设备，以及地理上分散的远程终端单元(RTU)组成，如图 9.1 所示。在远程终端单元通过通信链路与 MTU 连接，如下所示。

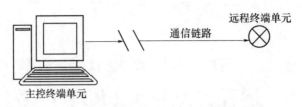

图 9.1　典型的 SCADA 系统具有连接 RTU 的主控单元

RTU 收集数据并将其发送给位于中心站的某个 SCADA 主控计算机。一般来说，一个 SCADA 系统可与一些负责数据收集的 I/O 点关联起来。操作员可以决定现场数据采集的轮询频率。轮询频率主要受几个参数影响，如站点个数、对每个站点的数据需求量、通信信道的可用最大带宽，以及最低要求的显示和控制时间（Scadalink，2010）。

可以说，SCADA 系统的合理性及客观性主要取决于 RTU 功能是否正常。一个或多个远程终端对 SCADA 系统的损害是很大的。在这一章中，我们探讨一种方法，在 RTU 故障的情况下仍然保证其服务的可用性。这种方法的可靠性和可用性分析将会被讨论，讨论的结果也会在本章后面的内容中给出。

9.3　智能传感器

传感器通常是在一个微处理器或微控制器的控制下工作。主处理器负责发起数据采样和收集传感器观测的物理参数的数字化输出。在智能传感器中，智能委派给传感器单元本身。智能传感器包含一个微控制器（μC）、信号调理单元、模拟到数字控制器（A/D）和接口（阿尔巴，1988）。微控制器使传感器能够分布式处理、补偿自校正等。图 9.2 示出智能传感器中的元素。

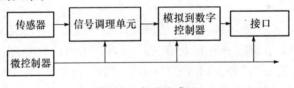

图 9.2　智能传感器

传感器感测到的数据通过信号调理单元，并在微控制器的控制下转换成数字形式。智能传感器内部的接口单元将转换后的数据发送到通信总线。控制器区域网络（CAN）的通信协议可以用于传送符合 CAN 协议格式的传感器数据。符合 CAN 消息格式的传感器数据可以由连接到总线上任何 CAN 功能的处理节点读取。智能传感器的应用，将主机处理器从直接控制传感器的负担中解放出来。

9.4　容错远程终端单元

在 SCADA 系统中，遥测设备用于向位于远程位置的 RTU 发送命令和程序。同时，遥测设备也接收来自 RTU 的监测信息（IEEE，2000），(Smith 和 Block，1993)。因为远程终端单元在恶劣的环境下工作，RTU 内部的处理单元会遇到间歇或永久性故障（布鲁尔，

1973)。如果RTU内的处理单元发生故障,整个RTU将变得不可用,并且在RTU控制下的传感器的数据也无法被访问。RTU的服务可用性可以通过在RTU内引入容错功能得以维持。不同的RTU的生产方也提出了各种不同的容错方案。在这些方法中,有一种方法是通过一个冗余RTU来承担故障RTU的工作(Iclink,2011)。一旦RTU出错,冗余RTU可以继续提供所需的服务。在另一种解决方案中,CPU和I/O单元被完全三重冗余(TMR),以满足可靠性的要求(Woodward,2010)。

本章提出一种基于软件的容错方案。在这个方案中,一个RTU包含至少两个处理单元(或微控制器)和一个中央控制单元(CCU)。RTU内的所有处理单元(PE)被连接到通信总线。这条总线上的数据通信符合控制器区域网络(CAN)协议。RTU内的传感器被分组为多个传感器组。每个传感器组由一个微控制器单元(μC)通过一个多路复用器(MUX)监控,如图9.3所示。所有的微控制器读取传感器数据,并把它传递给CAN接口单元,接口单元将会把这些信息以CAN报文格式发送到主RTU总线上。CCU读取相关的CAN信息,并将这些信息传送到SCADA系统中的远程中央监控单元。所有PE都保存一份传感器的历史数据在它的本地内存。这些数据会被周期性地传递给中央控制器。

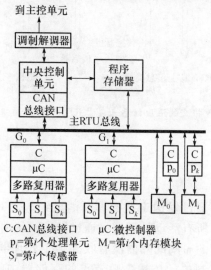

C:CAN总线接口　　μC:微控制器
p_i=第i个处理单元　M_i=第i个内存模块
S_i=第i个传感器

图9.3　FTRTU框图

9.5　CAN总线协议

由罗伯特·博世开发的CAN协议是专门为实时网络设计的。在各种实时应用(Gupta,1995)中,它正在成为用于连接电子控制单元事实上的标准。目前使用CAN协议主要有两个版本,分别是CAN2.0A和2.0B版。这两个版本之间的主要区别是消息识别符的长度。版本2.0A和2.0B分别有11位和29位的消息标识符,如图9.4所示。

我们选择CAN 2.0A版作为从RTU到MTU的传感器数据传输格式。CAN报文11位的消息ID字段可以表示不同类型的信息。例如,前三个比特($m_0 m_1 m_2$)可以被用来表示RTU号。紧接着的三个比特($m_3 m_4 m_5$)表示消息类型。比特6和比特7(m_6和m_7)表示传感器组号(sensor group number, SGN)。最后三个比特表示一个传感器组内的传感器

| 帧头 | 11位消息识别器 | RTR | 控制域 | 数据域(0-8字节) | 帧尾 |

CAN2.0A版

| 帧头 | 11位消息识别器 | SRR | IDE | 18位消息识别器 | 控制域 | 数据域(0-8字节) | 帧尾 |

CAN2.0B版

RTR:远程发送请求位
IDE:消息识别符扩展位
SRR:替代远程请求位

图9.4　CAN 总线版本 2.0A 与 2.0B 版

ID。传感器数据将在 CAN 报文的有效载荷中被发送。消息机制将通过下面的例子来说明。

例如:假定 0 号 RTU 的 0 号传感器组的 0 号传感器是温度传感器,并且将该温度传感器的数据传递给主控单元。如果温度信息的代码是 000,CAN 报文 ID 域如图 9.5 所示。

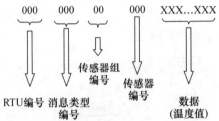

图9.5　CAN 报文的温度信息来自于 RTU#0 传感器组#0 传感器#0

9.6　容错方案

中央控制单元(CCU)通过发送定期的诊断消息到每个 RTU 内部的处理单元来确定每个处理单元的状态。所有活动处理器将通过发送确认消息回应 CCU 的诊断消息。如果中央控制单元在预定的时间间隔内没有收到某个处理器的确认消息,则会将它标记为故障处理器。中央控制单元传送失败节点的存储器中的程序到其他存活处理器的内存中。中央控制单元将分配失败处理器的任务给存活的处理器。存活的处理器可以通过 RTU 内部的 CAN 总线访问连接到故障处理器的传感器组。存活的处理器除了完成其原有的任务外,还将基于时间共享来完成新分配给它的任务。根据这个容错方案,在 RTU 内的每个处理器都具有执行任何其他处理器的任务的潜力。因此,如果 RTU 内一半的处理器发生故障,那么 RTU 内尚存的处理器依然可以继续向主单元提供其服务。

像任何其他的处理器一样,RTU 内部的中央控制单元也容易遇到间歇或永久性故障。中央控制单元的故障是灾难性的,因为在它故障的情况下,RTU 内将没有任何传感器的数据可以访问。为了避免这样的情况,由 Vishnubhtla 和马哈茂德(Serma,1988)提出的称之为中央控制器的活性线路(CCA)被引入进来。在这个方案中,只要中央控制单元正常工作,激活线就始终保持在高逻辑电平状态。另一方面,如果中央控制出现故障时,其活性线路将复位到低逻辑电平状态。CCU 活性线路的低逻辑电平状态将会触发一个看门狗定时器。如果中央控制器的活性线路电平在指定的时间窗口未返回到高逻辑电平,看门狗定时器输出信号将中断 RTU 内的某个处理器来接管中央控制单元的工作。接管 RTU 中央控制器的那个处理器将会在继续其原来任务的同时,在时间共享的基础上完成失败中央控制器的任务。

为了能够接管故障处理器的任务,RTU 里面的每个处理器工作在多道程序模式。在单处理器多道程序系统中,两个进程(一个进程指存活处理器,第二进程指故障的处理器)驻留在存活处理器的局部存储器,共享单一处理器,该处理器在时分复用基础上执行这两个进程之一。

9.7 可靠性建模

可靠性被定义为一段较长时间内,系统正常运行(Trividi,1990)的概率。在本节中,主要阐述容错 RTU 的可靠性建模。由于 RTU 的每一个处理单元能够执行另一故障处理器的任务,所以图 9.6 所示的并联配置可以作为容错 RTU 可靠度评估的模型。在图 9.6 中,R_1 和 R_2 被视为两个处理器具有接管彼此的工作潜力的可靠性。

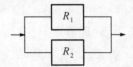

图 9.6 可靠性计算并行配置

如果 R_c 和 F_c 分别是两个处理器所构成的处理模块的可靠性和不可靠性,那么处理器模块的不可靠性,可以计算得到,如下所示:

$$R_c = (1 - R_1)(1 - R_2) \tag{1}$$

处理器模块的可靠性计算方法为

$$R_c = 1 - F = 1 - (1 - R_1)(1 - R_2) \tag{2}$$

我们假定该处理器的故障满足故障率为 μ 的正态分布。如果 RTU 里面两个处理器的可靠性是相同的,那么我们可以说:

$$R_1 = R_2 = e^{-\mu} \tag{3}$$

与该处理单元的可靠性相等,就可以判断该模块的可靠性为

$$R_c = 2e^{-\mu} - e^{-2\mu} \tag{4}$$

完整的 RTU 的可靠性也包括中央控制单元的可靠性。因此,我们可以说 RTU 的可靠性:

$$R_{rtu} = (R_c)(R_{ccu}) \tag{5}$$

对于一个典型的故障率,RTU 可靠性的计算结果如表 9.1 所示。第二列是单处理单元的 RTU 的可靠性。第三列是采用了尚存处理器接管故障的处理器方案的 RTU 可靠性。比较结果表明,所提出的容错方案提高了 RTU 的可靠性。

表9.1 可靠性比较

时间	R_{nft}	R_{wft}
0	1	1
100	0.318	0.5347
300	0.03225	0.0634

9.8 FTRTU 中处理节点的可用性建模

可用性是经常与其他度量标准一起来评估容错计算机系统的一个重要指标。可用性被定义为系统正常运行,并在某个时刻(t)(萨利姆,1991)执行其预定工作的概率。马尔可夫模型能够改进,从而使得其可以为 RTU 内处理节点的可用性建模(Misbahuddin,2006)。

执行另一个处理器任务的处理器被称为"主"处理节点(PPN)。其任务由主处理器执行的处理器被称为"次"处理节点(SPN)。考虑到这个方案,为系统中的每个主处理器可以定义三种状态。图 9.7 描述了显示这三种状态的马尔可夫模型。

图 9.7 中所示的状态被定义如下(Misbahuddin,2006):

S_0:单任务运行状态:在该状态下,处理节点只执行自己的任务。

S_1:双任务运行状态:在该状态下,主处理节点执行已故障的其他处理节点的任务。主处理节点除了执行自己任务外,在时分复用的基础上执行次处理节点的任务。

S_2:故障状态:在该状态下,所有节点由于故障,都不可用。

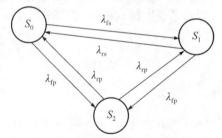

图 9.7 RTU 内处理器的马尔可夫模型

马尔可夫模型中的状态转移概率定义如下:

λ_{fs}:双重任务率:由于次处理节点故障,主处理节点从 S_1 切换到 S_0 状态的概率。

λ_{rs}:双任务恢复率:由于次处理节点从故障中恢复,主处理器从 S_1 切换到 S_0 状态的概率。

λ_{fp}:故障率:主处理器发生故障的概率。

λ_{rp}:恢复率:主处理器从故障中恢复的概率。

按照 Markov(马尔可夫)模型,可以生成一个随机过渡矩阵(S),如下所示。

		S_0	S_1	S_2
	S_0	$1-(\lambda_{fs}+\lambda_{fp})$	λ_{fs}	λ_{fp}
$S =$	S_1	λ_{rs}	$1-(\lambda_{rs}+\lambda_{fp})$	λ_{fp}
	S_2	λ_{rp}	λ_{rp}	$1-2\lambda_{rp}$

处理节点的状态概率是下列方程的唯一非负解。

$$P(S_j) = \Sigma_i P(S_i)\lambda_{ij} \tag{6}$$

$$\Sigma_j P(S_j) = 1 \tag{7}$$

在式(6)和式(7)中,参数 λ_{ij} 可以被定义为从第 i 个状态到第 j 个状态的转换概率,$P(S_j)$ 被认为是保持在第 j 个状态的概率。处理器的单运行状态(S_0)的概率可从矩阵 S、式(6)和式(7)中导出,其结果是:

$$P(S_0) = \frac{\lambda_{rp}(2\lambda_{rs} + \lambda_{fp})}{(2\lambda_{rp} + \lambda_{fp})(\lambda_{rs} + \lambda_{fs} + \lambda_{fp})} \tag{8}$$

类似地,处理节点在双运行模式(S_1)的概率也可以被计算,其结果是

$$P(S_1) = \frac{2\lambda_{fs}\lambda_{rp} + \lambda_{fp}\lambda_{rp}}{(2\lambda_{rp} + \lambda_{fp})(\lambda_{rs} + \lambda_{fs} + \lambda_{fp})} \tag{9}$$

$P(S_1)$ 可被用于计算故障处理节点任务的可用性。只要主处理节点是在状态 S_0 或 S_1,它可以被认为是"可用"的。因此,处理器的可用性可以被定义如下:

$$A = P(S_0) + P(S_1) \tag{10}$$

将式(8)和(9)代入式(10),从处理器的故障和恢复概率方面来讲,得到处理器可用性如下:

$$A = \frac{2\lambda_{rp}}{2\lambda_{rp} + \lambda_{fp}} \tag{11}$$

为了比较我们提出的系统与一个类似的没有容错能力的系统的可用性,我们设计了一个简化的处理节点马尔可夫模型。简化马尔可夫模型是针对不具有任何容错能力的系统。因此,简化的马尔可夫模型将有两种状态,即单任务运行状态(S_0)和故障状态(S_2)。这个马尔可夫模型如图9.8所示。

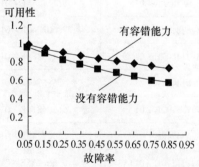

图9.8 没有容错处理的马尔可夫模型

在图9.8中,λ_{fp} 和 λ_{rp} 表示不具有容错能力的系统中处理节点的故障与修复概率。在这种情况下,处理器只有当它处于状态 S_0 时是可用的。处理器可用性推导结果为

$$P(S_0) = \frac{\lambda_{rp}}{\lambda_{rp} + \lambda_{fp}} \tag{12}$$

如果 A_{woft} 表示不容错处理器的可用性,那么我们可以说,A_{woft} 等于 $P(S_0)$:

$$A_{\text{woft}} = P(S_0) \tag{13}$$

9.9 结果讨论

为了评估本文所提出方案的容错能力,我们采用另一个指标,称之为可用性改善因子(AIF)。AIF 被定义为(Harri,1991):

$$AIF = \frac{A - A_{\text{woft}}}{A_{\text{woft}}} \tag{14}$$

AIF 则表示本文提出的具有容错能力的系统与不具有容错能力的结构相比,可用性的改善程度。对于不同的故障率,计算出 RTU 内处理器的可用性(A),并与 A_{woft} 比较。其结果示于表 9.2 中,其中也表明 AIF 是故障率的函数。从表 9.2 可以明显看出,具有容错能力处理节点的可用性超过没有容错能力的系统。表 9.2 还表明,AIF 随故障率增加而增加。图 9.9 显示出对于相同的故障率下的 A 和 A_{woft} 的比较。显然,本文中所提出的系统中处理器的可用性比没有容错能力的要高。图 9.10 显示出 AIF 作为故障率的函数。这个结果表明,AIF 随故障率增加而增加。这意味着,随着工作条件的恶化,本文提出的系统的可用性在进一步提高。因此,对于 SCADA 系统,本文提出的架构具有良好潜力。

表 9.2 故障率与可用性

λ_{fp}	A	A_{woft}	$AIF/\%$
5.0E−05	9.779736E−01	9.568965E−01	2.202
1.5E−04	9.367089E−01	8.809524E−01	6.329
2.5E−04	8.987854E−01	8.161765E−01	10.121
3.5E−04	8.638132E−01	7.602740E−01	13.618
4.5E−04	8.314607E−01	7.115384E−01	16.853
5.5E−04	8.014441E−01	6.686747E−01	19.855
6.5E−04	7.735192E−01	6.306818E−01	22.648
7.5E−04	7.474747E−01	5.967742E−01	25.252
8.5E−04	7.231270E−01	5.663265E−01	27.687
9.5E−04	7.003155E−01	5.388349E−01	29.968
1.05E−03	6.788991E−01	5.138889E−01	32.110
1.15E−03	6.587537E−01	4.911504E−01	34.124
1.25E−03	6.397695E−01	4.703390E−01	36.023
1.35E−03	6.218488E−01	4.512195E−01	37.815

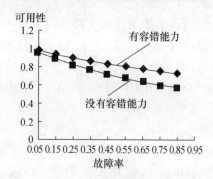

图9.9　处理节点可用性作为故障率的函数

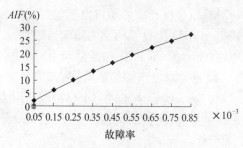

图9.10　AIF与处理器的故障率之比

9.10　SCADA系统的网络安全和攻击

在SCADA系统中,网络攻击可能会影响三个主要组成部分,即主站(计算机)、远程终端单元(RTU)和通信网络(Ten,2007)、(Brown,2007)、(NERC,2006)、(Berg,2005)、(Falco,2002)。由于RTU地理位置分布范围广,它们比其他部件更容易遭到攻击,存在更高的安全风险。互联网与TCP/IP协议的脆弱性被广泛扩展到SCADA系统中,因此,SCAD系统特别容易受到来自网络的攻击。这些网络攻击可能来自内部员工或外部黑客。对最常用攻击的简要讨论如下(Ten,2007):

(1)数据包嗅探:黑客或雇员可以安装嗅探器软件嗅探数据包,并可以修改它们,从而来实现对系统中一些组件的控制,如RTU。

(2)通过系统开放的端口和漏洞来访问系统,并发送非预期的控制信号来触发恶意行为。

(3)拒绝服务(DoS)攻击:这种攻击的方法是大流量地访问SCADA系统,以耗尽其资源,破坏其对合法用户的服务。

(4)欺骗攻击,黑客通过篡改数据来模仿合法用户,从而能够非法地访问系统。

9.11　网络安全减灾

新一代SCADA系统所使用的传输控制协议就是网络黑客所熟悉的互联网(TCP/IP)协议。此外,还有许多不同的黑客工具和资源,可以破解使用标准TCP/IP协议的系统。对于 TCP／IP 安全威胁的普通解决办案可能无法满足一些复杂的系统，如 SCADA 系统。为了保护 SCADA 系统避免未经授权的访问，至少应遵循以下步骤（Ten，2007）、（Falco，2002）、（Permann，2010）：

（1）与其他国家和专业/标准组织如 IEEE，NERC（全国电力安全委员会）合作，共同制定和实施安全标准。

（2）遵循鉴权化、数据流、分段网络和专用/独立主机（NERC2006）的 NERC 指导方针（NERC 2006）。

（3）使用众所周知的技术和工具，如 IP 扫描和端口扫描等，对系统进行脆弱性评估和定期渗透测试。黑客首先利用 IP 扫描来获取 SCADA 网络结构与基础设施的相关信息。然后，黑客利用端口扫描，以寻找开放的端口以及与开放端口相关联的服务，某些服务可以被黑客利用从而获得 SCADA 组件及网络的访问权限。

（4）在系统内各个组件（如计算机、RTU 和通信网络）的交接点上使用防火墙、路由器和入侵检测系统（IDS）来限制对特定组件的访问，从而降低其潜在的风险和受攻击后产生的影响。这将在互联网（Ten，2007）上形成一个虚拟专用网络（VPN）。

（5）使用电子防御纵深的概念，防护盾包括多个层次，某个层次被攻破，下一层将显露出来继续防御（ESIAC，2010）。

（6）执行备份和定期重新启动 SCADA 系统的主要部件。

9.12 结论

SCADA 系统通过国家最先进的通信链路监控远程过程或设备。在 SCADA 系统中，远端的数据测量是在一个远程终端单元（RTU）的控制下进行的。如果 RTU 里面的处理器出现故障，则远程数据监控将变得不可用。SCADA 主单元是没有办法直接修复 RTU 的，除非等到对发生故障的 RTU 进行定期保养。在本章中，我们提出了一个针对 RTU 的容错方案。这个方案使得只要 RTU 内的两个处理单元中的一个处于工作状态，RTU 就可以继续提供服务。我们还建议，传感器可以根据类型进行分组。RTU 内的每个处理器都可以通过 RTU 主总线访问其对应的传感器组。这个方案使得每个处理器可以通过本地总线访问与另一个处理器相关的传感器的数据。分析表明，RTU 的可靠性和可用性是因为容错方法而得到很大改善。最后，对与 SCADA 系统相关的网络安全问题也进行了讨论，并得到了一些初步解决措施。

参 考 文 献

[1] Alba, M. (1988). A system approach to smart sensors and smart actuator design. (SAE paper 880554).

[2] ANS/IEEE, C37.1. (1987). Definition, specification, and analysis of systems used for supervisory control and data acquisition, and automatic control.

[3] Berg, M., & Stamp, J. (2005). A reference model for control and automation systems in electric power. Sandia National Laboratories. Retrieved from http://www.sandia.gov/scada/ documents/ sand_2005_1000C.pdf.

[4] Breuer, M. A. (1973, March). Testing for intermit – tent faults in digital circuits. IEEE Transactions on Computers, 22 (3), 241 – 246. doi:10.1109/T – C.1973.223701.

[5] Brown, T. (2005, Jun./Jul.). Security in SCADA systems: How to handle the growing menace to process automation. IEE Comp. and ControlEng., 16(3), 42–47. doi:10.1049/cce:20050306.

[6] ESISAC. (2010). Electronic security guide. Retrieved from http://www.esisac.com/publicdocs/Guides/SecGuide_ElectronicSec_BOTapprvd-3may05.pdf.

[7] Falco, J., Stouffer, S., Wavering, A., & Proctor, F. (2002). IT security for industrial control. MD: Gaithersburg.

[8] Gupta, S. (1995). CAN facilities in vehicle networking (pp. 9–16). (SAE paper 900695).

[9] Harri, S. (1991, May). A hierarchical modeling of availability in distributed systems. Proceedings International Conference on Distributed Systems, (pp. 190–197).

[10] Iclink. (2010). Products. Retrieved from http://www.iclinks.com/Products/Rtu/ICL4150.html.

[11] IEEE. (1987). Fundamentals of supervisory systems. (IEEE Tutorial No. 91 EH-03376PWR).

[12] IEEE. (2000). IEEE recommended practice for data communications between remote terminal units and intelligent electronic devices in a sub-station. (IEEE Std 1379-2000. Revision of IEEE Std 1379-1997).

[13] Misbahuddin, S. (2006). A performance model of highly available multicomputer systems. International Journal of Simulation and Modeling, 26(2), 112–120.

[14] NERC. (2006). Cyber security standards. Retrieved from http://www.nerc.com/~filez/standards/Cyber-Security-Permanent.html.

[15] Permann, R. M., & Rohde, K. (2005). Cyber assessment methods for SCADA security. Retrieved from http://www.inl.gov/scada/publications/d/cyber_assessment_methods_for_scada_security.pdf.

[16] Robert Bosch. (1991). CANS specification, ver. 2.0. Stuttgart, Germany: Robert Bosch GmbH.

[17] Scadalink. (2010). Support. Retrieved from http://www.scadalink.com/support/scada.html.

[18] Smith, H. L., & Block, W. R. (1993, January). RTUs slave for supervisory systems. Computer Applications in Power, 6, 27–32. doi:10.1109/67.180433.

[19] Ten, C., Govindarasu, M., & Liu, C. C. (2007, October). Cyber security for electric power control and automation systems (pp. 29–34).

[20] Trividi, K. (1990, July). Reliability evaluation of fault tolerant systems. IEEE Transactions on Reliability, 44(4), 52–61.

[21] Vishnubhtla, S. R., & Mahmud, S. M. (1988). A centralized multiprocessor based control to optimize performance in vehicles. IEEE Work-shop on Automotive Applications of Electronics, Detroit, MI.

[22] Woodward. (2010). Document. Retrieved from http://www.woodward.com/pdf/ic/85578.pdf.

关键术语和定义

可用性：可用性定义为某个时刻系统正常工作并能够完成其预期任务的概率。

CAN总线协议：针对工业自动化应用而设计的控制域网络协议，它是在串行总线上通过短报文来实现数据通信。

拒绝服务：是指针对计算机系统进行流量攻击来耗尽其资源，使得其无法为合法用户提供服务。

可靠性：可靠性被定义为系统在一段较长的时间内正常工作的概率。

远程终端单元(RTU)：SCADA系统内基于数据访问组件和发送控制组件的处理器。

SCADA：工业应用中，通过RTU来实现远程信息采集的监控与数据采集系统。

智能传感器：具有处理能力的传感器单元。

第 10 章　嵌入式系统安全

Muhammad Farooq-i-Azam COMSTAS 信息技术学院，巴基斯坦
Muhammad Naeem Ayyaz 工程技术大学，巴基斯坦

---|摘要|---

不久前，人们认为只有应用软件和类似计算机的通用数字系统易于遭受安全攻击。承载应用软件、嵌入式系统和硬件设备的基础硬件和硬件实现被认为是安全的，可以免受安全攻击。然而，最近几年证实，已经出现了面向硬件和嵌入式系统的新型攻击。不仅病毒，还有蠕虫和木马也可以用来攻击硬件和嵌入式系统，并且已经被证实是有效的。但是，大量研究是面向通用计算机和应用软件的，硬件和嵌入式系统安全是一个新兴的研究领域。本章给出了多种硬件设备和嵌入式系统攻击细节，分析遭受新型攻击时现有设计方法学的脆弱性，并且为设计开发安全系统给出相应解决方法和反制手段。

10.1　引言

几年前，几乎所有的电子装备都采用模拟组件和设备。然而，自从微处理器和微控制器出现以来，大多数电子装备开始采用数字化组件来设计实现。嵌入式系统被用于多种多样的应用，从复杂防御系统到家庭器械。智能卡、借贷卡、DVD 播放机、电话和掌上电脑是几种我们日常使用的嵌入式系统。

在特定情况下，大型数字系统的功能和操作通常依赖于更小的嵌入式系统组件。例如，通用计算机包括许多小型嵌入式系统，比如硬盘、网卡、CD-ROM 驱动器。此外，大型工业设备、核电站、客机和战斗机、武器系统等都是由许多嵌入式系统组成的。

随着嵌入式系统在日常生活中应用范围的扩大，心怀恶意的人和犯罪分子可能尝试利用嵌入式系统安全的脆弱环节。尤其是，用于金融机构、战场装备、战斗机、工业与核电站的嵌入式系统可能因其自身功能的重要性而成为攻击目标。因此，这些系统及其组件必须是高度可靠的，其安全性不容让步。

大量嵌入式系统安全性事件已见诸报端。比如，2001 年 Shipley 和 Garfinkel 发现一个未采取保护措施的调制解调器和一个用于控制高压电网的计算机系统短路(Koopman，2004)。在另外一个事件中，澳大利亚一名愤怒的雇员通过远程攻击废物处理厂的控制系统，使其失效而释放了大约 2.5 亿吨未经处理的污水(IET, 2005)。

恰当地说，遭受攻击的组织可能出于多种原因而无法公布所遭受的攻击事件。例如，攻击事件可能暴露系统脆弱性或者导致自己声名狼藉，甚至自身其他资产出现安全性问

题。此外,嵌入式系统遭受的安全威胁不像标准操作系统和应用软件遭受的威胁一样迅速传播。因为大多数个人计算机系统具有相似性,安全威胁易于从一台计算机系统复制到另外一台计算机系统。另一方面,每台嵌入式设备具有独特性,其安全威胁几乎不可能从一台设备传播到另外一台设备。此外,嵌入式系统的安全威胁通常始于设备生产前的任意一个设计阶段。软件系统的安全威胁可能形成于软件系统设计与应用后的任何时间。这就是我们为何没有看到像应用软件一样多的嵌入式系统安全事件。尽管如此,硬件设备和嵌入式系统的安全事件已经有所报道,上文已经引用了一些报道,其他报道将在此后的章节阐述。

10.2 背景

嵌入式系统安全是一个新兴研究领域。它是多种学科的交叉,比如电子学、逻辑设计、嵌入式系统、信号处理和密码学。它与信息与软件系统安全领域紧密相关,因为软件是嵌入式系统中不可或缺的组件。

第一款微处理器大约开发于1971年,此后该领域的革新导致计算机系统和嵌入式设备的快速发展。软件是二者不可或缺的组件。特别是,所有台式电脑都携带一个关键软件,也就是操作系统。它管理硬件资源,并且使得终端用户操控计算机成为可能。

数字系统的软件最容易遭受多种类型的安全威胁和攻击,许多见诸报端的安全事件涉及多种操作系统和应用软件。这种安全事件最早出现于20世纪70年代,一直持续至今。然而,嵌入式系统安全自从20世纪90年代始变得重要,尤其是自从旁路攻击被成功用于攻击智能卡以来。后来,网络化嵌入式系统的出现进一步加剧了嵌入式设备遭受远程攻击的危险。

用于攻击应用软件的许多方法和技术也可以用于攻击嵌入式设备,尤其是固件部分。然而,嵌入式系统安全的许多方面不同于通用数字系统。为了获得更加清晰的认识,有必要弄清嵌入式系统安全和软件安全的不同特征。

10.3 嵌入式系统安全参数

嵌入式系统是一种能够完成某些专用功能的数字设备,而个人计算机则是一种通用的数字系统。但是,通用数字系统经过安装新型软件可用于多种任务,嵌入式系统的软件通常是固定的,在允许用户程序运行方面具有较小的灵活性。比如,台式计算机操作系统允许用户安装合适的软件来执行多种任务。随后可以轻而易举地卸载、修改、更新该软件。然而,对于嵌入式系统则不然。比如,交通信号灯控制器是一个执行特定功能的专用系统。这种数字系统运行的软件具有较小的灵活性,通常不允许用户在基础软件之上安装新型软件。修改和升级软件也不像台式计算机那样容易。这些系统的软件大都位于电可擦除可编程只读存储器(EEPROM),必须使用EEPROM编程器才能重新编程。在安全的背景下,该特征具有重要含义,亦即,如果嵌入式系统的软件遭受威胁,替换或者更新嵌入式软件比通用数字系统软件困难得多。嵌入式设备通常没有软件更新或者漏洞补丁,除非出现问题。

嵌入式系统具有有限的资源,比如小型存储器、没有二级存储设备、小型输入和输出设备。这些局限为攻击提供了手段,比如软件病毒和硬件木马通过消耗这些资源而产生拒绝服务攻击。又如,许多嵌入式系统具有功耗限制并且大都采用电池供电。这些系统可能在很长一段时间内不得不依靠电池,其功耗必须非常低。通过尝试耗费电池,攻击者将致使系统失效甚至突破系统。

通常,嵌入式系统执行具有最后时限(deadline)的任务。错过最后时限将导致财产甚至生命损失。这为嵌入式系统攻击提供了独特方向。通过简单地在一条或者一系列指令执行中增加某些延时,攻击者就可以达到攻击目的。

由于台式系统和其他类似设备通常工作在温度与条件可控的环境下,以此满足设备安装的要求,有些嵌入式系统可能工作在极端环境条件下,比如高温、潮湿甚至具有辐射的环境。改变其中一条环境参数就有可能影响嵌入式系统的性能。

通用计算机通常采用常见处理器品牌。然而,嵌入式系统可能采用多种多样的处理器和操作系统。这种多样性对于阻止攻击与安全威胁从一台设备传播到另一台设备提供了天然的安全性。

嵌入式系统可以在无人照看的环境下工作,不需要系统管理员。因此,设备遭受攻击时通常没有类似传统计算机系统中反病毒防火墙一样的报警。

构建嵌入式系统总是依赖诸如集成电路一样的硬件设备和组件。许多攻击能够在固件级或者电路级针对嵌入式系统发起。此外,电路级攻击存在于分离的多个组件或者隐藏于单个集成电路。换句话说,嵌入式系统的安全问题不是局限于单个抽象层次,而是跨越从极小的硬件组件到固件与软件的多个抽象层。此外,分离的多个组件与单个集成电路可能是嵌入式系统的一部分,也可能不是。

10.4 嵌入式系统安全问题

如果系统仅用于既定的目的、仅被规定的授权用户使用,并且任何时候均可提供服务,那么系统是安全的。总的来说,该声明也适合嵌入式系统。

在我们讨论攻击类型和安全问题之前,必须理解硬件设备与嵌入式系统的生命周期、设计和开发方法学。

硬件设备和嵌入式系统可根据待开发系统应用而采用多种实现方式。例如,我们可以采用适当的微控制器和外围组件开发一个经典的嵌入式系统。类似地,采用域可编程门阵列(FPGA)实现其他嵌入式系统也许更合适。不管采用何种方式实现嵌入式系统,从设计到实现都包含多个阶段。图 10.1 给出了采用 FPGA 从设计到实现嵌入式系统包含的多个阶段或抽象层次。

安全漏洞可能出现于任意一个抽象层次,检测难度从上层到下层越来越大。图中从顶层到底层灰度的增加也说明了该事实。

图 10.1 基于 FPGA 的设计抽象层次结构

10.5 攻击类型

嵌入式系统攻击大概分类如下：
- 设计与算法攻击
- 旁路攻击

顾名思义，设计与算法攻击利用嵌入式系统设计与算法的内在缺点，而旁路攻击尝试利用设计实现的缺点。必须说明的是，无意中留下的错误（bug）很少属于这些攻击，除非 bug 是设计者在设计实现阶段中故意留下的。

设计与算法攻击依赖于设备在设计阶段的任意抽象层次留下的 bug。比如，对基于 FPGA 的系统来说，通常采用硬件描述语言编写的系统程序编码中可能包含 bug。在逻辑门电路层中，设计者在 HDL 编码综合（synthesis）之后可能故意安插 bug。此类嵌入式系统 bug 以明确的硬件形式存在，通常被认为是硬件木马。类似地，bug 可能安插在晶体管级甚至集成电路的半导体级。对于基于微控制器和微处理器的嵌入式系统，bug 可能安插在微控制器的控制程序。尽管 bug 的存在形式为软件编码，它也可以被称为硬件木马，因为它更改嵌入式系统指定的行为用以达到难以发现的目的。

在旁路攻击中，攻击者把嵌入式系统看作黑盒子，加载多种类型的输入并观察系统行为及其输出来分析系统内部结构。此类攻击通常用于从嵌入式系统中抽取秘密信息。

10.5.1 硬件木马

让我们考虑孤立的嵌入式系统，也就是没有连接任何网络的单个嵌入式系统。由于该嵌入式设备没有与任何外部网络进行交互，也许人们认为该设备不可能遭受攻击。然而，恶意设计工程师可能在系统中留下了恶意漏洞，也就是木马。例如，设计工程师可能在第 2600 行设置漏洞而正确地编写嵌入式设备所有其他操作，或者编程后的嵌入式设备在一系列操作或者特定关键条件下系统行为捉摸不定。如果该设备是某工业处理厂关键安全系统的一部分，那么使用该设备可能导致毁灭性的后果。结果可能是性能下降、工序部分关闭甚至整个工厂倒闭。

设计者也可能在孤立嵌入式系统中留下能够远程控制的硬件木马,比如通过无线电波通道。必须指出的是,木马可能是嵌入式系统的一部分,存在的形式是单独的模块或者是集成电路的晶体管层级。第一种情况,木马可能位于嵌入式系统的电路板,第二种情况,它以晶体管的形式位于集成电路内部。

列举两个关于木马暗中监视的有趣例子,木马暗中监视非授权信息时被检测和发现。第一个例子,有人发现希捷外置硬盘驱动器包含一个硬件木马,能够把用户信息传送给某个远程实体(Farrell,2007)。第二个例子,2006 年 Prevelakis 和 Spinellis(2007)报告,安装在希腊的沃达丰路由器能够发出报警,以便偷听总理和许多政要的手机通话。

正如前面讨论的,从设计到实现包括工厂生产等阶段均可将硬件木马植入硬件设备或者嵌入式系统。这些可能性环节包括行为级描述的设计者、第三方综合工具或者制造工厂。

Alkabani 和 Koushanfar(2008)描述了一种由设计者在前综合阶段留下木马的方法。它能够让木马穿过其他实现阶段从而成为电路的一部分。设计者首先完成系统的高级描述,进入有限状态机(FSM)设计阶段。设计者通过引入更多状态操控 FSM,状态迁移和输入被触发隐藏功能的隐藏输入控制。FSM 通常是系统的控制部分,占用非常小的比例,大约仅为总面积和整个设计总功耗的 1%。因此,即使设计者需要插入两倍或者三倍的状态,FSM 仍然占整个系统很小的部分而轻易躲过检测。

Potkonjak,Nahapetian,Nelson 和 Massey(2009)在其论文中描述了一种手机硬件木马。该特洛伊触发的依据是收到来自某个呼叫者 ID 的电话。该特洛伊能够电话会议向第三方泄露所有对话或者致使电话不可用。

Clark,Leblanc 和 Knight 描述了一种利用通用串行总线(USB)协议中闲置通道连接设备、构建秘密通道的新型硬件木马。USB 协议是连接设备和嵌入式及计算机系统的接口。键盘、鼠标和扬声器只是众多采用 USB 接口连接数字系统的设备中的少数几种。USB 采用两个通信通道连接键盘和数字系统。一个通道是单向的数据通道,用于向数字系统发送键盘敲击动作;另外一个通道是双向的控制通道,用于传送控制信息,比如大写锁定、数码锁定和滚动锁定。这些通道是已知用途的,一般不会用于发送或者接收其他信息。类似地,USB 允许采用控制和数据通道连接音频扬声器和数字系统,就像连接键盘一样。J. Clark 等人修改这些通道的标准用途,以便构建发送和接收信息的秘密通道,而不是采用这些通道进行通信。采用这些原语,一个标准的 USB 键盘能够容纳额外组件,构建一个利用上述秘密通道的硬件木马。如果这样的键盘连接到了诸如计算机之类的数字系统,计算机的安全系统将难以质疑 USB 设备的合法性,因为它把自己装扮成了计算机系统的一个键盘。它连接到计算机系统之后像标准的键盘一样工作,另外,它还记录像计算机系统一些重要来源的用户名和密码等敏感信息。使用用户名和密码,基于 USB 的硬件木马即可在任意自身方便时刻上传诸如软件木马的恶意应用软件。图 10.2 给出了采用秘密通道的硬件木马的阐述型表示。

上述少量的硬件木马实现机制提出的同时,一些面向硬件木马的检测机制也被相继提出。需要指出的是,设计和实现机制的复杂度增加了硬件木马检测的难度。

现代硬件设备和电路包含大量的逻辑门、晶体管和 I/O 引脚。此外,大量不同类型的

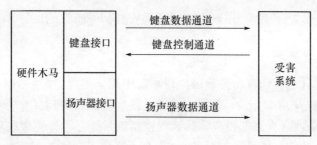

图 10.2 基于 USB 秘密通道的硬件木马

组件共存于一个硬件设备或集成电路,使得人们可以采用多种方式实现硬件木马。这些因素使得检测硬件木马成为困难的、专业化的任务。

Potkonjak, Nahapetian, Nelson 和 Massey(2009)提出了一种基于集成电路门级特征的硬件木马检测机制。该技术根据集成电路的某些逻辑门特征进行非破坏性的度量。这些特征包括时序延迟、功耗和漏流。也可考虑将温度和辐射用于检测硬件木马。该度量技术有助于近似估计集成电路逻辑门的缩放因子。此外,构造了一种包含方程组的线性系统编程模型和一种帮助确定硬件木马是否存在及确定其位置的统计分析方法。然而,该检测技术仅限于新增逻辑门与原设计同类逻辑门具有相同的输入。因此,攻击者可以通过开发一个特洛伊电路所有逻辑门具有与原设计相同数量的输入特洛伊逻辑来躲避该检测技术,这样做并非难事。

另外,Jin 和 Makris (2008)提出了一种检测集成电路硬件木马的机制,通过对正常集成电路(IC)某些随机采样进行度量来计算集成电路路径延迟特性。也需要度量可疑芯片的路径延迟,然后与标准特征进行比较。如果结果不匹配,待测 IC 的路径延迟偏差超过某个特定阈值,那么,认为该 IC 包含硬件木马。

当我们讨论硬件木马时,不能不提到 BIOS 病毒。BIOS(基本输入/输出系统)是位于主板只读存储器的软件部分。几年前,人们需要采用 EEPROM 编程器选择精心制作的程序来更新 ROM 中的软件。需要移除来自主板的 EEPROM,把它放入 EEPROM 编程器,方可烧入新的 BIOS 程序。也就是说,人们需要物理访问计算机系统。然而,随着 flash ROM 这种特殊类型的 EEPROM 的出现,BIOS 固件不需要从主板移除也能进行更新。人们现在可以通过运行计算机程序来更新 flash ROM 固件。这是一种有利条件,简化了硬件开发员和终端用户的工作。然而,这也为我们所谓的 BIOS 病毒提供了可能。一旦计算机病毒取得计算机的访问权,它就可以更新及影响 flash ROM 内的固件。因此,远程攻击者可以通过利用应用软件或者操作系统的弱点来取得计算机的访问权。一旦攻击者取得计算机的访问权,即可运行一段软件来改变 flash ROM 中的 BIOS 程序,比如说安装一个 BIOS 级 rootkit。

BIOS 病毒是一种恶意程序,能够影响计算机 BIOS 并且寄存于正常 BIOS 之外的系统 ROM。如果病毒影响某种特定应用或操作系统,更新反病毒软件并执行病毒扫描即可发现并移除该病毒。然而,如果某个病毒能够影响 BIOS,那么检测该病毒将变得非常困难。移除它也是如此,除了常规反病毒软件,还须采用特定程序。从制造商网站下载新的 BIOS 和驱动程序到干净的机器,接着从 CD/DVD ROM 等干净的媒介启动被感染的机器,通过只读 CD 或者 USB 把下载的 BIOS 和驱动程序安装到受感染的机器。

10.5.2 旁路攻击

上面讨论的设计与算法攻击通常需要在系统中植入木马，使得系统在满足触发条件时能够执行某种隐蔽功能。比如，硬件木马通过某个隐蔽通道向某个非授权实体发送系统所有记录和数据，或者允许非授权实体远程控制该系统。为了使这些攻击有效，某种恶意电路通常是整个数字系统的一部分，比如基于微控制器和微处理器的嵌入式系统或者某个集成电路。

另一方面，旁路攻击通常用于抽取某些存储在数字系统的秘密信息。该数字系统被看成一个黑盒，通过向其输入端口加载不同激励集合执行多种测试，记录其每种输入时的输出行为。通过比较多种输入的输出结果，攻击者试图推断数字系统的设计及其所存储的秘密信息。换句话说，旁路攻击利用算法实现的弱点，而算法攻击则利用算法本身的弱点。

通常情况下，旁路攻击针对多种加密算法的硬件实现，目的是推导存储于硬件安全模块的密钥。许多情况下，被攻击的硬件安全模块是一个使用自身所带密钥执行加解密的智能卡。智能卡具有许多应用，包括信用卡、公用电话、GSM 电话 SIM 卡等。通过试图抽取位于智能卡的密钥，攻击者能够复制或者克隆原卡，从而在该卡合法所有者不知情的情况下允许他或她使用该卡提供的服务。很明显，攻击者必须物理访问该卡才能执行旁路攻击。

Kocher（1996）开发了第一个旁路攻击，也就是时序分析攻击，并且协助开发了功耗分析攻击（Kocher，Jeffe & Jun，1999）。这些攻击为深入研究更多旁路攻击奠定了基础。

四大类旁路攻击：

- 时间分析（Time Analysis）
- 错误分析（Error Analysis）
- 功耗分析（Power Analysis）
- 电磁辐射分析（Electromagnetic Radiation Analysis）

10.5.2.1 时间分析

基于时间分析的旁路攻击中，攻击者试图通过比较多种类型信息的处理时间延迟来推导受保护信息。

比如，以实现硬件安全模块的 RSA（Rivest，Shamir，Adleman）公钥加密算法为例。攻击者能够加密数千普通文本并且记录每次花费的时间。有了这些时序信息分析，攻击者可能推导位于硬件模块的私有密钥。Schmeh（2003）宣称，抽取智能卡的密钥仅需几个小时。

时序分析是第一种旁路攻击，是 Kocher 开发的。Kocher(1996)描述了时序分析攻击在 Diffie-Hellman，RSA，DSS（数字签名标准）和其他密码系统中的实现。通过将攻击建模成信号侦查问题，作者展示了该攻击是计算廉价的。该攻击基于如下事实，数字系统需要不同数量的时间来处理不同输入，类似地，给定程序不同类型步骤的处理时间差别很大。例如，涉及分支和条件声明以及乘法、除法和移位操作的处理器指令等需要不同数量的处理时间。通过时序测量,攻击者能够推测正在执行的操作以及正在处理的数据类型。

为了进一步阐述时序攻击,让我们考虑 RSA 解密操作使用私钥(d,n)从密码文本 c 计算明码文本消息 m,d 是加密指数,n 是模数。抽取消息 m 的计算如下:

m = cd mod n

攻击者通过监听目标系统获得密文样品 c,从公钥(e,n)可以推导出 n。通过时序测量多种上述形式的加密计算,攻击实施者能够推测密码指数 d,进而找出密钥(d,n)。为了实施时序分析,攻击者必须知道受害方所使用的加密算法。

10.5.2.2 错误分析

错误分析也可以称为故障分析攻击。它的开创者是 Boneh, De-Millo 和 Lipton (1997),此后的研究者是 Biham 和 Shamir (1997)。在错误分析旁路攻击中,遭受攻击的硬件模块被错误地激活或破坏,获取给定输入产生的输出。例如,智能卡遭受机械性或者加热破坏,还需要获得健康模块在相同输入下的输出。通过比较正确和错误结果,能够重建私钥。

Boneh 等人开发了基于瞬态故障的错误分析攻击的数学模型,瞬态故障持续时间很短就会消失。例如,硬件模块中单个数据位在几个微秒的翻转就是瞬态故障。攻击者也可以向系统内注入瞬态故障。攻击效果取决于加密系统的实现。例如,Boneh 等人指出,对于基于中国余数定理(Chinese remainder theorem)的 RSA 实现,使用单个故障的 RSA 签名,模数极有可能被缩放。

由 Boneh 等人开发的故障分析攻击仅针对公钥加密系统,不是针对密钥加密机制。这种攻击是基于公钥编码算法模运算的代数性质,因而不能适合采用二进制代替了算术操作执行加密和解密的密钥编码算法。Biham 和 Shamir 基于上述工作开发了差分故障分析攻击,能够攻击公钥和密钥编码系统。他们实现了针对数据加密标准(DES)的攻击,并且演示采用 50 到 200 个已知密文样本如何提取存储在 DES 加密设备的 DES 密钥。即使 DES 被 3DES 取代,该攻击仍然可以采用相同数量的密文样本抽取密钥。对于将计算 S-boxes 作为密钥函数的加密算法,S-boxes 可以被提取。

除了几年前开发的攻击,Takahashi 和 Fukunaga (2010)于 2010 年采用 C 代码和单个私人计算机成功演示了对 192 位和 256 位密钥先进加密标准(AES)的攻击。他们在 5 分钟内采用 3 对正确与故障密文成功找回原始 192 位密钥,在 10 分钟内采用 2 对正确与故障明文找回 256 位密钥。

10.5.2.3 功耗分析

在此类旁路攻击中,攻击者向嵌入式系统提供不同的输入,然后观察功耗。攻击者通过测量和比较功耗推测存储的信息。比如,经过大约 100000 次加密操作可以推导出嵌入在硬件安全模块的 DES 密钥(Schmeh, 2003)。

类似于其他旁路攻击,功耗分析攻击可以是简单功耗分析或者差分功耗分析(DPA)攻击。对于简单功耗分析,攻击者通过观察正在花费的功耗来推导出正在执行何种操作。例如,同一处理器的不同指令需要不同的执行时间,因此运行这些指令产生不同大小的功耗。类似地,加密算法的不同阶段需要不同数量的执行时间和功耗。

有些阶段具有较为昂贵的计算量,因此需要更多的功耗来执行,其他一些阶段可能需要较少的功耗来执行。因此,通过观察特殊瞬间的功耗,攻击者可以推导加密算法所处的阶段和该操作所使用的数据等信息。换句话讲,简单功耗分析能够展现被攻击系统所执行的指令顺序。采用获得的指令执行顺序能够攻破执行路径依赖于所处理数据类型的加密系统。

对于差分功耗分析,攻击者观察功耗并对执行的数据进行统计分析来推导数据数值以及正在执行何种操作。如前所述,加密算法不同阶段具有不同的功耗。此外,由于特殊阶段所用不同的数据数值,功耗也会有所变化。然而,后者导致的功耗变化远小于前者导致的变化。这些微小变化通常因错误测量和其他原因而丢失。这种情况下,专门为待测目标算法而开发的统计功耗模型,关联不同阶段的功耗和不同类型的数据数值可用于推导秘密数值。第一阶段观察功耗,第二阶段此数据用于统计模型。错误纠正程序也被用于获取被攻击系统所执行的操作。通常,密码算法在特定阶段仅使用部分密钥,称为子密钥。不需要运行整个算法,攻击者能够写出程序模拟选中的算法部分,用于计算所涉及的子密钥。攻击者接着计算该阶段的中间数值,以得到所有可能的子密钥。计算的中间数值用于统计功耗模型来预测该计算的功耗,因而得到相应的子密钥。接着,攻击者以相同的输入数据运行真正被攻击的加密系统,并且观察功耗。观察的功耗数据和统计模型获得的数据相比较。所有来自统计模型并且与真实数据不符的功耗数据都是源于错误的密钥猜测。然而,匹配的统计模型功耗数据源于正确的子密钥猜测。因此,攻击者能够分离正确的和错误的子密钥。以这种方式,通过比较真实功耗数值和来自统计模型的数据,能够推导出密钥。

差分功耗分析攻击最初由 Kocher,Jaffe 和 Jun(1999)提出。此后,Messerges,Dabbish 和 Sloan(2002)扩展该研究,并且以智能卡为例提供了试验数据和攻击细节。Brier,Clavier 和 Oliver(2004)进一步研究 DPA 攻击,将经典模型用于加密设备的功耗计算。该模型基于待处理数据关于一种未知并且常数参比状态的汉明距离。一旦模型经过验证,它能够发起最优攻击,称为关联功耗分析(CPA)。该攻击类似于前面描述的攻击,只是参考功耗模型不是统计模型。

除了上述关于智能卡加密系统的攻击,DPA 攻击已经成功用于 ASIC(专用集成电路)和多种加密算法的 FPGA 实现。尤其是,Standaert,Ors,Quisquater 和 Prencel(2004)成功演示了针对 DES 的 FPGA 实现进行的攻击,以及 Ors,Gurkaynak,Oswald 和 Prencel(2004)成功演示了针对 AES 的 ASIC 实现进行的攻击。此后,AES 加密算法以及实现已经承受了多种类型的测试和攻击。Han,Zou,Liu 和 Chen(2008),以及 Kamoun,Bossuet 和 Ghazel(2009)分别开发了针对该算法多种类型硬件实现的实验性攻击。

差分功耗分析是最流行的一种旁路攻击,因为它易于实施并且能够反复执行而不会损坏被分析目标。特别是往往包含 8 位处理器的智能卡、EEPROM、少量的 RAM 和小型操作系统已经成为 DPA 攻击的特殊目标。

10.5.2.4 电磁辐射分析

即使嵌入式系统没有植入特洛伊木马,并且难以进行时序、功耗和错误分析,它也可能以其他方式泄露自身秘密信息。在一种基于电磁辐射(EMR)分析的攻击中,攻击者捕获设备泄露的电磁辐射得以重现目标设备。

众所周知,美国政府自从 20 世纪 50 年代开始意识到基于电磁辐射的攻击,并且视频播放设备的显示屏可以通过捕获 EMR 来重现。为阻止该攻击开发了标准,称为 TEMPEST,是电信、电子学、材料保护、伪造传播首字母的缩写。互联网上可以找到 TEMPEST 的部分细节。私人组织的 TEMPEST 证书价格昂贵,因此开发了另外一个称为 ZONE 的标准,安全性稍差但是花费少于 TEMPEST。总共有三类 TEMPEST 标准:第一类具有最高安全级,仅用于美国政府和经过核准的承包人;第二类安全性稍差,也是用于美国政府;第三类用于普通用户和商业目的。

在其有里程碑意义的论文中,Van Eck(1985)证实通过收集与处理孤立系统显示的电磁辐射,2 公里内可以重现其显示屏。Van Eck 使用普通电视接收器和一小片价值 15 美元的微型扩展设备就能够捕获计算机的显示屏。

EMR 分析攻击对于数字信号尤其危险。如果某设备处理的数字信号数据被远程重现,那么将导致数据泄露。例如,硬盘中的信息以二进制形式存储,当硬盘读取或写入数据,这些操作生成了数字信号。如果信号足够强,能够远程重现,那么攻击者即可看到硬盘写入或者读取的数据。

英国 MI5 的资深情报官员 Wright(1987)在名为《间谍捕获者——资深情报官的坦白自传》的书中揭露如何重现法国外交官发送的信息。首先,他试图攻破密码却失败了。然而,Wright 和其助手发现加密通信携带微弱的二级信号,深入分析发现,该信号是加密机器的电磁辐射,信号重现为他们提供了不需要攻破密码的普通文本。

EMR 分析攻击已证实可用于加密算法的硬件实现。De Mulder 等人(2005)已经演示了,简单 EMR 分析攻击采用简单测量结果即可找出椭圆曲线密码系统的所有密钥。类似地,差分 EMR 分析攻击改良的密码系统需要大约 1000 次测量结果才能找出密钥。

除了上述四种旁路攻击,还有很多针对嵌入式系统安全的间接攻击。例如,网络化嵌入式系统通常使用 TCP/IP 协议簇来相互通信并与中央处理器进行通信。TCP/IP 已经被证实存在很多协议设计本身固有的缺陷。此外,在协议实现中存在其他使得攻击者破坏嵌入式系统安全的脆弱性。这些缺陷可被用于开发和窃听网络化嵌入式系统或者它们之间的通信。

10.5.2.5 旁路攻击对策

针对硬件和嵌入式系统的攻击的发展促使研究人员研究相应的反制手段。

时序和功耗分析攻击的反制措施是在数据处理的不同阶段插入随机延时。插入延时在任何抽象层均有可能。以随机方式增加了延时之后,攻击者将难以猜测正在执行的操作或者正在处理的数据的特征。类似地,延时的引入导致设备功耗的改变,增加了功耗分析攻击的复杂性。值得注意的是,增加大量延时也会导致加密系统变慢。此外,增加延时将不会显著降低攻击成功的概率,只会增加对系统实行攻击的复杂性。例如,攻击者不得不使用更多手段,采用更加精确的模型来推测存储在硬件设备的秘密信息。

直观上认为,一种已经证实的更有效的阻止时序分析的措施是使得所有计算操作具有相同数量的时间。然而,该方法很难实现,致使系统变得很慢而不可行。相反,一种更好的替代方法是获取经常用到的操作,比如乘法、除法、求幂,然后使之在固定的时间内执行。换句话说,不是让所有指令在固定时间内执行,而是选择常用指令并将其在固定时间内执行。这种方式下,数字系统的大多数操作是在固定时间内执行,将显著增加猜测正在执行何种操作以及推测数字系统内部信息的复杂性。

错误分析攻击的反制措施是两次运行加密算法并比较其结果。只有当两个结果相互匹配(Potkonjak, Nahapetian, Nelson, & Massey, 2009),才认为计算结果合法。然而,这种方法显著增加了算法的计算时间。此外,仍然有可能发起错误分析攻击,只是攻击所需的计算次数增加,致使攻击复杂性增加。

由于功耗分析攻击比较常见,出现了大量针对该类型攻击的反制措施。Tiri 和 Verbauwhede(2004)建议采用简单动态差分逻辑(SDDL)和波形动态差分逻辑(WDDL)来构造具有相同功耗的基本逻辑门。任何采用这些门电路实现的逻辑将产生不变的功耗。类似地,可以在电路中插入哑门和逻辑,使得所有操作具有相同的功耗。此外,通过避免分支、条件跳转等,可以掩盖系统的许多功耗分析特征。另一种应对功耗分析攻击的反制措施是增加随机计算,使得攻击者构造的功耗模型出现虚假峰值。

保护 EMR 分析的基本手段是使得被保护的设备使用防护罩(Faraday cages)。此外,使得被保护 EMR 的设备使用具有较低 EMR 的组件。

10.5.3 手机安全

作为一种特殊种类的嵌入式系统,手机尤其成为从畸形 SMS(短消息服务)文本信息到复制 SIM 卡的蓝牙报文等多种攻击的目标。如果抛开手机安全问题,我们所讨论的嵌入式系统安全是不完整的。

如今的手机和掌上电脑(PDA)是由许多部分组成的结构复杂的嵌入式系统,具有强大的功能。如果某人能够远程控制手机,它能够在主人不知晓的情况下给存储在手机的联系人或者其他号码发送 SMS 信息。当手机处于空闲状态时,它也能够向呼叫者发送占线音,或者呼叫随机号码。它甚至可以打开手机麦克风并且偷听手机附近的会话。事实上,据透露手机能够用于偷听会话,即使当它因为断电而关机,也可能仅仅断掉了 LCD 显示屏的电源,而内部电路仍然在工作。McCullagh 和 Broache(2006)揭露 FBI 已经采用手机以这样的方式监视罪犯。

通常采用如下方式发起手机攻击:

- 采用蓝牙通信协议的攻击
- 采用文本信息的攻击
- 针对 GSM 和 CDMA 手机的 SIM 卡的攻击

蓝牙是一种无线通信协议,工作在 2.4GHz,用于短距离通信,其目的之一是替代连接外围设备的电缆和数据线。手机和 PDA 具有一个蓝牙接口,用于远距离耳机以及方便与其他手机通信。然而,这使得利用蓝牙协议的脆弱性对手机发起远程攻击成为可能。

攻击蓝牙设备的第一步是构建一个畸形对象,也就是带有无效内容的合法文件,以此方式突破目标系统。接着,目标将其发送给受害方,导致接收设备变成畸形对象的编程目标,从而导致攻击者控制该设备。

采用蓝牙协议可以发起多种形式的攻击,因而产生了大量的行话,比如蓝劫(bluejacking)、蓝诱捕(bluesnarfing)、蓝虫(bluebugging)、蓝存(bluedumping)、蓝麦克(bluesmack)、蓝欺骗(bluespoofing)等。蓝劫是一种攻击者发送名字域包含畸形信息的 vCard 用来开发对象交换协议(OBEX)的技术。蓝诱捕通过使用 OBEX 来连接处于发现模式的蓝牙设备。在这种攻击下,攻击者能够从手机,比如号码簿,抽取重要信息。蓝虫是一种攻击形式,利用受害者的 AT 命令解析器,使得攻击者完全控制受害者的手机。一旦获得控制权,攻击者实际上可以使用受害者手机,比如打电话、收发文本信息,改变手机与服务设置。利用蓝牙协议的免费工具和商业化工具都已可用,包括 Blooover [sic]、BTCrack、Bluesnarfer、BTClass、carwhisper、BT Audit、Blueprint 等。

在利用手机 SMS 文本信息模块脆弱性的攻击中,攻击者构造一个特殊 SMS 信息,使得受害者手机无法处理以至于引起崩溃或者执行有效负载,从而将受害方手机的控制权交付攻击者。攻击者必须了解能够达到目的特殊的 SMS 有效负载。为了找出这种功能的 SMS 负载,攻击者可以通过在受害者手机执行特殊模糊测试模型。Mulliner 和 Miller (2009) 提出一种面向智能手机信息安全事件的模糊测试方法学。他们提出的技术允许研究者在不通过手机服务提供者的情况下向智能手机注入 SMS 信息。他们还演示了如何发现苹果手机的缺陷以便采用简单 SMS 信息进行攻击。

另一种关于 GSM(全球移动通信系统)和 CDMA(码分多址)手机的可能攻击是复制用户身份模块,也就是 SIM 卡。SIM 卡是一种包含串号、国际移动用户信息(IMSI)、加密算法 A3 和 A8、密钥 ki、面向普通用户的 PIN 密码和用于手机解锁的 PUK 密码、源自 Ki 加密过程的 Kc 等信息的智能卡。如果攻击者获得受害方的 SIM 卡,并且能够采用 SIM 读卡器读取 SIM 卡内的数据,那么,他可以采用 SIM 卡写入器复制该 SIM 卡。持有克隆 SIM 卡的手机能够像原手机一样进行授权与通信等手机服务。然而,攻击者很难像上面描述的一样实施攻击。攻击者面临的真正问题是如何从防篡改的 SIM 卡中抽取秘密信息。GSM 手机采用 COMP128 算法负责密钥的认证与生成。该算法仅被 GSM 标准使用。移动设备可选择更好算法以替代 COMP128。然而,大多数移动设备依然采用 COMP128 算法。此后,COMP128 的许多漏洞被发现,有的漏洞使得攻击者能够获得 SIM 卡物理访问权,用于开发其漏洞并且恢复 SIM 卡内的信息。这就使得攻击者能够如上所述,采用 SIM 卡写入器复制 SIM 卡。这些漏洞存在安全问题,直至新版本的 COMP128 算法被开发。最初的 COMP128 版本称为 COMP128-1,接下来的称为 COMP128-2、COMP128-3 和 COMP128-4。

新版算法是安全的,尚未出现针对它们的攻击。因此,从 SIM 卡拷贝信息仅针对采用 COMP128-1 算法的旧式 SIM 卡。新型 SIM 卡采用了新版加密算法,不易遭受已知攻击,不会泄露存储的信息,因此不允许复制。

10.6 未来研究方向

由于嵌入式系统安全是新的研究领域,硬件安全研究社团希望开发针对硬件设备和嵌入式系统的新型攻击。此举将促进对此类攻击的反制和保护方案的研究。因此,硬件设备和嵌入式系统尤其是防御应用的设计可能会发生转移。例如,集成电路的设计与实现可能经受从抽象层描述到半导体制造的功能性改变,目的是包含新的安全措施。要做到这一点,研究社团需要拿出能够实现所有抽象层的可靠和强大的技术。

嵌入式系统安全和软件安全有几个共同特点。因此,现有安全技术和方法可共用。然而,嵌入式系统安全的某些特征不同于软件安全。因此,需要为此领域研发新的算法和技术。例如,研究团体需要为资源受限制的嵌入式系统开发安全操作系统,包括保证操作系统中所有关键功能的安全。

许多案例中,只有设备物理安全受到威胁时才有可能对嵌入式设备发动攻击。例如,针对智能卡的旁路攻击,攻击者首先需要获得智能卡的拷贝。因此,需要开发用于阻止设备被物理篡改并且保证存储信息安全的新型安全技术。

嵌入式设备通常具有非常有限的资源,并且大多数现有加密算法是计算敏感的。实现重型安全算法将导致性能衰减。因此,需要经过裁剪的轻量级加密算法和协议才能运行于受资源限制的嵌入式设备。

10.7 结论

嵌入式系统在我们日常生活领域广泛使用,其安全性已经成为一个重要研究方向。本章,我们讨论了嵌入式系统面临的威胁与攻击研究的背景和现状。硬件攻击可在设备制造的任意抽象层取得不同程度的成功。我们也讨论了应对攻击的多种反制措施。

参 考 文 献

[1] Alkabani, Y., & Koushanfar, F. (2008, July). Extended abstract: Designer's hardware trojan horse. In Proceedings of IEEE International Workshop on Hardware – Oriented Security and Trust, HOST 2008, (pp. 82 – 83). Washington, DC: IEEE Computer Society.

[2] Biham, E., & Shamir, A. (1997). Differential fault analysis of secret key cryptosystems. In Proceed – ings of the 17th Annual International Cryptology Conference on Advances in Cryptology, 1294, (pp. 513 – 525). London, UK: Springer – Verlag.

[3] Boneh, D., DeMillo, R. A., & Lipton, R. J. (1997). On the importance of checking cryptographic protocols for faults. In Proceedings of the 16th Annual International Conference on Theory and Application of Cryptographic Techniques, (pp. 37 – 51). Berlin, Germany: Springer – Verlag.

[4] Brier, E., Clavier, C., & Oliver, F. (2004). Cor – relation power analysis with a leakage model. In Proceedings of Cryptographic Hardware and Embedded Systems – LNCS 3156, (pp. 135 – 152). Springer – Verlag.

[5] Clark, J., Leblanc, S., & Knight, S. (in press). Compromise through USB – based hardware trojan horse device. International Journal of Future Gen – eration Computer Systems, 27(5). Elsevier B. V.

[6] De Mulder, E., Buysschaert, P., Ors, S. B., Del – motte, P., Preneel, B., Vandenbosch, G., & Ver – bauwhede, I. (2005). Electromagnetic analysis attack on an FPGA implementation of an elliptic curve cryptosystem. In Proceedings of the IEEE International Conference on Computer as a Tool. EUROCON 2005, (pp. 1879 – 1882).

[7] Farrell, N. (2007, November). Seagate hard drives turn into spy machines. The Inquirer.

[8] Han, Y., Zou, X., Liu, Z., & Chen, Y. (2008). Ef – ficient DPA attacks on AES hardware implementa – tions. In-

ternational Journal of Communications. Network and System Sciences, 1, 1 – 103.

[9] IET. (2005). The celebrated maroochy water at‐tack. Computing & Control Engineering Journal, 16(6), 24 – 25.

[10] Jin, Y., & Makris, Y. (2008). Hardware trojan detec‐tion using path delay fingerprint. In Proceedings of IEEE International Workshop on Hardware‐Oriented Security and Trust, HOST 2008, (pp. 51 – 57). Washington, DC: IEEE Computer Society.

[11] Kamoun, N., Bossuet, L., & Ghazel, A. (2009). Experimental implementation of DPA attacks on AES design with Flash‐based FPGA technology. In Proceedings of 6th IEEE International Multi‐Conference on Systems, Signals and Devices, SSD'09, Djerba.

[12] Kocher, P. (1996). Timing attacks on implementa‐tions of Diffie‐Hellman, RSA, DSS and other sys‐tems. In N. Koblitz (Ed.), Proceedings of Annual International Conference on Advances in Cryptol‐ogy, LNCS 1109, (pp. 104 – 113). Springer‐Verlag.

[13] Kocher, P., Jaffe, J., & Jun, B. (1999). Differential power analysis. In Proceedings of the 19th Annual International Cryptology Conference on Advances in Cryptology, LNCS 1666, (pp. 388 – 397). Hei‐delberg, Germany: Springer‐Verlag.

[14] Koopman, P. (2004, July). Embedded system security. IEEE Computer Magazine, 37(7).

[15] McCullagh, D., & Broache, A. (2006). FBI taps cell phone mic as eavesdropping tool. CNET News.

[16] Messerges, T. S., Dabbish, E. A., & Sloan, R. H. (2002, May). Examining smart‐card security under the threat of power analysis attacks. [IEEE Com‐puter Society.]. IEEE Transactions on Computers, 51(5), 541 – 552. doi: 10.1109/TC.2002.1004593.

[17] Mulliner, C., & Miller, C. (2009, July). Fuzzing the phone in your phone. Las Vegas, NV: Black Hat.

[18] Ors, S. B., Gurkaynak, F., Oswald, E., & Prencel, B. (2004). Power analysis attack on an ASIC AES implementa‐tion. In Proceedings of the Interna‐tional Conference on Information Technology: Coding and Computing, ITCC'04, Las Vegas, NV, Vol. 2 (p. 546). Washington, DC: IEEE Computer Society.

[19] Potkonjak, M., Nahapetian, A., Nelson, M., & Massey, T. (2009). Hardware trojan horse detection using gate‐level characterization. In Proceedings of the 46th Annual ACM IEEE Design Automation Conference, CA, ACM.

[20] Prevelakis, V., & Spinellis, D. (2007, July). The Athens affair. IEEE Spectrum, 44(7), 26 – 33. doi:10.1109/MSPEC.2007.376605.

[21] Schmeh, K. (2003). Cryptography and public key infrastructure on the internet. West Sussex, England: John Wiley & Sons.

[22] Standaert, F. X., Ors, S. B., Quisquater, J. J., & Prencel, B. (2004). Power analysis attacks against FPGA implementations of the DES. In Proceed‐ings of the International Conference on Field‐Programmable Logic and its Applications (FPL), LNCS 3203, (pp. 84 – 94). Heidelberg, Germany: Springer‐Verlag.

[23] Takahashi, J., & Fukunaga, T. (2010, January). Differential fault analysis on AES with 192 and 256‐bit keys. In Proceedings of Symposium on Cryptography and Information Security. SCIS, Japan, IACR e‐print archive.

[24] Tiri, K., & Verbauwhede, I. (2004). A logic level design methodology for a secure DPA resistant ASIC or FPGA implementation. In Proceedings of the Conference on Design, Automation and Test. IEEE Computer Society.

[25] Van Eck, W. (1985). Electromagnetic radiation from video display units: An eavesdropping risk. [Oxford, UK: ElsevierAdvanced Technology Pub‐lications.]. Computers & Security, 4(4), 269 – 286. doi:10.1016/0167‐4048 (85)90046‐X.

[26] Wright, P. (1987). Spycatcher‐The candid autobiography of a senior intelligence officer. Australia: William Heine‐mann.

补充阅读

[1] Alkabani, Y., & Koushanfar, F. (2008, July). Extended Abstract: Designer's Hardware Trojan Horse. In Proceedings

of IEEE International Workshop on Hardware‐Oriented Security and Trust, HOST 2008, pp. 82 – 83, Washington DC, IEEE Computer Society.

[2] Anderson, R. (2001). Security Engineering: A Guide to Building Dependable Distributed Sys‐ tems. England: John Wiley & Sons.

[3] Biham, E., & Shamir, A. (1997). Differential Fault Analysis of Secret Key Cryptosystems. In Proceedings of the 17th Annual International Cryptology Conference on Advances in Cryptol‐ ogy, Vol. 1294, pp. 513 – 525, Springer‐Verlag, London, UK.

[4] Boneh, D., DeMillo, R. A., & Lipton, R. J. (1997). On the Importance of Checking Cryptographic Protocols for Faults. In Proceedings of the 16th Annual International Conference on Theory and Application of Cryptographic Techniques, pp. 37 – 51, Berlin, Springer‐Verlag.

[5] Debbabi, M., Saleh, M., Talhi, C., & Zhioua, S. (2006). Embedded Java Security: Security for Mobile Devices. Springer.

[6] Gebotys, C. H. (2009). Security in Embedded Devices (Embedded Systems). Springer.

[7] Hailes, S., & Seleznyov, A. (2007). Security in Networked Embedded Systems. Springer.

[8] Han, Y., Zou, X., Liu, Z., & Chen, Y. (2008). Efficient DPA Attacks on AES Hardware Implemen‐ tations. International Journal of Communications. Network and System Sciences, 1, 1 – 103.

[9] Koc, K. C., & Paar, C. (1999). Proceedings of Cryptographic Hardware and Embedded Systems: First International Workshop, CHES'99 Worces‐ ter, MA, USA, Springer‐Verlag.

[10] Kocher, P. (1996). Timing Attacks on Implemen‐ tations of Diffie‐Hellman, RSA, DSS and Other Systems. In: N. Koblitz (Ed.), Proceedings of Annual International Conference on Advances in Cryptology, CRYPTO'96, vol. 1109 of LNCS, pp. 104 – 113, Springer‐Verlag.

[11] Kocher, P., Jaffe, J., & Jun, B. (1999). Differential Power Analysis. In Proceedings of the 19th An‐ nual International Cryptology Conference on Ad‐ vances in Cryptology, CRYPTO 99, Vol. 1666, pp. 388 – 397, Heidelberg, Germany, Springer‐Verlag.

[12] Lemke, K., Paar, C., & Wolf, M. (2010). Embed‐ ded Security in Cars: Securing Current and Future Automotive IT Applications. Springer.

[13] Lessner, D. (2009). Network Security for Em‐ bedded Systems: A feasibility study of crypto algorithms on embedded platforms. LAPLambert Academic Publishing.

[14] Mangard, S., Oswald, E., & Popp, T. (2007). Power Analysis Attacks: Revealing the Secrets of Smart Cards (Advances in Information Security). Springer.

[15] Messerges, T. S., Dabbish, E. A., & Sloan, R. H. (2002, May). Examining Smart‐Card Security under the Threat of Power Analysis Attacks. [IEEE Computer Society.]. IEEE Transactions on Computers, 51(5), 541 – 552. doi:10.1109/ TC.2002.1004593.

[16] Mulliner, C., & Miller, C. (2009, July). Fuzzing the Phone in Your Phone. Black Hat, Las Vegas, NV.

[17] Mustard, S. (2006, January). Security of Distrib‐ uted Control Systems: The concern increases. [UK, IET.]. IEEE Computing and Control Engi‐ neering Journal, 16(Issue 6), 19 – 25. doi:10.1049/ cce:20050605.

[18] Nedjah, N., & Mourelle, D. (Eds.). (2004). Embed‐ ded Cryptographic Hardware: Methodologies & Architectures. Nova Science Publishers.

[19] Nedjah, N., & Mourelle, D. (Eds.). (2006). Embed‐ ded Cryptographic Hardware: Design & Security. Nova Science Publishers.

[20] Parameswaran, R. G. R. S. (2008). Microarchi‐ tectural Support for Security and Reliability: An Embedded Systems Perspective. VDM Verlag.

[21] Ray, J., & Koopman, P. (2009, July). Data Man‐ agement Mechanisms for Embedded System Gateways. In Proceedings of IEEE International Conference on Dependable Systems and Networks, DSN'09, pp. 175 – 184.

[22] Stapko, T. (2007). Practical Embedded Security: Building Secure Resource‐Constrained Systems (Embedded Tech‐

nology). England: Newnes.
[23] U. S. – Canada Power System Outage Task Force, (2004, April). Final Report on the August 14th, 2003 Blackout in the United States and Canada: Causes and Recommendations. US – Canada Power System Outage Task Force, The North – American Electricity Reliability Council, USA.
[24] Van Eck, W. (1985). Electromagnetic Radiation from Video Display Units: An Eavesdropping Risk. [Oxford, UK, Elsevier Advanced Technol – ogy Publications.]. Computers & Security, 4(4), 269 – 286. doi:10.1016/0167 – 4048 (85)90046 – X.
[25] Verbauwhede, I. M. R. (Ed.). (2010). Secure In – tegrated Circuits and Systems. Springer.
[26] Zurawski, R. (2006, July). Embedded Systems Handbook. Taylor and Francis Group LLC.

关键术语和定义

隐蔽通道(Covert Channel):是一种介于恶意实体和受害系统之间的隐藏的通信通道,平常不用于传输信息。

电可擦除可编程只读存储器(Electrically Erasable Programmable Read – Only Memory,EEPROM):是一种类型的只读存储器,嵌入式系统和计算机用其存储数据或者启动程序,断电后数据不会丢失。数据或程序仅能通过电来擦除或者编程。

嵌入式系统(Embedded System):是一种数字系统,为执行特定任务而设计,有别于允许用户在原有操作系统中安装新型软件来执行多种类型任务的通用计算机。

域可编程门阵列(Field Programmable Gate Array,FPGA):是一种能够被设计工程师编程来实现特定硬件级逻辑的集成电路。硬件描述语言(HDL)用于对 FPGA 进行编程。

有限状态机(Finite State Machine,FSM):是系统的一种抽象数学和行为模型,包含系统可能转向的一系列有限状态,有限的输入能够导致系统从一种状态迁移到另一种状态。FSM 也称为有限状态自动机或者简单状态机。

模糊测试(Fuzz Test or Fuzzing):是一种测试技术,为系统提供各种各样非法输入组合并且观察系统输出行为。

硬件描述语言(Hardware Description Language,HDL):是一种用于描述电子电路逻辑和流程的计算机编程语言。VHDL 和 Verilog 均是 HDL。

硬件特洛伊木马(Hardware Trojan Horse):是以有形电路或电子系统控制程序软件代码片段形式而存在的缺陷或后门。它可能导致非授权用户与系统进行通信甚至控制系统。

S – Box:是替代盒的缩写,是一种用于对称密钥加密算法的查找表,对给定明文执行替换操作。该模块接收 m 位的输入数据,然后根据查找函数将其转换成 n 位的输出数据。

旁路攻击(Side Channel Attack):是一种把嵌入式系统当成黑盒并试图通过观察系统行为(时序、功耗等)和多种类型输入条件下的系统输出信息来推测隐藏信息的嵌入式系统攻击。

智能卡(Smart Card)：是一种内部包含集成电路(通常是嵌入式处理器)的超小型塑料卡。

用户认证模块(Subscriber Identification Module，SIM)：是一种用于 GSM 和 CDMA 移动电话的智能卡，使得用户间能够更换电话。

第五部分

工业和应用安全

第 11 章 液态石油管道的赛博安全
第 12 章 新兴 C^4ISR 系统的赛博安全应用
第 13 章 基于工业标准和规范的实用 Web 应用
程序安全审计

第11章 液态石油管道的赛博安全

Morgan Henrie MH 咨询有限公司,美国

——|摘要|——

世界上关键的基础设施包括这些机构,如供水、废水处理、电力公共工程和油气工业。在很多情况下,它们依赖监控和数据采集系统(SCADA)所控制的管道。SCADA系统已演变成高度网络化的通用平台系统。这种演变造成了赛博安全风险的扩大和变化。应对这种风险的必要性得到了政府最高层的首肯。本章讨论各种各样的方法、标准和基于工业的最佳实践,以直接将这些风险减到最小。

11.1 引言

本章为从业者、研究人员和那些对关键基础设施感兴趣的人员提供一个关于原油运输关键基础设施的SCADA系统赛博安全的良好基础。演变进程怎样改变了这个基础设施控制系统的局面,和工业界正如何应对一直增长的赛博安全威胁,理解这些对与这些系统打交道的任何层次的人都是必要的。

本章目标是为SCADA系统从业者、管理者、工程师、研究人员和感兴趣人员介绍现今SCADA赛博安全系统如何工作的概貌,业主/运营商面临的挑战,现今工业标准的回顾,监管环境,以及一些机构如何防护他们SCADA系统的例子。这个信息源为所有感兴趣人员提供了重要信息,使得他们能够进行下一步工作以加强系统的赛博安全防护态势。

为此,本章内容按循序渐进的方法来组织,后续每节内容按如下序列介绍:

- 关键基础设施——它是什么?关于基础设施的讨论和它的背景知识
- SCADA系统,回顾SCADA系统怎样演变成如今的赛博风险状态
- SCADA系统赛博安全标准的回顾
- SCADA系统的应变能力决定SCADA系统的安全性
- 深度防护的赛博安全概念和应用
- SCADA赛博安全环境的独特性
- 支持该系统所要求的管理结构

11.2 关键基础设施是什么?

油气运输系统被认为是国家级关键基础设施。这些基础设施对于每个国家的安全防御、私营工业贸易、商业交易和日常生活都是必需的。在一定程度上,每个国家的电网、商务公司、军事设施、企业和家庭都依赖安全的、高度可用的、可靠的油气液体传输。历史迹

象如近期的地震和飓风事件清晰地表明如果油气基础设施不再可靠,那么提供必需服务的能力就会严重受限,甚至被断绝。

从 A 点运输液体到 B 点,有着丰富的历史背景。用管道运输液体至少可以追溯到公元前 10 世纪至公元前 691 年,最早的运水管道建在亚述(见 BookRags,2010),后来有"最早的运水管道建设用于供应罗马……,建造于公元前 312 年,长度约 11 英里"(Turneaure 等,1916)。自从有这些早期的运水成就,运输水、其他液体和泥浆货物的管道利用持续增加。例如,美国运输部,管道安全网站的管道和危险原料安全管理办公室指出,美国的海上和陆上的危险原油液态管道有 168900 英里正在服务。总的来说,"……美国的能源运输网由超过 250 万英里的管道组成。这足够能环绕地球大约 100 圈"(PHMSA,2010)。

这些 168900 英里的危险原油液态管道,由监控和数据采集(SCADA)系统控制。原油 SCADA 系统提供关键的状态、警报和处理信息给中心处理工作站,而控制指令和设置值的变化由中心处理工作站传送给远程位置。当基础设施每天在各大城市、环境敏感地带、主要水下通道、你的本地邻居之间运输它的危险原料时,SCADA 系统提供了安全、高效、有效地监视和控制成千上万英里管道的能力。如果没有现代 SCADA 系统,就几乎不可能安全地操作和控制这些关键基础设施。

为了安全地实现这个能力,危险液体管道 SCADA 系统依赖电信系统、远程终端设备、计算机、服务器、路由器等以连接现场设备(如继电器)到控制室操作员的人机界面(HMI)。关联到这些系统的远端,众多的物理连接,以及与其他系统不断扩大的互联,都使原油 SCADA 赛博安全漏洞不断增加。

不断增加的 SCADA 漏洞是系统内部联合的所有这些因素的衍生物。例如,与远程终端设备互联的系统,主机和互联网提供了一个从世界上任何真实地方到远程终端单元的物理连接。随着更多的人拥有了关于通用平台如 Windows©的更多知识和技能,通用计算机操作系统也贡献了持续增长的漏洞。因此,有更多潜在的人能成为赛博系统攻击者。这样,随着系统在更广的范围互联,以及更多地利用通用设备,也使得漏洞增加。在弹性系统概念的范围内,本章提出赛博安全如何应用到这个特殊领域。在发达的全球社区里,每天的社会交互、交易、建造和工业需要新鲜的水供应、下水道和废水运输/处理、电信和电力。在不同程度上,这些基础设施都依赖油气系统作为它们首要的能源。众所周知,这些系统非常关键,以至于任何长期的中断都会对国家的生产安全、信息安全、公共健康造成级联的负面影响,同样也对局部地区、国家区域和全球经济条件有级联的负面影响。由于潜在的灾难性影响,很多国家将这些基础设施分类为或称为"关键基础设施"。

预防任何破坏关键基础设施如赛博安全攻击的形为带来的影响,被确认为国家政府层次的严肃的和非常重要的要求。确保这些系统一直可用是极其重要的,但由于各种因素,它也是受到挑战的。就石油运输系统,关键的挑战包括有效运输石油需要的多样的和大量的设施以及设施经常部署的远程站点。另一个给保证高级别赛博安全造成挑战的因素是这些关键基础设施由各种各样的私营、公共或政府机构所有和操控。由于所有权的多样性、数据和知识交互分享的缺少,会使清晰的风险领域认知和最佳的实践变得缺少。SCADA 系统是支持监视、操作和安全控制这些系统所必需的核心系统。

这些系统的关键特性已经是并继续是许多组织的关注焦点。在美国,联邦层次在进行一个强烈的、或许新推动的努力,以促进工业界和政府机构获取最新信息,进而促使他们开发弹性的控制系统。表11.1为来自美国国土安全部门(DHS)的《防护控制系统的策略》(DHS,2009)。表11.1是美国一个重要的表单,它提供了一个很好的例子,是已经应用到这个进程中的各种策略和联邦层次的倡议。

如表11.1的时间线所示,自2003年起已经发生了一些重要的事件。时间线的每一步都是直接为了提供生产安全、信息安全的关键基础设施控制系统。防护这些关键基础设施是全国和全世界所共识的重要职责。

总之,关键基础设施是这些系统,其任何长期的中断都会对那些与其关联的特定事件领域造成严重的影响。负面的系统影响会迅速地从一个局部事件爆发成一个国家甚至全球的动荡。此外,很多关键基础设施需要高技术、高集成和很复杂的 SCADA 系统。

表11.1 支持控制系统安全的策略、公告和计划的时间线(DHS,2009,第6页)

文档	作者	发布时间	类型	摘要
National Strategy to Secure Cyberspace	Presidential Directive	2003	策略	为 DHS 和联邦机构提供赛博安全策略指导,包括控制系统。本成果以 DHS 为领导机构
HSPD-7	Presidential Directive	2003	策略	指导 DHS,并与其他特殊部门机构合作,以准备一个国家计划,用来防护基础设施,其中包括私营部门的合作和参与
Critical Infrastructure Protection" Challenges and Efforts to secure Control Systems	GAP	2004	公告	建议 DHS 开发和实现一个策略,以协调为应对安全控制系统的挑战所做的成果和联邦与私营部门现有的成果
National Infrastructure Protection Plan	DHS	2006	计划	为负责防护关键基础设施的安全伙伴和联邦/私营部门提供总体规划过程和架构
Sector Specific Plans	SSA	2007	计划	指引所有与 SCC 合作的 SSA 机构(特殊行业机构)于2006年前在 NIPP 合作框架内完成防护计划。这些为基础设施防护提供了高级别的评估、目的和目标体
Critical Infrastructure Protection: Multiple Efforts to Secure Control Systems Are Under-Way, but Challenges Remain	GAO	2007	公告	建议 DHS 开发一个公共部门和私营部门的协调策略和进程,用于改善信息共享
Academic: Toward a Safer and More Secure Cyberspace	NRC	2007	公告	美国国家研究委员会(NRC)创建了一个研究专题,研究赛博空间安全的重点区域。控制系统的议题在他们的研究范围内
Sector-Specific Roadmaps/Strategies:	DOE/SCC	2006	计划	路线图提供了详细的评估,是关于部门在争取控制系统赛博安全的主动权方面所处的境地,以及一个实现在这些系统上提供防护、检测和缓解攻击的终极状态的计划
	ACC/SCC	2006	策略	
Energy Sector Roadmap	ACC/SCC	2006	公告	
Chemical Cyber Security Guidance for Addressing Cyber Security in the Chemical industry	DHS/SCC	2008	计划	
Water Sector Roadmap				
NSPD-54/HSPD-23	Presidential Directive	2008	策略	联邦机构强制的入侵检测要求

11.3 SCADA 系统

SCADA 系统有几个定义。IEEE 标准 C37.1-1994 定义监控和数据采集系统(SCADA)为"操作通信信道上的编码信号以提供对 RTU(远程终端单元)设备的管理的系统"(IEEE,1994)。美国石油学会(American Petroleum Institute,API)的操作规程建议(recommended practice)RP1113 定义 SCADA 系统为:

"一个基于计算机的系统,其数据采集功能包括通过通信网络收集实时数据,其控制功能包括控制现场设备"(API1,2007)。

本章使用一个更宽泛的定义,SCADA 系统是基于软件的一个系统或一套系统,其通常从一个中心设备远程监视和控制工业过程。按照这个定义所述,SCADA 系统是基于软件的一个系统或多个系统的集合,其能够为中心设备提供监视工业过程系统状态、警报和其他数据的能力,和实现远程控制功能的能力。SCADA 系统依赖一系列智能设备,包括通用目标计算机,特殊目标计算机如 PLC(Programmable Logic Controller),或专用智能系统如流计算机。

现在 SCADA 系统的必备部分是图形用户界面(Graphical User Interface,GUI)。GUI 为管理操作员或有时称作管理员提供了监视和与 SCADA 系统交互的能力。远程现场数据在 GUI 上显示,操作员则通过 GUI 着手处理控制的变化。它的起源就像现今精密的 SCADA 系统一样复杂,可以追溯到大约一百年前的芝加哥电力公司。

大约 1912 年,芝加哥电力工业合并了一个集中分布的控制室操作器,一个远程过程控制系统,一个电信接口(即知名的电话系统)和 SCADA 系统雏形每一端的人。这个初步的 SCADA 系统能够获取远程电站状态信息,并可以利用基本的电话线和声音通信进行直接的控制。通过整合电话系统,作为连接中央控制室到现场站点的方法,早期的 SCADA 架构增强了系统的有效和高效的操控能力(Stouffer,2005)。通过在接近实时的标准里操控系统,电力公司可以保障一个性能更好的电力系统。这个技术提升在主要组件整合到一个完整系统之前是不可能的。

自从有了这些简陋的开始,SCADA 系统已经演变成为精密技术启用的温床,允许操控几乎每种类型的过程控制系统。SCADA 系统如今已成为关键基础设施功能的稳定保障,如为工厂和家庭供应的可靠电力、可靠燃气供应,增强的液体管道监视和控制。现代关键基础设施 SCADA 系统提供了以有效、安全、高效的操控水平监视和控制这些系统的能力,这水平是以前从未达到的。随着时间的推移,SCADA 系统变成了关键技术启用的系统,能辅助公司安全有效地操控远程或分布式系统。

11.4 革命性变化

如今基于高度先进技术的 SCADA 系统是革命性变化的结果。如上一节提到的,原始的 SCADA 系统使用普通电话线路将远程站点操作人员与中心站点操作员连起来。这个基本的网络允许远程站点能传递他们获取的信息到控制室操作员,并基于控制室操作员的命令采取行动。这是很初级的系统,但对当时而言是很有效的系统。

下一代 SCADA 系统牵涉远程站点操作员的移除,以增加系统的自动化能力。这个自动化步骤涉及几个主要的改进。首先,现场系统设备能力提升了,能够在系统状态改变时远程识别。例如,与现场系统协作的继电器能识别一个系统正在操作或处于离线、一个阀门处于打开或关闭状态。

为利用这些"新的"远程能力,一些用于收集和传输远程设备状态信息集合的设备必须存在。这个改进涉及"哑的"远程终端单元的开发。这些单元是基本的远程站点数据集中器,允许多个现场状态和警报信息硬连线到一个单独的设备上。然后各种各样的远程设备信息状态由一个单独的设备传递给中央站点。

远程访问集中的现场信息的能力涉及中心主机系统的开发。中心主机系统使用轮询来获取远程数据——响应通信方案并呈现远程数据给控制室操作员。传输信息到控制室操作员,涉及改变用于开关墙面大小的模拟面板上灯的本地继电器的状态。这些模拟面板指示处理进程、灯的颜色和状态指示现场设备的状态。

这些早期的系统由各种公司设计并实现,包括管道的业主和经营商。一直贯穿 SCADA 发展历程的事实是,这些系统是基于专有的工序和通信方法的。此外这些系统是独立的实体,没有连接到内部或外部的网络或商业系统。

随着现场系统发展成半自动化和最后的完全自动化系统,SCADA 的变革也在持续。这一变革步骤是以 PLC(可编程逻辑控制器)和分布式控制系统的发展为标志的。

PLC 是专用的计算机系统,使得 SCADA 系统工程师具有更高的能力,可以决定在本地站点层次能实现什么和可以传输到中央站点的不同类型的信息。本地的智能性提供了宽泛的能力深度和增强了的通信。对这些新系统能力的支持和贡献促进了中央计算系统和 GUI 的能力。

从基于各自为政的专有 SCADA 系统到基于网络的系统的变革也发生了。基于网络的系统促进了通用操作系统、标准通信协议的发展和本地系统、商业系统、互联网系统的互连。SCADA 系统不再是一个具有隐晦的固有级别安全的偏斜的孤岛。它是一个基于各种标准或通用软件/硬件系统的网络系统。

从一个孤立系统到一个基于网络的系统的改变,使赛博安全风险和漏洞的格局也发生了变化。这些变化是由很多网络和软件专家存在的这个事实推动的。如前所述,更多的人拥有了从事这些系统工作的知识和技能,增加了潜在的能够成为赛博系统攻击者的个体源头。

总之,这个革命性发展,将 SCADA 系统从 1912 年低级的声音控制过程,通过采用受限的、专有的电子控制器和专有的通信系统进行操控的时代,演进成今天的基于高度精密和先进的过程控制网络的环境。每一变革步骤促进了更强的过程控制能力和增强的商业机会,支撑了现代的生活方式和世界需求(图 11.1)。革命性的变化也带来了前瞻的不同级别的相关风险和漏洞,其可能会造成灾难性后果。

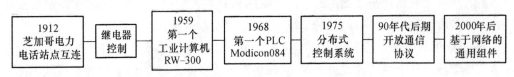

图 11.1　SCADA 变革时间线

11.5　赛博安全标准

如今的现代 SCADA 系统赛博安全威胁和漏洞，以及怎样使它们最小化，是本章的主题。尤其是，本章讨论的威胁是与 SCADA 系统相关的，这些 SCADA 系统如今是基于通用计算机操作系统、通用通信网络、标准的通信设备、统一的技术标准和更大的公司内商业单元之间，甚至与其他公司共享数据的需求。有效地和高效地操控 SCADA 系统的对立性，基于通用计算机操作系统和技术标准，以及不断增长的共享基于 SCADA 的数据的需求，造成了赛博安全的挑战。这个矛盾的挑战涉及一方面要保护 SCADA 系统免受故意的或无意的赛博安全威胁，另一方面又要提供自由的数据流给其他实体以获取商业竞争的优势。

二者矛盾的风险是不断升级的事件，这不仅由使用广为人知的标准化的含有已知漏洞和脆弱性的技术方案推动，而且由不断改变的全球威胁和威胁级别推动。

不断增加的风险格局在大多数发达国家而言是公认的现实。例如，在美国联邦政府内已经公开指出"……(1)赛博安全如今是一个主要的国家安全问题……；(2)决议和行动必须尊重隐私和公民自由；(3)只有同时包含赛博安全的国内和国际方面的综合国家安全战略才能使我们更安全"(CSIS，2008，第 1 页)。在国际层次，增长的意识和关注是由各种国际会议如"非洲 ICT 最佳实践论坛 200"和 2010"赛博安全国际会议"突显出来。常见的主题是世界面临持续增长的赛博安全威胁层次和有计划的预防与响应能力是必须的。实现这个的一个方法是通过赛博安全标准的开发和部署。

在美国，作为对不断改变的风险格局的一个不完全回应，各种文档都被提出来以促使资产业主/运营商减少他们的漏洞。如果机构的漏洞能够减少，那么会对减少机构的风险格局产生级联的效益。

这些不同的文档源自一个广泛的组织集合，其中包括：

- 美国石油学会(API)
- 过程控制安全要求论坛(PCSRF)
- 国家标准和技术研究院(NIST)
- 工业控制系统(ICS)
- 系统防护总则(SPP)
- 仪器、系统和自动化协会(ISA)

依据其发行组织，这些可用文档被描述为标准、建议实践、最佳实践、准则或技术报告。不管命名的习惯"……当遵循时，(它们)可以为控制系统提供增强的安全性"(INL，2005，第 1 页)。表 11.2 提供了各种 SCADA 系统赛博安全相关的文档的概览。

表 11.2 SCADA 安全文档

组织	文档编号	文档目标	明确涉及原油管道
API	API-1164 – "Pipeline SCADA Security"	提供整体安全实践的高级别意见（API_2，2007，第1页）	是
PCSRF	SPP – "Security Capabilities Profile for Industrial Control Systems"	正式提出关于工业控制系统的安全要求（INL，2005）	是
ISA	SP-99 – "Manufacturing and Control System Security Standard"	提高用于生产或控制组件/系统的机密性、完整性和可用性，以及为获得和实现安全控制系统提供准则（INL，2005，第6页）	否
ISA	SP-99-1 – "Concepts, Models and Terminology"	提供了制造和控制系统安全的条款、术语和一个通用安全模型的定义	否
ISA	SP-99-2 – "Retrofit link encryption for asynchronous serial communications"	生产和控制系统安全程序	否
ISO/IEC	17799 "Information Technology – Code of Practice for Information Security Management"	给出了信息安全管理的建议。其范围高级、宽泛，性质上概念化，打算为一个组织提供开发自有体制的安全标准的基础（INL，2005，第4页）	否
IEC	62443-3 "Security for industrial – process measurement and control – Network and systems security"	新建了一个框架，在工厂生活循环的操作阶段，保护工业过程测量和控制系统的信息和通信技术方面，包括网络和网络上的设备。它为工厂操作安全要求提供了指导，并主要是针对自动化系统业主/经营商（对ICS操作负责）	否
NERC	CIP-007-1 "Cyber Security – Systems Security Management"	CIP-007 标准要求负责的实体定义方法、过程和规程以防护被判定是关键赛博资产的系统和非关键的电子安全边界里的赛博资产。CIP-007 标准应当被解读为从 CIP-002 到 CIP-009 标准的一组标准	否
NIST	800-82 "Guide to Supervisory Control and Data Acquisition (SCADA) and Industrial Control Systems Security"	监控和数据采集系统（SCADA）指南和工业控制系统安全（NIST，2008）	否（注意：这个文档仅在它刚创建时是草案的形式）
AGA（美国燃气协会）	Report Number 12 – "Cryptographic Protection of SCADA Communications"	AGA12 第1部分：SCADA 通信的加密保护：背景、策略和测试计划。 AGA12 第2部分：SCADA 通信的加密保护：异步串行通信加装链路加密。 AGA12 第3部分：SCADA 通信的加密保护：网络系统的防护 AGA12 第4部分：SCADA 通信的加密保护：SCADA 组件内嵌的防护如何阅读 AGA12 第1部分 AGA12 第1部分作为综合赛博安全态势的自主实现的准则。它关注于提供背景信息以提高公司赛博安全态势的评估，以及建议一些综合的策略。（AGA，2006，p. ii）	否
CSA	Z246.1 – "Security Management for Petroleum and Natural Gas Industry Systems" Canadian Standards Association	这个标准的前提是安全风险应当使用基于风险的和基于性能的管理进程来管理……安全管理程序的管理框架以意识到应该保护什么为开始（CSA，2008）	否

表 11.2 文档的回顾说明了政府规章、规范标准、准则和建议的最佳实践(以后这些统称标准)的缺少。表 11.1 指出这些文档是与各种非政府组织(NGO)赛博安全标准相关的。没有任何联邦或州立规章被提及。

工业标准和政府规章之间的关键区别,可以描述为道德与法律的区别。工业标准源自其集体成员,作为处理兴趣项目的方法提供。对工业标准的使用和应用,是基于他们自愿的。任何工业实体可以选择使用标准或不使用。

另一方面,政府规章由法律的力量支撑。不遵从政府规章会导致如罚款、蹲监狱或二者都有的处罚。服从政府规章是强制的!偶尔,政府规章会引用工业标准和基于工业标准是怎样的编写的,标准然后才成为强制的服从要求。

在撰写本章的同时,美国还没有提出 SCADA 赛博安全规章。这个事情的监管状态总是遇到变化,并且必须密切注意。例如 2008 年,运输安全管理(TSA)发表"管道安全准则"草案修订版 2a,APL 2008 年 9 月 26 日。本文档包含了直接引用的工业标准,如 API-1164。当 TSA 文档发布时,依赖这个特定的管道规范监督机构,这个政府文档得以与 API-1164 强制遵守。最终,这个文档是变成规章还是一个建议的最佳实践,这依赖于该文档怎样被提出,以及本地规范部门、法律系统怎样阐释其最终状态。关键点是 SCADA 赛博安全规章处在不稳定状态,并遭遇持续的变化,还有管道工业标准和建议的实践要比政府规章庞大得多。

一个管道工业赛博安全标准成熟的关键例子是美国石油学会管道安全标准 API-1164。API-1164 是一个管道工业自愿的标准。作为一个自愿的标准,每个管道业主/运营商有自由在他们的 SCADA 系统里去使用或不使用,使用部分或全部的文档。

本文档的创建源自 API 控制论安全工作组 2002 年例会。会上指出,进化中的基于通用技术的 SCADA 系统会越来越多地暴露内部和外部的赛博威胁。与基于私有的孤立配置的 SCADA 架构的时代相比,这些威胁附带的变化及增长的漏洞和脆弱性,会给关键基础设施带来更大的风险。

赛博安全会议要求研究和开发一个新的管道 SCADA 安全标准。经过下一年,API 1164 增强版#1,被开发、审议、批准和发布,作为常规使用。API1164 的目的是为油气液态管道业主/运营商提供能力以:

……通过这样的方式控制管道,管道公司的行动或其他团体的行动的结果,对雇员、环境、公众或顾客没有不利的影响。

SCADA 安全程序提供了一个方法用以改善管道 SCADA 操作的安全性:

- 列出用于识别和分析 SCADA 系统漏洞的进程……
- 提供一个实践的综合列表,以加强核心架构。
- 提供工业最佳实践的例子(API$_2$,2009,第 1 页)。

在 2004 年,API-1164 版本 1 被提出,随后被工业界完全接受并广泛采用。

在商贸进程中,为确保标准保持与时俱进,API 通常实行每五年一个标准重审的循环。由于迅速的技术变革、改良的工业最佳实践、研究成果和变化的、增长的威胁,在 2008 年,API 要求 API-1164 被重审,确定是否需要更新。在 2009 年 6 月 4 日,API-1164 第 2 版正式发布。

第 11 章 液态石油管道的赛博安全

第二版的改动基于新的技术开发、工业最佳实践和研究支持能力的提升。最后，修订团队力求开发一个整体的系统视图文档，从而为业主/经营商提供一个在本领域具有最佳的和最通用的实践、进程和能力的标准。

为实现这更高级的标准输出文档，修订团队将他们的研发进程关注于深度多层安全防护(Defense in Depth, Multi – Layer Security, D2MLS)和安全系统的技术人员方面的关键哲学方法，如社会技术的方法。

D2MLS 促进了这样的观念，仅在外部源已成功经历了至少两层，最好是三层不同的技术和进程之后，才能实现访问核心 SCADA 系统。例如，机构的某个独立外部实体必须(1)首先使用经过认证的密码和通信界面，获取公司的本地局域网(local area network, LAN)的访问权，当外部实体获取了内部 LAN 访问权之后，仍必须(2)经过 DMZ(dematerialized zone)防火墙。DMZ 在 SCADA 系统和公司的网络之间提供了物理的和逻辑的隔离。经过或渗透 DMZ 需要一个不同的认证集合，而不是公司网络访问需要的认证。

假定外部实体已经成功渗透了 SCADA 系统 DMZ，然后它们需要(3)通过穿透 DMZ 防火墙的 SCADA 那一边，获取真实 SCADA 网络的访问权。获取 SCADA 那边的 DMZ 认证又需要一个不同于之前各系统使用的认证集合。

在这一点上，独立实体可能在 SCADA 内网上，但具体情况依赖 SCADA 系统、公司的赛博安全策略、规程和规则，独立实体可能仍然没有真实 SCADA 系统的访问权。依据机构设定，获取对各种 SCADA 系统设备的直接访问权可能需要(4)另一个认证集合和认证的通信连接。

这个例子说明，在允许对任何 SCADA 设备的直接访问之前，正确实现的 D2MLS 要求多个认证层次或该特定系统进程的大量知识。这就是深度多层安全防护，D2MLS。

如前面章节提到的，API – 1164 第 2 版包含一个社会技术视图。这个视图合并了安全人员的方面和各种硬件、软件组件，将各系统融合成为一个更高层次的、整体的、社会技术系统。

实现融合各系统的社会技术系统，需要通过包含完善开发的公司赛博安全策略的需求、支持规程、人员角色和责任、技术作为整体标准的一部分。这个新的融合各系统的系统减少了机构的 SCADA 系统漏洞，因为融合各系统的社会技术系统的输出超越了任何独立系统的能力。融合各系统成为一个社会技术系统的方法建立在 D2MLS 哲学视图内部和其周围，并为业主/运营商提供了一个牢固的基础以将标准应用到他们各自的环境中。

API – 1164 也与表 11.1 里的文档和其他工业赛博安全标准兼容起来了。这个兼容是修订团队在修订进程早期采用的一个设计属性。团队回顾了所有可用的 SCADA 和过程控制赛博安全文档，以确保 API – 1164 能与其他标准兼容，并不会发生内在冲突。

API – 1164 是唯一的油气液态工业特制的 SCADA 系统赛博安全标准。2009 年的修订版为这个复杂的工业实体提供了融合各系统成为一个深度的、社会技术的系统的方法。该标准在广泛应用到各不相同的工业环境、监控环境、公司理念的能力方面是丰富的和全面的。

11.6 弹性的 SCADA 系统是赛博安全系统

SCADA 系统工程师、分析师、业主和经营商通常描述、设计、建造 SCADA 系统为：
- 高度可用的系统
- 高度可靠的系统
- 冗余的系统
- 鲁棒的系统

这些描述条目是打算指出，由于 SCADA 系统的重要本质和能力，系统必须每次、所有次和一直都要正确工作。系统的断电、失败或未知状态在关键基础设施 SCADA 系统中都是不允许的。业主/运营商必须有最高级别的保证，确保进程在掌控之中。在现实中这些系统必须是弹性的系统。

弹性是指"在事实发生后，有组织的硬件和软件系统减轻故障/损失的严重性和可能性，以适应变化的条件，并适当地响应的能力……"（ICOSE，2010）。当适应变化的条件以及提供高度有效和高效的方法从异常状态恢复过来时，一个弹性的系统每次、所有次都正确地操作。这些是关键基础设施 SCADA 系统的必备属性。一个弹性的系统要求部署系统的赛博安全组件。

部署 SCADA 系统赛博安全理想地是从系统设计开始，并贯穿系统的整个生命周期。这一过程涉及系统视图，即分析公司的策略、规程、角色和责任、网络拓扑、电信网络、软件和硬件是怎样结合形成弹性的系统的。

在系统设计之初，这一阶段提供了机会以设计这些能力到系统里：在可能的情况下防止系统遭受可能源自赛博攻击的系统故障和损失，并在必要时减轻和响应可能源自赛博攻击的系统故障和损失。弹性系统设计的重要观点是意识到不可能确保任何系统可以很好地防护赛博攻击。事实是如果一个系统正在运转，那么一个坚决的敌方的尝试最终可能会成功。弹性系统通过拥有这样一个设计来对抗这个事实，即通过早期的事件检测、有效和快速地转变到一个安全状态来减轻现实影响——比如预先确定的失败状态和快速系统恢复。从另一个角度来看，系统能够吸收、控制和消除攻击者的"振荡波"。

开发一个弹性 SCADA 系统的详细过程依赖具体的机构和系统环境。然而以下的共性存在于所有的领域：

(1) 确保系统有一个特定的赛博安全策略——这确立了其他所有步骤的指导原则。

(2) 确保公司有特定的赛博安全规程——这些基于公司的策略声明。

(3) 确保公司有特定的赛博安全角色和责任，并白纸黑字写下来。

(4) 在公司策略和规章要求下，符合工业标准并系统地设计和建造系统。

(5) 引领一个基于节点的系统设计和建造视图——节点审核员必须是其他人，而不是直接涉及系统设计和建造的人。

(6) 包含赛博安全要求的原料采购规范的开发。

(7) 特定赛博系统测试协议的开发和实现。

(8) SCADA 系统变化的控制过程的开发和实现。

(9) 系统恢复分析过程的开发和实现。

赛博安全的弹性系统的开发是包含多学科的,涉及系统的系统。赛博安全的弹性系统的设计、制造、实现以及操作和管理导致:

……在事实发生后,有组织的硬件和软件系统减轻失败/损失的严重性和可能性,以适应变化的条件,并适当地响应的能力。系统弹性的研究包括一个鲁棒的架构的创建,用于设计、建造、测试、管理以及操控系统。这个范围大于设计、可靠性、人为因素或系统生产安全。它是一个架构范围的主题,包括客户、开发人员、供应商和所有其他的股东。系统的弹性在人为灾祸的文化、社会学、心理学的起因上有一个巨大的兴趣点。因此,它确实是包含多学科的。(INCOSE,2010)

弹性赛博安全 SCADA 系统的一个重要观点是必须承认没有单一的技术、过程、功能或系统设计能保证一个绝对安全的系统。新的威胁持续产生,新的漏洞被标识出,新系统创造了不同的脆弱性/漏洞局势,有组织的文化形成了企业观点的基础。管理弹性系统要求持续监视威胁的类型、机构策略的新建、管理系统未来面貌的规程、特定角色和责任的识别和分配,以确保系统未来的弹性状态。一个支持弹性系统哲学的组织文化,对整个系统的成功是至关重要的。

11.7 深度防护

深度防护在本章前面提到了一部分。从哲学的观点出发,深度防护实际就是在敌方和 SCADA 系统之间放置许多不同类型的障碍。放置一组障碍背后的逻辑就是敌方必须拥有大量的知识、技巧和能力,以成功渗透系统。因此,添加技术层支持的第一个前提就是,深度防护不仅旨在提供许多的障碍,而且还增加赛博攻击者被检测到的概率。

图 11.2 是一个企业和 SCADA 网络可能如何配置的常规视图。这张图为后面深度防护讨论提供了可视化效果。

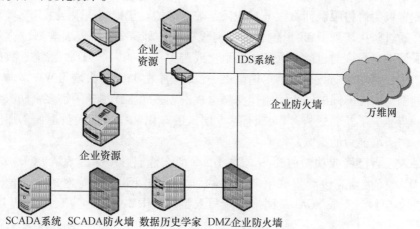

图 11.2 常规的企业/SCADA 系统

对于一个外部威胁,深度防护从公司最初的防火墙和万维网连接之间的接口开始。在这个初始点,防火墙配置为禁止所有不使用的服务和连接。禁用这些特性可以限制其他可能存在的访问点和访问方法的数量。防火墙规则集也特别配置为符合公司策略和程序上的要求。这个规则审查每一个进入和出去的消息,以确保他们符合既定的规则集。如果消息没通过检测,它将被拒绝,这一层次的威胁在第一道防线就被消除了。

第二道防线涉及入侵检测系统(IDS)。IDS 积极地监视网络的一系列属性如策略违反和恶意行为,这些可能暗示异常事件,如一个赛博攻击正在进行中。IDS 会生成一个警报指出一个异常事件正在进行中,而且也会创建这些事件的日志。在有入侵检测和防护系统(IDPS)的情况下,当检测到异常事件发生时,这些系统会采取下一步行动并积极阻塞检测到的异常事件。IDS/IDPS 系统是第二道防线。

下一道安全防线涉及杀毒软件。杀毒软件检查知名的威胁并采取适当的动作,如删除相关的数据包,将数据包放到隔离区或按照其他既定的规则处理。杀毒软件防护系统免受知名的威胁,但不能对新的、从未检测到的情形有效。杀毒软件是弹性系统深度防护的下一层次。

假定外部威胁能够找到通过最初的防火墙、IDS/IDPS 和杀毒软件的通道,攻击者必须经过网络路由规则。除了极少的网络,绝大多数机构使用路由器进行内连和在企业内网上路由数据。大多数路由器可以被配置成弹性赛博系统所需要的,其中包含详细的路由表。这些路由表详细定义了数据怎样在网络上传输和各种各样的实体间的哪些连接是允许的。如果一个未认证的数据尝试进入,那么路由器会拒绝该数据的传输。在这种情形下,任何获取 SCADA 网络访问权的尝试必须源于预先认证的位置,并且是在既定路由表里预先认可的路由上。

在这个网络节点,敌方必须拥有知识、技巧和能力以穿透四种不同类型的企业安全防护,这甚至在他们接近 SCADA 网络的 DMZ 防护边缘之前。SCADA DMZ 是一个物理概念,即通过防火墙的集合将 SCADA 网络与所有其他东西隔离开来。如 API – 1164 所定义的:"DMZ 是在信任网络和非信任网络之间的一个中间区域,提供监视和控制之下的访问和数据传输"(API_2,2009,第 2 页)。DMZ 的其中一边是企业 SCADA DMZ 防火墙。这个防火墙配置成为严格限制什么服务和连接是被允许的。规则集还限制了什么类型的数据请求允许通过防火墙到 DMZ 里包含的任何设备。例如,DMZ 防火墙规则也许规定只有数据读取请求是允许通过的。这条规则阻止或避免了可能向 SCADA 系统写数据或对现场设备产生控制功能的数据包的传输。进一步地,通常 DMZ 防火墙与 WWW 防火墙是属于不同的制造商。不同的防火墙制造商强迫攻击者去非常详尽地了解多个防火墙。这个过程进一步减少了外部威胁,因为拥有这个层次的知识和技巧的人数远低于那些知道和理解单一防火墙能力的人数。

如果入侵者已经成功渗透到 SCADA DMZ,那么他们必须穿透 SCADA DMZ 防火墙。SCADA DMZ 防火墙应该配置成限制连接和服务的数目到一个绝对的最小值。SCADA DMZ 规则集应该设定成 SCADA 网络仅能写入数据到 DMZ 的设备里,而不从 DMZ 接收数据。

从另一个角度来看,SCADA DMZ 防火墙是允许数据从 SCADA 网络出来的一个单行道。同时 SCADA DMZ 防火墙是只允许数据从 DMZ 到系统,而从不允许数据从系统到 SCADA DMZ 的一个单行道。这些单向的限制给任何敌方提供了重要的障碍。

贯穿各种各样的深度安全防护站点的额外的防护通过使用和应用强密码来实现。强密码是"一个大写和小写字母、数字、特殊字符以不可预测顺序组成的序列"(API_2,2009,

第8页)。密码用于请求路径上各种设备的访问权,如防火墙和路由器。

深度防护是"多层次、多类型的防护策略实现到 SCADA 系统中的最佳实践,在系统整个生命周期涉及处理人员、技术和操作问题"(API_2,2009,第2页)。一个良好设计、配置、操作和管理的弹性深度防护 SCADA 系统,显著地提升了机构的安全态势,并且是优良的商业实践。

11.8 SCADA 赛博安全环境的独特性

本章早先提到如今很多的赛博安全漏洞和不断增加的风险是与 SCADA 系统变革相关的。概括来说,SCADA 系统从人们在各站点之间使用电话线通信的雏形系统,发展到专有自动化技术孤岛,再发展到基于通用操作系统的高度网络化系统。现有的变革路线改变系统的脆弱性/漏洞局面成为一个更广泛的威胁基础和敌方政权。

这增长的威胁基础是指通用电信硬件、软件和固件平台,通用计算硬件、软件和固件平台,还有更广泛的技术理解的知识基础。专有孤岛 SCADA 系统正在快速消失,是因为这些基于通用硬件、软件的系统被实施到油气液体工业。

通用系统意味着 SCADA 系统使用的各种设备,可能并且已经被很多其他学科找到,比如信息技术学科和电信行业学科。各种各样的学科全都是基于网络的基础设施,都依赖路由器、服务器和通用操作系统软件。

基于网络的基础设施提供了一组系统能力和机会。不断增长的能力是技术应用的重要原因。例如,SCADA 学科系统不再受限于主—从关系;它们可以使用不同的拓扑,比如分布式控制网络。

分布式控制能力充分利用了网络拓扑,将决策应用程序移动到需要决策的地方。这导致更快的响应时间、更好的控制能力和改善的系统高效性和有效性。分布式控制不好的一面就是中央控制中心需要持续存在。中央控制中心用于确保对系统的操作是生产安全的、信息安全的和高效的。为实现这个能见度,要求从整个系统出来的数据必须最终在中心站点结束。

如果网络丢失了连接,控制中心再也看不到远程端在发生什么,这个能见度要求会变成一个问题。为了保障分布式控制系统安全操作,很多机构已经采用一个在连接断开时关闭系统的企业策略。当系统处在安全状态时,操作会被中断,直到通信恢复为止。

分布式控制系统有另一个不同的漏洞问题,就是多点网络访问。在 SCADA 网络孤岛式专有软件的年代,除非由主控端开启,否则主—从配置确保现场数据请求和控制过程不会发生。想开始进行赛博攻击的人必须获得物理访问,复制主控端,并在一些情况下禁止掉"真"主控端系统。这些要求将威胁限制到具有相关技能、硬件、软件和系统访问权并能复制主控端系统的很少人。

在分布式网络,威胁级别比孤岛时代的系统要大得多。增长的威胁是由于任何站点都能开启控制,发送数据到其他站点和从其他站点请求数据。这个网络功能显著增加了实体的赛博攻击站点的数量,因为远程系统都是基于很通用的基础设施,拥有这方面高深知识和技能的人员数量很庞大。

管理赛博安全漏洞、威胁和结果风险的需求是跨学科的,如信息技术或 SCADA。然而，认为结果风险是以完全相同的方式跨学科处理，是不对的。正确处理特定学科的赛博安全威胁，是建立在系统能力和结果双重属性上的。这个显著差别在下一节讨论。

11.9　SCADA 系统和 IT 系统对比

如果某人分析公司财务系统的一个潜在的赛博安全攻击，前面章节提到的类似的事情会发生。在这个场景下，机密数据可能会丢失，生成发票、接收付款、接收订货等能力也可能会失效。在这里，公司可能遭受负面经济影响，但是，不会发生人身安全事故或负面的自然环境影响。基于 IT 的安全攻击影响公司的账务底线，但是不会影响人身安全和自然环境。

另一方面，基于 SCADA 系统的安全攻击，具有很大的实际可能性影响到人身安全、自然环境和机构的生存。在一个最糟糕的案例场景下，比如 SCADA 系统攻击成功渗透了一个炼油厂系统。在这种情形下，工业处理可能容易超过安全界限，就会发生爆炸和火灾，这不仅造成生命的代价，更能摧毁公司基本的工业处理基础设施。炼油厂就会彻底完蛋！SCADA 系统赛博安全攻击比 IT 赛博安全攻击对机构具有更大的负面影响。

IT 赛博安全程序不能直接应用到 SCADA 系统的另一个原因涉及系统应该如何运转，例如系统可用性。SCADA 系统必须 24×7×365 全天候运转，系统的断电和中止都是不允许的。这是与 IT 系统不同的环境，IT 系统有计划的断电或不可用时间是可以规划并且的确发生的。操作系统的更新问题作为一个重要例子突显了不同的可用性技术要求如何影响赛博安全实施。

大多数情况下，如果不是全部的话，计算机操作系统厂商常规地播送或通知终端用户，他们系统的软件更新包可用了。这些更新可能处理新发现的赛博安全问题或软件错误。对单一系统的业主，实现一个升级或许与同意这个更新一样简单，操作系统会执行所有更新功能。对其他机构，IT 部门可能有更新策略和规程，定义怎样实现更新和怎样将系统返回到一个已知的、良好的状态，以防止更新带来的问题。

例如，IT 工作组可能要求所有的操作系统更新都要在半夜 12 点到凌晨 3 点之间进行。这个时间段是大多数人都不在他们的计算机前面。操作系统更新策略和规程的目的是最小化对终端用户的影响，它没有指明系统可能在更新时不能被使用。实际上，在主要操作系统更改时，经常是整个网络的部分或大部分都不工作。告知或接受企业系统或程序在一段时间可能遭遇中断，经常是一个正常的机构操作状态。

对于 SCADA 系统，如果它不是 24×7×365 全天候运转，它就不是正常运营状态。如果 SCADA 系统不工作的话，控制室操作员不能监视和控制关键现场过程。SCADA 系统必须始终处在运行状态的需求，要求一个不同的系统更新及修改策略和规程，不同于企业系统进行哪些更新和如何进行更新。

IT 赛博安全实践不能直接应用到 SCADA 世界的另一个原因是入侵检测和防护系统（IDPS）。如 API-1164 指出：

由于 SCADA 通信的本质（通常认为其是不同于更多的传统商业系统），和可能实施的独特协议，IDPS 的使用必须谨慎检查，以确保控制系统时的安全可信的操作不被 IDPS 的自动处理功能所损害。（API_2，2009，第 23 页）

在企业的 IT 领域，IDPS 的使用很平常并且增加了另一层赛博安全。然而，如前所述，SCADA 系统有些时候应用了特殊的协议，这些协议不被如今的 IDPS 支持，可用的 IDPS 规则集对 SCADA 环境是不完全适合的。当这个技术成熟时，它在 SCADA 领域的接受度将可能增加。在目前阶段，直接应用一个基于企业 IT 的 IDPS 到 SCADA 系统可能会产生更多的问题，而不是加强赛博安全性。

网络监视是另一个截然不同的领域，它没有成熟到使基于 IT 的系统可以容易地应用到 SCADA 网络的程度。此外，在本章撰写时，各种 SCADA 赛博安全来源，比如 API-1164，指出"没有普遍接受的 SCADA 或控制系统的网络监视的最佳实践存在……来自多个源头的信息汇聚和关联，并以有意义方式展示它的必要性，可能是一个艰巨的任务，并可以通过恰当的工具来促进"（API_2，2009，第 23 页）。这是与 IT 企业系统不同的领域，IT 企业系统拥有各种各样的可以实施的网络监视系统套件。

SCADA 系统赛博安全挑战在生产商鉴定、反病毒软件鉴定和密码规则等方面也与企业系统有细微的差别。

生产商提供的 SCADA 程序在操作系统里运作。生产商提供大量的测试和验证，使他们的 SCADA 系统在一个特定的计算机操作系统上与设计的一样运行。这与很多企业软件程序非常相似。区别在于软件厂商能多快提供鉴定，使它的 SCADA 系统正确运行在最新更新的系统或下一个版本的操作系统中。普遍的情况是一些 SCADA 生产商在提供验证方面特别落后，或他们将不会验证其旧的系统能否正确运行在新发布的操作系统上。

SCADA 生产商在验证他们的系统正确地与大多数反病毒软件工作的方面，是众多生产商系统都缺乏的。企业 IT 部门部署反病毒软件和更新病毒定义文件是例行制度，SCADA 系统通常不能遵循同样的过程。这个限制直接束缚了 SCADA 软件厂商的能力，以验证他们的系统能否与反病毒软件和所有新供应的病毒定义正确地操作。通常 SCADA 生产商是较小的组织，缺乏足够的员工资源以跟上快速发展的领域。由于生产商资源限制，SCADA 系统终端用户通常面临内部决定，是自己验证他们的网络能够与反病毒软件工作或者放弃使用这些程序。

SCADA 系统，尤其是控制室操作员，在系统密码保护如何应用的方面也不同。在企业世界，存在普遍的密码实践，要求用户有特定的密码并必须按例行制度更改密码，比如每 180 天改一次。在 SCADA 控制室环境，个人特有的密码和频繁改变的密码通常都不会实施。这个区别源于这个事实，这些系统必须持续运行，并不能被关闭以允许下一个轮班的控制室操作员用他们特有的密码登录到系统。在这个场景下，要么是没有用密码，要么是所有操作员使用一个通用密码。

如这些例子强调的，企业 IT 系统和 SCADA 系统要求不同的策略和规程。这些区别通过这个事实来驱动，即系统必须如何在它们独特的环境和生厂商支持的限制下运作。尽管同样的技术领域应用到通用硬件和软件平台上，但是特有的程序、文化和环境驱使了对不同策略、规程和进程的需求。

11.10 操作系统更新方法

在 SCADA 学科里有一些操作系统更新方法。一些公司处在这种状态，他们不会更新他们的SCADA操作系统,除非SCADA生产商要求。在这种情形下,SCADA计算机操作系统会越来越落后于原始生产商提供的系统。第二个方法是计划进度表,所有更新都首先在离线SCADA系统上测试。如果测试指出这些更新对网络没有负面影响,这些更新会一次加载到一个电脑上,并且系统正常操作会比实施更新到其他站点优先验证。

第三个方法是第二个方法的微调。这个方法仍会验证操作系统更新不会对离线系统有负面影响。一旦该验证通过,操作系统更新将会被加载到备份的、离线的SCADA系统。备份系统会被监视一段时间,确保没出现负面影响。一旦获取某程度的信心,备份系统会转变成主控的,并且操作会被密切监视。

一旦"现在主控的"操作系统的检查验证了操作正常,操作系统更新会被加载到"现在备份的"SCADA系统。备份系统然后会强制成为主控状态并且系统操作会被监视。在这个进程中的任何时候,如果一个异常操作状态发生,可以通过退回到更新前的系统将旧的操作系统迅速还原。

对所有测试和验证使用备份系统,这提供了一个多步安全进程。步骤一是验证更新在离线系统上运行正确。步骤二是验证在备份模式所有操作系统更改都运行正确。步骤三是验证操作系统更新提供安全的在线系统操作,并提供了迅速的步骤四,即通过退回到原先的网络配置,就能够回到早先可能正确的操作系统。

11.11 管理基础设施

"质量是每个人的责任"
W. Edwards Deming

当Deming创造这个引言时,SCADA系统赛博安全并没有组织性或处在国际视野焦点上,然而却有关于质量和提供价值给终端客户的忧虑。如今的环境,质量必须并且的确包含了持续提高质量的功能。赛博安全可以精确地描述和关联到质量及持续提高质量的需求的领域。直到这个结尾,在这些方面适当的勤奋是必须的,如理解新的和暴露出的威胁、新的漏洞/脆弱性、机构风险,然后采取积极的步骤以解决演变中的形势。这个持续的提高过程开始于并结束于机构的管理基础设施。Edwards Deming指出一个成功的质量程序是85%的管理结构。对一个有效和高效的SCADA系统赛博安全程序来说也是一样。

一些赛博安全标准支持这点,即机构管理是整个系统的重要元素。这些标准包括:

安全管理牵涉到设置机构范围的策略和规程,定义怎样将安全管理程序(SMP,Security Management Program)恰当地集成到公司整个管理系统中。安全管理包括管理义务和责任。机构策略和规程提供清晰的导向、义务、责任和监督,并为业主/运营商规定安全环境。(CSA,2008,第8页)

生产商要在他们自己的机构内,实践和管理符合本文档明确要求的策略、标准和规程。(IIUA,2010,第9页)

运营商要开发带有规定的策略和规程的SCADA安全管理程序系统,这些策略规定完善并符合管道安全计划,安全计划是在原油工业API安全指南的指导下开发。(API$_2$,2009,第11页)

这些标准清晰地指出赛博安全要求一个管理系统。这个机构的赛博安全管理系统从策略声明开始。策略声明是正式的、书面的、审查的和最新的声明,描绘机构管理赛博安全程序的方法以及它怎样响应赛博安全威胁和随后的风险。指明其他方法策略的是准则、规章和指南,这些由机构制定或采用以实现它的长期目标。

公司赛博安全策略确立了开发特定的规程的基石。规程提供了关联到 SCADA 系统的各种人员将如何履行职责的日常方法。例如,特定的规程提供一个设计依据,这样工程师和软件分析师就有了针对新系统的设计、工程、采购和实施的特定目标和要求。

特定的规程也将指出怎样处理修改和变更。规程将明确地指出在安装到活跃系统之前,修改和变更怎样被验证,系统还原将如何实施,以及谁必须批准变更。灾难恢复计划也是特定规程的一部分,其被开发以用于支持策略声明。

管理基础设施可以概括如下:

- 公司的 SCADA 赛博安全系统策略声明
- 机构环境内制定如下内容的规程:
  - 角色、责任和认证级别
  - 系统设计依据
  - SCADA 系统和企业系统互连如何实施
  - SCADA 和第三方互连如何实施
  - SCADA 和服务提供商互连如何实施
  - SCADA 数据如何分类、处理和存储
  - 物理访问控制规则和规程
  - 系统修改和变更如何进行
  - 系统测试如何进行
  - 训练要求
  - 灾难恢复计划

管理系统将开发、促进并持续不断地支持稳固的赛博安全状态。

11.12 未来研究方向

SCADA 赛博安全研究是一个不断扩展的主题领域。学术界、国家实验室和生产商都在找寻加强关键基础设施控制系统安全态势的方法。私人和公共组织都资助这些工作。

如今,大部分研究是在软件和硬件技术的领域。目标是防止某人获取非认证的访问和实施更改。这些都是有价值的研究领域。然而,未来研究的这两个方面还是必须的。尤其是,弹性 SCADA 系统设计和整体的 SCADA 赛博安全程序设计方面是确保关键基础设施安全的必要元素。

如本章前面提到的,必须永远假定 SCADA 系统非认证的访问会发生。在这个环境下,系统应该设计成如何响应?这是基本的弹性系统问题。受影响的系统能否缓解负面后果并提供方法迅速地恢复系统到一个已知的、安全的和可操作的状态?这些问题需要更多的资助研究。

开发一个弹性的系统要求一个整体的系统规划方法。考虑到最后的系统是特定实体,这项研究应当开发一个总体方法和建议的最佳实践。很类似如今的各种工业标准,最

后的研究对象不是去开发一个模子适合所有整体的弹性系统,而是去开发框架、指导原则和最佳实践的定义。这样每个机构都能向前开展工作,开发他们特有的系统设计、工程、实现、操作和管理程序,研究过程中就会客观地形成其基础文档。

11.13 结论

SCADA 系统持续演变成要满足技术发展、用户需要和管理要求的不断变化的需求。不断进化和扩展的技术使用带来额外的安全威胁。计算机系统黑客遍布世界上很多的行业。保持油气管道基础设施处理能力顺畅运行是必须的。因此,最小化赛博系统漏洞并增加系统弹性是非常重要的。

战略和国际问题研究中心(Center for Strategic and International Studies)的《Securing the Cyberspace for the 44th Presidency》报告简明地指出"赛博安全是我们在 21 世纪面临的最严重的经济和国家安全挑战之一……正如一个将官交给我们的他的作战指示里的话:'在赛博空间,战争已经开始。'"(CISI,2008,第 77 页)。这场战争能对每一个文明社会的生活、安全和经济福祉带来极其严重的负面影响。直到最后,一个持续提升的弹性赛博安全系统必须被实现。

弹性系统的实现对于每个业主/运营商独特的环境是特定的。存在各种工业标准、建议的最佳实践和指南。这些各种各样的文档为业主/运营商提供了一个起点、问题咨询和可以应用的最佳实践。文档仅是初始起点;业主/运营商必须自己创建赛博安全程序。

完全的安全管理程序从公司的策略开始,并由此开发特定的规程。研发机构特定的角色和责任,这样员工就能被指派和训练以履行他们的角色和责任。

弹性赛博系统接受负面的系统影响可能和可以发生。然而,系统是以这样的状态被设计、操作和管理的,即赛博攻击被阻止了或负面后果被严重限制的。弹性的系统提供了一个高度可用的系统,但它也提供了减弱负面潜在影响的系统,并提供了迅速恢复的能力。

弹性是一个要求,不是一个"很高兴拥有"的能力。信息基础设施保护研究所(Institute for Information Infrastructure Protection,I^3P)的文档《I^3P Security Forum:Connecting the Business and Control System Networks》声称弹性通过如下实现:

- 分层提供安全,比如
- 数据
- 程序
- 平台和操作系统
- 网络和通信系统
- 边界系统
- 控制系统
- 物理访问
- 实现
- 最佳实践[比如]
- 意识

- 定义边界——理解操作要求和风险
- 定义角色和责任
- 生命周期方法
- 工具和技术
- 方法论/工艺和规程
- 衡量标准（McIntyre 等,2008）

SCADA 赛博安全必须尽早被设计到系统里。确保实现适当安全级别的关键是要求一个强大的管理结构和对各种工业标准的兼容能力。

参 考 文 献

[1] American Gas Association（AGA）.（2006）. Cryptographic protection of SCADA communica – tions part 1：Background, policies and test plan（AGA12, Part1）. Retrieved from http：//www. aga. org/NR/rdonlyres/B797B50B – 616B – 46A4 – 9E0F – 5DC877563A0F/0/0603AGAREPORT12. PDF.

[2] American Petroleum Institute.（API）.（2007）. Developing a pipeline supervisory control center.（API Publication No. RP 1113）. Washington, DC：American Petroleum Institute.

[3] American Petroleum Institute.（API）.（2009）. Pipeline SCADA security.（API Publication No. API – 1164）. Washington, DC：American Petroleum Institute.

[4] BookRags.（2010）. Research. Retrieved Janu – ary 12, 2010, from http：//www. bookrags. com/ research/aqueduct – woi/.

[5] Canadian Standards Association（CSA）.（2008）. Security management for petroleum and natural gas industry systems, Z246. 1. Retrieved from http：//www. shopcsa. ca/onlinestore/GetCatalog – DrillDown. asp？Parent = 4937.

[6] Center for Strategic and International Studies（CSIS）.（2008）. Securing cyberspace for the 44th presidency：A report of the CSIS Commission on Cybersecurity for the 44th Presidency. Washington, DC：Government Printing Office.

[7] Department of Homeland Security（DHS）.（2009）. Strategy for securing control systems：Coordinat – ing and guiding federal, state and private sector initiatives. Retrieved from http：//www. us – cert. gov/control_systems/pdf/Strategy%20for%20 Securing%20Control%20Systems. pdf.

[8] Idaho National Laboratory（INL）.（2005）, A com – parison of cross – sector cyber security standards, Robert P. Evans.（Report No. INL/EXT – 05 – 00656）. Idaho Falls, ID.

[9] Institute of Electrical and Electronics Engineering（IEEE）.（1994）. IEEE standard definition：Specification, and analysis of systems used for supervisory control, data acquisition, and auto – matic control – Description. Washington, DC：IEEE Standards Association.

[10] International Council of System Engineering（INCOSE）.（2010）. International Council on Systems Engineering. Retrieved from http：//www. incose. org/.

[11] International Instrument Users'Associations – EWE（IIUA）.（2010）. Process control domain – security requirements for vendors,（Report M 2784 – X – 10）. Kent, United Kingdom：International Instrument Users'Associations – EWE.

[12] McIntyre, A., Stamp, J., Richardson, B., & Parks, R.（2008）. I3P Security Forum：Connecting the business and control system networks. Albuquer – que, NM：Sandia National Lab.

[13] National Transportation Safety Board（NSTB）.（2005）. Supervisory Control and Data Acquisition（SCADA） in liquid pipeline safety study.（Report No. NTSB/SS – 05/02, PB2005 – 917005）. Retrieved from http：//www. ntsb. gov/publictn/2005/ss0502. pdf.

[14] Pipeline and Hazardous Material Safety Admin – istration（PHMSA）.（2010）. Pipeline basics. Re – trieved from http：//primis. phmsa. dot. gov/comm/ PipelineBasics. htm？nocache = 5000.

[15] Stouffer, K., Falco, J., & Scarfone, K. (2008). Guide to Industrial Control Systems (ICS) security. (Report No. NIST SP 800-82). Retrieved from http://www.nist.gov.

[16] Transportation Security Administration (TSA). (2008). Transportation Security Administration: Pipeline security guidelines, rev. 2a. Washington, DC: TSA.

[17] Turneaure, F. E., & Russell, H. L. (1916). Public water-supplies - Requirements, resources, and the construction of works. New York, NY: John Wiley & Sons, Inc.

[18] Turner, N. C. (1991, September). Hardware and software techniques for pipeline integrity and leak detection monitoring. Society of Petroleum Engineers, Inc. Paper presented at meeting of the Offshore Europe Conference, Aberdeen, Scotland.

补充阅读

[1] Fink, R. K., Spencer, D. F., & Wells, R. A. (2006). Lessons Learned fro Cyber Security Assessments of SCADA and Energy Management Systems. U.S. Department of Energy Office of Electricity Delivery and Energy Reliability.

[2] Henrie, M., & Carpenter, P. S. (2006, Apri-May). Process Control Cyber-Security: A Case Study. IEEE Paper Presented at the I&CPS Technical Conference, April 20 - May 3, Detroit, MI.

[3] Henrie, M., & Liddell, P. J. (2008). Quantifying Cyber Security Risk: Part 1 (Vol. 55, p. 3). Control Engineering.

[4] Henrie, M., & Liddell, P. J. (2008). Quantifying Cyber Security Risk: Part 2 (Vol. 55, p. 5). Control Engineering.

[5] Hollnagel, E. Woods, D. D, & Leveson, N., (2006), Resilience Engineering: Concepts and Precepts, Burlington, VT: Ashgate.

[6] McIntyre, A. (2009). Final institute report refines, forecasts cyber-security issues. Oil & Gas Jour-nal, 107(43).

[7] McIntyre, A., Stampe, J., Cook, B., & Lanzone, A. (2006). Workshops identify threats to process control systems Vulnerabilities in Current Process Control Systems. Oil & Gas Journal, 104(38).

[8] Shaw, W. T. (2009). Cybersecurity for SCADA Systems. Tulsa, OK: PennWell Books.

[9] Stamp, J., Dillinger, J., & Young, W. (2003). Common Vulnerabilities in Critical Infrastruc-ture Control systems. Albuquerque, NM: Sandia National Laboratories.

关键术语和定义

深度防护:使用多层技术和过程以实现更高级别的安全。

外部赛博攻击:一个实体,在机构内网之外,尝试获取对内部资源非认证的访问。

整体 SCADA 系统:完整的涵盖系统,包括软件、硬件、电信、策略、规程、角色和责任。

内部赛博攻击:一个实体,在机构内网,尝试获取对内部资源非认证的访问。

管理安全系统:安全策略、规程、角色和责任的结合体,确立公司方向、实际进程,并指出什么位置执行其精确的活动和它们附带的责任。

弹性 SCADA 系统:实际中尽可能减少风险并提供减轻和最小化负面事件有害影响的方法的 SCADA 系统。

SCADA 赛博安全:应对基于计算机软件的攻击,提供一个信息安全、生产安全、有效和高效的 SCADA 系统的方法。

第 12 章 新兴 C^4ISR 系统的赛博安全应用

Ashfaq Ahmad Malik 国立科技大学，巴基斯坦
Athar Mahboob 国立科技大学，巴基斯坦
Adil Khan 国立科技大学，巴基斯坦
Junaid Zubairi 纽约州立大学，美国 弗雷多尼亚

---- 摘要 ----

C^4ISR（Command，Control，Communications，Computers，Intelligence，Surveillance & Reconnaissance）表示指挥、控制、通信、计算机、情报、监视和侦察。C^4ISR 主要为国防部门使用。然而，它们也越来越多地使用在铁路、航空、油气勘探等民用行业部门。C^4ISR 系统是系统的系统，也可视为网络的网络，并按照与互联网类似的原则运转。因此易受所谓赛博攻击的威胁，并需要适当的安全措施保护其免遭攻击或遭到攻击后恢复。所有为达到上述目的的方法合称 C^4ISR 系统赛博安全。本章关注于赛博安全信息保障视角并对 C^4ISR 系统做了概要描述。

12.1 C^4ISR 系统介绍

如图 12.1 所示，C^4ISR 是指挥、控制、通信、计算机、情报及监视与侦察的英文单词的缩写。C^4ISR 系统是军队的神经中枢，如今这些系统也越来越多地应用在铁路、航空、油气勘探等民用行业部门，因而 C^4ISR 系统正逐渐地受到各种各样人群和组织的关注。起初，C^4ISR 系统的目标主要是呈现出感兴趣区域的整体场景和画面，如一个战场、海陆空军力或一个灾难区域等。通过使用这些系统，任务指挥者将会对具体的区域有更清晰的认识，这样有助于他们做出更明智的决定，以便更好地完成任务。对战场有一个全面的、清晰的基于战场情形的认识会帮助指挥者做出更加有效和及时的决定，这样反过来通过预先的计划以及对可用资源的有效利用，指挥者会更有效地控制战斗情形，图 12.1 描述了 C^4ISR 系统的整体概念。

回顾 C^4ISR 的历史，C^4ISR 系统也在不断的进化和发展之中。C^4ISR 这个术语最初是由军事组织（尤其是美国国防部）提出的，表示军事势力使用组织化的构建方法去执行军事任务。C^4ISR 的第一个"C"代表指挥，意味着对下属的权威和责任。第二个"C"表示控制，即对下属行使权力。上面的两个 C 是涉及领导关系的两个方面，也就是我们熟知的 C^2。此外，对于指挥者和领导人，他们在执行分配的任务时使用的工具和设备大多都要依赖于通信和计算机，因此，第三个"C"表示通信，第四个"C"表示计算机，这也就是我们熟知的 C^3 和 C^4。在 C^4ISR 系统中 I 代表情报，即收集相关信息，领导者或指挥者根据这些信息去执行任务，因此术语 C^3I 和 C^4I 在某个时期内被使用。信息主要通过情报、监视

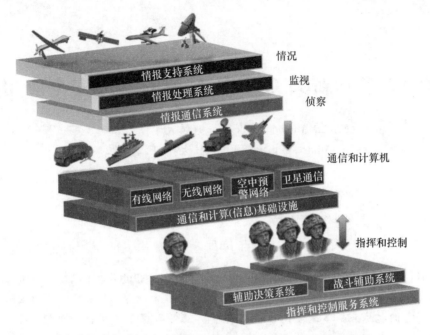

图 12.1　C^4ISR 的概念(Stokes, 2010)

和侦察来获取,这也就是 ISR 部分。在这里把通过系统化地观测一个特定的事物称作监视,而对特定场合的观测定义为侦察。这样这个系统就逐渐被称为 C^4ISR 系统(Anthony 2002)。

现代 C^4ISR 系统的整体目标是实现对环境(如战场、海洋、灾难管理等)更好的指挥和控制。该目标主要是通过以下两个方面实现的:一是实现稳定良好可升级的 ISR 功能;二是有效地依托于最新的计算机和通信技术。为了设计 C^2 系统,我们已经定义了一个简洁而又综合性的 C^2 模型,该模型被描述为一个自底而上的方法,该模型不仅仅源于并且适用于战术层次,而且还可以适用于更高的策略层次。(Anthony, 2002)(Stanton, et. al., 2008)。

在 C^4ISR 系统中,我们通过事件触发的方式去执行指挥和控制活动,如当接收到包含任务以及区域内当前场景描述的信息或命令时,指挥和控制活动将会被触发。任务和当前形势之间的关系或差异会使控制系统去进一步地缩小这种差异。这样就需要进一步地对给定场景中的资源和限制进行详尽的分析。通过上面的活动,我们会进一步制定、评估和选择计划。之后在被选定的计划发送到区域代理执行之前,需要对选定的计划进行详细的排演。当计划被执行之后,会通过反馈信息进一步核实事件是否按照预期展开。

当然任务或者区域事件的变化会要求我们对制定的计划进行更新或者修订。此外,当任务已经达到了预期的效果,当前的指挥和控制活动就会终止。在 C^4ISR 系统模型中,指挥活动和控制活动是存在一定差异的,它们都有各自的活动范围。对于指挥活动,该活动由主动的活动、任务驱动的活动、计划性活动、协调性活动等活动组成。而对于控制活动,其则是由反应性的、时间驱动的、监控性的以及通信等活动构成。前者代表着对任务意图的传输,而后者表示对特殊场景的反应。

现今,信息、通信和计算机技术已在多个方面不断普及,并且这一趋势还在不断增加。

第 12 章 新兴 C⁴ISR 系统的赛博安全应用

这些技术被广泛应用到医疗、国防、银行、教育、研究等多个领域,可以说这些技术已经渗透到我们生活的各个角落。此外,随着技术的发展,在我们日常生活中,PDA、手提电脑、移动手机、ipod,以及一些游戏和通信设备的使用也在快速增加,每个人都通过计算机网络连接到一起。同样,这些技术在国防上的应用也在增加,通过这些技术可以以更低的代价获得更好的收益。因此在军事控制链中,信息通过决策者、实施者、信息资源等的网络系统被所有利益攸关方共享。目前,一些不同类型的面向网络的国防系统已经在使用中,如美国国防部的网络中心战(NCW,2005)、英国政府的网络化作战能力(NEC,2004)以及瑞典军方的网络化防御(NBD,2003)。这些系统与 C⁴ISR 系统是相似的,图 12.2 描述了面向网络的防御系统,在这个系统中决策者、实施者、信息资源通过网络互连,网络上的服务被所有利益攸关者使用,从本质上讲,C⁴ISR 也是基于相似的模型的。

图 12.2 面向网络架构:NEC/NCW/NBD(Ericsson,2006)

尽管我们不可否认 C⁴ISR 系统起源于对安全性要求比较高的组织如军队等,但是 C⁴ISR 系统的安全性仍然是一个开放性问题并且一直是一个处于热门研究的领域,本章的后面将会详细讲述引起 C⁴ISR 系统安全问题的原因。本章我们会对 C⁴ISR 系统目前的网络安全状态做一个概述,会提供更多的参考资料以便读者了解到更多关于 C⁴ISR 系统的安全性问题。下面进一步介绍本章后面部分的组织结构。

第二部分我们将会进一步介绍 C⁴ISR 系统自身更多的详细信息,本部分我们将会提供一个有效的参考框架,这样对于本身对 C⁴ISR 系统不熟悉的读者将会有一定的帮助。在第三部分,我们会介绍 C⁴ISR 系统的网络安全需求以及该系统自身面临的安全威胁。在第四部分,我们介绍在 C⁴ISR 系统中关于网络安全漏洞的各种实例研究,而这些实例能够很好地证明 C⁴ISR 系统网络安全需求的相关性和重要性。在第五部分,主要探讨了标准 C⁴ISR 系统的网络安全,在本部分我们主要聚焦于美国国防部结构框架(DoDAF)架构,该架构是一个广为熟知的 C⁴ISR 结构框架。在第六部分,我们讨论了 TCP/IP 协议簇安全方面的问题。TCP/IP 协议簇的发展也是由美国国防部发起并支持的,TCP/IP 构成了当前所有网络应用的基石,诚然 C⁴ISR 系统也依赖于 TCP/IP,因此 TCP/IP 协议中存在的一些安全漏洞将会使我们在设计和使用 C⁴ISR 系统时考虑更多的网络安全情况。在第七部分我们讨论各种 C⁴ISR 系统组件的网络安全,这些组件包括操作系统、电子邮件系统、端到端的通信系统、通信数据链路以及身份识别和访问管理系统等。在第八部分,我们提供了关于 C⁴ISR 系统组件网络安全的成功事例以及应用实践,并且本部分我们进一步强调了当前的发展趋势及一些方法,以及一些值得注意的项目和行动。在第九部分,我们讨论了作为 C^4ISR 系统构建块的开源信息处理模块的应用情况。

最后对整个章节进行总结,概括了整个章节的研究结果并指出了 C^4ISR 系统网络安全方面未来的研究方向。

12.2　C^4ISR 系统的广义视图

C^4ISR 系统可以看作是系统的系统,即该系统也是由多个不同子系统组成的大系统。同样我们也可以把 C^4ISR 系统看成是一个基于常规通信或网络基础设施的分布式系统。美国的海军、陆军和空军都是美国国防部的下属机构,他们把 C^4ISR 系统看作一个统一的、任务驱动的组织或机构,该组织能够达到网络中心行动的目标和愿景。该系统的工作模型类似于因特网,来自于不同利益团体(如突击部队、战区和空中导弹防御系统(Theater Air and Missile Defense, TAMD)、水下作战(Undersea Warfare, USW))的信息源作为单独的实体工作,但是,他们通过约定的工作协议及相似的技术与网络连接或者相互之间连接,通过对面向服务的系统架构的设计向终端用户提供不同的服务。图12.3 描述了海军 C^4ISR 系统广义视图。

为了对 C^4ISR 系统有一个更加清晰的认知,接下来的子部分将会进一步讨论各个组件。

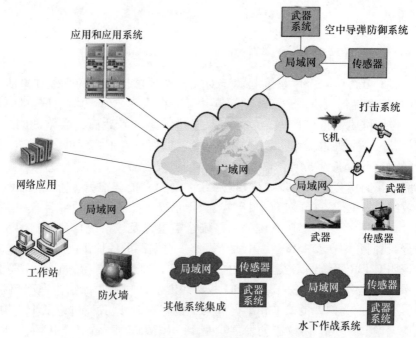

图 12.3　海军 C^4ISR 系统广义视图(NAP,2006)

12.2.1　指挥和控制(C^2)系统

C^2 系统包括一些软件、方法和程序,这些软件、方法或程序能够让指挥者做出决定并控制他们的军队。整体来说,在世界范围内,美国政府在发展防御技术方面是一个领先者,尤其在 C^2 系统方面。美国已经构建了几种不同的 C^2 系统,如 C^2P/CDLMS、GCCS-J、GCCS-M 等。这些系统总体上基于 IP 协议,面向服务架构(Service Oriented Architecture,SOA)以及全球信息网格(Global Information Grid,GIG),以便为国防力量提供 C^4ISR 的功能。由于海洋战场是最复杂的一个战斗区域,这是由海洋战场的覆盖特性决定的,可以从一个四维的角度来看待海洋战场,从整体上海洋战场可以分为陆地、天空、海平面以及海平面以下四个部分,由于这个战斗区域更复杂,因而更加具有代表性,所以在讨论 C^4ISR 系统时,也是把这个环境作为主要的分析场景。在图 12.4 中我们从系统的角度描述了 GCCS-M 系统(一个海军 C^4ISR 系统)。为了避免在文中重复介绍一些缩写词,在本章的结尾处会对图中以及文章中的所有缩写词和关键词进行详细的定义和解释。

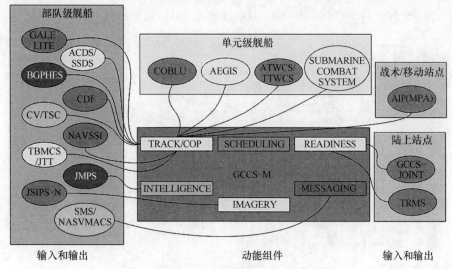

图 12.4　GCCS-M 的系统视图(NAP,2006)

GCCS-M(Global Command and Control System,GCCS)表示全球指挥控制系统家族里面的海上(Maritime)组成部分,GCCS-M 被将近 325 艘美国海军(USN)舰艇和潜艇所使用,除此之外,在 65 个岸上和战术移动站点处也安装有 GCCS-M。该系统的功能性组件与各种各样的输入和输出相关,因此为了无缝地整合各种各样的系统,接口要求匹配以及协议匹配是一个主要的忧虑。此外,由于多个系统被整合在一起,在不影响系统性能以及互操作性的前提下,实现系统的安全也是一个关键问题。一旦一个新的输入或输出必须与系统接口相连,我们需要对整个系统的接口需求进行考虑,联合指挥与控制项目(Joint Command and Control,JC^2)旨在替代整个 GCCS 系统家族。

C^2 系统另外一个最近进展是可部署联合指挥与控制系统(Navsea,2007),也就是我们熟知的 DJC^2(Deployable Joint Command and Control System)。它是一个综合的指挥和控制系统,该系统能够让指挥官在 6~24 小时内到达的世界上任何地方建立一个独立的、自供电的、计算机网络驱动的临时指挥部。DJC^2 指挥与控制架构是一个基于面向服务架构原则的开放体系结构。该架构采用了包括网络协议融合技术和虚拟化技术在内的多个技术。其中虚拟化技术有着重要的作用,该技术能够实现 DJC^2 系统鲁棒性 IT 要求(如五个不同的网络,C^2 和协作软件应用,通信)和系统严格的可扩展性、快速建立要求之间的协调。DJC^2 系统是一个全面测试、认证齐全的军事系统。该系统的认证范围包括空/海/陆/铁路运输能力、信息保障、联合互操作、操作授权等。

12.2.2 通信和计算机

有效和安全的通信是一个军事组织的支撑,尤其对于海军来说。对于如图 12.5 所示的弹性 C^4ISR 系统,也不能排除通信有效性和安全性的重要性。在海洋上的操作或行动需要鲁棒性以及不同平台之间可靠通信,这些平台如海面舰艇、潜艇、飞机以及岸上的机构。C^4ISR 系统的功能多元化需要各个平台之间可靠和安全的联系,以便满足众多的应用,如 C^2、战术或图片交换、共享传感器数据、从事实时性任务等,而美国海军拥有最通用和多元化的通信基础设施。图 12.6 描述了重要的数据链路,包含卫星、陆地视距(line-of-sight,LOS)和超视距(beyond-line-of-sight,BLOS)通信设施。

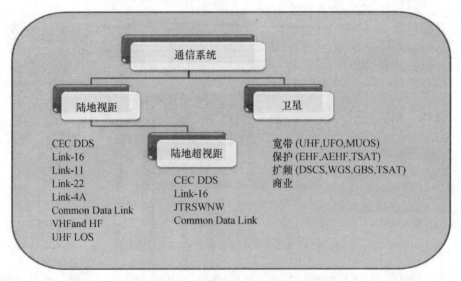

图 12.5 美国海军关键通信系统

在 C^4ISR 系统中,全球类因特网的军事通信系统,被看作是全球信息网格(GIG)。GIG 的通信架构设施包括空中平台、卫星、无线电、通信线(如光纤)。GIG 通信架构分为 4 个层次,层次 1 是地面覆盖,包括 GIG-BE 和 JTRS,层次 2 是 AAV/UAV 提供的覆盖范围,层次 3 是 LEOS(Low Earth Orbiting Satellites,低轨卫星)提供的广域覆盖,层次 4 是 GEOS(Geosynchronous Earth Orbiting Satellites,地球同步轨道卫星)提供的全球覆盖范围。GIG 不仅仅提供通信网络,而且还提供网络服务、数据存储、用户友好接口等。GIG 中有一个共享的、基于光纤的、具有近乎无限带宽的地面通信网络。在 GIG 中,信息保障通过应用 HAIPE(高保障互联网协议加密器)实现。GIG 企业服务有各种各样,如企业系统管理服务(Enterprise System Management,ESM)、信息服务、搜索服务、中介服务、协作服务、援助服务、信息保障/信息安全服务、存储服务以及应用服务等。图 12.6 描述了使用 GIG 通信设施集成应用、服务和数据资产的模型。

第 12 章 新兴 C⁴ISR 系统的赛博安全应用

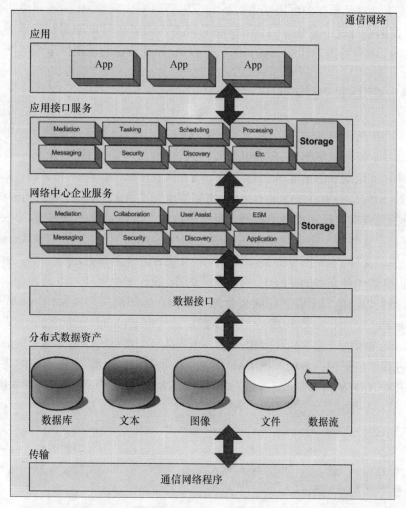

图 12.6 使用 GIG 通信设施集成应用、服务和数据资产的模型

12.2.3 ISR

作为 C⁴ISR 的一部分,ISR 的最初目的是发现、整理、最终保持跟踪记录敌友双方的军力,此外,对属于敌方或友方军力的特定区域或目标的损失评估也是 ISR 的任务之一。无论是在和平时期还是在战争时期,我们都会进行情报处理分析(Signal Intelligence,SI-GINT),并且分析敌方传输的数据。在 ISR 中,有许多技术先进、强而有力、基于空间的情报处理收集系统,如图像情报系统(image intelligence,IMINT)、信号情报系统(signals intelligence,SIGINT)、测量与特征信号情报系统(measurement and signatures intelligence,MASINT),通过这些情报获得很多的数据,而这些数据在发生战争时将会被有效地利用。至关重要的是,利用 ISR 系统的能力,军队可以访问具体的数据并且有效地执行任务。如今在 C⁴ISR 系统中,通过使用 UAV(如"全球鹰"和"捕食者")、新型多任务海事飞机(如 MPA,Maritime Patrol Crafts)、AWACS(如 E-2C)和陆上固定雷达和传感器等设备,我们获得的场景图片的质量已经取得了很大提高。由于数据一般是通过链路进行传输的,因

此数据的安全性以及数据的可用性也是系统中主要的安全隐患,比如入侵者可能会修改数据,这样数据本身就不完整,将会影响使用,再者入侵者也可能通过拒绝服务攻击(denial of service,DoS)等方式让使用者无法获得数据,导致数据的可用性出现问题。

12.3 C⁴ISR 架构

由于 C⁴ISR 系统内在的复杂性,在 C⁴ISR 架构方面,设计的标准也是基于形式化的标准。架构是一个复杂的事物,它包含组件的结构、组件之间的关系,以及在一段时期内支配架构设计和进化发展的准则和指导方针(US - DoD,1995)。而在 ISO/IEC 2007 中,架构定义如下:架构是一个系统的基本组织,主要体现在系统的组件、组件之间的相互关系、环境,以及指导架构设计和发展的准则。通常有两种类型的架构,一种是程序级别或方案架构,一种是企业架构。前者是最早提出并且最为传统的架构,该架构被美国国防部提出,定义并给予支持,主要用于方案设计、评估、互操作以及资源分配等方面。第二种类型的架构用于提供一种完整的路线图,通过该路线图,我们来决定如何以及在什么地方处理程序以及计划,以便他们能够更好地契合组织结构。国防部架构框架(Department of Defense Architecture Framework,DODAF)、军事国防架构框架(Ministry of Defense Architecture Frame - work,MODAF)和 NATO 架构框架(NAF)是 C⁴ISR 系统以及其他相关的信息防御系统发展过程中的里程碑架构。DODAF 作为企业架构的先驱者,也在不断的完善和发展中,MODAF 和 NAF 架构都是源于 DODAF,图 12.7 描述了 DODAF 架构的发展历程。

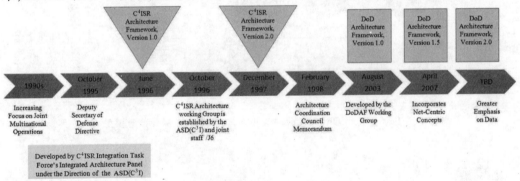

图 12.7 DODAF 发展历程

12.3.1 DODAF

DODAF 没有规定特定的模型,其主要集中在数据方面,而在架构发展过程中,数据往往是一个不可或缺的组成部分。DODAF 是一个把架构概念、原则、假设、操作以及方案等组织成有意义的满足特定国防目标的结构。美国国防部已经采取了必要的措施促进 IT 领域的进步,以便更好地服务于现代战争。NCW 对必要信息进行访问控制,当用户需要执行网络中心行动(Net - Centric Operations,NCO)时,只允许认证和授权用户访问必要信息。DODAF 描述的模型包含八个视点,分别为全局视点(All Viewpoint,AV)、能力视点(Capability Viewpoint,CV)、操作视点(Operational Viewpoint,OV)、数据和信息视点(Data and Information Viewpoint,DIV)、项目视点(Project Viewpoint,PV)、服务视点(Services

Viewpoint，SvcV)、标准视点(Standard Viewpoint，StdV)、系统视点(Systems Viewpoint，SV)。这些视点可以进一步划分为43个更详细的视点，具体包括2个全局视点、7个能力视点、3个数据和信息视点、6个操作视点、3个项目视点、10个服务视点、2个标准视点、10个服务视点，这些视点能够让我们更加详尽全面地定义一个 C^4ISR 企业系统。但是特定视点的选择也是依赖于具体的设计，图12.4从系统的角度描述了GCCS-M。

12.3.2 MoDAF

MoDAF是在DoDAF1.0版本的基础上派生而来的(US-DoD)，MoDAF的视点包括采集视点(Acquisition View，AcV)、技术视点(Technical View，TV)、系统视点(System View，SV)、操作视点(Operational View，OV)、战略视点(Strategic View，StV)以及全局视点(All View，AV)，这六类大的视点可以进一步划分为38个更详细的视点。一些视点可以用于为 C^4ISR 企业架构提供高水平的概括信息；而其他一些视点则可以为某些专门情况服务，而剩余的一些视点可以用于描述相互之间的关系。MoDAF使用了两个额外的视点，即采集视点和能力视点。而最近的DoDAF2.0版本也采用了与MoDAF中采集和能力视点相关的数据元素。

12.3.3 NAF

MoNATO使用NAF(NATO Architecture Framework)架构框架来实现他们的组织目标，而同样NAF也是派生于DoDAF。但是，最新版本的NAF是由多国政府(包括美国和英国)、企业界、学术界共同实现的。和其他的系统架构相似，在NAF中共有七中不同视点，分别为NATO全局视点(NATO All View，NAV)、NATO能力视点(NATO Capability View，NCV)、NATO程序视点(NATO Programme View，NPV)，NATO操作视点(NATO Operational View，NOV)、NATO系统视点(NATO Systems View，NSV)、NATO面向服务视点(NATO Service-Oriented View，NSOV)和NATO技术视点(NATO Technical View，NTV)。

12.3.4 架构分析

为了对各种架构进行分析，一项研究被展开，在研究中使用Alghamdi层次化分析(Analytic Hierarchy Process，AHP)方法去分析架构。研究结果表明，在互操作性、监管、实践、智能采集等方面，MoDAF比DoDAF更加有优势，而在扩展性、工具支持、分类、处理完整性、成熟度、智能划分等方面，DoDAF比MoDAF更有优势。当NAF与MoDAF和DoDAF相比时，NAF处在次要的位置。通过AHP评估方法，得到如下结果，在上述三种架构中，MoDAF居于首位，DoDAF次之，而NAF居于末位。

12.4 C^4ISR 系统中赛博安全的重要性

现今在军事行动中，对信息、计算机和通信的依赖程度一直在加深，这就导致IT基础设施成为攻击者的主要攻击目标。C^4ISR 系统是一个由多个系统组成的大系统，也常被称作"系统的系统"，该系统是关于多个系统之间的集成、互操作以及网络互连，这就致使敌人有更多攻击系统的机会。由于敌人持久和明智的攻击，这就迫使我们在设计 C^4ISR

系统时采取额外的措施去抵御各种各样的攻击。

C^4ISR 系统中的安全性是一个二维问题。首先,它反映的是设备的物理安全性,这是由于各种各样的组件将会在系统以及分系统中被安装,而在军事方面,设备的物理安全还是做得最好的,但是依旧存在物理安全上的问题。此外,另外一个迫切性和挑战性的问题是信息安全(information security,INFOSEC),也会被称为网络安全,但是目前对于信息安全中安全的各个级别并没有真正的理解。

世界正在变得更加不可预测,更加不稳定,各种新的威胁正在发生,尤其是在计算机攻击方面。随着数字化信息、世界化网络、应用互连以及快速数据传播等的发展,网络安全问题逐渐凸显。无纸化文档和交换自动化的快速发展正在从根本上改变着各个国家的经济、社会和政治环境,使这些环境变得更加脆弱。

12.4.1 赛博安全的定义

赛博安全有各种各样的定义,下面具体介绍几个比较著名的定义。Thales 这样定义赛博安全:赛博安全是一系列协作行为的集合,通过这些行为,在赛博攻击的情形下,做出预防、分析以及应对等行为,赛博安全的主要目标是以一种固定或永久的方式提供保护,并且当信息系统遭遇攻击时,能够提供及时并且切实可行的解决方案(Thales 2010)。Merriam – Webster 这样定义赛博安全:采取措施去保护计算机或计算机系统避免非授权的访问控制或攻击(Merriam – Webster,2010)。

近来一个更加全面和符合实际的术语被提出:信息保障(Information Assurance,IA)。IA 定义如下:采取措施保护和防御信息及信息系统,确保信息及信息系统的可用性、完整性、认证、机密性及不可抵赖性(CNSS,2010)。通过信息安全的不断实践,信息保障已经得到了不断的发展。信息安全的关注点在于机密性、完整性、可用性等方面,信息安全随着计算机安全的不断实践和发展也在不断成长中。

12.4.2 C^4ISR 系统的安全漏洞、安全需求及服务

所有的计算机网络或信息系统都会存在两种类型的攻击:被动攻击和主动攻击。被动攻击有流量分析和信息内容的发布。被动攻击通常很难被察觉,但是加密技术是阻止被动攻击的常规方法。主动攻击包括数据流的修改及构造错误的数据流等。总体上主动攻击可以分为四类,分别为伪装、重放、消息篡改、拒绝服务(Stallings,2003)。相应的安全机制被设计和使用去检测、阻止以及恢复来应对安全攻击。为了有效地避免各种安全攻击,各种各样的安全机制被提供,包括加密、数字签名、访问控制、数据完整性、认证交换、流量填充、路由控制、公证、可信函数、安全标签、事件检测、审计、恢复等。

在 C^4ISR 系统中会遇到 4 类安全威胁,分别为非授权数据访问、秘密数据修改、身份欺骗、拒绝服务。所有这些攻击可能会对国家利益造成灾难性的后果。例如,对 C^4I 计算机上的数据的非授权访问,对手就能够获得甚至使用机密或者非机密的信息,这样就会导致国家遭受巨大的损失。类似地,当敌人修改了 C^4I 计算机上的数据,军事计划将会受到严重的影响。同样通过身份欺骗,敌人会通过插入一些不需要或者变更的信息、发布伪造的命令来修改场景信息。所有这些攻击将会影响士气及国防力量的工作效率。敌人在 C^4I 系统中应用 DoS 攻击,对时间要求严格的军事行动计划以及任务的完成都要受到

影响。

为了解决上述存在的问题，C^4ISR 系统需要采取合适的措施以及具体的安全要求，以便使系统获得如下的安全特性：机密性、完整性、数据可用性，通过详细的安全指导维护系统配置，授权访问信息资源的可审计性。为了满足安全需求，提供了如下的安全服务（Stallings，2003）：

- 认证：通过各种方法确定用户身份，如密码、指纹、数字证书等。
- 访问控制：依据授权的策略指导，允许或授权执行特定的行为。
- 数据机密性：保护数据避免非授权的披露。
- 数据完整性：接收数据的完整性以及数据源的完整性。
- 不可抵赖性：提供保护避免通信的参与者否认参与具体通信。
- 可用性：确保功能或系统在任何时候或需要的时候可以使用。

12.4.3 赛博安全措施及机制的实施

正如我们在上面讨论中所看到的，C^4ISR 系统的基础设施或体系架构都是以网络为中心的，该系统的核心是网络，因此该系统很容易受到网络攻击，所以要采取必需的措施去保护网络和数据。每个组织尤其是国防部门都有自己的安全策略，对于这些组织来说，信息安全是他们的根本，因此他们都制定过严格的安全政策。因此 C^4ISR 系统在发展过程中，务必要实施组织规定的安全策略，只有这样才能够被采取和认可。由于在制定技术安全方案时是依据指导策略的，因此安全目标都涉及用户权限、身份和真实性，以便授权用户能够控制系统的访问。其他方面的安全包括数据保护、避免资源入侵和攻击、机密性保护、完整性、隐私保护和数据的不可抵赖性。

安全需求的数量和级别是根据场景的具体要求来制定的。根据具体的军事行动场景，通过风险管理，尽可能实现系统安全性和系统性能之间的平衡。系统的安全措施和解决方案可以是信息的分类、定义隔离区的安全性、恰当访问级别的用户角色以及授权。技术安全措施可以是登录、数字证书、加密、防火墙、数字签名、智能卡等。物理上的措施可能包括"授权进入"，此外，其他物理措施有接入设备的物理分离，这种方法经常用在不同分类的虚拟网络的不同层次。最后，但是同样重要的是：我们需要一个"反应部分"或者"网络运营中心"来解决入侵者可能带来的潜在危害（Ericsson，2006）。

12.4.4 赛博安全重要性的案例研究

在本部分，我们会讨论一些涉及赛博战争和赛博破坏的历史事件，进一步强调赛博安全在 C^4ISR 系统中的重要性。这些实例来自一些不同的书、文章以及报纸。

1. Eligible Receiver

早在 1997 年就意识到了 C^4ISR 系统的赛博安全威胁，Eligible Receiver 97 是第一个大规模的不事先通知的国防演习，该演习是由参谋长联合会议主席在 1997 年夏天主导的。其目的是用于测试美国政府对于针对国防部和美国国家 IT 基础设施赛博攻击的响应能力。在这次测试中，分别对位于五角大楼、国防支援机构、战斗指挥区域的电力通信系统、信息系统进行了模拟攻击，通过模拟攻击发现了各种各样的安全漏洞，如弱的或容易猜测的密码、操作系统缺陷、不合适的系统配置控制、网站上敏感信息暴露，用户操作安全意识及操作训练缺乏等。这次测试和练习很充分地表明了美国国防信息系统的大量漏洞以及美国政府有效应对网络安全的不足之处(Robinson,2002)。

2. Solar Sunrise

在1998年2月,美国的海军、海军陆战队、空军等军队的计算机上都遭遇了大量的网络攻击,这些攻击主要集中在各种各样的拒绝服务攻击上。这些攻击暴露了在很多 C^4ISR 系统使用的Solaris操作系统的脆弱性,一个月之后发布了一些补丁去解决这些漏洞。鉴于可能发生的中东战争,美国空军、海军、陆军、NSA、NASA、司法部、CIA、FBI等多个部门开展了一项名叫"Solar Sunrise"的大规模联合调查(Robinson,2002)。经过最终的调查,一个18岁的以色列人和两个加利福尼亚少年被认为是罪犯。

12.4.5　美国信息系统近期增长的赛博攻击

尽管对美国信息系统的精确统计是不现实的,但是针对美国信息系统日益增长的网络攻击是可以观测到的(Wortzel,2009)。从2007年到2008年,美国国防部信息系统的攻击增加了近20%,数量从2007年的43880到2008年的54640,而根据2009年上半年的增长趋势,预测2009年相比2008年网络攻击将会增加60%,总数达到87570(USCESRC,2009)。而美国其他部门也经历着类似的网络攻击(USCESRC,2009)。这些攻击涉及系统安全、关键数据提取以及网络系统的导航和地图等。这些结果令人警醒,当系统被植入恶意软件后,系统的资源将会被破坏。因此在 C^4ISR 系统中采取必要的保护措施对于军事的成功是至关重要的。

1. 维基解密

最近大量(近91000)美国在阿富汗战争中的秘密军事记录被揭露,并且这些记录已经发布在网站 http://wikileaks.org/上。这是军事历史上最大的一次非授权泄露(ABC,2010)。在该网站上发布200000页的美国在阿富汗战争中的秘密记录后,白宫攻击了这个网站,让其停止了在线活动。这个事件表明在防御信息系统包括 C^4ISR 系统中我们需要采取合适的网络安全措施。

2. Stuxnet 蠕虫

Stuxnet 蠕虫是一种病毒,该病毒会破坏并中断工业计算机的工作,旨在实现控制,该病毒也是大家熟知的SCADA。伊朗的布什尔核电站以及其他的30000个IP地址已经受到了该病毒的攻击(Saenz,2010),(AFP,2010),(Reuters,2010a)。如赛门铁克和卡巴斯基实验室所说,这是对伊朗野心严重打击的一个网络战(Reuters,2010b)。这个攻击再一次表明了数字统治将会是未来战争冲突中的关键作战领域。如卡巴斯基实验室所说,Stuxnet 是一个正在发展中并且令人担忧的网络武器的原型,这种武器将会引起世界范围内新一轮的军备竞赛(Reuters,2010b)。

下面将会从技术的角度来讨论Stuxnet攻击策略的复杂性。Stuxnet 蠕虫主要利用操作系统的漏洞来进行攻击。该病毒窃取认证证书并进行点到点的升级,监测监控和数据采集系统(SCADA),分析SCADA系统上的运行配置。经过一个特定的时期,该病毒会接管控制并且打断或关闭工业系统,进而造成严重的损失。伊朗的核能设备使用的西门子的SCADA系统是基于Windows操作系统的,Stuxnet 蠕虫的复杂性表明这是一个国家级的网络战争。Stuxnet 蠕虫病毒可能报告发电站,以及影响其他当地的工厂,这样会对大众的生活产生直接的影响(Langer,2010)。

本部分给出的一些研究和例子再次说明了网络战争的重要性。美国政府已经分析并意识到这种需求,最近在 USN 形成了一个单独的名叫 CYBERCOM 的指挥部,旨在强调网络战争。

如今还有其他一些部门或结构在保护更宽范围的网络安全,这些部门包括国土安全部、国家安全局等。

12.5　标准 C^4ISR 架构中的赛博安全

在本部分我们从与赛博安全最佳实践相关的不同体系架构(DoDAF,NAF,MoDAF)的角度来讨论赛博安全。C^4ISR 系统的性能会受到各种各样的攻击,并且考虑到系统操作的原因,C^4ISR 系统在完整性、可用性、机密性等方面都存在漏洞。这些攻击会导致系统或设备的故障,产生对系统数据和服务的非授权访问,进而导致对 C^4ISR 系统功能的破坏。因此我们需要这样的一个需求,即识别所有可能的威胁,应用必要的安全措施,以便把已知的或潜在的漏洞降低到一个可接受的水平。进而,我们需要实现系统使用和期望安全级别的平衡。但是越高的安全性意味着越低的系统可用性,反过来也是如此,越高的系统可用性意味着越低的安全性,图 12.8 描述了这种关系。因此系统设计者和使用者需要在可用性和安全性之间达到一种折中。

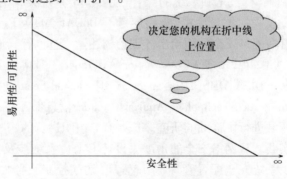

图 12.8　可用性与安全性的关系

12.5.1　DoDAF 2.0

DoDAF 2.0 描述了针对潜在漏洞的不同赛博安全措施,这些措施包括物理措施(如应用守卫、锁、栅栏、CCTV 等)、程序性措施(如定义可信员工访问数据的程序)、通信安全措施(Communication Security,COMSEC)、信息安全措施(Information Security,INFOSEC)和瞬变电磁脉冲辐射标准(Transient Electromagnetic Pulse Emanation Standard,TEMPEST)。

DoDAF 承认在采取并实施具体措施去保护系统或性能的过程中可能对系统的性能产生不好的影响。因此实施的安全措施应该与资产的价值相协调。在这个过程中,采用了风险管理的策略去解决使用安全措施可能带来的资产价值损失的问题。在风险管理过程中,我们主要考虑的特征包括配置部署环境(友好安全/敌意或安全性不高)、资产自身的价值、关键性因素(如终端用户在实现目标过程中执行预期活动时资产的重要性等)、操作者或用户的诚信(人事关系)等。类似地,在 MoDAF 中,也采用和 DoDAF 2.0 版本相似的安全措施。

12.5.2 NAF

从 NAF 的角度来看,作为分布式系统的 C^4ISR 系统有若干利益攸关者。这些利益攸关者需要作为一个利益共同体(Communities of Interest,CoIs)相互之间联合起来以完成共同的目标和任务。安全性是 NAF 系统中利益共同体关注的问题之一,NAF 已经定义并明确了与利益攸关者和 CoIs 相关的安全问题。在 NAF 中,提供并支持密钥和安全管理。除此之外,通过详细的架构规划,NAF 同样提供安全的端到端信息处理和交换服务,在应用 NAF 时,NAF 还提供安全服务的实施以及安全服务的传送管理。在安全 CoI 中,涉及的利益攸关者包括 IC(Infrastructure Committee,基础设施委员会),NC3A(NATO Consultation, Command and Control Agency,NATO 咨询、指挥、控制机构),NCSA(NATO Communication and Information Systems (CIS) Services Agency,NATO 通信和信息系统服务机构)等。

12.6 C^4ISR 架构中赛博安全的最佳实践应用

C^4ISR 系统是各种各样技术和系统的综合,在 C^4ISR 系统架构的标准化进程中已经做出了很大的努力。在我们的讨论中,我们参考了 DoDAF、MoDAF、NAF 和 SOA 等。但是相关的研究并没有在网络安全方面给出详细的描述。不过也有其他的一些组织和机构如 NIST、NSA、CNSS、ISO/IEC、IATFF(Information Assurance Technical Framework Forum,信息保障技术框架论坛)、DISA、DHS(Department of Homeland Security,美国国土安全部)、IATAC(Information Assurance Technology Analysis Center,信息保障技术分析中心)等在网络安全和信息保障领域进行了详细的研究。这些有名组织进行的一些标准研究可以看作是相关领域的最佳实践。从网络安全的角度去设计 C^4ISR 系统涉及多方面的考虑,如安全策略、系统健壮性、系统安全配置管理、系统管理(访问控制)、监控和审计系统(审计、入侵检测系统)、防火墙部署、社会工程学攻击应对措施(协议和程序方面)、使用加密机制、多级别安全、使用生物识别技术、物理安全、发射安全、军事 CND 工具和技术、操作员和维护员培训等(Zehetner,2004)。C^4ISR 系统的设计必须不断地发展,这样在充分利用合适架构框架同时,以满足伴随最佳网络安全实践而来的最佳安全考虑。为了向对 C^4ISR 系统中网络安全感兴趣的读者提供进一步的信息,在本章后面列出了具体的参考文献。为了更好地强调 C^4ISR 系统中的网络安全,进行了另外一项重要考虑和最佳实践,即认证以及在部署之前对系统进行测试。IATAC 是美国国防部为了同样安全考虑而进行的一个实践项目。它提供一些信息保障新兴技术的信息,这些新兴技术主要涉及系统漏洞、研究和发展、模型、分析技术等方面,通过这些信息的攻击,美国国防部希望促进在信息战争中更好地发展和实施信息防御(IATAC,2010)。IATAC 提供三种类型的报告,分别为 SOAR(state of art reports)、CR/TA(关键审查和技术评估)及工具报告。在这个方面,防火墙、入侵检测、脆弱性分析的工具报告可供执行和参考,与 SOAR 报告相关的是关于网络安全和信息保障的评估(Cyber Security and Information Assurance,CS/IA)。

12.7 TCP/IP 协议簇中的安全

TCP/IP 协议在因特网中的使用正如核心网在 C[4]ISR 系统和 NCW 中的应用。尽管 TCP/IP 协议是在美国国防部的支持和资助下发展的,但是令人不可思议的是该协议并没有内置的安全特征。在最初的 TCP/IP 协议设计中,在协议中发送的 IP 数据包以明文的形式呈现,会遭到未被发现的修改。这种修改甚至可以发生在包含源和目的地址的包头部分。这样当接收者收到数据包后,并不能确定数据包的来源。后来由于其开放性,经过多个参与者的共同努力,互联网工程任务组下的互联网社区形成了一个标准的 TCP/IP 协议,在该协议中,增加了 TCP/IP 协议各个方面的安全特性。如图 12.9 所示,从数据链路层到应用层每层都采用了一些不同的方法,该图把 TCP/IP 安全协议映射到了 OSI 参考模型的七个层次上。在各个层次都提到了通信和安全协议的情况,但是图中的列表并没有详细包含所有安全协议。在较低层次实施的安全协议倾向于透明地对所有应用提供安全性,如 TLS,IPSec 和 PPP - ECP 等协议。在较高层次的安全协议倾向于针对特定的应用服务,如 S/MIME、SSH 等协议。在图 12.9 中,与安全协议端到端的特性相比,另外一个需要强调的方面是链路级别。而在实际应用中,通常同时使用多个安全协议。例如,安全的端到端的 TLS 会话协议就是一个很好的例子,TLS 协议是客户端与服务器之间的会话应用协议,而在使用时会话信息通常是通过加密的 IPSec VPN 隧道来传输的。

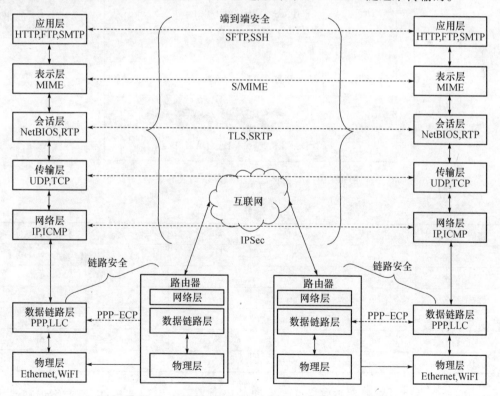

图 12.9　TCP/IP 安全协议与 OSI 参考模型的映射

互联网社区采取的措施对信息安全的发展起到了很大的促进作用,并不是重新去定义,去再创造新的方法,而是对已有的一些安全协议的改进和补充。因此互联网安全协议通常用一种广义和模块化的方式来定义,通常定义具体的安全机制以及消息格式,而把具体算法的选择留给终端用户,这样更好地满足用户的安全需求,此外,还定义了安全协议中加密套件的概念。加密套件一般是对应用的一些算法的一个明确说明,加密套件里面包含一系列算法,都有各种各样的用途,如用于通信会话的密钥管理,用于会话期间交换数据的块加密,用于消息完整性和不可抵赖性的数字签名,以及数字签名中的哈希函数计算。图12.10给出了一系列著名的、广泛使用的安全协议、服务、机制和算法以及它们之间的关系。在TLS/SSL、IPSec和PPP-ECP协议/服务中,都同时使用了私钥加密算法和公钥加密算法这两种密码学算法。一些常见的私钥加密算法包括高级加密标准(AES)和三重数据加密标准(3DES),常见的安全哈希算法包括MD5和SHA-1,而RSA和DSA是比较知名的数字签名方案,对于基于椭圆曲线实现的DSA算法,被认为是最安全且计算高效的公钥加密技术。指纹和虹膜是比较常见的生物识别技术,RSA和D-H(Diffie-Hellman)协议可以被用于在会话的初始阶段交换会话密钥。由于单个的密码学机制并不能完全地实现信息安全的要求,如今多个机制、算法和密码学方法的共同使用已在不断的发展和应用之中。表12.1详细总结了不同密码学机制的安全特性。

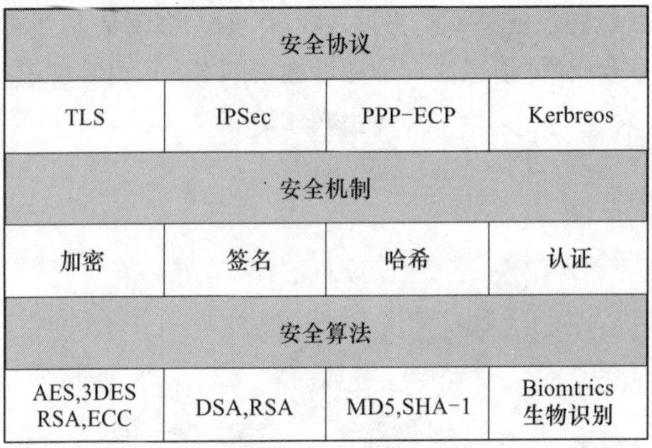

安全协议			
TLS	IPSec	PPP-ECP	Kerbreos
安全机制			
加密	签名	哈希	认证
安全算法			
AES,3DES RSA,ECC	DSA,RSA	MD5,SHA-1	Biomtrics 生物识别

图12.10 安全协议、机制、算法的具体实施

表12.1 可靠性比较

密码学概念	机密性	认证	完整性	密钥交换	不可抵赖性
对称加密	Yes	No	No	Yes	No
公钥加密	Yes	No	No	Yes	No
数字签名	No	Yes	Yes	No	Yes
密钥协议	Yes	Optional	No	Yes	No
单向散列函数	No	No	Yes	No	No
消息认证码	No	Yes	Yes	No	No

门限秘密分享方案是在密码学技术发展过程中的一个里程碑事件,该方案最初是为了满足战略武器系统对安全访问码的需求。秘密分享方案在我们生活中非常有用,好比在银行系统中打开保密箱一样。Shamir的(k,n)门限理论指出任何不大于k个合法用户

的子集分享密钥时不会泄露密钥的任何信息(Shamir,1979)。考虑 k 个合法用户分享(x, y)的情况,每个参与者的密钥 S 对应一个唯一的 k－1 次多项式,多项式满足 q(0) = S。从多项式的构建来看,所有的可能性是均等的,这样得到了密钥的信息熵为 H(S) = log|S|,即最大香农信息熵。这样秘密分享是完全安全的,并且不依赖于任何一方的计算能力。例如,发射核武器的秘密码分享可以看做是一个(3,n)的门限方案。这样主席占有三个密钥份额,副主席占两个密钥份额,而指挥官有一个密钥份额,这样(3,n)的门限方案可以允许主席单个人,或两个副主席一起,或三个指挥官合作去恢复出秘密码以便发射核武器。本部分秘密分享的例子是在强调 C^4ISR 系统中的军事应用。

12.8 C^4ISR 系统各个不同组件的安全特性

C^4ISR 系统是由不同类型的硬件和软件组成的,这样 C^4ISR 系统的安全特性可以通过合适的硬件设计实现,也可以通过合适的软件设计实现。软件组件可以是操作系统,也可以是嵌入式系统软件(固件,嵌入式操作系统),用于部署 COP 及操作员操作的应用软件、即时通信、邮件软件等。接下来我们会详细讨论具有恰当网络安全特性的不同软硬件组件的安全需求和使用情况。

12.8.1 操作系统

在设计 C^4ISR 系统时,操作系统的选择是一个重要的因素,最初是面向国防项目,在这类项目中使用,我们在 C^4I 系统中使用特殊类型的操作系统,但是这样的不足之处就是代价太高,如今重心已经转移到商用现成的(Commercial Off the Shelf,COST)和开源的方案。目前在设计操作系统时,重点是安全,一定的安全需求和安全特性是新型操作系统的组成部分。甚至对于一些商用操作系统,如 Windows NT 以及其后续一些版本的操作系统,都具有一些安全特性,如访问控制、认证、数字证书的应用等。通过恰当的评估,微软的 Windows NT 服务器及工作站 3.5 被美国国家安全局授予 C^2 安全等级。

在商用的 Unix 操作系统中,可信 Solaris 操作系统被看作是 Solaris Unix 操作系统中安全性较高的一个版本。该系统的主要安全特性包括任务审计、插件认证、强制访问控制、细粒度访问控制以及通过其他物理设备的认证。可信 Solaris8 被授予 EAL4 安全认证,该认证是自 1999 年以来国际认可的一个安全评估标准。可信 Solaris 的安全特征也被应用到主流的 Solaris10 操作系统,该系统是 Solaris 可信系统的扩展。

作为开源 Unix 操作系统的一员,Linux 系统有许多不同的安全发行版。在这里我们简要讨论一些 Linux 系统的主要特征。Openwall 工程有不可执行的用户空间堆栈,并且还具有竞争保护和访问控制限制,其使用并支持 Blowfish 密码加密方案。Linux 的 Immunix 发行版包括可执行文件的加密签名,竞争条件补丁及格式字符串漏洞防护代码。而在小规模分布式安全增强型 Linux 系统(hardened linux)中也采用一系列安全措施,包括 VPN 网关、防火墙、入侵检测系统及认证,还包括 GCC 堆栈碎片保护、GR 安全保护和 PaX。LynxSecure 是一个安全嵌入的 Hypervisor 和分离的内核,该内核提供高可靠性的虚拟化服务和软件安全。作为一个嵌入式操作系统,LynxSecure 具有 DO－178B levelA 和 EAL－7 认证。此外,该系统具有稳定的环境,并且不需要安全性、可靠性和数据完整性之间的折中,在其上面可以运行多个操作系统,其中包括 Linux(维基百科,2010b)。

GCCS 系统使用高性能的 UNIX 工作站来运行相关软件,但是英特尔微型处理器或基于这些处理器 PC 的产品的功耗和处理能力需求将会呈指数的速度增加,因此 GCCS 并不是取决于硬件的。与 Intel PC 机相关的操作系统已经比较成熟,如 Windows NT 和面向 Java/Web 的多用户操作系统。因此需要进行操作系统的迁移,把仅基于 UNIX、Wintel 或 Macintosh 等操作系统机器的环境转化为 JAVA/Web 或 Windows NT 环境,以便更好地适应 GCCS/JC2 系统。

近来 NATO 采用了 Windows Vista 操作系统,旨在确保计算机和 IT 系统的安全性能。NATO 直接使用微软的操作系统,并且根据自身的企业需求,提出了一些增强微软桌面操作系统安全的可行性建议。因此,微软给出了 Windows Vista 安全指导(Windows Vista Security Guide,WVSG)用于 NATO 的安全部署(微软,2008)。

另一方面,法国政府如今也倾向于使用开源软件,经过长期的讨论,(从 2003 到 2007 年)法国军队也开始逐渐使用开源软件。法国政府采用开源软件的目的在于保持国家在技术和商业领域的最大独立性,以便不受专门商用软件的制约,基于这个目的,法国政府用 Linux 系统以及 OpenOffice 去取代微软的 Windows 和 Microsoft Office。

12.8.2 邮件保护

电子邮件是世界范围内最为广泛使用和认可的网络服务,最开始电子邮件采用 SMTP 协议进行邮件传输,但是这种方法并不安全,邮件在传输过程中会被查看或者在目的系统中被特权用户查看。PGP 项目是 Philip Zimmermann 在 20 世纪 90 年代早期发明的,该协议是一个加密互联网邮件的协议,受到了大家的欢迎。该协议使用 MD5(消息摘要 5)散列函数及 RSA 公钥加密系统来生成消息的数字签名,此外 RSA 加密系统也被用来加密消息密钥,而消息本身则使用国际数据加密算法(IDEA,一个非对称的块加密算法,源于欧洲)进行加密。PGP 协议在 UNIX、DOS、Macintosh 等平台上很容易实施,PGP 还提供了一些功能的丰富性,如压缩功能,这对其他安全邮件系统来说是不具备的。在 PGP 中,可以产生多个密钥对,并且这些密钥对可以放置在公有和私有密钥环上。因此,通过 PGP 的实施我们可能实现以下的种种安全功能,如机密性(保护数据避免泄露)、认证(消息源认证)、消息完整性(避免消息被修改)及不可抵赖性(数据发送者不能抵赖自己的发送行为)。

依据 PGP 协议的一些本质特点,IETF 工作组设计了安全多用途因特网邮件扩展标准协议(S/MIME),该协议确保基于 TCP/IP 的端到端的邮件安全,该协议支持基于 X.509 的数字证书和 PKI 的集成。该协议使用 SHA-1 和 MD5 散列函数,使用 DSA 和 RSA 数字签名算法,使用 ElGamal 和 RSA 会话密钥加密算法,使用三重 DES 和 RC2/4 消息加密算法。S/MIME 通过一定的程序去决定算法的使用,S/MIME 在许多应用中都有应用,如 Outlook Express,Mozilla Thunder bird 等。

可信鸟(Trusted bird)是基于 Mozilla Thunder bird 的一个邮件客户端,目前该客户端有两个分支,都在应用之中,分别为可信鸟 3.1 和可信鸟 2。可信鸟 3.1 客户端是基于 Mozilla Thunderbird 3.1.x 的,基于 RFC2634 为 S/MIME 系统提供安全增强服务,如签名收据、安全标签等。可信鸟 2 客户端是基于 Mozilla Thunderbird 2.0.0.x 的,基于

RFC2634 为 S/MIME 系统提供安全增强服务,如三重包装(签名、加密、签名)签名收据、安全标签、DSN(Delivery Status Notification,邮寄状态通知,目前已整合在 Mozilla Thunderbird3 中)、SMTP PRIORITY 扩展、安全头(Secure Headers)/SASL 策略 EXTERNAL 等。法国军队已经使用了可信鸟,并且在 NATO 中应用这种系统。总的来说,该系统能够满足 NATO 严格的消息服务安全要求,该系统也被进一步应用到财政、内政、文化等部门,据统计在政府部门的 80000 台计算机上都有应用(Michelson,2009)。

12.8.3 HAIPE(高保证互联网协议加密器)

HAIPE 是高保证互联网协议加密器的简称,是一个加密设备。在美国国防部,HAIPE 在 GIG 网络中使用。HAIPE 主要基于 IPSec 协议,并进行了其他的限制和安全增强,符合美国国家安全局的相关规范。在数据传输之前,需要在将要参与多播会话的所有 HAIPE 设备上加载相同的密钥。本质上,HAIPE 是一个安全网关,该网关允许两个独立的实体在不可靠的链路和网络上传输和接受数据。可用的 HAIPE 设备包括 KG – 245X/A、KG240A(L – 3 通信公司)、KG250(ViaSat 公司)、KG – 175(通用动力公司)。HAIPE 使用互联网工程任务组的协议提供流量保护、网络、以及性能管理。HAIPE 指定使用 IETF 的封装安全载荷第 3 版(ESP v3)来封装 IPV4 或 IPV6 明文,此外,HAIPE 使用 IETF 的简单网络管理协议第 3 版(SNMPv3)来支持跨网络管理和 IETF 路由信息(CNSS,2007)。

12.8.4 数据链路

数据链路用于交换在空中、地面、地下等介质中传输的情报、EW 数据、C2 数据等信息。在世界上,各种类型的链路在使用,然而,以下我们只简要讨论几种链路,并希望能够提供对 C4ISR 系统的概览和更深理解。

链路 11 或链路 11B(Link 11/Link 11B)是在 20 世纪 50 年代和 60 年代被提出的,即被大家熟知的 TDLA/B(Tactical Data Link,军事数据链路 A/B)。该链路工作在高频段并且具有低的数据速率。链路 11 是一个安全的链路,但不是抗 ECM 的链路。链路 16 是另外一种军用数据链路,常被用于防空作战(Anti – Air Warfare,AAW),该链路完全符合空中飞机控制需求,美国和北约已经把该链路作为战区导弹防御的主要军用数据链路。

链路 22(Link 22)也是一个军用数据链路,主要应用于海洋军事活动,此外,该链路也满足链路 16(Link 16)的操作。链路 22 具有一个开放的体系架构,不同组件之间的接口被良好定义,并且具有一个层次化的通信协议栈,共有七个国家参与了链路 22 的设计和实现,分别为德国、法国、意大利、加拿大、荷兰、英国和美国,该系统也被称作 NILE(NATO Improved Link Eleven)系统。NILE 的组件包括系统网络控制器(System Network Controller,SNC)、链路级 COMSEC(Link – Level COMSEC,LLC)、信号处理控制器(Signal Processing Controllers,SPCs)、射频、操作接口系统、战术数据系统/数据链路处理器(Tactical Data System/Data Link Processor,TDS/DLP)。链路 22 采用了基本的加解密装置,因此被看作是一个强的通信安全(COMSEC)系统,我们把这种加解密装置正式定义为链路级 COMSEC(LLC)。链路 22 的其他安全特征是传输安全,该传输安全可以通过配置跳频无线电设施实现。在链路 22 中的 LLC 设备为 KIV – 21,此外,需要一个数据终端设备(Data Terminal Device,DTD)用于装载密钥(Lockheed,2010)。

链路 YMk2 系统(Link Y Mk2 system)是另外一个数据链路系统,在 2010 年被 Thales 提出。该链路也属于链路 11 和链路 16 家族,目前被非北约国家使用。与链路 11 相比,链路 YMk2 提供更好的性能,该链路是一种可靠的、通过加密射频网络应用于海军部队之间的数据传输链路。

12.8.5 公钥基础设施(PKI)/通用访问卡(CAC)

PKI 是一个 IT 基础设施,PKI 可以让不安全网络中的用户安全和秘密地交换数据,该数据交换模式是通过使用 PKI 中数字证书中的可信公开密钥分发机制实现的。数字证书是由可信第三方签发的,一般称作证书管理机构(ertification Authorities, CA)。在 PKI 中,使用公钥加密进行密钥交换和密钥协商,使用对称加密进行块数据加密和签名,通过这两种方法的结合,PKI 可以提供机密性(确保数据不被泄露)、完整性(确认没有非授权的数据修改)、认证(证实数据源的真实性)以及不可抵赖性(数据发送者不能否认自己的参与行为)。为了使数字证书容易携带并且实现双因子认证,在 PKI 系统中可以使用智能卡。美国国防部智能卡最初是通用访问卡(Common Access Card , CAC),CAC 不仅仅是一张 ID 卡,它是一个多用途卡。CAC 包含计算机芯片、条形码和磁条,这些允许 CAC 在多方面使用:使用 CAC 访问一些受限制空间,登录计算机系统和网络,进行数字签名和加密电子邮件信息。当一个用户接收到一个新的 CAC,新的 PKI 证书会被置于 CAC 卡中。这些证书可以通过使用标准软件来获得,这些软件通常是一些中间件,如 Windows Crypto API 和 PCSC 或 OpenSC 库。PKI 是一个公钥加密系统,因而每个人会有两个密钥。一个密钥需要私人持有,并通过 PIN 保护,类似于智能卡中的情形,通常表示为的私钥。另一个密钥公开发布,被称作公钥(US – DoD,2005)。CAC 上放有三个 DoD PKI 证书,包含有公钥和私钥。这些证书允许用户提供数字身份、签名邮件、加密邮件。DISA 为 DoD 的 PKI 项目提供工程实现,类似地,北约组织通过坐落在 NIATC NCSA 的 NATO PKI 认证管理机构提供自身组织的 PKI 管理。为了实现密钥托管服务,美国 DoD PKI 项目完成了电子战密钥恢复(KPA)密码方案,该方案主要应用于密钥委托服务器和自动密钥恢复代理系统。KPA 利用 20 个字符密码恢复密钥托管服务器上的密钥。当密钥持有者丢失了私有密钥或者离开了组织,KPA 的特性将会允许我们恢复出加密的信息和数据。

12.8.6 敌我识别(IFF)

IFF 在 C^2 系统中广泛使用,用于鉴定船舶、车辆和飞行器的身份。本质上,IFF 是一个加密系统(IFF,2010)。IFF 系统也被称作二次雷达,包含询问器和应答器两个部分。询问器在 1030Mhz 的标准频率下传输信息,而应答器则在 1090MHz 频率下传输。该系统可用于帮助识别飞机、船舶、车辆,甚至敌、友的军力。而对于处在非军事环境下的航空管理者,同样使用该系统来识别飞机、船舶等。回顾历史,IFF 系统最早在 20 世纪 40 年代由德国人发明,当时称作 IFFFuG – 25a。而当时英国进行了良好的情报工作,对该系统有了很详细的了解,随后为了应对这个系统,英国发明了 Perfectos。在 Perfectos 上装载有 RAF Mosquitos 设备,该设备会被 FuG – 25 上面的询问器触发,这样可以帮助英军误导德国军队。最后,为了应对英国的 Perfectos,德国关闭了 FuG – 25 IFF。在 1946 年 ~ 1991 年期间,苏联以及其他一些国家的旧的 IFF 系统使用 CBI(Cross – Band Interrogation,跨频段询问器)。如今,IFF 应答器使用 KIR 和 KIT 密码学系统,而这样的加密设备并不应用在民用飞机。

不同的组织在使用 IFF 系统时会使用 IFF 系统的不同模式。模式 A、模式 C 和模式 S 在民用飞机上应用。模式 A 也被称作模式 3/A,这是由于该模式类似于军用模式 3。军事上使用 IFF 系统的模式 1、模式 2、模式 3、模式 4 和模式 5,模式 1、2、3 也被称作选择性识别模式(SIF),北约部队常常使用模式 4 和模式 5。模式 4 是一种加密安全模式,模式 5 又分为两种级别,即级别 1 和级别 2。这两种模式都提供加密安全,通过增强加密、传播频谱调制和时间认证来提供加密安全。模式 5 的级别 1 类似于模式 4,但是包含一个飞机识别 PIN,而在模式 5 的级别 2 中包括飞机位置和其他一些属性信息(维基百科,2010a)。

IFF 系统也存在失败的情况,也出现过友军攻击友军部队的情况,如在第二次世界大战期间、在阿富汗战争期间以及伊拉克战争期间。这些事故也迫使我们去思考可能的故障原因,尽管我们的技术在不断进步。导致错误识别的原因可能是加密密钥的错误设置、系统的物理损坏、糟糕的射频传播条件等。

12.9 近期 C⁴ISR 系统的网络安全进展

本部分描述了近期增强 C⁴ISR 系统网络安全方面进程中的一些进展和行动,提供了一些实例,很多例子都可能通过美国的 CIWD 提出,该 CIWD 是由美国国防部倡仪的。联盟战士互操作能力演示(Coalition Warrior Interoperability Demonstration,CWID)是由美国军方发起的一个论坛,它建立了一系列安全战术数据网络(STDN),并且显示新型的一些指挥、控制、通信、计算机(C⁴)技术。联合参谋部和美国国防部意识到他们需要和快速发展的通信和 IT 技术保持一致,目标旨在增强和促进 C⁴ISR 系统架构的发展。以下将会介绍一些相关技术。

12.9.1 网络防御

由于我们建立的 C⁴ISR 系统是一个分布式系统、一个网络的网络(核心使用 TCP/IP 的因特网)、系统的系统,因此 C⁴ISR 系统需要强力的网络防御和安全性。通过以下方式提供军事行动上的网络防御和安全,如管理数据库中的入侵检测、漏洞扫描数据,记录日志文件,维护网络的任务数据的资产信息。我们需要一些相互关联和融合的工具来获取多个数据库服务器的信息,以便对这些信息进行分析,并类似网络警报器一样反馈分析结果。这些结果以表或图的形式呈现给网络运营中心,用于增强操作员的安全意识。在 CWID 论坛中,NetD – COP(网络防御通用操作画面)就是一种这样的系统呈现方式。NetD – COP 使用安全套接层,数据提取单元接口来提出、整合以及标准化来自传感器系统的数据,这些传感器系统包括 Snort、防火墙和系统日志。Snort 是一个开源的网络入侵防护和入侵检测系统(IDS/IPS),该工具由 SourceFire 发明。Snort 是如今世界范围内广泛使用的 IDS/IPS 技术,其把签名、协议、异常检测三者结合起来进行入侵检测和入侵防护(Snort,2010)。该系统主要利用三个集成的可视系统,分别为 VisAlert、VIAssist、Flexviewer。在进行任务时,这些可以在时间分析、攻击识别、影响评估等方面给予帮助。

12.9.2 安全、可信、易协作的网络

C⁴ISR 系统网络安全的一个重要方面是对不同网络间操作联合的需求,如美国的顶级秘密网络、联盟的联合网络及非保密性网络。联盟环境协作是一个艰巨的任务。在内网协作中,需要各种不同类型的服务,如文本聊天、白板、信息或数据共享和网页服务。在国际论坛中,关于这个领域的不同方案已经被论证。

在 2009 年的技术论证中,跨域协作信息环境(Cross Domain Collaborative Information Environment,CDCIE)方案(CWID,2009a)帮助联合军队共享信息和数据,主要是通过文本聊天、白板、基于 SOAP(Simple Object Access Protocol,简单对象访问协议)的网页服务实现的。CDCIE 方案涉及美国国防不同网络和非国防网络(如协作伙伴、其他政府部门、非政府组织)之间的协作和信息共享。BAE 的数据同步(Data Sync Guard,DSG)用于实现跨域 XML 和固定格式的 ASCII 传输。DSG4.0 在多个域中传输独立端点的关键信息。DSG 的检测和过滤机制由用户来定义,并且 DSG 强制使用本地安全策略,以便确保安全和快速的跨域数据传输(BAE,2009)。网页服务网关(Web Service Gateway,WSG)用于实现跨域的网页服务,而 Trans Verse 聊天客户端用于实现跨域的文本聊天。

协同高级规划环境(Collaborative Advanced Planning Environment,CAPE)是另外一个工具集和网关,用于交换 C⁴ISR 系统中的基于场景意识的数据。CAPE 提供了一个安全的环境,来增强联合环境中不同任务制定者之间的协作,它还可以用于共享天气报告、通知飞行操作、安全聊天和安全视频、实时的 PowerPoint 简报和方便支持 CAPE 的不同工作站之间协作的数据"Mash-up"方式。CAPE 是实现较为简单且能够实现不同安全区域之间关键数据的安全传输。

类别无间可信环境(Classification Stateless,Trusted Environment,CSTE)是另外一个技术示范,该环境有可靠的电子环境。CSTE 提供一种保护所有数据对象的赛博架构,CSTE 的论证展示了协作网络中快速和安全的秘密/非秘密信息共享。CSTE 数据携带有元数据信息,包括数据对象的分类级别、访问优先级、数据对象的来源。在 CSTE 中,通过用户的位置、处理环境、识别、认证、授权方法等信息来认证一个用户。CSTE 通过网络中存在的访问控制级别和敏感信息级别来标记、加密和控制访问传输中和等待中的数据,并提供授权用户之间的信息共享。

12.9.3 军用 Wiki 系统的安全性

Wiki 被看作是一种最简单的在线数据库,其通过用户来执行更新和维护操作(Wiki)。Wiki 通常被认为是一个网站,该网站允许用户通过自己的浏览器去增加和更新网站上的内容,这可以通过运行在网页服务器上的 Wiki 软件来实现。Wiki 发送主要是通过网站访问者的协作努力来创建的。在军用 Wiki 的多国家联合环境中,依据共享数据的安全分类,有各种各样的系统 Wiki 网络。由于秘密 Wiki 数据库的存在,其他一些联盟国家也会有他们自己的 Wiki 数据库以及一个通用的 TS wiki 数据库。我们需要定义合适的访问控制机制,以便更好地访问和编辑信息。

多级 Wiki 是一个军事 Wiki,该 Wiki 被联盟中的多个国家使用,并具有多个级别的安全环境。多级 Wiki 在开源浏览器 Mozilla Firefox 中能够完美地工作。联盟的合作者可以

以一种安全的方式在授权用户之间创建、编辑和共享内容。一旦信息被公布,在世界上任何地方的授权用户都可以通过网络使用这些信息。信息安全标记的情报社区标准(Intelligence Community Standards for Information Security Markings,ICSISM)被应用到信息的各个段落中。强认证机制、综合审计以及细粒度访问控制是一些重要的安全特征,这些特性被用于实现对敏感信息的控制访问。ML Wiki 是一个简单而安全的工具,该工具用于创建、编辑和共享跨越多个不同分类级别网络中的不同分类级别信息(CWID,2009b)。

12.9.4 瘦客户机基于角色的访问控制

随着应用的深入和对安全需求的增加,许多机构对基于角色访问控制的瘦客户机的要求在不断增加。当一个单独的工作站连接到网络后,该工作站应该有能力在不同域之间安全地传输数据。瘦客户机(thin client)也被称为超薄客户机,它可以是一个计算机,也可以是一个计算机程序,依托于一些其他计算机(如服务器)来履行自己的计算角色。与瘦客户机相对应的是胖客户机,胖客户机也是一个计算机,但是其主要依靠自身的能力来履行相应角色。

Sun 公司的安全网络接入平台解决方案(Secure Network Access Platform Solution,SNAP)(CWID,2009)就是一个实现基于角色访问控制的技术,该技术于 2009 年由 Sun 公司实现。SNAP 运行在 Sun 的可信 Solaris 操作系统上,该操作系统具有三个方面的认证,分别为带标记的安全保护、基于角色的保护、访问控制保护。SNAP 方案与平台独立,并且由于其在单个计算机上能够利用基于角色的方案以安全的方式实现不同域之间的数据访问和数据传输,该方案已被美国 NSA 和加拿大 CSE 认证。操作员通过 SNAP 方案可以无缝地使用微软的 Office 工具(Word,Excel,PowerPoint)和 Adobe Acrobat。通过定义和授权个人电脑上的安全策略和配置文件,用户可以访问多个安全飞地。

12.9.5 面向服务架构:基于标准的可重复使用的配置系统

面向服务的架构包括三个层次,分别为应用层、服务层和网络层。服务层通过网络层为连接到不同网络的各个应用提供各种服务(基于通用和互操作标准)。任务是依赖于具体的服务的,当有具体的情况出现或者操作员需要特殊的服务,就会给这些任务提供相应的服务,这个过程可以无缝地进行,不需要从操作员那里获取其他知识或信息。之前讨论的网络安全特征同样适用于 SOA 方案。在 2009 年的 CWID 上提出了新的方案,即面向服务基础设施网格应用(Service – Oriented Infrastructure Grid Appliance,SOIG – App),该方案的思想类似于 SOA。依赖于 SOIG – App 的性能,其向战争参与者展示了自动服务配置功能。开源软件可信 Office 常用于提供多级别安全和服务访问控制,以及复杂系统(涉及大文件的安全交换)的自动配置。

SICCAM 网络使能信息中心(SICCAM – NECIC)是一个 C2 系统,该系统是意大利空军系统,也使用了 SOA 架构。SICCAM – NECIC 和意大利通用 ISR 能力模块都使用了其网络服务,SICCAM – NECIC 门户网站提供一个准确而精确的显示,这样能够向操作员提供实时的场景信息。另外一个 SOA 的例子是以网络为中心的指挥决策服务(netCDS),该服务工作在网络支持的以网络为中心的环境之中。NetCDS 包括一些网页应用,这些应用允许使用者查看、处理、分发和接收来自多个员工的数据,并且指挥机构人员快速协作以便做出关键任务的决定。

联盟通信服务(Coalition Telecommunication Service,CTS)是DISA提出的另外一个面向服务架构的例子,该架构旨在通过基于标准的应用,为移动应用提供网络为中心的服务及面向边缘用户的传输。在CTS中,手持设备通过各种无线介质(如蜂窝、SATCOM、WiMAX、战术无线电)与一些大型网络(如GIG)连接到一起,向用户提供网页浏览、IP语音、邮件、流媒体视频和协作等服务。作战人员使用手机来产生KML(Keyhole Mark-up Language)地图标记,之后把这些标记信息发送到用户工作站进行分析和处理。CTS使用基于面部识别的生物学识别应用来提供更加准确和安全的场景信息。

首长航空计划是加拿大国防部门为了展示信息综合仪表板(Integrated Information Dashboard,IID)而提出的一项计划,这是一个利用SOA架构的决策支持系统。IID是一个中间件,用于信息或数据整合,还可以体现军事网络中心操作框架的性能(NCO)。信息板的软件能力包括信息共享、信息监测、应用包装、资产可视化、数据分析和决策支持。

12.9.6 手持设备或移动设备的安全性

我们需要一个统一的端到端的支持信息安全的手持移动设备,该设备可以作为C^4ISR系统中的终端用户接口。这样的设备需要允许标准化和简单化的用户接口,并且需要提供便携性和个性化的特性。这样的设备应该是一个坚固的设备,以便适用于恶劣的军事环境。该设备的软件堆栈,由操作系统和库组成,该设备需要依赖于一个安全可信的操作系统如Linux系统的安全增强版本。Linux和公开资源的使用会为运营商的竞争提供一个公平的环境。对于便携式平台,从他们对linux系统的选择就可以判断出Linux系统的普及化,该选择信息是通过Google的Android智能手机工具包获取的。开源moko是一个新的计划,在该计划中,把开源的思想进一步扩大到PDA的硬件设计上。新西兰的Fujistu提出了一个集成通信加密(ICE)的计划,旨在通过该计划对上述想法进行演示和证明。

ICE是一个完全集成的自供能量的安全的移动平台,该平台可以让任何地方的用户进行部署以及不需要依赖于基础设施就可以支持用户操作。ICE旨在实现任何环境、任何情况下的快速部署和使用,并且在环境中的第一个响应者上进行相关操作。ICE把AES256加密隧道和新西兰的国防协作网络整合在一起来提供安全性,此外ICE把电力和发电能力合并成小型的可部署的设计。

另外一个设计移动设备安全性的项目是PDA-184计划(CWID,2009)。利用UHF SATCOM射频,PDA-184利用PDA-184的聊天和邮件功能成功地实现了战场和基站之间的数据传输。PDA-184还发送一些激光瞄准数据到偏远的地区,此外,还可以实现与虚拟对讲机之间的互操作,提供多个文件的聊天功能。

战术蜂窝(Tactical Cellular,TACTICELL)也是一种类似的概念,TACTICELL主要使用上网本、智能手机以及一些应用,如流媒体和特种作战部队(Special Operations Forces, SOF)相关的即时消息。TACTICELL是一个基于IP的蜂窝系统,该系统为用户提供1.8/3.1Mbps的数据发送和接收速率。TACTICELL通过通信组件提供如下的功能,如流媒体视频、安全IP语音、聊天、不同网络工作站之间的邮件功能和设备卸载(CWID,2009b)。

12.9.7 应对网络事件和适应网络威胁

让专门的军事系统集成 TCP/IP 通信网络是提高网络安全的一个有效途径。在雷达（RAOAR）、声纳（SONAR）、武器控制系统和指挥控制系统等设备中启用 TCP/IP 协议，这些设备就能在指挥官的布置下完全实时地与其他信息系统集成。把网络协议（IP）扩展到战略边缘地带（空中或飞地网络等）有一定的缺陷性。这样会给全球信息网格（GIG）及其他信息基础设备带来新的网络威胁。MARIAAN 项目是空军网络中用以信息安全保障的任务使命报告（Mission Aware Reporting of Information Assurance for Airborne Networks）。MARIAAN 通过提供和融合与任务相关的信息及检测到的网络活动来提高任务保障，还可以通过提供可操作行动路线的警报来增强作战人员的场景认知。经过各种各样的测试，结果表明，MARIAAN 可以缓解飞地网络的风险，通过任务执行的潜在影响与网络事件结果的关联可以增加任务的生存时间。因此，作战人员可以对威胁有一个更好的理解，以便他们选择更适合的行动路线。MARIAAN 设备被安装在船舶、AWACS、飞机和 UAVs 等上面。这些装置提供实时的从多个传感/探测源获取的网络事件信息，并且以一种有效的、依据威胁优先级的方式把这些信息转发给网络运营安全中心，以便进行更深层次的分析（CWID, 2009b）。

另外一个类似的项目是 REACT，REACT 表示网络事件响应和赛博威胁应对（Responding to Network Events and Adapting to Cyber Threats, REACT）。REACT 使用 PoliWall 自动对安全威胁作出响应，PoliWall 是一个桥接的安全设备。PoliWall 利用直观的图形工具基于 IP 网络访问控制来创建国家和用户定义的组。一个预编译的异常列表允许上百万的 IP 地址被排除或者加入到国家过滤策略，同时在该过程维持网络带宽。除此之外，操作者还可以配置自动响应违反政策的行为，如警报、阻断、带宽限制。在试验和论证过程中，REACT 允许管理员创建以及绑定预定义的自动响应到网络威胁和网络事件，从而控制服务质量以及维护 IP 带宽，并把这些措施进一步扩展到 GIG 中，以便 GIG 能够更好地应用到战争中。在网络事件响应和网络威胁应对中，需要把网络管理策略和确定消息优先级别提交给网络运营中心，通过 REACT，这些操作将会更加方便（CWID, 2009b）。

12.9.8 C⁴ISR 系统在灾难管理中的应用

自然灾害如地震和洪水等，影响了大部分地域。通过信息和通信技术（information and communication technology, ICT）的应用，抢险救灾工作获得了很大的便利，取得了更好的效果。受灾地区通过卫星图像来进一步确定，之后把这些地区划分为不同的区域。具体的损失一般通过先进软件对数据图像进行分析来评估，救援队可以通过 MANET（Mobile Ad Hoc Network）进行协作，病人的数据则可以通过蜂窝网络发送到医院。由于 C⁴ISR 系统能够提供精确的场景资料，因此在灾难管理中可以应用 C⁴ISR 系统来提高救援工作的有效性。

C⁴ISR 系统在灾难管理和救援工作中的一个应用是 InRelief 项目。InRelief.org 是美国海军和圣迭戈州立大学研究基金会的一个联合工作，该工作旨在提供集成通信工具、数据存储库、协作空间和公共信息网站，并且帮助响应者共同协作，实现信息从灾难援助到人道主义援助的转变。InRelief 是基于 Google 的云计算服务和开源应用来实现的，这些可以促进主要响应者和人道主义及赈灾组织之间的协作和情景认知。InRelief 网站提供信息来源和数据跟踪/映射功能,它使用基于网页的 Google 产品套件在非保密的非国防环境中为自然灾害救援提供支持。通过数次实验,美国国防部认为 InRelief 工程增加了美国国防部在灾难援助中与国家以及国际上一些人道主义组织的交互能力。InRelief 借助于卫星个人追踪器(Satellite Personal Tracker,SPOT)来追踪特定的个体,使用 Google Chat 来实现政府和非官方机构之间的通信(CWID,2009b)。

12.9.9　C^4ISR 系统中开放资源和 COTS 的使用

目前对开源软件以及 COTS(commercial off-the shelf)软硬件的使用在不断增加。COTS 系统允许美国海军充分利用民用市场在计算机技术上的投资,借助于民用市场的一些先进技术来实现自己的需求,美国海军已经认可在 C^4ISR 系统中应用 COTS 技术,但是这种应用并不是全部应用,而是在一定的范围内应用这些技术。如美国海军船舶上的主要信息技术都使用商用硬件、软件和网络(Rand,2009)。在前面章节提到的一些最近技术都表明,对开源模块和产品的应用在不断增加。我们都知道一句很有名的谚语:我们不需要多此一举,因为已有现成的产品存在。基于现有的已经开发的应用和模块,并且对它们进行适当的整合和改进,往往能创造出更好的系统。当然,开源软件以及 COTS 的使用可能会带来一些不良的后果,如增加网络攻击和恶意软件的隐患。因此我们需要采用严厉的措施确保所有的计算设备都携带授权的软件组件,并且不经过安全验证过程,使用者将不允许随意增加新的程序和功能。

12.9.10　Sentek 开源使用(美国)

在 C^4ISR 系统中,应用开源软件的一个例子是 Sentek,Sentek 已有数十年的历史,在研发世界级的 C^4ISR 系统方面已有丰富的经验,并且形成了一个庞大的专家团队。Sentek 在其 C^4ISR 系统中使用了开源的软件,旨在为政府部门和军队组织等用户节省大量的花费。通过应用开源软件及 COTS 硬件模块,Sentex Global 获得了最好版本 C^4ISR 系统的性能,如今 Sentek Global 能够提供成本高效的、安全的 C^4ISR 方案,该方案能够很好地满足用户的需求,并且在军事及灾难援助方面,提供了最及时和有效的帮助。该系统由 Sentinel 设计并实现,但是并不局限于 Sentinel 的产品,如 Sentinel C^4ISR 套件、Sentinel 空军安全系统(Sentinel Airport Security System,SASS)、Sentinel 蓝军追踪系统(Blue Force Tracking System,BFTS)、美国海军的移动瘦客户端方案(Mobile Thin Client,MTC)、Sentinel 射频互操作系统(Radio Interoperability System,RIOS)等。

12.9.11　瑞典 Safir – SAAb 系统的开源 C^4ISR SDK

Safir(Software Architecture for Information and Realtime systems,信息和实时系统软件架构)(Saab,2010)是一个高端平台,该平台适用于指挥、控制和通信系统,该通信系统是由瑞典的 Saab 系统发展而来的。Safir 已有数十年的历史,其设计目标是创建一个可信的、强大的、安全的、容易使用的并且具有可重用性的软件架构。Safir 系统的消费者包括瑞典军队及瑞典国防材料管理部门。构建的系统已经交付给 Saab 客户。Safir SDK 是核心库的集合,这些核心库构成了指挥和控制系统的开发环境。Safir SDK 已经用于开发多个不同的 C2 系统。最近,在 GNU/GPL 许可协议下,Safir SDK Core 作为一个开源软件被 Saab 系统发布。建立在 Safir SDK 上的应用,其规模可小可大,小的方面可以是手持设备,大的方面可以是大型的分布式数据中心,而无论规模大小,都不需要对 Safir SDK 进行修改。

12.9.12　基于开放标准的 Sentry:C^2(空军)

Sentry 是一个基于开源架构的美国空军 C^2 系统,该架构是利用 COTS 硬件及可重用软件组件实现的(Janes,2010)。该系统通过使用运行在标准操作系统(Windows,Linux)上的多功能工作站来提供多雷达追踪和身份认证。Sentry 利用不同类型的数据来呈现一个完整的画面,这些数据包括地理数据、雷达数据、手动注入轨迹、自动从其他部门获取的数据。对于连续作战,目前冗余元件已具有自动接管能力的特性。该系统通过不同的资源来识别轨迹,如信号灯、装备的 IFF、SIF、制定的相关飞行计划、航空控制方法(ACM)以及操作员输入(Sentry,2010)。尽管整个 Sentry 平台不是完全的开源,但是几乎所有的用于创建不同 Sentry 方案的构建块和技术都是基于开放的标准,并且很多都可以通过开源库和工具包来实现。

12.10　结论

本部分回顾了 C^4ISR 系统广泛的网络安全问题以及技术趋势。诚然,回顾是简要的,只能有助于了解到这个领域的表层信息。随着信息技术的发展,以及军事系统中各个组件的持续飞速进步,这些系统的网络安全依旧会带来挑战性的研究难题。我们的研究应该可以为对这个领域感兴趣的研究者提供一些帮助,帮助他们在这个方向有一定的把握性。本部分的讨论也强调了当今的全球经济是如何推动军队和其他资源管理者去寻找低消耗、开放架构、高速的指挥和控制方案,这些方案可以提供全面的能力,从高层次的控制可视化到战术控制。跨越战略、战役和战术功能的完整垂直整合是该方向的一个重要部分。由于固有的成本效益和缺乏供应商锁,在 C^4ISR 系统的软件层,开源模块已经被广泛使用。由于开源模块接受到尽可能广泛的关注,它们的安全缺陷在发展过程中很容易被发现和解决。在未来,我们会看到更多的开源项目的集成,最终实现完全的以开放社区为基础的 C^4ISR 系统。

参 考 文 献

[1] W3C. (2007). SOAP version 1.2, part 1: Messag – ing framework (2nd ed.). Retrieved from http:// www.w3.org/ TR/ soap12 – part1/#intro.
[2] ABC. (2010, July 26). WikiLeaks reveals grim Afghan war realities. ABC News.
[3] AFP. (2010, September 27). Stuxnet worm ram – paging through Iran.
[4] Alghamdi, A. S. (2009). Evaluating defense archi – tecture frameworks for C4I system using analytic hierarchy process. Journal of Computer Science, 5(12), 1078 – 1084ISSN 1549 – 3636.
[5] Anthony, H. D. (2002). C4ISR architectures, social network analysis and the FINC methodology: An experiment in military organizational structure. Information Technology Division, Electronics and Surveillance Research Laboratory – DS-

TO-GD-0313.

[6] BAE. (2009). DataSync Guard 4.0 data trans-fers across multiple domains with flexibility and uncompromised security systems. BAE Systems.

[7] Brehmer, B. (2010). Command and control as design. Proceedings of the 15th International Command and Control Research and Technology Symposium, Santa Monica, California.

[8] CBS. (2010, July 26). Wikileaks publishesAfghan War secret article. CBS News.

[9] CNSS. (2007). Committee on National Security Systems. CNSS Policy, 19.

[10] CNSS. (2010, April 26). National information assurance glossary. Committee on National Se-curity Systems. Instruction CNSSI-4009 dated 26 April 2010.

[11] CWID. (2009a). Assessment brief-Top performing technologies. Coalition Warrior Interoperability Demonstration (CWID). Hampton, VA: JMO.

[12] CWID. (2009b). Assessment brief-Interoper-ability trials. Coalition Warrior Interoperability Demonstration (CWID). Hampton, VA: JMO.

[13] Ericsson. (2006). C^4ISR for network-oriented de-fense. Ericsson White Paper. Retrieved from http://www.ericsson.com/technology/whitepapers.

[14] IATAC. (2010). Mission of Information Assurance Technology Analysis Center (IATAC). Retrieved from http://iac.dtic.mil/iatac/mission.html.

[15] IFF. (2010). Identification of friend & foe, ques-tions and answers. Retrieved from http://www.dean-boys.com/extras/iff/iffqa.html.

[16] ISO/IEC. (2007). Systems and software engineer-ing — Recommended practice for architectural description of soft-ware-intensive systems. ISO/IEC 42010 (IEEE STD 1471-2000).

[17] Janes. (2010). Sentry (United States) command information systems-Air. Retrieved from http://www.janes.com.

[18] Langer. (2010). Stuxnet logbook. Langer Produc-tion & Development.

[19] Lockheed. (2010). Lockheed Martin UK-Integrat-ed systems & solutions. Retrieved from http://www.lm-isgs.co.uk.

[20] Merriam-Webster. (2010). Cybersecurity. Re-trieved September 13, 2010, from http://www.merriam-webster.com/dictionary/cybersecurity.

[21] Michelson, M. (2009). French military donated code to Mozilla Thunderbird. PCMag.com. 12.10.2009.

[22] Microsoft. (2008). Microsoft case study: NATO accelerates Windows Vista deployment using the Windows Vista securi-ty guide. Retrieved from http://www.microsoft.com/casestudies/Case_Study_Detail.aspx?CaseStudyID =4000002826.

[23] MoD. (2004, November). Network enabled capa-bility handbook. Joint Services Publication 777, UK Ministry of Defence. Retrieved from http://www.mod.uk.

[24] MoD. (2005a). Architectural framework overview, version 1.0.

[25] MoD. (2005b). Architectural framework technical handbook, version 1.0.

[26] NAP. (1999). Realizing the potential of C4I: Fundamental challenges. Computer Science and Telecommunications Board (CSTB), Commission on Physical Sciences, Mathematics, and Applica-tions, National Research Council. Washington, DC: National Academy Press.

[27] NAP. (2006). C^4ISR for future naval strike groups. Naval Studies Board (NSB) Division on Engineer-ing and Phys-ical Sciences, National Research Council of The NationalAcademies. Washington, DC: The National Academies Press. Retrieved from www.nap.edu.

[28] NATO. (2007). NATO architectural framework, ver. 3 (Annex 1 to AC/322-D (2007) 0048).

[29] NATO. (2010). NATO information assurance. Retrieved from http://www.ia.nato.int.

[30] Navsea. (2007). Naval sea systems command. Retrieved from https://www.djc2.org.

[31] Nilsson, P. (2003). Opportunities and risks in a network-based defence. Swedish Journal of Mili-tary Technology, 3. Retrieved from http://www.militartekniska.se/mtt.

[32] Rand. (2009). Controlling the cost of C4I upgrades on naval ships. A study report for USN RAND Corporation. National Defense and Research Institute USA (2009).

[33] Reuters. (2010a). Update 2 – Cyber attack appears to target Iran – tech firms.

[34] Reuters. (2010b). What is Stuxnet? Robinson, C. (2002). Military and cyber – defense: Reactions to the threat. Washington, DC: Center for Defense Information.

[35] Saab. (2010). Safir software development kit for truly distributed C4I systems. Retrieved from http://www.safirsdk.com.

[36] Saenz, A. (2010). Stuxnet worm attacks nuclear site in Iran – A sign of cyber warfare to come on singularity hub.

[37] Sentek. (2010). C^4ISR solutions. Sentek Global. Retrieved from http://www.sentekconsulting.com/index.php.

[38] Sentry. (2010). C^2/C^4I systems: A strategic tool for extended air defense by ThalesRaytheon Systems (TRS). Retrieved from http://www.armedforces-int.com/article/c^2-c^4i-systems-a-strategic-tool-for-extended-air-defense.html.

[39] Shamir, A. (1979). How to share a secret. Com – munications of the ACM, 22(11), 612 – 613. doi:10.1145/359168.359176.

[40] Snort. (2010). Open source intrusion detection system. Retrieved from http://www.snort.org.

[41] Stallings, W. (2003). Cryptography and network security principles and practices (3rd ed.).

[42] Stanton, N. A., Baber, C., & Harris, D. (2008). Modelling command and control: Event analysis of systemic teamwork. Aldershot, UK: Ashgate.

[43] Stokes, M. (2010). Revolutionizing Taiwan's security – Leveraging C4ISR for traditional and non – traditional challenges. Retrieved from www.project2049.net.

[44] Thales. (2010). Link – Y brochure and specification document. Retrieved on October 15, 2010, from http://www.thalesgroup.com/LinkY/? pid=1568.

[45] Thales. (2010). Thales defence & security C4I systems division (DSC) research and contribu – tion to the cyber security. Retrieved from http://www.nis-summer-school.eu/presentations/Dan-iel_Gidoin.pdf.

[46] US – CERT. (2009). Quarterly trends and analysis report. US CERT, 4(1). Retrieved from http://www.us-cert.gov/press_room/trendsanalysisQ109.pdf.

[47] US – DoD. (1995). DoD integrated architecture panel. IEEE STD 610.12.

[48] US – DoD. (1997). C^4ISR architecture working group. (US) Department of Defense. C4ISR Ar – chitecture Framework Version 2.0.

[49] US – DoD. (2005). Guide to using DoD PKI cer – tificates in outlook security evaluation. (Group Report Number: I33 – 002R – 2005).

[50] US – DoD. (2007). Department of Defense architec – ture framework v1.5. Retrieved from http://www.defenselink.mil/nii/doc/DoDAF_V2_Deskbook.pdf.

[51] US – DoD. (2009). Department of Defense architec – ture framework v2.0. Retrieved from http://www.defenselink.mil/nii/doc/DoDAF_V2_Deskbook.pdf.

[52] USCESRC. (2009). China's cyber activities that target the United States, and the resulting impacts on U.S. national security. US China Economic and Security Review Commission 2009 Annual Report to Congress. Retrieved from http://www.uscc.gov.

[53] USDoD. (2005). The implementation of network – centric warfare. Force Transformation, Office of the Secretary of Defense. Retrieved from http://www.oft.osd.mil/library/library_files/docu – ment_387_NCW_Book_LowRes.pdf.

[54] Wiki. (n.da). What is wiki? Wikiorg, The Free Encyclopedia. Retrieved October 15, 2010, from http://wiki.org/wiki.cgi? WhatIsWiki.

[55] Wiki. (n.db). Thin client. Techterms, The Free Encyclopedia. Retrieved October 15, 2010, from http://en.wikipedia.org/wiki/Thin_client.

[56] Wiki. (n.dc). Techterms. Techterms, The Free Encyclopedia. Retrieved October 15, 2010, from http://www.techterms.com/definition/wiki.

[57] Wikipedia. (2010a). Identification friend or foe. Retrieved October 21, 2010, from http:// en. wikipedia. org/wiki/I-dentification_friend_or_ foe.

[58] Wikipedia. (2010b). Security focused operating system. Retrieved October 21, 2010, from http:// en. wikipedia. org/wiki/Security_focused_operat - ing_systems.

[59] Wortzel, L. M. (2009). Preventing terrorist at - tacks, countering cyber intrusions, and protecting privacy in cyberspace. U. S. China Economic and Security Review Commission, Testimony before the Subcommittee on Terrorism and Homeland Security, United States Senate.

[60] Zehetner, A. R. (2004). Information operations: The impacts on C4I systems. Australia: Electronic Warfare Associates.

补 充 阅 读

[1] Anderson, R., & Fuloria, S. (2009), "Security Economics and Critical National Infrastructure," in Workshop on the Economics of Information Security 2009.

[2] DHS (2009), A Roadmap for Cybersecurity Re - search, Technical Report by the Department of Homeland Security, November 2009.

[3] IATAC CRTA Report (2002). Network Centric Warfare, 14 May 2002.

[4] IATAC CRTAReport (2003). Wireless WideArea Network (WWAN) Security 14 May 2003.

[5] IATAC SOAR Report (2001). Modeling And Simulation for Information Assurance, 14 May 2001.

[6] IATAC SOAR Report (2005). A Comprehensive Review of Common Needs And Capability Gaps, 21 July 2005.

[7] IATAC SOAR Report (2007). Software Security Assurance 31 July 2007.

[8] IATAC SOAR Report. (2008, October). The In - sider Threat. Information Systems, 10.

[9] IATAC SOAR Report (2009). Measuring Cyber Security and InformationAssurance, 8 May 2009.

[10] USAF Instruction(2005a). Communications security: Protected Distribution Systems (PDS). Air Force Instruction 33 - 201, Volume 8 dated 26 April 2005.

[11] USAF Instruction(2005a). Emission Security. Air Force Instruction 33 - 203, Volume 1 dated 31 October 2005.

[12] USAF Instruction(2005a). Emission Security. Air Force Instruction 33 - 203, Volume 3 dated 2 November 2005.

[13] Jenkins, D. P. Contributing author (2008). Mod - eling Command and Control: Event Analysis of Systemic Teamwork. Ashgate: Aldershot.

[14] Salmon, P. M., Stanton, N. A., Walker, G. H., Jenkins, D. P., Ladva, D., Rafferty, L., & Young, M. S. (2009). Measuring situation awareness in complex systems: Comparison of measures study. International Journal of Industrial Ergonomics, 39(3), 490 - 500. doi:10. 1016/j. ergon. 2008. 10. 010.

[15] Walker, G. H., Stanton, N. A., Jenkins, D. P., & Salmon, P. M. (2009). From telephones to iPhones: Applying systems thinking to networked, in - teroperable products. Applied Ergonomics, 40(2), 206 - 215. doi:10. 1016/j. apergo. 2008. 04. 003.

[16] Walker, G. H., Stanton, N. A., Salmon, P., Jenkins,D. P., Monnan, S., & Handy, S. (2009). An evolu - tionary approach to network enabled capability. International Journal of Industrial Ergonomics, 39(2), 303 - 312. doi:10. 1016/j. ergon. 2008. 02. 016.

[17] Walker, G. H., Stanton, N. A., Salmon, P. M., Jenkins, D., Revell, K., & Rafferty, L. (2009). Measuring Dimensions of Command and Control Using Social Network Analysis: Extending the NATO SAS - 050 Model. International Journal of Command and Control, 3(2), 1 - 46.

[18] Walker, G. H., Stanton, N. A., Salmon, P. M., Jenkins, D., Stewart, R., & Wells, L. (2009). Us - ing an integrated methods approach to analyse the emergent properties of military command and control. Applied Ergonomics, 40 (4), 636 - 647. doi:10. 1016/j. apergo. 2008. 05. 003.

[19] Walker, G. H., Stanton, N. A., Salmon, P. M., & Jenkins, D. P. (2008). A review of sociotechni - cal systems theory: A classic concept for new command and control paradigms. Theoretical Issues in Ergonomics Science, 9(6),

479-499. doi:10.1080/14639220701635470.

[20] Walker, G. H. , Stanton, N. A. , Salmon, P. M. ,& Jenkins, D. P. (2009). How can we support the commander's involvement in the planning process? An exploratory study into remote and co-located command planning. International Journal of Industrial Ergonomics, 39(2), 456-464. doi:10.1016/j.ergon.2008.12.003.

关键术语和定义

主动攻击:一种攻击方式,攻击者非授权地修改数据或信息系统资产。

利益共同体(COI):COI 是一个协作用户集合,所有用户为了追求共同的目标或完成共同的任务共享和交换信息。

COMSEC:通信安全方法,包括使用加密技术,在数据被入侵者获得后,避免数据内容的破译。

赛博安全:赛博安全是在面临网络攻击的情况下进行阻止、分析并响应攻击的相关活动。及对攻击做出相应的反应。

INFOSEC:信息安全是一些安全措施,通过这些措施可以确保数据和 IT 相关服务的完整性、可用性和机密性。

被动攻击:是这样的攻击行为,攻击者并不修改数据或系统,只是观察和检测数据、系统信息或系统行为。

TEMPEST:瞬变电磁脉冲辐射标准也是一些安全措施,可以用于确保设备传输的电磁信号不会被破译,并且不会根据这些信息推导出设备的操作行为以及处理的数据。

缩 写 词

ACDS/SSDS:先进作战指挥系统/舰艇自防御系统
ACDT:先进概念技术示范
AEHF:先进极高频
AES:高级加密标准
AHP:层次分析法
AIP:反潜战系统改进,MPA 海上巡逻机
ATWCS/TTWCS:先进战斧武器控制系统/战术战斧武器控制系统
BGPHES:战斗群被动地平线推广体系
BLOS:超视距
C^2:指挥,控制
C^4ISR:指挥、控制、通信、计算机、情报、监视和侦察
CDCIE:跨域协同信息环境
CDF:作战指挥发现
CECDDS:协同作战能力的数据分发系统
COMSEC:通信安全
COP:通用作战图像

COTS：商业成熟产品

CSTE：分类、无状态可信环境

CV/TSC：载波/战术支援中心

CWID：战争互操作演示

DES：数据加密标准

DJC2：可部署的联合指挥控制

DODAF：美国国防部架构框架

DOS：拒绝服务攻击

DSCS：国防卫星通信系统

DTD：数据终端设备

EHF：极高频

EMF：管理框架

ESM：企业系统管理

FOS：系统家族

GAL：全局地址列表

GBS：全球广播系统

GCCS：全球指挥控制系统

GIG：全球信息网格

HAIPE：高保障互联网协议加密器

HF：高频

ICT：信息和通信技术

IMINT：图像情报

INFOSEC：信息安全

INTELSAT：情报卫星

IPC：网络协议融合

JMPS：联合任务规划系统

JSIPS-N：联合服务图像处理系统—海军

JTISD：联合战术信息分发系统

JTRSWNW：联合战术无线电系统宽带网络波形

KRA：密钥恢复局

LAMPS：轻型机载多用途系统

LLC：链路级 COMSEC

LOS：瞄准线

MANET：移动 adhoc 网络

MASINT：测量与特征信号情报

MD5：一种消息摘要算法

MODAF：国防部架构框架

MPA：海上巡逻艇

MUOS：移动用户目标系统

NAF:NATO架构
NAVSSI:导航传感器系统接口
NBD:基于网络的防御
NCO:网络中心行动
NCW:网络中心战
NEC:启用网络能力
NetD-COP:网络防御通用作战图像
NIST:国家标准技术研究会
OS:操作系统
PC:个人电脑
PEM:隐私增强邮件
S/MIME:安全多用途因特网邮件扩展
SIGINT:信号情报
SMS/NAVMAC:存储管理系统/海军模块化自动通信系统
SNC:系统网络控制器
SOA:面向服务架构
SPCs:信号处理控制器
STDN:安全战术数据网络
TACTICELL:战术蜂窝
TADIL:战术数字信息链路
TAMD:战区防空反导
TBMCS/JTT:战区作战管理核心系统/联合战术终端
TDS/DLP:战术数据系统/数据链路处理器
TEMPEST:瞬变电磁脉冲辐射标准
TLS:传输层安全
TPT:最佳技术
TRMS:类型指挥官就绪管理系统
TSAT:美国转型卫星通信系统
UAVs:无人机
UFO:超高频跟踪
UHFLOS:超高频瞄准线
USW:水下作战
VHF:甚高频
VPN:虚拟专用网络
WGS:宽带填隙系统

第 13 章 基于工业标准和规范的实用 Web 应用程序安全审计

Shakeel Ali Cipher Storm 公司，英国

——| 摘要 |——

快速变化的 Internet 威胁给安全专家带来了巨大的挑战，要求他们采用高级的防御技术、策略和流程保护 IT 基础设施。目前，大概 80% 的应用程序基于 Web 且对外部访问开放。大量安全问题往往不仅依赖于系统配置，也依赖于应用程序空间。将安全功能集成到应用程序中是常见的做法，然而评估其效果仍然需要使用结构化的系统方法，测试应用程序在部署前后面临的所有可能威胁。本章中提出的应用程序安全评估流程和工具主要基于 PCI–DSS、ISO27001、GLBA、FISMA 和 HIPAA 等工业安全标准和规范，并与它们进行了匹配，以满足强制性要求。此外，为保证防护体系结构，本章中还讨论了 Web 应用防火墙，并通过对三种安全标准 (WASC、SANS、OWASP) 的对比给出了威胁分类总体视图。

13.1 引言

在过去的 20 年中，Web 技术的发展极大地改变了用户在 Internet 上使用和交流信息的方式。为了满足人们广泛沟通的需要，简单的公司网站逐渐变为功能丰富的复杂应用程序，各个应用程序分别进行开发，采用不同的技术族，担负着不同的特定任务 (Andreu, 2006)[1]，从而令应用程序及其基础设施以不同方式暴露于攻击之下。在商业世界中，应用程序的脆弱性可能来自多个方面，例如开发时限压力、安全知识缺乏、没有制定详细安全规范、由不安全的第三方组件引入，以及与底层操作系统和网络的不兼容等。应用服务器技术间的这种逻辑融合正是威胁和漏洞的祸根，通常而言，Web 应用程序包含登录、会话跟踪、用户权限实施、角色分配、数据访问、应用逻辑以及注销等功能 (Cross 等, 2007)[5]，其体系结构可划分为 3 个基本层次，即 Web 服务器、应用程序和数据存储，各层的输入输出都代表了其分析处理结构和可能的攻击维度，包括但不限于 SQL 注入、跨站脚本、缓冲区溢出、会话劫持、突破访问控制、路径遍历、配置不当、信息泄露和拒绝服务等。为了阻止这些攻击，弥补应用程序的漏洞，本节将提出一种利用开源免费工具对漏洞进行发现、评估和验证的定制安全测试流程。该流程基于 OSSTM 和 ISSAF 两种开源方法学混合驱动，并且选择的工具符合特定等级行业标准和规范，这样不但能够满足测试每个阶段的合规性要求，而且能够为技术目标提供法律依据。本章还以 ModSecurity 和 WebKnight 两种工具为例，介绍了 Web 应用防火墙的概念，以实现对企业环境中应用程序基础

设施的充分保护。此外,为了直观地说明应用程序面临的威胁,本章还通过3种核心安全标准的对比,描绘了威胁的通用视图,以帮助读者更好地理解和评估。

13.2 背景

安全评估流程可以集成到常规开发生命周期中,然而,在许多情况下,安全评估任务是由对系统没有先验知识的第三方承包商或外部人员完成的。这就将安全评估的视角分为两大类:白盒评估与黑盒评估。在黑盒评估活动中,执行测试的实体对测试对象没有了解,而在白盒测试中则假定测试者了解系统内部的流程和功能。有数种安全审计,也有多种可以应用安全审计的IT标准,成功的审计能够发现系统的潜在脆弱性,而失败的安全审计则无法保障系统或应用的安全性(Wright, 2008)[15]。

在自动化和人工安全测试工具间存在明显的区别,大多数自动化工具设计用来检测基于基础设施和应用程序的脆弱性,难以取代人工进行业务逻辑评估(Navarrete, 2010)[11]。安全测试的基本目标是确保系统中不存在可让攻击者利用、非法访问甚至篡改数据的脆弱性,这正凸显了人工业务逻辑测试的重要性。因此,哪怕是进行最小化的针对性测试,也能发现技术问题并暴露其他方式无法检测应用程序的复杂脆弱性。

由于大量企业应用程序中快速引进web2.0技术,站点的所有权日益去中心化,带来了广泛的恶意内容/代码控制与评估风险(Moyse, 2010)[10]。

通常而言,Web2.0平台由对异步Javascript和XML(AJAX)、层叠样式表(CSS)、Flash和ActiveX等技术的高级应用构成。Web技术的这一进步允许用户定制个人的Web内容而非被静态页面所束缚,但是,它也引起了许多安全问题。其中也包括由Web1.0时代继承而来的所有缺陷,例如,跨站脚本(XSS)攻击在Web 1.0应用程序中就已流行,但在Web2.0中,由AJAX技术提供的丰富的攻击面给了该攻击形式更多的机会(Cannings, Dwivedi, & Lackey, 2007)[4]。

在不远的未来,下一代Web3.0技术将带来更多的进步与挑战,Kroeker[8]指出,Web3.0将"帮助发现人群的智慧",它的技术平台将由Web2.0向语义技术迁移,以实现数据互连与定制。由Web 2.0向Web 3.0的过渡将带来更多的严重安全问题,引入新的攻击类型或现有攻击变种。因此,进行安全审计并用CIA(保密性、完整性、可用性)三元组对应用程序安全评估结果的准确性和效率进行度量,能够提供已知和未知脆弱性的深度解析。并且,安全测试流程中所涉及的工具与其输出应当始终保持对应,以便于测试者将这些工具纳入工业标准和规范中,从而消除测试解决方案和监管方认可间的鸿沟。应用程序安全评估是一个必须彻底并及时进行的关键过程,然而大型企业环境中往往拥有数千个应用,对它们逐一单独测试无论在成本还是质量上均不可行,因此使用WAF(Web应用防火墙)技术为这些应用设立边界防护能够简化安全流程,并对为绝大部分的流行威胁提供充足的第七层防护。

综上所述,本章的主题是提出一种结构化、系统化的Web应用程序测试方法,并指出一批可集成到测试流程中、满足标准和规范需求的测试工具。

13.3　安全评估方法学

取决于应用程序的体积和复杂度,评估其安全性往往是一个对时间敏感的挑战性任务,业界现已提出了多种评估方法学,以覆盖评估流程某一基本需求;其中有的方法侧重测试的技术层面,而另一些则以管理标准为测试目标,还有极少数则二者兼顾。这些方法的基本理念是按步骤执行不同的测试集与测试场景,检验被测系统的安全性。下文中将通过讨论两种流行方法学及其相关特性和优点,对安全测试流程进行全面解析,以帮助行业专家评估和认证适应他们测试原型的策略,其后则将展示如何融汇这两种方法,定制安全测试流程,制定实用的 Web 应用程序安全测试路线图。但是,必须认识到安全是一个持续改进的过程,只使用任何单一的方法均无法全面反映评估应用程序风险,尽管解决方案和方法层出不穷,其中许多还自诩能让安全问题暴露无遗,然而只有适应你的应用程序标准的方法和解决方案才是最佳选择。Bonvillain[3]等基于用途、优缺点等对安全分析方法进行了分类。但是,选择最佳的方法还需要正确认知系统并权衡时间和资源成本,各种安全评估方法及相关时间和资源成本如图 13.1 所示。不对系统需求进行专家评审就在安全测试中投入大量的资金和资源可能危及核心商业活动。

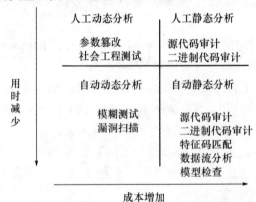

图 13.1　影响安全分析方法的时间和成本因素

另一个有趣的概念是使用 Mortman – Hutton 模型[9],基于"漏洞被利用概率"原则仿真系统或者应用的脆弱性,它展示了一种在不同层次对"黑帽"动机和攻击分类的预见性方法。然而由于该方法还处于初步探索阶段,它还缺少指导风险评估操作所需的指南和流程。可见,不同的方法代表着不同的安全评估方式,而具体如何选择则取决于技术需求、业务目标、法规要求、技术可用性和专家知识等因素。

下面,我们将讨论两种流行的评估方法学,开放源代码安全测试方法学手册 OSSTMM (Open Source Security Test Methodology Manual, OSSTMM)[7] 和信息系统安全评估框架 (Information System Security Assesment Framework, ISSAF)[12] 的核心测试原则、特性和效益。

13.3.1　开放源代码安全测试方法学手册(OSSTMM)

OSSTMM 是一种确定性的安全性测试与分析流程,并被大多数组织公认为国际标准。

它主要基于科学方法,对与业务目标相关的运营安全及其财务成本进行度量。从技术角度来看,该方法可以分成四个主要部分,即范围(Scope)、通道(Channel)、索引(Index)和向量(Vector)。其中,"范围"定义了目标操作环境及其所有资产;"通道"则定义了和这些资产进行通信和交互的方法,又可进一步分为物理、频谱和通信三大类,每个通道都代表必须在评估中进行验证的特定安全元素集,包括心理学、物理安全、无线通信介质、数据网络和电信设施等。"索引"是将目标中资产按照其 IP 地址、MAC 地址、主机名等特定标识进行分类的方法。最后,引入"向量"概念,决定用于评价各项功能性资产的多个指标。对上述四者进行综合,即可建立一个对目标环境进行总体评估的实用路线图,称为审计范围(Audit Scope),此外,为了补充完整不同形式的安全测试,OSSTMM 方法将其测试分为 6 个通用功能安全测试类,如表 13.1 所示:

表 13.1 OSSTMM 安全测试分类

测试类型	定 义	范例
盲测	审计人员无需了解关于目标系统的前置知识,但在执行审计范围前通知被测试的目标	正面黑客攻击 攻击演习
双盲测试	审计人员无需了解关于目标系统的前置知识,执行审计范围前也不通知被测试的目标	黑盒审计 渗透攻击
灰盒测试	审计人员对目标系统有有限了解,测试前通知目标	漏洞评估
双灰盒测试	审计人员对目标系统有有限了解,测试前通知目标审计访问和测试时限,不对通道和向量进行测试	白盒审计
串列测试	审计者和被测目标均了解审计范围,执行全面测试,对目标的保护等级和控制措施进行评估	内部审计 水晶盒(crystal Box)审计
逆向测试	审计人员对目标系统具备全面了解,目标对测试时间和方式一无所知	"红队"测试

使用 OSTMM 框架,由上文定义的五个逻辑通道派生的一系列测试用例进行组合,可以很方便地执行几乎任何类型的安全测试,对数据控制、过程安全、访问控制安全、边界保护、信任校核、物理位置、安全意识、欺诈保护控制以及其他多种安全机制进行全面的检验。OSSTMM 的技术主题是准确关注要测试哪些项目,如何测试它们,在测试前、中、后分别适合何种测试手段,以及如何对测试结果进行一致可靠的关联。公认安全度量是用于表征目标当前受保护状态的宝贵工具,为此 OSSTMM 方法学提出了风险评估值(Risk Assessment Values,RAV)的概念,RAV 通常是由安全分析的结果得出的,通过计算运营安全、损失控制和局限性的权值,最终得出称为 RAV 分数的安全数值,审计人员可以利用 RAV 分数制定安全目标和工作里程碑,提升安全防护水平。从商业角度上来看,RAV 可以帮助控制安全解决方案的投资额度,从而取得投资效益的最大化。

13.3.1.1 关键特性

- 它是一种开源的方法学,由安全和开放方法学研究院(Institute for Security and Open Methodologies, ISECOM)维护;
- 它的审计流程可以大幅度降低漏报和误报,提供对运营安全的精确量度;
- OSSTMM 也适用于正面黑客攻击、渗透测试、漏洞评估白盒审计、"红队"测试等其他多种审计方式;

- 能够确保评估全面涵盖所需通道,符合目标情况,得到的融合评估结果具备一致性、可量化、可重复;
- 该方法分为四个执行阶段,分别称为监管阶段(Regulatory Phase)、定义阶段(Definition Phase)、信息阶段(Information Phase)和控制测试阶段(Control Test Phase),在每个阶段中均对目标环境的相关信息进行获取、评估和验证。
- 使用 RAV 方法进行安全度量,RAV 通过计算运营安全、损失控制和安全局限性三组数据集评估目标安全,最终得出代表目标当前安全级别的 RAV 分数。
- 安全测试审计报告(Security Test Audit Report,STAR)是正式的 OSSTMM 审计报告模板,对测试标准、风险评估值和每个测试阶段的输出给出总结。

13.3.1.2 优点

- OSSTMM 被接受为安全测试国际标准,具备全行业的知名度和客户保障;
- 经过认证,满足需求的 OSSTMM 审计可有资格得到 ISECOM 的直接认证;
- OSSTMM 方法学可适合多种政府法律、行业规章和业务政策,包括但不限于:ISO 17799、Check Point 端点安全集团检查(CESG Check)、信息技术基础架构库(ITIL)、支付卡行业数据安全标准(PCI – DSS) 1.0、NIST – 800 系列、Sarbanes – Oxley 法案(SOX)、金融服务现代化法案(Gramm – Leach – Blile Act,GLBA)、国防部 FM 31 – 21 等。
- 该方法定期更新测试内容,以引入最佳实践、法规政策和伦理考量;
- 使用 OSSTMM 培训雇员并鼓励他们获取 ISECOM 专业认证,进行自主审计,不但能够提高组织效率,也能节约雇佣第三方审计的成本。

13.3.2 信息系统安全评估框架(ISSAF)

ISSAF 是另一种开源安全评估方法学,它的框架被分为数个域(domain),以反映信息系统安全评估的完整流程,每个域都使用专有的评估标准和目标以提供安全评估所需的领域输入。该框架的主要目标是通过定义可集成到常规业务生命周期,准确、完全、有效地达成安全目标的流程,从而满足组织的安全测试需求。ISSAF 的统一思路是将安全测试的两个主要方面:技术和管理进行提炼和综合。在管理方面,ISSAF 规定了评估阶段应当覆盖的最优措施和业务管理,而在技术方面,则通过技术图谱给出建立有效的安全评估流程需要遵循的必要步骤。读者务必注意的是,ISSAF 将评估定义为一套流程而不是一次审计。这是因为审计需要更为完善的机构颁布基础的标准。ISSAF 评估框架分为计划、评估、修复、评审和维护五个阶段,每个阶段中都包括了灵活通用、适用于任何组织结构的专门基线或活动集。各阶段输出则包括了运营活动、安全计划管理,以及系统脆弱性全局图。评估流程采用所需最短路径分析目标中可被轻易利用的严重漏洞。ISSAF 的总体评估方法和 OSSTMM 有些类似,然而在处理技术问题时却区别很大。ISSAF 提供了一套广泛详细的安全评估框架,可对多种技术和流程进行测试,但这就带来了维护问题,为了反映最新的技术评估标准,必须经常更新评估框架,因而需要更多维护投入。相比之下,OSSTMM 受到此类"过时"问题的影响较小,因为评估人员可以采用同一套方法,运用不同的工具和技术完成不同的安全评估任务,作为一套总体框架,ISSAF 声称提供最新的信息,包括安全工具、最优措施和管控问题,改进评估效果,而且能与 OSSTMM 或其他测试方法学联合使用,实现优劣互补。然而,读者应当了解,与 OSSTMM 方法相比,ISSAF 当前仍不成熟,且稍显过时。

13.3.2.1 关键特性

- 是一种开源结构化框架,由开放信息系统安全集团(Open Information Systems Security Groups,OISSG)维护。
- 提出了一种很有价值的保障业务安全的方法,即从深度和广度上对当前防护进行评估以发现脆弱性,从而增强组织的安全流程和技术。
- 框架扩展了信息安全的多个领域,包括签约管理、风险评估、信息安全策略、业务架构和管理、控制评估和良好实践等。
- ISSAF 的技术控制项包括渗透测试方法学、物理安全评估、运营管理、变更管理、安全意识、事件管理、业务持续性管理以及法规依从性。
- 渗透测试方法学是评价网络、系统和应用程序控制的过程,ISSAF 的方法学则关注评估多种具体技术,如路由器、交换机、防火墙、IDS、虚拟专用网、存储区域网、AS400 大型机、各种操作系统、Web 服务器、数据库、Web 应用程序等。

13.3.2.2 优点

- 组织贯彻 ISSAF 规范进行评估可以获得 ISSAF 认证;
- 具备全行业知名度、满意度、客户信任、商誉、更佳的生产效率,并能与商业目标一致;
- 使管理层能够识别并理解组织安全政策、控制措施和流程中的缺陷,从而通过先发制人地处理脆弱性,降低风险;
- 通过实现安全评估的管理和技术视图所共同关心的控制项目,在二者间搭建了桥梁;
- 提供与平台对应的评估准则、程序和清单,用于识别、评估和验证严重脆弱性。

13.4 应用程序安全评估过程

信息安全是一个广泛的主题,涵盖与多种安全威胁相关的大量因素,而保障 Web 应用程序安全就是其中之一。保障应用程序安全最有效的方法是从设计和编码层次就开始进行安全标记(Doraiswamy 等,2009),然而,开发阶段没有执行安全集成措施的程序也屡见不鲜,这就要求进行应用程序安全测试,评估对应用程序基础架构的威胁数量。安全测试过程中分析的控制项攻击和弱点包括 SQL 注入、跨站脚本(XSS)、跨站请求伪造(CSRF)、不安全的索引、访问控制、会话预测和固定、缓冲区溢出、整数溢出、远程和本地文件包含、错误配置、路径遍历、拒绝服务、信息泄露等。此外,Web 技术和攻击的日益复杂化也高度武装了最终用户,赋予了他们无需相关知识甚至动机即可进行网络犯罪的能力,包括发送垃圾邮件、传播恶意软件以及窃取敏感信息。通过对 Web 浏览器和其他第三方软件脆弱性的利用,攻击空间已由服务器端延伸到客户端(Smith 等,2009)[14]。因此,防护服务器端应用程序就成为关键任务,需要能够满足最高安全需求的合适的保障机制。而其中分析应用程序,提炼其威胁轮廓,制定测试计划,并执行测试用例则是必须正确执行的关键领域。这也是采用结构化系统化方法测试 Web 应用程序的重要性所在,本节中介绍的基于实践路线图的典型应用程序评估过程如图 13.2 所示,图中的每一个阶段都引入了一些满足知名行业标准和规范的自由或开源应用程序评估工具。各个工具的合规性约束是依据其特性和能力进行定义的，可供需要在遵从管理规范前提下测试应用程序的读者参考。

图 13.2　应用程序安全评估流程

13.4.1　信息收集

信息收集（或称侦察）是 Web 应用程序安全性测试的第一个阶段，也是最重要的阶段，因此，收集的任何信息都很重要，因为它们能够帮助测试人员熟悉测试目标以正确执行后续测试。本阶段涵盖的技术领域提供目标背景、操作系统、开放端口以及其他资源信息。其中背景信息是指可在 Internet 上获取的目标网络信息，例如 IP 地址、组织 email 地址、基础设施信息、管理人员数据以及 DNS 记录等。与用于探测目标操作系统的重要技术操作系统指纹相似，可以使用 Web 服务器指纹技术探测目标 Web 服务器；获取应用程序信息则可以通过开放端口映射识别服务，或分析报错页面以获取泄露信息、系统支持文件类型、枚举资源、挖掘源代码等方式；也可以运用信息挖掘技术对 Internet 上公开的分散信息进行分析和组织，总之，本阶段的核心工作就是探测目标应用程序系统及其运行使用的基础设施信息。接下来将介绍能够更快更有效地进行自动化信息收集的工具。

13.4.1.1　Maltego

Maltego 是一款用途广泛的信息收集与数据挖掘工具。利用该工具，测试人员可以在搜索引擎等 Internet 公开资源中挖掘收集目标网络基础设施和个人信息，并对收集到的信息进行可视化显示，以发现搜索结果的内在联系。Maltego 的信息收集过程分为两个阶段，第一个阶段是枚举域名、Whois 信息、DNS 名称、网段和 IP 地址等基础设施信息，而第二个阶段则是获取目标相关的个人信息如邮件地址、网站详情、电话号码、社交网络群组、公司和组织信息等。此外，它还具备 email 地址验证、博客标签和词组搜索、从文档提取元数据、识别网站内链/外链等功能。

合规性约束

与 Maltego 使用相关的法规条目：

PCI – DSS 11.2

医疗保险流通与责任法案（HIPAA）164.308(a)(8)

GLBA 第 314.4(c)

联邦信息安全管理法案（FISMA）RA – 5

SOX A13.3

13.4.1.2 NMap

NMap 是一个功能十分强大丰富的网络扫描工具,能够帮助测试人员评估网络的多项特性,得出网络系统架构的终极全景图。它可以用于扫描指定 IP 地址或主机名的开放端口、检测操作系统、识别服务和其他网络参数。NMap 支持 SYN 扫描、TCP 连接扫描、FIN 扫描、Xmas 扫描、Null 扫描、Ping 扫描、UDP 扫描、ACK 扫描、窗口扫描、RPC 扫描、List 扫描、空闲扫描和 FTP 反弹扫描等数十种扫描方法,组合使用这些可以充分发挥其威力。Nmap 的其他功能,如操作系统指纹、服务探测(可获取应用程序名称和版本)、主机发现、IP 欺骗和结构化输出等,在企业环境中进行安全评估时也十分有用。

合规性约束

与 NMap 使用相关的法规条目:

ISO 27001/27002 12.6, 15.2.2, PCI – DSS

11.3, 11.2, HIPAA 164.308(a)(8), GLBA 16 CFR Part 314.4(c), FISMA RA – 5, SI – 2, SOX A13.3

13.4.1.3 SkipFish

SkipFish 是一个用于枚举网络资源的综合性工具,通过应用递归爬虫和基于字典的探测等先进技术,它能够抓取网站全部内容,生成交互式站点地图,从而给出 Web 服务器上资源的可视映像。SkipFish 也支持自动构造字典、基于概率的扫描、二义路径启发式扫描以及基于定制过滤器规则的路径语义流程处理等高级功能。对于审计人员,了解 Web 服务器的内部结构至关重要,因为它可能暴露某些应用程序部署情况,包括支持的文件类型、丢失或损坏的连接、敏感信息、默认配置直至应用程序源代码。

合规性约束

与 SkipFish 使用相关的法规条目:

ISO 27001/27002 12.6, 15.2.2, PCI – DSS

6.3, HIPAA 164.308(a)(1)(i), GLBA 16 CFR

314.4(b) 和 (2), FISMA RA – 5, SA – 11, SI – 2, SOX A12.4

13.4.1.4 DMitry

Dmitry 是一种优秀的信息收集工具,其主要设计思想是通过多个 Internet 资源尽可能地搜集目标信息,包括 whois 查询、email 挖掘、子域定位、TCP 端口扫描、获取系统运行时间、操作系统版本和 Web 服务器版本查询等基本功能,并且其模块化设计还可通过增加新的定制模块进行功能扩充。测试人员不但可以应用 dmitrys 内置功能获取大量的目标信息,也可以集成附加功能模块进行进一步的探测。

合规性约束

与 Dmitry 使用相关的法规条目:PCI – DSS 11.2, HIPAA 164.308(a)(8), GLBA 16CFR Part 314.4(c), FISMA RA – 5, SOX A13.3

13.4.2 脆弱性定位

在获取了足够的目标情报后,就可以进行脆弱性识别和分析,该阶段基于信息收集阶段的结果,分析测试目标的已知与未知脆弱性。为了高效定位脆弱性,需要针对所评估的技术提出一个有限标准集,制定可靠的准则,应用独有的技术,寻找目标应用程序可能的缺陷。本书高度推荐读者参考下文介绍的开放 Web 应用程序安全计划(Open Web Application Security Project,OWASP)或者 Web 应用程序安全联合会(Web Application Security Consortium,WASC)准则。这些准则提供了多种可在目标环境中进行验证的攻击和弱点的技术信息。而在整个过程中,可以使用几种自动化工具,以最大程度减小所需耗费的时间和资源,这些工具既可以自主工作,对目标进行知名漏洞库的遍历测试,在必要情况下,也能接收输入数据进行人工检验。不论采用哪种工作方式,输出的结果都应当进行验证,以尽量消除漏报和误报,从而为下一步的漏洞利用打下坚实的基础。

13.4.2.1 Nessus

Nessus 是一个多功能漏洞扫描器,可用于企业级网络、设备和应用程序的审计。它内置了多种定期更新,可以按照测试指标自由选择测试插件,并且采用模块化设计,允许熟悉 Nessus 攻击脚本语言(NASL)的测试人员定制和扩展其功能。Nessus 集成的核心审计模块包括:基于网络的漏洞扫描、补丁审计、配置审计、Web 应用程序评估、资产盘点以及其他平台针对性的安全测试等。在完成扫描后,Nessus 还能针对发现的漏洞和攻击给出修补方案并生成报表。全面可靠的功能令 Nessus 成为评估应用程序及其底层服务器基础设施的最佳工具。

合规性约束

与 Nessus 使用相关的法规条目:ISO 27001 – 27002 12.6, 15.2.2, PCI – DSS 11.2, 6.6, HIPAA 164.308(a)(8), GLBA 16CFR Part 314.4(c), FISMA RA – 5, SI – 2, SOX A13.3

13.4.2.2 Burp 套件

Burp 套件是一套 Web 应用程序测试工具集,具备健壮的框架和集成平台,包括代理拦截器、扫描器、数据包重放器、Web 爬虫、入侵工具、序列器、比较器和解码器等,能够实现快速方便的安全评估。其评估流程具有良好的扩展性,可以组合使用自动化和人工手段对 Web 应用程序环境进行发现、分析和攻击,工具的测试结果可以相互共享使用,有效帮助评估人员发现应用程序中的安全缺陷。Burp 支持的攻击检测项目包括客户端控件、鉴权、会话管理、访问控制、注入、路径遍历、跨站脚本、应用程序逻辑和 Web 服务器不当配置等。总的来说,Burp 套件提供了一套对应用程序安全控制项进行评测的实用工具。

合规性约束

与 Burp 套件使用相关的法规条目:

ISO 27001/27002 12.6, 15.2.2, PCI – DSS 6.3, HIPAA 164.308(a)(1)(i), GLBA 16 CFR 314.4(b) and (2), FISMA RA – 5, SA – 11, SI – 2, SOX A12.4

13.4.2.3 Wapiti

Wapiti 是另一个 Web 漏洞扫描器,采用黑盒测试方法对 Web 应用程序进行测试,它首先扫描所有 Web 页面,寻找数据注入点和可能被利用执行恶意代码的脚本漏洞,然后对扫描得到的疑点,进行安全漏洞匹配和模糊测试以识别漏洞页面。Wapiti 支持检测的漏洞类型包括 SQL 注入、XPath 注入、跨站脚本、LDAP 注入、命令执行、会话固定和其他已知应用程序安全问题集等。它能帮助审计人员换位思考,用攻击者的思路寻找已知和未知的漏洞。

第 13 章　基于工业标准和规范的实用 Web 应用程序安全审计

合规性约束

与 Wapiti 使用相关的法规条目：ISO 27001/27002 12.6, 15.2.2, PCI-DSS 6.3, 11.3, 11.2, HIPAA164.308(a)(1)(8)(i), GLBA 16 CFR 314.4 (b)(c)(2), FISMA RA-5, SA-11, SI-2, SOX A12.4, A13.3

13.4.2.4　SQLmap

SQLMap 是一个数据库安全评估专用工具，用于进行 SQL 注入漏洞检测和渗透测试，当前大量 Web 应用程序使用 ASP、PHP、JSP 等动态技术开发，因而往往使用数据库存储敏感信息，包括用户鉴权、客户资料、信用卡数据等，这就为攻击者利用程序层和数据层的接口，通过注入 SQL 查询非法获取数据库信息大开方便之门。SQLMap 通过全面检查 Web 应用程序的输入接口，自动寻找此类漏洞，它支持的功能包括数据库指纹、数据提取、操作系统级文件系统访问和命令执行等。

合规性约束

与 SQLMap 使用相关的法规条目：

ISO 27001/27002 12.6, 15.2.2, PCI-DSS

11.3, 11.2, 6.6, HIPAA 164.308(a)(8), GLBA 16 CFR Part 314.4 (c), FISMA RA-5, SI-2, SOX A13.3

13.4.3　漏洞利用

进入本阶段时，审计人员已经获得了所有用于开发已发现漏洞的攻击代码（程序或脚本）的必要信息。这些利用代码通常以操作系统、Web 服务器或其他第三方程序已知软件为目标。众所周知的是，有些黑客组织专司研究此类代码并在 Internet 上公开发布或者在小圈子里传播，因此，研究漏洞并找到适合的利用代码就成为审计人员的职责。本节将介绍一种自动化漏洞利用工具，既可将发现的漏洞与已知利用代码库匹配，也可作为利用代码的开发平台。请读者务必了解，开发漏洞利用代码的工作涉及面极为广泛，知识、技能、想象力、创造性缺一不可。通过评估目标的脆弱性，即可确认其是否易受公开发表的漏洞攻击。整个流程需要模仿攻击者的行为和思路，以指引审计人员研究漏洞利用代码的正确途径。关注利用漏洞代码数据的资源、寻找和利用公开利用代码库，依据漏洞选择和使用利用代码是决定漏洞利用成败的关键任务。负责的审计人员应当对执行漏洞利用代码的目标了如指掌，它们将为下一步的商业决策提供基础。

13.4.3.1　Metasploit 框架

Metasploit 是一套强大的自动化漏洞利用框架，它内置了全面的攻击库，包括利用代码、攻击载荷、编码器和辅助工具。每一个子集都代表不同的渗透测试功能，例如，审计人员确认目标运行着某有漏洞的 Web 服务器软件，并在 Metasploit 数据库中找到了其漏洞对应的利用代码，那么他就可以通过使用合适的载荷，获取对目标系统的长期或暂时（由利用代码的参数和目标的架构决定）访问。载荷的基本功能是在目标上执行可向攻击者返回目标系统权限的代码（称为 Shellcode），编码器用于加密载荷以避免其被目标防御措施检测到，而另一方面，辅助工具则用于测试可能影响渗透过程的不同网络和应用程序状态。整个 Metasploit 框架采用流水线方式评估目标是否存在已知漏洞，过程具有很强的交互性、易用性，并且健壮而易于扩展。

合规性约束

与 Metasploit 框架使用相关的法规条目：ISO 27001/27002 12.6，15.2.2，PCI – DSS 11.3，HIPAA 164.308(a)(8)，GLBA 16 CFR Part 314.4(c)，FISMA RA – 5，SI – 2，SOX A13.3

13.4.4 修复与报告

在所有的安全评估策略中，报告都有着重要的法律和伦理地位。通过将结果和修补流程记录在案，并对整个评估工作进行总结，就能够给出系统弱点的全面视图。报告具有法律意义，是组织是否符合相关规范的证明，在这方面的失职可能令审核人员陷入法律问题。报告应当采用清晰明了的语言，让目标组织的技术层和管理层均能理解报告所评测风险的重要性和严重程度，从而受益。报告通常包括执行概要、风险矩阵、受影响资源、发现的漏洞、攻击数据、推荐措施、参考资料、最佳实践和总结等章节。在规范文档结构的同时，还应当对数据进行整理，以适合目标受众的技术水平和理解能力。此外，对关键的安全问题提出多个备选解决方案也是在审计人员中常见的做法，但补丁和修复措施也需要进行充分的说明，以帮助决策层准确判断其时间和成本开销。修复流程通常是指应用安全补丁的对应性和纠正性活动。总之，最终报告必须通过展示目标组织的技术和管理团队所关心的真实数据说明测试的每个阶段及其相互关系。

13.5 防护 Web 应用程序基础设施

将安全测试流程纳入应用程序常规开发生命周期中是已被业界证明行之有效的应对安全威胁的方法，然而日益复杂精巧的攻击让所有主要安全解决方案都防不胜防，作为一项通用规则，在应用程序作出更改时，都必须重新执行安全测试流程，检验是否有影响其保密性、完整性和可用性的漏洞，然而，在拥有数以千计的应用程序的大型企业环境中，这将是一项昂贵而耗时的工程，例如，针对某个目标程序（如.NET）的补丁和另一类（如 J2EE）的工作方式截然不同。为了克服这些限制，引入了针对边界层（或称网络层）的应用程序 Web 基础设施保护手段，这种新一代防护技术称为 Web 应用防火墙（WAF），能够同时为多个 Web 应用程序提供灵活的保护，可直接部署而无需修改应用程序源码和生产系统配置。Web 应用层防火墙 Web 数据流进行深度检测，执行主动防御，阻止恶意数据到达应用程序（Barnett, 2009）[2]。因为任何 Internet 连接都无法直接连接到真实 Web 服务器主机，Web 应用防火墙也被认为是一种"反向代理服务器"，具备软件和硬件设备两种形态。Web 应用层防火墙检查通过它的所有请求与响应数据，将流量形态与攻击签名进行匹配，或使用异常行为模型检测与安全策略不符的异常行为，从而阻止恶意流量，保证应用程序的高度安全。Shah（2009）提出了两种保护 Web 应用程序的方法，其一是贯彻安全编码原则，该方式修复安全问题需要消耗更多的时间和成本，另一种方法则是使用 Web 应用层防火墙之类应用层过滤措施，可以高效长时间工作而无需人工干预。可作为第一道防线使用，易于管理和扩充新攻击特征是 Web 防火墙的几大优势。而基于签名的系统（黑名单）的一些固有问题可以通过应用异常检测机制（白名单）得到解决（Zanero, Criscione, 2009）[16]，组合使用两种检测手段，就能完全阻止恶意流量危及目标应用程序，只要企业网边界得到防护，其后的所有应用程序都将受到主动监测，以检测和阻止严重威胁。

由于 Web 技术功能的多样性，自由和开源的 Web 应用程序防火墙为数不多，下文将介绍其中的两个佼佼者，讨论它们的主要功能和优缺点。当然，两者都可满足边界防护的绝大部分功能需求。

13.5.1 ModSecurity

ModSecurity 能够对 HTTP 流量进行监测、日志与实时分析，提供强大的 Web 交易防护。它的软件高度灵活而可伸缩，既能独立工作，也可作为 Apache 服务器的安全防护模块。其保护机制主要基于给定的规则集对后端 Web 应用程序进行检测与防护，包括三类防护策略：被动安全模型（黑名单）、主动安全模型（白名单）以及基于已知弱点和漏洞的规则集。ModSecurity 健壮的架构和深度检测能力提供了丰富的选项，能够实现优秀的应用程序安全防御。其基本工作流程是：首先捕获所有的外部请求，然后依次进行规范化、反逃避规则检测、输入、输出数据过滤，并按需进行日志记录。

优点：
1. 开源免费。
2. 可以作为反向代理、嵌入安全模块或网络平台部署。
3. 高级反逃避技术。
4. 支持复杂的规则语法。
5. 支持使用正则表达式（RegEx）进行规则定义。
6. 支持 Linux、Unix、Windows 等多种操作系统。

缺点：
1. 在嵌入模式下，只能保护本机的应用服务器，并且可能消耗较多的内存和处理器资源。
2. 在反向服务器模式下，ModSecurity 有时会无法处理过高网络流量，成为故障点。
3. 存在性能降级问题。
4. 其基于特征码的（已知规则集）的安全模式可能被"零日"攻击突破。

13.5.2 WebKnight

WebKnight 是另一种有效的 Web 应用程序防火墙，它使用 ISAPI 过滤器，按照管理员设置的过滤规则，对所有入站请求进行扫描，检测并阻止恶意请求，保证 Web 服务器的安全。一旦识别到了攻击特征码，就会发出警报，并将相关信息记入日志以备日后查询。WebKnight 支持多种安全过滤器，如 SQL 注入、跨站脚本、编码字符、目录遍历、缓冲区溢出等，由于易于与支持 ISAPI 过滤器的 Web 服务器集成，WebKnight 不仅能作为防火墙或入侵检测系统使用，也能扩展用于保护加密和其他功能。

优点：
1. 开源免费。
2. 可进行定制以防御"零日"攻击。
3. 兼容 Cold Fusion、WebDAV、Sharepoint、Frontpage 扩展等多种 Web 技术。

4. 可以防御 SSL 加密会话。
5. 易于部署和配置。
6. 可以进行在线升级而无需重启 Web 服务器。

缺点：
1. 只兼容支持 ISAPI 过滤器的 Web 服务器。
2. 无法处理重度网络负载，可能导致对后端程序的拒绝服务攻击。
3. 在大型企业环境中可能出现性能问题。
4. 采用高级攻击技术可以绕过其基于规则的检测模式。

13.6 应用程序安全标准映射

表 13.2 中给出了"WASC 威胁分类"、"OWASP 十大威胁"、"CWE - SANS 最危险的 25 种编程错误"等 3 种应用程序安全标准的跨域映射。通过阅读表中的威胁分类，安全审计和开发人员不但可以建立对应用程序安全的直观认识，也可以将其作为评估 Web 应用程序攻击和弱点的参考。帮助他们灵活快速地按照期望标准审计应用程序，并获得相关认证，此外，还可以将它作为流程集成到应用程序常规开发过程中，提高效率和安全性。读者还需要注意的是，这些标准是由相关团体或组织分别独立开发与维护的。

表 13.2 安全标准的比对（WASC，SANS，OWASP）

WASC 威胁分类（第二版）	CWE - SANS 最危险的 25 种编程错误（2009）	OWASP 十大威胁（2010）
01—鉴权不完善	642—关键数据可由外部控制	A3—错误的鉴权和会话管理机制 A4—不安全的直接对象引用
02—授权机制不完善	285—不当访问控制（授权）	A4—不安全的直接对象引用 A7—未能限制 URL 访问
03—整数溢出	682—计算错误	
04—传输层保护不完善	319—明文传输敏感数据	A10—传输层保护不完善
05—远程文件包含	426—不可信的搜索路径	
06—格式化字符串		
07—缓冲区溢出	119—未能将操作约束在内存缓冲区边界内	
08—跨站脚本	79—未能保持网页结构（跨站脚本）	A2—跨站脚本
09—跨站请求伪造	352—跨站请求伪造	A5—跨站请求伪造
10—拒绝服务	404—资源关闭或释放不当	A7—未能限制 URL 访问
11—暴力攻击		A7—未能限制 URL 访问
12—内容伪造		
13—信息泄露	209 — 出错消息泄露信息	
14—服务器配置不当		A6—安全配置不当
15—应用程序配置不当		A6—安全配置不当
16—目录索引		

（续）

WASC 威胁分类(第二版)	CWE – SANS 最危险的 25 种编程错误（2009）	OWASP 十大威胁(2010)
17—不当文件系统许可	732—关键资源许可权授予不当 250—使用非必要的权限执行	
18—证书/会话预测	330—使用不完善的随机值	A3—错误的鉴权和会话管理机制
19—SQL 注入	89—SQL 命令特殊元素处理不当（SQL 注入）	A1—注入
20—输入处理不当	20—输入验证不当 73 文件名和路径可由外部控制	
21—反自动化机制不完善		A7—未能限制 URL 访问
22—输出处理不当	116—输出编码不当	
23—XML 注入		A1—注入
24—HTTP 请求分割		
25—HTTP 响应分割		
26—HTTP 请求走私		
27—HTTP 响应走私		
28—空字节注入		A1—注入
29—LDAP 注入		A1—注入
30—邮件命令注入		A1—注入
31—操作系统命令执行	78—操作系统命令特殊元素处理不当（操作系统命令注入）	A1—注入
32—路由迂回		
33—路径遍历	73 文件名和路径可由外部控制 426—不可信的搜索路径	A4—不安全的直接对象引用
34—资源路径可预测		A7—未能限制 URL 访问
35—SOAP 数组滥用		
36—SSI 注入		A1—注入
37—会话规定	732—关键资源许可权授予不当	A3—错误的鉴权和会话管理机制
38—URL 重定向滥用		A8—未验证的重定向和转向
39—跨路径 注入		A1—注入
40—进程验证不严		
41—XML 属性爆炸		
42—功能滥用		
43—XML 外部实体		
44—XML 实体扩张		
45—指纹		
46—XQuery 注入		A1—注入
47—会话超时不当	732—关键资源许可权授予不当	A3—错误的鉴权和会话管理机制
48—索引不安全		
49—密码找回机制不完善		

13.7 未来研究方向

保障 Web 应用程序的安全,保护其机密性、完整性和可用性是一项挑战性的任务,需要合适的手段。在这一过程中,实践安全编码原则和进行安全测试具备同等的重要性。虽然已经出现了数个可以在短时间内完成整个 Web 基础设施安全评估的自动安全评估工具,人工进行严格彻底的测试也是不可或缺的。通过联合运用经过行业实践证明的评估方法学和上述两种测试策略,就能获得更加精确、可靠、有效的结果。读者务必注意,结果的准确性将影响到业务环境中多个因素,可能导致带来声誉和知识产权损失,违反相关法律规范、商业投资风险等危害。使用结构化、系统化的方法进行 Web 应用程序评估有助于全面验证业务逻辑以及技术和管理控制项。因此,只有具备真才实学的审计人员才能制定正确的评估指标。今天,在承载了数以千计应用程序的典型企业环境中,在网络边界部署 Web 应用层防火墙以检测和阻止应用层威胁是通行的做法,这样能够保障应用程序的安全而无需修改代码,甚至无需对它们进行单独测试,但是,这种方法也不断面临着挑战,新的攻击层出不穷。此类技术的真正缺点可能在 Web 应用程序由分布式网络环境向云计算平台转移时才会显露,此时将需要研究全新的安全技术和评估方法。

13.8 结论

使用明晰的安全评估方法学或应用 Web 防火墙之类技术处理应用程序安全问题,是最大限度保障安全性的唯一途径,选择符合规范标准,满足商业与技术需求的最优评估方法是审计人员的主要任务之一。正如读者所知,今天的审计人员在技术和法律两方面都对安全测试负有完全责任。如何在使用选定的不与任何商业政策和法规框架冲突的工具和方法审计应用程序的同时,保证现存系统的合规性颇有难度,而且时间要求苛刻,另一方面,虽然使用 Web 防火墙解决方案相比于传统安全评估策略具有明显的优势,但它不能完全保护应用程序免受零日攻击。因此,应当通过结构化安全测试流程与部署网络边界防火墙相结合,阻止侵入应用程序的任何企图。

参 考 文 献

[1] Andreu, A. (2006). Professional pen testing for web applications. Indianapolis, IN: Wiley Pub – lishing.

[2] Barnett, C. (2009). WAF virtual patching chal – lenge: Securing WebGoat with ModSecurity. Proceedings from Black Hat DC '09. Crystal City, DC: Black Hat Briefings.

[3] Bonvillain, D., Mehta, N., Miller, J., & Wheeler, A. (2009). Cutting through the hype: An analysis of application testing methodologies, their ef – fectiveness and the corporate illusion of security. Proceedings from Black Hat Europe '09. Moev – enpick. Amsterdam, The Netherlands: Black Hat Briefings.

[4] Cannings, R., Dwivedi, H., & Lackey, Z. (2007). Hacking exposed Web 2.0: Web 2.0 security se – crets and solutions. New York, NY: McGraw – Hill Osborne.

[5] Cross, M., Palmer, S., Kapinos, S., Petkov, P. D., Meer, H., & Shields, R. … Temmingh, R. (2007). Web application vulnerabilities: Detect, exploit, prevent. Burlington, MA: Syngress Publishing.

[6] Doraiswamy, A., Pakala, S., Kapoor, N., Verma, P., Singh, P., Nair, R., & Gupta, S. (2009). Security testing

第13章 基于工业标准和规范的实用Web应用程序安全审计

handbook for banking applications. Ely. Cambridgeshire, UK: IT Governance Publishing.

[7] ISECOM. (2008). OSSTMM Lite: Introduction to the open source security testing methodology manual (3.0). New York, NY: Pete Herzog.

[8] Kroeker, L. (2010). Engineering the web's third decade. Communications of the ACM, 53(3), 16-18. doi:10.1145/1666420.1666428.

[9] Mortman, D., Hutton, A., Dixon, J., & Crisp, D. (2009). A Black Hat vulnerability risk assessment. Proceedings from Black Hat USA '09. Las Vegas, NV: Black Hat Briefings.

[10] Moyse, I. (2010, May 10). Securing Web 2.0. Security Acts, 3, 21-22.

[11] Navarrete, C. (2010, February 15). Security test-ing: Automated or manual. Security Acts, 2, 20-21.

[12] OISSG. (2006). ISSAF: Information systems security assessment framework (draft 0.2.1A & 0.2.1B). Colorado Springs, CO: Rathore et al.

[13] Shah, S. (2009). Application defense tactics and strategies: WAF at the gateway. Proceedings from HITBSecConf '09. Dubai, DB: HITB Security Conference Series.

[14] Smith, V., Ames, C., & Delchi. (2009). Dissecting Web attacks. Proceedings from Black Hat DC '09. Crystal City, DC: Black Hat Briefings.

[15] Wright, C. S. (2008). The IT regulatory and standards compliance handbook: How to survive an information systems audit and assessments. Burlington, MA: Syngress Publishing.

[16] Zanero, S., & Criscione, C. (2009). Masibty: An anomaly based intrusion prevention system for web applications. Proceedings from Black Hat Europe '09. Moevenpick. Amsterdam, The Netherlands: Black Hat Briefings.

补 充 阅 读

[1] Bagajewicz, J., & Thruaisingham. (2004). Da-tabase and Applications Security: Integrating Information Security and Data Management. Boca Raton, FL: CRC Press.

[2] Barnett. (2009). The Web Hacking Incident Da-tabase. Retrieved May 5, 2010, from http://www.xiom.com/whid

[3] Burns, G., Manzuik, G., & Killion, B. Biondi. (2007). Security Power Tools. Sebastopol, CA: O'Reilly Media.

[4] Dowd, McDonald, & Schuh. (2006). The Art of Software Security Assessment: Identifying and Preventing Software Vulnerabilities. Boston, MA: Addison Wesley Professional.

[5] Erlingsson, Livshits, & Xie. (2007). End-to-end web application security. Proceedings of the 11th USENIX workshop on Hot topics in operating systems (Article No: 18). Berkeley, CA: USENIX Association.

[6] Ford, (Ed.). (2008). Infosecurity 2008 Threat Analysis. Burlington, MA: Syngress Publishing.

[7] Foster, C. (2007). Metasploit Toolkit for Penetra-tion Testing, Exploit Development, and Vulner-ability Research. Burlington, MA: Syngress Publishing.

[8] Grossman, H. Petkov, D., Rager, & Fogie. (2007). XSS Attacks: Cross Site Scripting Exploits and Defense. Burlington, MA: Syngress Publishing.

[9] Hamiel, & Moyer. (2009). Proceedings from Black Hat USA '09: Weaponizing the Web: More Attacks on User Generated Content. Las Vegas, NV: Black Hat Briefings.

[10] Harris, H. Eagle, & Ness. (2007). Gray Hat Hack-ing: The Ethical Hacker's Handbook (2nd ed.). New York, NY: McGraw-Hill Osborne.

[11] Huang, Y., Tsai, Lin, Huang, S., Lee, & Kuo. (2005). A testing framework for Web application security assessment. The International Journal of Computer and Telecommunications Networking, 48(5), 739-761.

[12] Huang, Y., & Huang, S. Lin, & Tsai. (2003). Web application security assessment by fault injection and behavior monitoring. Proceedings of the 12th international conference on World Wide Web. Ses-sion: Data integrity (pp. 148-159). NewYork, NY: Association for Computing Machinery.

[13] Liu, Holt, & Cheng. (2007). A Practical Vulner-abilityAssessment Program. IT Professional, 9(6), 36-42. doi: 10.1109/MITP.2007.105.

[14] Livshits, & Lam, S. (2005). Finding security vulnerabilities in java applications with static analysis. Proceedings of the 14th conference on USENIX Security Symposium: Vol. 14. (pp. 18 – 18). Baltimore, MD: USENIX Association.

[15] McClure. Scambray, & Kurtz. (2009). Hacking Exposed 6: Network Security Secrets and Solu – tions. New York, NY: McGraw – Hill Osborne.

[16] Nanda, Lam, & Chiueh. (2007). Dynamic multi – process information flow tracking for web applica – tion security. Proceedings of the 2007 ACM/IFIP/ USENIX international conference on Middleware companion. Session: Experience papers (Article No: 19). New York, NY: Association for Comput – ing Machinery.

[17] Noureddine, A., & Damodaran. (2008). Security in web 2.0 application development. Proceedings of the 10th International Conference on Informa – tion Integration and Web – based Applications and Services. Session: iiWAS 2008 and ERPAS 2008 (pp. 681 – 685). New York, NY: Association for Computing Machinery.

[18] Peltier, R., & Peltier. (2002). Managing a Net – work Vulnerability Assessment. Boca Raton, FL: CRC Press.

[19] Rasheed, & Chow, Y. C. (2009). Automated Risk Assessment for Sources and Targets of Vulner – ability Exploita – tion. Proceedings of the 2009 WRI World Congress on Computer Science and Information Engineering: Vol. 1. (pp. 150 – 154). Washington, DC: IEEE Computer Society.

[20] Rawat, & Saxena. (2009). Application security code analysis: a step towards software assur – ance. International Journal of Information and Computer Security, 3(1), 86 – 110.

[21] Said, E., & Guimaraes, A. Maamar, & Jololian. (2009). Database and database application secu – rity. Proceedings of the 14th annual ACM SIGCSE conference on Innovation and technology in computer science education. Session: Network – ing (pp. 90 – 93). New York, NY: Association for Computing Machinery.

[22] Shezaf. (2006). Web Application Firewall Evalu – ation Criteria (1.0) [PDF document]. Retrieved May 5, 2010, from http://projects.webappsec.org/f/wasc – wafec – v1.0.pdf.

[23] Stuttard, & Pinto. (2007). The Web Application Hacker's Handbook: Discovering and Exploiting Security Flaws, Indianapolis, IN: Wiley Publish – ing.

[24] Sullivan. (2009). Proceedings from Black Hat USA '09: Defensive URL Rewriting and Alterna – tive Resource Locators. Las Vegas, NV: Black Hat Briefings.

[25] Thuraisingham. (2009). Data Mining for Mali – cious Code Detection and Security Applications. Proceedings of the 2009 IEEE/WIC/ACM Inter – national Joint Conference on Web Intelligence and Intelligent Agent Technology: Vol. 2. (pp. 6 – 7). Washington, DC: IEEE Computer Society.

[26] Tryfonas, & Kearney. (2008). Standardising busi – ness application security assessments with pattern – driven audit automations. Computer Standards & Interfaces, 30(4), 262 – 270.

[27] Ventuneac, Coffey, & Salomie. (2003). A policy – based security framework for Web – enabled ap – plications. Proceedings of the 1st international symposium on Information and communication technologies. Session: WWW applications (pp. 487 – 492). Dublin, Ireland: Trinity College Dublin.

[28] Walden, D. Welch, A., Whelan. (2009). Security of open source web applications. Proceedings of the 2009 3rd International Symposium on Empirical Software Engineering and Measurement (pp. 545 – 553). Washington, DC: IEEE Computer Society.

[29] Walden. (2008). Integrating web application security into the IT curriculum. Proceedings of the 9th ACM SIGITE conference on Information technology education. Session 2.5.1: integrating advanced topics II (pp. 187 – 192). New York, NY: Association for Computing Machinery.

[30] Wang, Y., Lively, M., & Simmons, B. (2009). Software security analysis and assessment model for the web – based applications. Journal of Com – putational Methods in Sciences and Engineering, 9(1), 179 – 189.

[31] Whitaker, & Newman. (2005). Penetration Test – ing and Cisco Network Defense. Indianapolis, IN: Cisco Press.

关键术语和定义

Automatic Exploitation 自动渗透：使用自动化工具（如 Metaploit、CoreImpact、Canvas

等),对目标进行攻击的过程,包括渗透进入目标、获取管理员权限和维持持续访问等活动。

Edge Level Protection 边界层防护:在允许任何外部请求进入信任区域前,对其进行过滤的网络安全设备部署策略。设备可能是入侵检测系统、应用层防火墙或者其他任意监控系统。此类设备通常安装在网络的边界,用于过滤 Internet 流量中的威胁。

Enterprise Environment 企业环境:由全部 IT 系统和通信链路构成的网络基础设施,包括应用服务器、防火墙、数据库管理系统、路由器、交换机、存储备份和其他业务平台等组件。

Layer-7 第 7 层:OSI(开放系统互联)网络模型中的一部分,该模型被分为 7 层,每层均代表着不同的功能,支持不同的网络协议和方法。而第 7 层(又称应用层)支持多种用于进程间通信的协议,如 HTTP、DNS、FTP、SMTP 等。

Malware 恶意软件:用于破坏、入侵和攻击计算机系统的恶意软件,该术语用于统称病毒、蠕虫、木马、僵尸网络和间谍软件。

Risk Assessment 风险评估:对组织的安全措施有效性进行量度,给出各资产的定量或定性风险值的过程。

Spamming 垃圾邮件:通过邮件或新闻组大量发送无用信息的数字滥用行为,通过使用可在短时间内自动群发数以千计信息的程序进行。

Threat Profile 威胁轮廓:用于清晰定义目标应用程序面临所有可能威胁的一组活动,包括收集用户信息、程序用途、所涉敏感数据等环境信息、提炼攻击语言等。

Vulnerability Assessment 漏洞评估:对系统漏洞进行识别、量化与优先级排序的过程,主要步骤包括界定目标范围、元素枚举、网络评估、合规性评价和报告。

参考文献编译

Abadi, M., & Needham, R. (1996). Prudent engineering practice for cryptographic protocols. IEEE Transactions on Software Engineering, 22, 122 – 136. doi:10.1109/32.481513.

Abadi, M., & Rogaway, P. (2002). Reconciling two views of cryptography (The computational soundness of formal encryption). Journal of Cryptology, 15(2), 103 – 127.

Abadi, M., & Fournet, C. (2001). Mobile values, new names, and secure communication. In Symposium on Principles of Programming Languages (pp. 104 – 115).

Abadi, M., & Gordon, A. D. (1998). Acalculus for crypto – graphic protocols: The Spi calculus. Research Report 149.

ABC. (2010, July 26). WikiLeaks reveals grim Afghan war realities. ABC News.

Adda, M., Valtchev, P., Missaoui, R., & Djeraba, C. (2007). Toward recommendation based on ontology – powered Web – usage mining. IEEE Internet Computing, 11(4), 45 – 52. doi:10.1109/MIC.2007.93.

AFP. (2010, September 27). Stuxnet worm rampaging through Iran.

Agrawal, R., & Srikant, R. (1994). Fast algorithms for mining association rules in large databases. Proceedings of 1994 Int. Conf. Very Large Data Bases (VLDB'94), (pp. 487 – 499), Santiago, Chile, Sept.

Agrawal, R., & Srikant, R. (1995). Mining sequential pat – terns. Proc. 1995 Int. Conf. Data Engineering (ICDE'95), (pp. 3 – 14). Taipei, Taiwan.

Aguirre, S. J., & Hill, W. H. (1997). Intrusion detection fly – off: Implications for the United States Navy. (MITRE Technical Report MTR 97W096).

Aho, A. V., Lam, M. S., Sethi, R., & Ullman, J. D. (2006). Compilers—Principles, techniques, and tools (2nd ed.). Addison – Wesley.

Akyildiz, I., & Wang, X. (2009). Wireless mesh networks. West Sussex, UK: Wiley and Sons. doi:10.1002/9780470059616.

Alba, M. (1988). A system approach to smart sensors and smart actuator design. (SAE paper 880554).

Albrecht, M. R., Watson, G. J., & Paterson, K. G. (2009). Plaintext recovery attacks against SSH. In IEEE Symposium on Security and Privacy (pp. 16 – 26).

Alghamdi, A. S. (2009). Evaluating defense architecture frameworks for C4I system using analytic hierarchy process. Journal of Computer Science, 5(12), 1078 – 1084 ISSN 1549 – 3636.

Alkabani, Y., & Koushanfar, F. (2008, July). Extended abstract: Designer's hardware trojan horse. In Proceedings of IEEE International Workshop on Hardware – Oriented Security and Trust, HOST 2008, (pp. 82 – 83). Washington, DC: IEEE Computer Society.

All Facebook. (2010). Facebook application leaderboard. Retrieved September 2010, from http://statistics.allface – book.com/applications/leaderboard/.

American GasAssociation (AGA). (2006). Cryptographic protection of SCADAcommunications part 1: Background, policies and test plan (AGA12, Part1). Retrieved from http://www.aga.org/NR/rdonlyres/B797B50B – 616B – 46A4 – 9E0F – 5DC877563A0F/0/0603AGAREPORT12.PDF.

American Petroleum Institute. (API). (2007). Developing a pipeline supervisory control center. (API Publication No. RP1113). Washington, DC: American Petroleum Institute.

American Petroleum Institute. (API). (2009). Pipeline SCADA security. (API Publication No. API – 1164). Washington, DC: American Petroleum Institute.

Amini, F., Mišic, V. B., & Mišic, J. (2007). Intrusion detection in wireless sensor networks. In Y. Xiao (Ed.), Security in distributed, grid, and pervasive computing (pp. 112 – 127). Boca Raton, FL: Auerbach Publications, CRC Press.

Anantvalee, T., & Wu, J. (2007). A survey on intrusion detection in mobile ad hoc networks. In Xiao, Y., Shen, X. S., & Du, D. -Z. (Eds.), Wireless network security (pp. 19 – 78). Springer, US. doi: 10.1007/978 – 0 – 387 – 33112 – 6_7.

Andreu, A. (2006). Professional pen testing for web ap – plications. Indianapolis, IN: Wiley Publishing.

ANS/IEEE, C37.1. (1987). Definition, specification, and analysis of systems used for supervisory control and data acquisition, and automatic control.

Ante, S. (2010). Dark side arises for phone apps. Retrieved June 3, 2010, from http://online.wsj.com/article/SB10001424052748703340904575284532175834088.html.

Anthony, H. D. (2002). C4ISR architectures, social net – work analysis and the FINC methodology: An experiment in military organizational structure. Information Tech – nology Division, Electronics and Surveillance Research Laboratory – DSTO – GD – 0313.

APEC. (2008). Guide on policy and technical approaches against botnet. Lima, Peru.

Arapinis, M., Delaune, S., & Kremer, S. (2008). From one session to many: Dynamic tags for security protocols. In Logic for Programming (pp. 128 – 142). Artificial Intel – ligence, and Reasoning.

Arbor Networks. (2010). Peakflow SP & Peakflow – X. Re – trieved from http://www.arbornetworks.com/peakflowsp, http://www.arbornetworks.com/peakflowx.

Argyroudis, P. G., Verma, R., Tewari, H., & D'Mahony, O. (2004). Performance analysis of cryptographic protocols on handheld devices. Proc. 3rd IEEE Int. Symposium on Network Computing and Applications, (pp. 169 – 174). Cambridge, Massachusetts.

AusCERT. (2002). Increased intruder attacks against servers to expand illegal file sharing networks. (Advisory AA – 2002.03). Retrieved March 27, 2010, from http://www.auscert.org.au/render.html?it=2229&cid=1.

Axelsson, S. (1999). Research in intrusion – detection systems: A survey. Technical Report. Goteborg, Sweden: Chalmers University of Technology.

Bace, R., & Mell, P. (2001). Guide to intrusion detection and prevention systems (IDPS) (pp. 1 – 127). National Institue of Standards Special Publication on Intrusion Detection Systems.

Bacioccola, A., Cicconetti, C., Eklund, C., Lenzini, L., Li, Z., & Mingozzi, E. (2010). IEEE 802.16: History, status and future trends. Computer Communications, 33(2), 113 – 123. doi: 10.1016/j.comcom.2009.11.003.

BAE. (2009). DataSync Guard 4.0 data transfers across multiple domains with flexibility and uncompromised security systems. BAE Systems.

Baeza – Yates, R. A., & Gonnet, G. H. (1992, October). A new approach to text search. Communications of the ACM, 35(10), 74 – 82. doi: 10.1145/135239.135243.

Bagajewicz, J., & Thruaisingham. (2004). Database and Applications Security: Integrating Information Security and Data Management. Boca Raton, FL: CRC Press.

Bailey, M., Cooke, E., Jahanian, F., Xu, Y., & Karir, M. (2009). A survey of botnet technology and defenses. Paper presented at the 2009 Cybersecurity Applications \& Technology Conference for Homeland Security.

Barnett, C. (2009). WAF virtual patching challenge: Securing WebGoat with ModSecurity. Proceedings from Black Hat DC '09. Crystal City, DC: Black Hat Briefings.

Barnett. (2009). The Web Hacking Incident Database. Retrieved May 5, 2010, from http://www.xiom.com/whid.

Baronti, P., Pillai, P., Chook, V. W. C., Chessa, S., Gotta, A., & Hu, Y. F. (2007). Wireless sensor networks: A sur – vey on the state of the art and the 802.15.4 and ZigBee standards. Computer Communications, 30(7), 1655 – 1695. doi: 10.1016/j.comcom.2006.12.020.

Barry, B. I. A., & Chan, H. A. (2010). Intrusion detec – tion systems. In Stavroulakis, P., & Stamp, M. (Eds.), Handbook of information and communication secu – rity (pp. 193 – 205). Berlin, Germany: Springer – Verlag. doi: 10.

1007/978-3-642-04117-4_10.

Barry, B. I. A. (2009). Intrusion detection with OMNeT++. In Proceedings of the 2nd International Conference on Simulation Tools and Techniques.

Basin, D. A., Mödersheim, S., & Viganò, L. (2005). OFMC: A symbolic model checker for security proto-cols. International Journal of Information Security, 4(3), 181-208. doi:10.1007/s10207-004-0055-7.

Bellovin, S. M., Benzel, T. V., Blakley, B., Denning, D. E., Diffie, W., Epstein, J., & Verissimo, P. (2008). Information assurance technology forecast 2008. IEEE Security and Privacy, 6(1), 16-23. doi:10.1109/MSP.2008.13.

Bengtson, J., Bhargavan, K., Fournet, C., Gordon, A. D., & Maffeis, S. (2008). Refinement types for secure implementations. In IEEE Computer Security Founda-tions Symposium (pp. 17-32).

Bennett, C. H. (1992). Quantum cryptography using any two nonorthogonal states. Physical Review Letters, 68(21), 3121-3124. doi:10.1103/PhysRevLett.68.3121.

Bennett, C. H., Bessette, F., Brassard, G., Salvail, L., & Smolin, J. (1992). Experimental quantum cryptog-raphy. Journal of Cryptology, 5(1), 3-28. doi:10.1007/BF00191318.

Bennett, C. H., & Brassard, G. (1989). The dawn of a new era for quantum cryptography: The experimen-tal prototype is working. SIGACT News, 20(4), 78. doi:10.1145/74074.74087.

Bennett, C. H., Brassard, G., Breidbart, S., & Wiesner, S. (1982). Quantum cryptography or unforgettable subway tokens. Advances in Cryptography: Proceeding of Crypto '82 (pp. 267-275). New York, NY: Plenum.

Bennett, C. H., Brassard, G., Crépeau, C., & Maurer, U. M. (1995). Generalized privacy amplification. IEEE Transactions on Information Theory, 41(6), 1915. doi:10.1109/18.476316.

Bennett, C. H., Brassard, G., & Robert, J.-M. (1988). Privacy amplification by public discussion. Society for Industrial and Applied Mathematics Journal on Comput-ing, 17(2), 210-229.

Bennett, C. H., Mor, T., & Smolin, J. A. (1996). The parity bit in quantum cryptography. Physical Review A., 54(4), 2675-2684. doi:10.1103/PhysRevA.54.2675.

Bennett, C. H., & Brassard, G. (1984). Quantum cryptog-raphy: Public key distribution and coin tossing. Proceed-ings of IEEE International Conference on Computers, Systems, and Signal Processing, Bangalore (p. 175). New York, NY: IEEE.

Berg, M., & Stamp, J. (2005). A reference model for control and automation systems in electric power. Sandia National Laboratories. Retrieved from http://www.sandia.gov/scada/documents/sand_2005_1000C.pdf.

Bergstrand, P., Borryd, K., Lindmark, S., & Slama, A. (2009). Botnets: Hijacked computers in Sweden (No. PTS-ER, 2009, 11.

Bhargavan, K., Fournet, C., & Gordon, A. D. (2006). Veri-fied reference implementations of WS-Security protocols. In Web Services and Formal Methods (pp. 88-106).

Bhargavan, K., Fournet, C., & Gordon, A. D. (2010). Modular verification of security protocol code by typing. In Symposium on Principles of Programming Languages (pp. 445-456).

Bhargavan, K., Fournet, C., Gordon, A. D., & Tse, S. (2006). Verified interoperable implementations of security protocols. In Computer Security Foundations Workshop (pp. 139-152).

Bhuse, V., & Gupta, A. (2006). Anomaly intrusion detec-tion in wireless sensor networks. Journal of High Speed Networks, 5, 33-51.

Biham, E., & Shamir, A. (1997). Differential fault analy-sis of secret key cryptosystems. In Proceedings of the 17th Annual International Cryptology Conference on Advances in Cryptology, 1294, (pp. 513-525). London, UK: Springer-Verlag.

Blanchet, B. (2008). A computationally sound mecha-nized prover for security protocols. IEEE Transactions on Dependable and Secure Computing, 5(4), 193-207. doi:10.1109/TDSC.2007.1005.

Blanchet, B. (2009). Automatic verification of corre-spondences for security protocols. Journal of Computer Security, 17(4), 363-434.

Blanchet, B. (2001). An efficient cryptographic protocol verifier based on prolog rules. In IEEE Computer Security Foundations Workshop (pp. 82 – 96).

Boneh, D., DeMillo, R. A., & Lipton, R. J. (1997). On the importance of checking cryptographic protocols for faults. In Proceedings of the 16th Annual International Confer – ence on Theory and Application of Cryptographic Tech – niques, (pp. 37 – 51). Berlin, Germany: Springer – Verlag.

Bonvillain, D., Mehta, N., Miller, J., & Wheeler, A. (2009). Cutting through the hype: An analysis of application test – ing methodologies, their effectiveness and the corporate illusion of security. Proceedings from Black Hat Europe '09. Moevenpick. Amsterdam, The Netherlands: Black Hat Briefings.

BookRags. (2010). Research. Retrieved January 12, 2010, from http://www.bookrags.com/research/aqueduct – woi/.

Bort, J. (2007). How big is the botnet problem? Network World. Retrieved March 27, 2010, from http://www.net – workworld.com/research/2007/070607 – botnets – side.html.

Boyd, D. (2010). Why privacy is not dead. Retrieved September 2010, from http://www.technologyreview.com/web/26000/.

Brackin, S. (1998). Evaluating and improving protocol analysis by automatic proof. In IEEE Computer Security Foundations Workshop (pp. 138 – 152).

Brehmer, B. (2010). Command and control as design. Proceedings of the 15th International Command and Control Research and Technology Symposium, Santa Monica, California.

Bresson, E., Chevassut, O., & Pointcheval, D. (2007). Provably secure authenticated group Diffie – Hellman key exchange. [TISSEC]. ACM Transactions on Information and System Security, 10(3). doi:10.1145/1266977.1266979.

Breuer, M. A. (1973, March). Testing for intermittent faults in digital circuits. IEEE Transactions on Computers, 22(3), 241 – 246. doi:10.1109/T – C.1973.223701.

Brier, E., Clavier, C., & Oliver, F. (2004). Correlation power analysis with a leakage model. In Proceedings of Cryptographic Hardware and Embedded Systems – LNCS 3156, (pp. 135 – 152). Springer – Verlag.

Brown, T. (2005, Jun./Jul.). Security in SCADA systems: How to handle the growing menace to process automation. IEE Comp. and Control Eng., 16(3), 42 – 47. doi:10.1049/cce:20050306.

Burmester, M., & de Medeiros, B. (2009). On the secu – rity of route discovery in MANETs. IEEE Transactions on Mobile Computing, 8(9), 1180 – 1188. doi:10.1109/TMC.2009.13.

Burns, G., Manzuik, G., & Killion, B. Biondi. (2007). Security Power Tools. Sebastopol, CA: O'Reilly Media.

Burrows, M., Abadi, M., & Needham, R. (1990). Alogic of authentication. ACM Transactions on Computer Systems, 8(1), 18 – 36. doi:10.1145/77648.77649.

Callegari, C., Giordano, S., & Pagano, M. (2009). New statistical approaches for anomaly detection. Security and Communication Networks, 2(6), 611 – 634.

Canadian Standards Association (CSA). (2008). Security management for petroleum and natural gas industry systems, Z246.1. Retrieved from http://www.shopcsa.ca/onlinestore/GetCatalogDrillDown.asp?Parent = 4937.

Canavan, J. (2005). The evolution of malicious IRC bots.

Cannings, R., Dwivedi, H., & Lackey, Z. (2007). Hacking exposed Web 2.0: Web 2.0 security secrets and solutions. New York, NY: McGraw – Hill Osborne.

Cao, G., Zhang, W., & Zhu, S. (Eds.). (2009). Special issue on privacy and security in wireless sensor and ad hoc networks. Ad Hoc Networks, 7(8), 1431 – 1576. doi:10.1016/j.adhoc.2009.05.001.

Cardenas, A. A., Roosta, T., & Sastry, S. (2009). Rethinking security properties, threat models, and the design space in sensor networks: A case study in SCADA systems. Ad Hoc Networks, 7(8), 1434 – 1447. doi:10.1016/j.ad – hoc.2009.04.012.

Carlsen, U. (1994). Cryptographic protocol flaws: Know your enemy. In IEEE Computer Security Foundations Workshop (pp. 192 – 200).

Carvalho, M. (2008). Security in mobile ad hoc networks. IEEE Privacy and Security, 6(2), 72 – 75. doi:10.1109/MSP.

2008.44.

CBS. (2010, July 26). Wikileaks publishes Afghan War secret article. CBS News.

Center for Strategic and International Studies (CSIS). (2008). Securing cyberspace for the 44th presidency: A report of the CSIS Commission on Cybersecurity for the 44th Presidency. Washington, DC: Government Printing Office.

CERT Coordination Center. (2006). List of CSIRTs with national responsibility. Retrieved from http://www.cert.org/csirts/national/contact.html.

Chen, L., & Leneutre, J. (2009). Agame theoretical frame-work on intrusion detection in heterogeneous networks. IEEE Transaction on Information Forensics and Security, 4(2), 165–178. doi:10.1109/TIFS.2009.2019154.

Chen, R.-C., Hsieh, C.-F., & Huang, Y.-F. (2010). An iso-lation intrusion detection system for hierarchical wireless sensor networks. Journal of Networks, 5(3), 335–342.

Chen, S., & Tang, Y. (2004). Slowing down internet worms. IEEE ICDCS.

Chen, L., Pearson, S., & Vamvakas, A. (2000). On en-hancing biometric authentication with data protection. Fourth International Conference on Knowledge-Based Intelligent Engineering System and Allied Technologies, Brighton, UK.

Chen, Q., Su, K., Liu, C., & Xiao, Y. (2010). Automatic verification of web service protocols for epistemic specifi-cations under Dolev-Yao model. In International Confer-ence on Service Sciences (pp. 49–54).

Cisco. (2009). Cisco ASA botnet traffic filter. Retrieved March 27, 2010, from http://www.cisco.com/en/US/prod/vpndevc/ps6032/ps6094/ps6120/botnet_index.html.

Cisco. (2009). Infiltrating a botnet. Retrieved March 27, 2010, from http://www.cisco.com/web/about/security/intelligence/bots.html.

Cisco. (2010). IOS flexible network flow. Retrieved from http://www.cisco.com/go/netflow.

Clark, A. (1990). Do you really know who is using your system? Technology of Software Protection Specialist Group.

Clark, J., Leblanc, S., & Knight, S. (in press). Compro-mise through USB-based hardware trojan horse device. International Journal of Future Generation Computer Systems, 27(5). Elsevier B. V.

Clark, J., & Jacob, J. (1997). A survey of authentication protocol literature: Version 1.0 (Technical Report).

Cluley, G. (2010). How to protect yourself from Facebook Places. Retrieved September 17, 2010, from http://www.sophos.com/blogs/gc/g/2010/09/17/protect-facebook-places/.

Cluley, G. (2010). Twitter "onmouseover" security flaw widely exploited. Retrieved September 21, 2010, from http://www.sophos.com/blogs/gc/g/2010/09/21/twitter-onmouseover-security-flaw-widely-exploited/.

CNet News. (Jan 2010). InSecurity complex, Behind the China attacks on Google (FAQ). Retrieved from http://news.cnet.com/8301-27080_3-10434721-245.html?tag=mncol;txt.

CNSS. (2007). Committee on National Security Systems. CNSS Policy, 19.

CNSS. (2010, April 26). National information assurance glossary. Committee on National Security Systems. In-struction CNSSI-4009 dated 26 April 2010.

Cole, A., Mellor, M., & Noyes, D. (2007). Botnets: The rise of the machines. Paper presented at the 6th Annual Security ResearchAssociates Spring Growth Conference.

Common Criteria. (2009). Information Technology security evaluation and the common methodology for Information Technolo-gy security evaluation. Retrieved from http://ww.commoncriteriaportal.org/index.html.

Common Malware Enumeration (CME). (2007). Data list. Retrieved from http://cme.mitre.org/data/list.html.

Comon, H., & Shmatikov, V. (2002). Is it possible to decide whether a cryptographic protocol is secure or not? Journal of Telecommunications and Information Technology, 4, 5–15.

Comon-Lundh, H., & Cortier, V. (2008). Computational soundness of observational equivalence. In ACM Con-ference on Computer and Communications Security (pp. 109–118).

Cooke, E., Jahanian, F., & Mcpherson, D. (2005). The zombie roundup: Understanding, detecting, and disrupting bot-nets. In Workshop on Steps to Reducing Unwanted Traffic on the Internet (SRUTI), (pp. 39–44).

Corner, M. D., & Noble, B. D. (2002). Zero interaction authentication. In Proceeding of the ACM International Conference on Mobile Computing and Communications (MOBICOM'02), Atlanta, Georgia, USA.

Corner, M. D., & Noble, B. D. (2002). Protecting ap-plications with transient authentication. MOBICOM'02, Atlanta, Georgia, USA.

Cortier, V., & Delaune, S. (2009). Safely composing security protocols. Formal Methods in System Design, 34(1), 1-36. doi:10.1007/s10703-008-0059-4.

Cranton, T. (2010). Cracking down on botnets. Retrieved March 27, 2010, from http://microsoftontheissues.com/cs/blogs/mscorp/archive/2010/02/24/cracking-down-on-botnets.aspx.

Cremers, C. J. F. (2006). Feasibility of multi-protocol attacks (pp. 287-294). In Availability, Reliability and Security.

Creti, M. T., Beaman, M., Bagchi, S., Li, Z., & Lu, Y.-H. (2009). Multigrade security monitoring for ad-hoc wireless networks. In Proceedings of the 6th IEEE International Conference on Mobile Ad-hoc and Sensor Systems.

Cross, M., Palmer, S., Kapinos, S., Petkov, P. D., Meer, H., & Shields, R. ... Temmingh, R. (2007). Web application vulnerabilities: Detect, exploit, prevent. Burlington, MA: Syngress Publishing.

Cui, W., Katz, R. H., & Tan, W.-T. (2005, April). BINDER: An extrusion-based break-in detector for personal computers. Usenix Security Symposium.

CWID. (2009a). Assessment brief-Top performing tech-nologies. Coalition Warrior Interoperability Demonstra-tion (CWID). Hampton, VA: JMO.

CWID. (2009b). Assessment brief-Interoperability tri-als. Coalition Warrior Interoperability Demonstration (CWID). Hampton, VA: JMO.

Dagon, D., Gu, G., Zou, C., Grizzard, J., Dwivedi, S., Lee, W., et al. (2005). A taxonomy of botnets. Paper presented at the CAIDA DNS-OARC Workshop.

De, P., Liu, Y., & Das, S. K. (2009). Deployment-aware modeling of node compromise spread in wireless sensor networksusingepidemictheory. ACMTransactionsonSen-sor Networks, 5(3), 1-33. doi:10.1145/1525856.1525861.

De Mulder, E., Buysschaert, P., Ors, S. B., Delmotte, P., Preneel, B., Vandenbosch, G., & Verbauwhede, I. (2005). Electromagnetic analysis attack on an FPGA implemen-tation of an elliptic curve cryptosystem. In Proceedings of the IEEE International Conference on Computer as a Tool. EUROCON 2005, (pp. 1879-1882).

Debar, H., Dacier, M., Wespi, A., & Lampart, S. (1998). A workbench for intrusion detection systems. IBM Zurich Research Laboratory.

Denmac Systems, Inc. (1999). Network based intrusion detection: A review of technologies.

Denning, D. E. (1987). An intrusion detection model. IEEE Transactions on Software Engineering, 13(2), 222-232. doi:10.1109/TSE.1987.232894.

Department of Homeland Security (DHS). (2009). Strat-egy for securing control systems: Coordinating and guid-ing federal, state and private sector initiatives. Retrieved from http://www.us-cert.gov/control_systems/pdf/Strat-egy%20for%20Securing%20Control%20Systems.pdf.

Ding, X., Mazzocchi, D., & Tsudik, G. (2007). Equipping smart devices with public key signatures. ACM Transactions on Internet Technology, 7(1). doi:10.1145/1189740.1189743.

DKIM. (2009). DomainKeys identified mail (DKIM). Retrieved March 27, 2010, from http://www.dkim.org/.

Dolev, D., & Yao, A. C.-C. (1983). On the security of public key protocols. IEEE Transactions on Information Theory, 29(2), 198-207. doi:10.1109/TIT.1983.1056650.

Doraiswamy, A., Pakala, S., Kapoor, N., Verma, P., Singh, P., Nair, R., & Gupta, S. (2009). Security testing handbook for banking applications. Ely. Cambridgeshire, UK: IT Governance Publishing.

Dowd, McDonald, & Schuh. (2006). The Art of Soft-ware Security Assessment: Identifying and Preventing Software Vulnerabilities. Boston, MA: Addison Wesley Professional.

Drapeau, M., & Wells, L. (2009). Social software and security: An initial net assessment. Washington, DC: Center for Technology and National Security Policy, National Defense University.

Du, J., & Peng, S. (2009). Choice of Secure routing protocol for applications in wireless sensor networks. In. Proceedings of the International Conference on Multi-media Information Networking and Security, 2, 470–473. doi:10.1109/MINES. 2009.14

DuMouchel, W. (1999). Computer intrusion detection based on Bayes factors for comparing command transi-tion probabilities. Tech. Rep. 91, National Institute of Statistical Sciences.

Durante, L., Sisto, R., & Valenzano, A. (2003). Au-tomatic testing equivalence verification of Spi cal-culus specifications. ACM Transactions on Software Engineering and Methodology, 12(2), 222–284. doi:10.1145/941566.941570.

Durgin, N. A., Lincoln, P., & Mitchell, J. C. (2004). Mul-tiset rewriting and the complexity of bounded security protocols. Journal of Computer Security, 12(2), 247–311.

Durst, R., Champion, T., Witten, B., Miller, E., & Spag-nuolo, L. (1999). Testing and evaluating computer intrusion detection systems. Communications of the ACM, 42(7), 53–61. doi:10.1145/306549.306571.

Dwyer, C., Hiltz, S. R., Poole, M. S., Gussner, J., Hen-nig, F., & Osswald, S. ... Warth, B. (2010). Developing reliable measures of privacy management within social networking sites. 43rd Hawaii International Conference on System Sciences, (pp. 1–10).

Eirinaki, M., & Vazirgiannis, M. (2003, February). Web mining for Web personalization. ACM Transactions on In-ternetTechnology,3(1),1–27. doi:10.1145/643477.643478.

Ericsson. (2006). C4ISR for network-oriented defense. Ericsson White Paper. Retrieved from http://www.erics-son.com/technology/whitepapers.

Erlingsson, Livshits, & Xie. (2007). End-to-end web application security. Proceedings of the 11th USENIX workshop on Hot topics in operating systems (Article No: 18). Berkeley, CA: USENIX Association.

Escobar, S., Meadows, C., & Meseguer, J. (2009). Maude-NPA: cryptographic protocol analysis modulo equational properties. In Foundations of SecurityAnalysis and Design (pp. 1–50).

ESISAC. (2010). Electronic security guide. Retrieved from http://www.esisac.com/publicdocs/Guides/Sec-Guide_ElectronicSec_BOTapprvd3may05.pdf.

EU. (2008). About European Union. Retrieved March 27, 2010, from http://europa.eu/index_en.htm.

Evans, A., & Kantrowitz, W. (1994). A user authentica-tion schema not requiring secrecy in the computer. ACM Annual Conf. M.I.T. Lincoln Laboratory and Edwin Weiss Boston University.

Fábrega, F. J. T., Herzog, J. C., & Guttman, J. D. (1999). Strand spaces: Proving security protocols correct. Journal of Computer Security, 7(2/3), 191–230.

Facebook. (2010). Privacy policy. Retrieved September 2010, from http://www.facebook.com/privacy/explana-tion.php#!/policy.php.

Facebook. (2010). Developers. Retrieved September 2010, from http://developers.facebook.com/.

Falco, J., Stouffer, S., Wavering, A., & Proctor, F. (2002). IT security for industrial control. MD: Gaithersburg.

Farooqi, A. S., & Khan, F. A. (2009). Intrusion detection systems for wireless sensor networks: a survey. In Ślęzak, D. (Eds.), Communication and networking (pp. 234–241). Berlin, Germany: Springer-Verlag. doi:10.1007/978-3-642-10844-0_29.

Farrell, N. (2007, November). Seagate hard drives turn into spy machines. The Inquirer.

Fawcett, T. (2005). An introduction to ROC analysis. Elsevier.

Fawcett, T. (2004). ROC graphs: Notes and practical considerations for researchers. HPLaboratories Technical Report, Palo Alto, USA.

Ford, (Ed.). (2008). Infosecurity 2008 Threat Analysis. Burlington, MA: Syngress Publishing.

Foster, C. (2007). Metasploit Toolkit for Penetration Test-ing, Exploit Development, and Vulnerability Research. Burlington, MA: Syngress Publishing.

freed0. (2007). ASN/GeoLoc reports and what to do about them. Retrieved March 27, 2010, from http://www.shadowserv-er.org/wiki/pmwiki.php/Calendar/20070111.

F-Secure. (2009). Email-Worm: W32/Waledac.A. Re-trieved March 27, 2010, from http://www.f-secure.com/v

- descs/email - worm_w32_waledac_a.shtml.

F - Secure. (2009). Mydoom. M. Retrieved April 07, 2010, from http://www.f-secure.com/v-descs/mydoom_m.shtml.

Fung, C. - H., Tamaki, K., & Lo, H. - K. (2006). Performance of two quantum key distribution protocols. Physical Review A., 73(1), 012337. doi:10.1103/PhysRevA.73.012337.

Gandhi, M., Jakobsson, M., & Ratkiewicz, J. (2006). Badvertisements: Stealthy click - fraud with unwitting accessories. Journal of Digital Forensic Practice, 1(2). doi:10.1080/15567280601015598.

Ganger, G., Economou, G., & Bielski, S. (2002). Self - se - curing network interfaces: What, why, and how. (Carnegie Mellon University Technical Report, CMU - CS - 02 - 144).

Garcia - Teodoro, P., Diaz - Verdejo, J., Macia - Fernandez, G., & Vazquez, E. (2009). Anomaly - based network intrusion detection: Techniques, systems and challenges. Computers & Security, 28(1 - 2), 18 - 28. doi:10.1016/j.cose.2008.08.003.

Gast, M. S. (2005). 802.11 wireless networks: The defini - tive guide (2nd ed.). Sebastopol, CA: O'Reilly Media.

Gates, G. (2010). Facebook privacy: A bewildering tangle of options. Retrieved May 12, 2010, from http://www.nytimes.com/interactive/2010/05/12/business/facebook-privacy.html.

Ghosh, A. K., & Swaminatha, T. M. (2001). Soft - ware security and privacy risks in mobile e - com - merce. Communications of the ACM, 44(2), 51 - 57. doi:10.1145/359205.359227.

Giannetous, T., Kromtiris, I., & Dimitriou, T. (2009). Intru - sion detection in wireless sensor networks. In Y. Zhang, & P. Kitsos (Ed.), Security in RFID and sensor networks (pp. 321 - 341). Boca Raton, FL: Auerbach Publications, CRC Press. Jackson, K. (1999). Intrusion detection system product survey. (Laboratory Research Report, LA - UR - 99 - 3883). Los Alamos National Laboratory.

Giordano, S. (2002). Mobile ad hoc networks. In Stojme - novic, J. (Ed.), Handbook of wireless networks and mobile computing (pp. 325 - 346). New York, NY: John Wiley & Sons, Inc. doi:10.1002/0471224561.ch15.

Gobby, C., Yuan, Z., & Shields, A. (2004). Quantum key distribution over 122 km of standard telecom fiber. Physical Review Letters, 84(19), 3762 - 3764.

Godwin, B., et al. (2008). Social media and the federal government: Perceived and real barriers and potential solutions. Retrieved December 23, 2008, from http://www.usa.gov/webcontent/documents/SocialMediaFed%20 Govt_BarriersPotentialSolutions.pdf.

Gottesman, D., Lo, H. - K., Lütkenhaus, N., & Preskill, J. (2004). Security of quantum key distribution with imperfect devices. Quantum Information and Computa - tion, 4(5), 325 - 360.

Goubault - Larrecq, J., & Parrennes, F. (2005). Crypto - graphic protocol analysis on Real C Code (pp. 363 - 379). In Verification, Model Checking, and Abstract Interpre - tation.

Green, J., Marchette, D., Northcutt, S., & Ralph, B. (1999). Analysis techniques for detecting coordinated attacks and probes. Paper presented at the Intrusion Detection and Network Monitoring, Santa Clara, California, USA.

Gritzalis, S., Spinellis, D., & Sa, S. (1997). Cryptographic protocols over open distributed systems: A taxonomy of flaws and related protocol analysis tools. In International Conference on Computer Safety, Reliability and Security (pp. 123 - 137).

Grossman, H. Petkov, D., Rager, & Fogie. (2007). XSS Attacks: Cross Site Scripting Exploits and Defense. Bur - lington, MA: Syngress Publishing.

Gu, G. (2008). Correlation - based botnet detection in enterprise networks. Unpublished Dissertation, Georgia Institute of Technology, Georgia.

Gu, Y., McCullum, A., & Towsley, D. (2005). Detecting anomalies in network traffic using maximum entropy estimation. ACM/Usenix Internet Measurement Confer - ence (IMC).

Gu, Y., Shen, Z., & Xue, D. (2009). A game - theoretic model for analyzing fair exchange protocols. In Interna - tional Symposium on Electronic Commerce and Security (pp. 509 - 513).

Gupta, S. (1995). CAN facilities in vehicle networking(pp. 9 – 16). (SAE paper 900695).

Hamiel, & Moyer. (2009). Proceedings from Black Hat USA '09: Weaponizing the Web: More Attacks on User Generated Content. Las Vegas, NV: Black Hat Briefings.

Han, Y., Zou, X., Liu, Z., & Chen, Y. (2008). Efficient DPA attacks on AES hardware implementations. International Journal of Communications. Network and System Sciences, 1, 1 – 103.

Hardjono, T., & Seberry, J. (2002). Information security issues in mobile computing. Australia.

Harri, S. (1991, May). A hierarchical modeling of avail – ability in distributed systems. Proceedings International Conference on Distributed Systems, (pp. 190 – 197).

Harris, H. Eagle, & Ness. (2007). Gray Hat Hacking: The Ethical Hacker's Handbook (2nd ed.). New York, NY: McGraw – Hill Osborne.

Hazen, T. J., Weinstein, E., & Park, A. (2003). Towards robust person recognition on handheld devices using face and speaker identification technologies. Proc. 5th Int. Conf. Multimodal Interfaces, (pp. 289 – 292). Vancouver, British Columbia, Canada.

Hewlett – Packard Development Company. L. P. (2005). Wireless security. Retrieved January 12, 2010, from http://h20331.www2.hp.com/Hpsub/downloads/Wire – less_Security_rev2.pdf.

Hirschberg, D. S. (1977). Algorithms for the longest com – mon subsequence problem. Journal of the ACM, 24(4), 664 – 675. doi:10.1145/322033.322044.

Honeynet Project. (2005). Know your enemy: GenII honeynets. Retrieved from http://old.honeynet.org/papers/gen2/.

Honeynet Project. (2006). Know your enemy: Honeynets. Retrieved March 27, 2010, from http://old.honeynet.org/papers/honeynet/.

Hu, W. – C., Yeh, J. – h., Chu, H. – J., & Lee, C. – w. (2005).
Internet – enabled mobile handheld devices for mobile commerce. Contemporary Management Research, 1(1), 13 – 34.

Hu, W. – C., Yang, H. – J., Lee, C. – w., & Yeh, J. – h. (2005).
World Wide Web usage mining. In Wang, J. (Ed.), Encyclopedia of data warehousing and mining (pp. 1242 – 1248). Hershey, PA: Information Science Refer – ence. doi:10.4018/978 – 1 – 59140 – 557 – 3.ch234.

Hu, W. – C., Ritter, G., & Schmalz, M. (1998, April 1 – 3). Approximating the longest approximate common subsequence problem. Proceedings of the 36th Annual Southeast Conference, (pp. 166 – 172). Marietta, Georgia.

Huang, Y., Tsai, Lin, Huang, S., Lee, & Kuo. (2005). A testing framework for Web application security as – sessment. The International Journal of Computer and Telecommunications Networking, 48(5), 739 – 761.

Huang, Y., & Huang, S. Lin, & Tsai. (2003). Web applica – tion security assessment by fault injection and behavior monitoring. Proceedings of the 12th international con – ference on World Wide Web. Session: Data integrity (pp. 148 – 159). New York, NY: Association for Computing Machinery.

Hui, M. L., & Lowe, G. (2001). Fault – preserving simpli – fying transformations for security protocols. Journal of Computer Security, 9(1/2), 3 – 46.

Huima, A. (1999). Efficient infinite – state analysis of security protocols. In Workshop on Formal Methods and Security Protocols.

Hwang, W. – Y. (2003). Quantum key distribution with high loss: Toward global secure communication. Physical Review Letters, 91(5), 057901. doi:10.1103/PhysRev – Lett.91.057901.

IAB. (2008). IAB documents and current activities. Retrieved March 27, 2010, from http://www.iab.org/documents/index.html.

IATAC. (2010). Mission of Information Assurance Tech – nology Analysis Center (IATAC). Retrieved from http://iac.dtic.mil/iatac/mission.html.

Iclink. (2010). Products. Retrieved from http://www.iclinks.com/Products/Rtu/ICL4150.html.

Idaho National Laboratory (INL). (2005), A comparison of cross – sector cyber security standards, Robert P. Evans. (Report No. INL/EXT – 05 – 00656). Idaho Falls, ID.

IEEE. (1987). Fundamentals of supervisory systems. (IEEE Tutorial No. 91 EH-03376PWR).

IEEE. (2000). IEEE recommended practice for data com-munications between remote terminal units and intelligent electronic devices in a substation. (IEEE Std 1379-2000. Revision of IEEE Std 1379-1997).

IET. (2005). The celebrated maroochy water attack. Computing & Control Engineering Journal, 16(6), 24-25.

IETF. (2010). Operational security capabilities for IP network infrastructure (OPSEC). Retrieved March 27, 2010, from http://datatracker.ietf.org/wg/opsec/charter/.

IFF. (2010). Identification of friend & foe, questions and answers. Retrieved from http://www.dean-boys.com/extras/iff/iffqa.html.

Ilgun, K., Kemmerer, R. A., & Porras, P. A. (1995, March). State transition analysis: A rulebased intrusion detection approach. IEEE Transactions on Software Engineering, 21(3), 181-199. doi:10.1109/32.372146.

Inamori, H., Lutkenhaus, N., & Mayers, D. (2001). Un-conditional security of practical quantum key distribution.

Ingham, K. L., & Inoue, H. (2007). Comparing anomaly detection techniques for HTTP. Symposium on Recent Advances in Intrusion Detection (RAID).

Institute of Electrical and Electronics Engineering (IEEE). (1994). IEEE standard definition: Specification, and analysis of systems used for supervisory control, data acquisition, and automatic control-Description. Washington, DC: IEEE Standards Association.

Intel. (2002). Biometric user authentication fingerprint sensor product evaluation summary. ISSP-22-0410. (2004). Policy draft: Mobile computing. Overseas Private Investment Corporation.

International Council of System Engineering (INCOSE). (2010). International Council on Systems Engineering. Retrieved from http://www.incose.org/.

International Instrument Users' Associations-EWE (IIUA). (2010). Process control domain-security require-ments for vendors, (Report M 2784-X-10). Kent, United Kingdom: International Instrument Users' Associations-EWE.

ISECOM. (2008). OSSTMM Lite: Introduction to the open source security testing methodology manual (3.0). New York, NY: Pete Herzog.

ISO/IEC CD 29128. (2010). Verification of cryptographic protocols. Under development.

ISO/IEC. (2007). Systems and software engineering — Recommended practice for architectural description of software-intensive systems. ISO/IEC 42010 (IEEE STD 1471-2000).

ITU. (2008). ITU botnet mitigation toolkit: Background information.

ITU. (2010). About ITU. Retrieved March 27, 2010, from http://www.itu.int/net/about/#.

Janes. (2010). Sentry (United States) command informa-tion systems-Air. Retrieved from http://www.janes.com.

Jeon, C.-W., Kim, I.-G., & Choi, J.-Y. (2005). Automatic generation of the C# Code for security protocols verified with Casper/FDR. In International Conference on Advanced Information Networking and Applications (pp. 507-510).

Jin, Y., & Makris, Y. (2008). Hardware trojan detection using path delay fingerprint. In Proceedings of IEEE International Workshop on Hardware-Oriented Security and Trust, HOST 2008, (pp. 51-57). Washington, DC: IEEE Computer Society.

Jung, J., Paxson, V., Berger, A. W., & Balakrishnan, H. (2004). Fast portscan detection using sequential hypoth-esis testing. IEEE Symp Sec and Priv.

Jürjens, J. (2005). Verification of low-level crypto-protocol implementations using automated theorem proving. In Formal Methods and Models for Co-Design (pp. 89-98).

Kabiri, P., & Ghorbani, A. A. (2005). Research on intrusion detection and response: A survey. International Journal of Network Security, 1(2), 84-102.

Kahate, A. (2003). Cryptography and network security(1st ed.). Tata, India: McGraw-Hill Company.

Kaliski, B. (1993, December). A survey of encryption stan-dards. IEEE Micro, 13(6), 74-81. doi:10.1109/40.248057.

Kamoun, N., Bossuet, L., & Ghazel, A. (2009). Experi-mental implementation of DPA attacks on AES design with Flash-based FPGA technology. In Proceedings of 6th IEEE International Multi-Conference on Systems, Signals and Devices, SSD'09, Djerba.

Karlof, C., & Wagner, D. (2003). Secure routing in wireless sensor networks: Attacks and countermeasures. Ad Hoc Networks, 1(2-3), 293-315. doi:10.1016/S1570-8705(03)00008-8.

Karrer, R. P., Pescapé, A., & Huehn, T. (2008). Challenges in second-generation wireless mesh networks. EURASIP Journal on Wireless Communications and Networking, 2008, 1-10. doi:10.1155/2008/274790.

Kejariwal, A., Gupta, S., Nicolau, A., Dutt, N. D., & Gupta, R. (2006). Energy efficient watermarking on mobile devices using proxy-based partitioning. IEEE Transactions on Very Large Scale Integration (VLSI). Systems, 14(6), 625-636.

Keller, M., Held, K., Eyert, V., Vollhardt, D., & Anisimov, V. I. (2004). Continuous generation of single photons with controlled waveform in an ion-trap cavity system. Nature, 431(7012), 1075-1078. doi:10.1038/nature02961.

Kelsey, J., Schneier, B., & Wagner, D. (1997). Protocol interactions and the chosen protocol attack. In Security Protocols Workshop (pp. 91-104).

Khanum, S., Usman, M., Hussain, K., Zafar, R., & Sher, M. (2009). Energy-efficient intrusion detection system for wireless sensor network based on musk architecture. In Zhang, W., Chen, Z., Douglas, C. C., & Tong, W. (Eds.), High performance computing and applications (pp. 212-217). Berlin, Germany: Springer-Verlag.

Khayam, S. A. (2006). Wireless channel modeling and malware detection using statistical and information-theoretic tools. PhD thesis, Michigan State University (MSU), USA.

Koashi, M. (2004). Unconditional security of coherent-state quantum key distribution with a strong phase-reference pulse. Physical Review Letters, 93(12), 120501. doi:10.1103/PhysRevLett.93.120501.

Kocher, P. (1996). Timing attacks on implementations of Diffie-Hellman, RSA, DSS and other systems. In N. Koblitz (Ed.), Proceedings of Annual International Conference on Advances in Cryptology, LNCS 1109, (pp. 104-113). Springer-Verlag.

Kocher, P., Jaffe, J., & Jun, B. (1999). Differential power analysis. In Proceedings of the 19th Annual International Cryptology Conference on Advances in Cryptology, LNCS 1666, (pp. 388-397). Heidelberg, Germany: Springer-Verlag.

Komninos, N., & Douligeris, C. (2009). LIDF: Layered intrusion detection framework for ad-hoc networks. Ad Hoc Networks, 7(1), 171-182. doi:10.1016/j.ad-hoc.2008.01.001.

Koopman, P. (2004, July). Embedded system security. IEEE Computer Magazine, 37(7).

Kroeker, L. (2010). Engineering the web's third de-cade. Communications of the ACM, 53(3), 16-18. doi:10.1145/1666420.1666428.

Krontiris, I., Benenson, Z., Giannetsos, T., Freiling, F. C., & Dimitriou, T. (2009). Cooperative intrusion detection in wireless sensor networks. In Roedig, U., & Sreenan, C. J. (Eds.), Wireless sensor networks (pp. 263-278). Berlin, Germany: Springer-Verlag. doi:10.1007/978-3-642-00224-3_17.

Krontiris, I., Dimitriou, T., & Freiling, F. C. (2007). To-wards intrusion detection in wireless sensor networks. In Proceedings of the 13th European Wireless Conference (pp. 1-10).

Krontiris, I., Dimitriou, T., & Giannetsos, T. (2008). LIDeA: A distributed lightweight intrusion detection architecture for sensor networks. In Proceeding of the fourth International Conference on Security and Privacy for Communication.

Kulik, J., Heinzelman, W., & Balakrishnan, H. (2002). Negotiation-based protocols for disseminating informa-tion in wireless sensor networks. Wireless Networks, 8(2-3), 169-185. doi:10.1023/A:1013715909417.

Küsters, R. (2005). On the decidability of cryptographic protocols with open-ended data structures. Interna-tional Journal of Information Security, 4(1-2), 49-70. doi:10.1007/s10207-004-0050-z.

Kyasanur, P., & Vaidya, N. H. (2005). Selfish MAC layer misbehavior in wireless networks. IEEE Transac-tions on Mobile Computing, 4(5), 502-516. doi:10.1109/TMC.2005.71.

Lakhina, A., Crovella, M., & Diot, C. (2004). Diagnos - ing network - wide traffic anomalies. ACM SIGCOMM.

Lakhina, A., Crovella, M., & Diot, C. (2005). Mining anomalies using traffic feature distributions. ACM SIGCOMM.

Lakhina, A., Crovella, M., & Diot, C. (2004). Character - ization of network - wide traffic anomalies in traffic flows. ACM Internet Measurement Conference (IMC).

Langer. (2010). Stuxnet logbook. Langer Production & Development.

Lauf, A. P., Peters, R. A., & Robinson, W. H. (2010). A distributed intrusion detection system for resource - constrained devices in ad - hoc networks. Ad Hoc Networks, 8(3), 253 - 266. doi:10.1016/j.adhoc.2009.08.002.

Law, Y. W., Palaniswami, M., Hoesel, L. V., Doumen, J., Hartel, P., & Havinga, P. (2009). Energy - efficient link - layer jamming attacks against wireless sensor network MAC protocols. ACM Transactions on Sensor Networks, 5(1), 1 - 38. doi:10.1145/1464420.1464426.

Lazarevic, A., Kumar, V., & Srivastava, J. (2005). Intru - sion detection: A survey. In Kumar, V., Lazarevic, A., & Srivastava, J. (Eds.), Managing cyber threats (pp. 19 - 78). New York, NY: Springer - Verlag. doi:10.1007/0 - 387 - 24230 - 9_2.

Lazarevic, A., Ertoz, L., Kumar, V., Ozgur, A., & Srivas - tava, J. (2003). A comparative study of anomaly detection schemes in network intrusion detection. SIAM Interna - tional Conference on Data Mining (SDM).

LBNL/ICSI. (2010). Enterprise Tracing Project. Retrieved from http://www.icir.org/enterprise - tracing/download.html.

Lemos, R. (2007). Estonia gets respite from web attacks. Security Focus. Retrieved from http://www.securityfocus.com/brief/504.

Li, W., Joshi, A., & Finin, T. (2010). (accepted for publication). Security through collaboration and trust in MANETs. ACM/Springer. Mobile Networks and Ap - plications. doi:10.1007/s11036 - 010 - 0243 - 9.

Li, C., Jiang, W., & Zou, X. (2009). Botnet: Survey and case study. Paper presented at the Fourth International Confer - ence on Innovative Computing, Information and Control (ICICIC).

Li, W., Joshi, A., & Finin, T. (2010). Coping with node misbehaviors in ad hoc networks: A multi - dimensional trust management approach. In Proceedings of the 11th IEEE International Conference on Mobile Data Manage - ment (pp. 85 - 94).

Lima, M. N., dos Santos, L. A., & Pujolle, G. (2009). A survey of survivability in mobile ad hoc networks. IEEE Com - munications Surveys and Tutorials, 11(1), 1 - 28. doi:10.1109/SURV.2009.090106.

Lincoln Lab, M. I. T. (1998 - 1999). DARPA - sponsored IDS evaluation. Retrieved from www.ll.mit.edu/IST/ideval/data/dataindex.html.

Lippmann, R. P., Haines, J. W., Fried, D. J., Korba, J., & Das, K. (2000). The 1999 DARPA offline intrusion de - tection evaluation. Computer Networks, 34(2), 579 - 595. doi:10.1016/S1389 - 1286(00)00139 - 0.

Lippmann, R. P., Fried, D. J., Graf, I., Haines, J. W., Kendall, K. R., & McClung, D. ... Zissman, M. A. (2000). Evaluating intrusion detection systems: The 1998 DARPA off - line intrusion detection evaluation. DISCEX, 2, (pp. 12 - 26).

Liu, Holt, & Cheng. (2007). A Practical Vulnerabil - ity Assessment Program. IT Professional, 9(6), 36 - 42. doi:10.1109/MITP.2007.105.

Livshits, & Lam, S. (2005). Finding security vulnerabilities in java applications with static analysis. Proceedings of the 14th conference on USENIX Security Symposium: Vol.14. (pp. 18 - 18). Baltimore, MD: USENIX Association.

Lockheed. (2010). Lockheed Martin UK - Integrated systems & solutions. Retrieved from http://www.lm - isgs.co.uk.

Lohr, S. (2010, February 28). Redrawing the route to online privacy. New York Times. Retrieved March 27, 2010, from http://www.nytimes.com/2010/02/28/technol - ogy/internet/28unbox.html.

Lowe, G. (1996). Breaking and fixing the Needham - Schroeder public - key protocol using FDR. Software - Concepts and Tools, 17(3), 93 - 102.

Lowe, G. (1998). Towards a completeness result for model checking of security protocols. In IEEE Computer Security Foun - dations Workshop (pp. 96 - 105).

Lowrance, R., & Wagner, R. A. (1975). An extension of the string-to-string correction problem. Journal of the ACM, 22(2), 177–183. doi:10.1145/321879.321880.

Ma, X., Fung, C.-H. F., Dupuis, F., Chen, K., Tamaki, K.,& Lo, H.-K. (2006). Decoy-state quantum key distribution with two-way classical post-processing. Physical Review A., 74(3), 032330. doi:10.1103/PhysRevA.74.032330.

Ma, X., Qi, B., Zhao, Y., & Lo, H.-K. (2005). Practical decoy state for quantum key distribution. Physical Review A., 72(1), 012326. doi:10.1103/PhysRevA.72.012326.

MAAWG. (2010). MAAWG published documents. Re-trieved March 27, 2010, from http://www.maawg.org/published-documents.

Madhavi, S., & Kim, T., H. (2008). An intrusion detection system in mobile ad-hoc networks. International Journal of Security and Its Applications, 2(3), 1–17.

Maggi, P., & Sisto, R. (2002). Using SPIN to verify security properties of cryptographic protocols. In SPIN Workshop on Model Checking of Software (pp. 187–204).

Mahoney, M. V., & Chan, P. K. (2003). Network traffic anomaly detection based on packet bytes. ACM SAC.

Mahoney, M. V., & Chan, P. K. (2001). PHAD: Packet Header anomaly detection for identifying hostile network traffic. (Florida Tech technical report CS-2001-4).

Mahoney, M. V., & Chan, P. K. (2002). Learning models of network traffic for detecting novel attacks. (Florida Tech, technical report CS-2002-08).

Mahoney, M. V., & Chan, P. K. (2003). An analysis of the 1999 DARPA/Lincoln Laboratory evaluation data for network anomaly detection. Symposium on Recent Advances in Intrusion Detection (RAID).

Mandala, S., Ngadi, M. A., & Abdullah, A. H. (2008). A survey on MANET intrusion detection. International Journal of Computer Science and Security, 2(1), 1–11.

Marschke, G. (1988). The directory authentication frame-work. CCITT Recommendation, X, 509.

Masek, W. J., & Paterson, M. S. (1980). Afaster algorithm for computing string edit distances. Journal of Com-puter and System Sciences, 20, 18–31. doi:10.1016/0022-0000(80)90002-1.

Mayers, D. (2001). Unconditional security in quantum cryptography. Journal of Association for Computing Machinery, 48(3), 351–406.

McAfee Corporation. (2005). McAfee virtual criminol-ogy report: North American study into organized crime and the Internet.

McCarthy, C. (2010). Facebook phishing scam snares company board member. Retrieved May 10, 2010, from http://news.cnet.com/8301-13577_3-20004549-36.html?

McClure. Scambray, & Kurtz. (2009). Hacking Exposed 6: Network Security Secrets and Solutions. New York, NY: McGraw-Hill Osborne.

McCullagh, D., & Broache,A. (2006). FBI taps cell phone mic as eavesdropping tool. CNET News.

McHugh, J. (2000). The 1998 Lincoln Laboratory IDS evaluation (a critique). Symposium on Recent Advances in Intrusion Detection (RAID).

McIntyre, A., Stamp, J., Richardson, B., & Parks, R. (2008). I3P Security Forum: Connecting the business and control system networks. Albuquerque, NM: Sandia National Lab.

Meadows, C. A. (1996). The NRL protocol analyzer: An overview. The Journal of Logic Programming, 26(2), 113–131. doi:10.1016/0743-1066(95)00095-X.

Meadows, C. A. (2001). A cost-based framework for analysis of denial of service in networks. Journal of Computer Security, 9(1), 143–164.

Merriam-Webster. (2010). Cybersecurity. Retrieved September 13, 2010, from http://www.merriam-webster.com/dictionary/cybersecurity.

Messerges, T. S., Dabbish, E. A., & Sloan, R. H. (2002, May). Examining smart-card security under the threat of power analysis attacks. [IEEE Computer Society.]. IEEE Transactions on Computers, 51(5), 541 – 552. doi:10.1109/TC.2002.1004593.

Messmer, E. (2009). America's 10 most wanted botnets. Retrieved March 27, 2010, from http://www.network-world.com/news/2009/072209-botnets.html.

Michelson, M. (2009). French military donated code to Mozilla Thunderbird. PCMag.com. 12.10.2009.

Micro, A. T. (2006). Taxonomy of botnet threats.

Microsoft. (2006). Sender ID. Retrieved March 27, 2010, from http://www.microsoft.com/mscorp/safety/technolo-gies/senderid/default.mspx.

Microsoft. (2008). Microsoft case study: NATO ac-celerates Windows Vista deployment using the Win-dows Vista security guide. Retrieved from http://www.microsoft.com/casestudies/Case_Study_Detail.aspx?CaseStudyID=4000002826.

Microsoft. (n.d.). Windows products. Retrieved March 27, 2010, from http://www.microsoft.com/windows/products/.

Milenkovic, A., Otto, C., & Jovanov, E. (2006). Wireless sensor networks for personal health monitoring: Issues and an implementation. Computer Communications, 29(13-14), 2521-2533. doi:10.1016/j.comcom.2006.02.011.

Milner, R. (1999). Communicating and mobile systems: The Pi-Calculus. Cambridge University Press.

Misbahuddin, S. (2006). A performance model of highly available multicomputer systems. International Journal of Simulation and Modeling, 26(2), 112-120.

Mishra, A., Nadkarni, K., & Patcha, A. (2004). Intru-sion detection in wireless ad hoc networks. IEEE Wireless Communications, 11, 48-60. doi:10.1109/MWC.2004.1269717.

Mobasher, B., Cooley, R., & Srivastava, J. (2000). Automatic personalization based on Web usage min-ing. Communications of the ACM, 43(8), 142-151. doi:10.1145/345124.345169.

MoD. (2004, November). Network enabled capability handbook. Joint Services Publication 777, UK Ministry of Defence. Retrieved from http://www.mod.uk.

MoD. (2005a). Architectural framework overview, ver-sion 1.0.

MoD. (2005b). Architectural framework technical hand-book, version 1.0.

Mödersheim, S., & Viganò, L. (2009). The open-source fixed-point model checker for symbolic analysis of secu-rity protocols. In Foundations of Security Analysis and Design (pp. 166-194).

Molva, R., & Michiardi, P. (2003). Security in ad hoc networks. In M. Conti et al. (Eds.), Personal Wireless Communications, 2775, 756-775. Berlin, Germany: Springer-Verlag.

Monniaux, D. (1999). Decision procedures for the analysis of cryptographic protocols by logics of belief. In IEEE Computer Security Foundations Workshop (pp. 44-54).

Mortman, D., Hutton, A., Dixon, J., & Crisp, D. (2009). A Black Hat vulnerability risk assessment. Proceedings from Black Hat USA '09. Las Vegas, NV: Black Hat Briefings.

Moyse, I. (2010, May 10). Securing Web 2.0. Security Acts, 3, 21-22.

Mueller, P., & Shipley, G. (2001, August). Dragon claws its way to the top. Network Computing. Retrieved from http://www.networkcomputing.com/1217/1217f2.html.

Mulliner, C., & Miller, C. (2009, July). Fuzzing the phone in your phone. Las Vegas, NV: Black Hat.

Myers, L. (2006, October). Aim for bot coordination. Paper presented at 2006 Virus Bulletin Conference (VB2006).

Nanda, Lam, & Chiueh. (2007). Dynamic multi-process information flow tracking for web application security. Proceedings of the 2007 ACM/IFIP/USENIX international conference on Middleware companion. Session: Experi-ence papers (Article No: 19). New York, NY: Association for Computing Machinery.

NAP. (1999). Realizing the potential of C4I: Fundamental challenges. Computer Science and Telecommunications Board (CSTB), Commission on Physical Sciences, Math-ematics, and Applications, National Research Council. Washington, DC: National Academy Press.

NAP. (2006). C4ISR for future naval strike groups. Naval Studies Board (NSB) Division on Engineering and Physi-cal Sciences, National Research Council of The National Academies. Washington, DC: The National Academies Press. Retrieved from www. nap. edu.

National Infrastructure Security Co – Ordination Centre. (2004). Border gateway protocol.

National Institute of Standards and Technology. (2009).

Special publications 800 – 114, 800 – 124.

National Institute of Standards and Technology (NIST). (2009). Special publication 800 – 53, revision 3: Recom – mended security controls for federal information systems and organizations.

National Transportation Safety Board (NSTB). (2005). Supervisory Control and Data Acquisition (SCADA) in liquid pipe-line safety study. (Report No. NTSB/SS – 05/02, PB2005 – 917005). Retrieved from http://www.ntsb.gov/publictn/2005/ss0502.pdf.

NATO. (2007). NATO architectural framework, ver. 3 (Annex 1 to AC/322 – D (2007) 0048).

NATO. (2010). NATO information assurance. Retrieved from http://www.ia.nato.int.

Navarrete, C. (2010, February 15). Security testing: Au – tomated or manual. Security Acts, 2, 20 – 21.

Naveen, S., & David, W. (2004). Security considerations for IEEE 802.15.4 networks. In Proceedings of the ACM Work-shop on Wireless Security (pp. 32 – 42). New York, NY: ACM Press.

Navsea. (2007). Naval sea systems command. Retrieved from https://www.djc2.org.

Needham, R., & Schroeder, M. (1978). Using encryp – tion for authentication in large networks of comput – ers. Communi-cations of the ACM, 21(12), 993 – 999. doi:10.1145/359657.359659.

Negin, M., Chemielewski, T. A. Jr, Salgancoff, M., Camus, T., Chan, U. M., Venetaner, P. L., & Zhang, G. (2000, February). An iris biometric system for pubic and personal use. IEEE Computer, 33(2), 70 – 75.

NERC. (2006). Cyber security standards. Retrieved from http://www.nerc.com/~filez/standards/Cyber – Security – Per-manent.html.

Neves, P., Stachyra, M., & Rodrigues, J. (2008). Applica – tion of wireless sensor networks to healthcare promotion. Jour-nal of Communications Software and Systems, 4(3), 181 – 190.

Next – Generation Intrusion Detection Expert System (NIDES). (2010). NIDES Project. Retrieved from http://www.csl.sri.com/projects/nides/.

Ng, H. S., Sim, M. L., & Tan, C. M. (2006). Security issues of wireless sensor networks in healthcare applications. BT Technology Journal, 24(2), 138 – 144. doi:10.1007/s10550 – 006 – 0051 – 8.

Nicholson, A. J., Corner, M. D., & Noble, B. D. (2006, November). Mobile device security using transient au – thenti-cation. IEEE Transactions on Mobile Computing, 5(11), 1489 – 1502. doi:10.1109/TMC.2006.169.

Nilsson, P. (2003). Opportunities and risks in a network – based defence. Swedish Journal of Military Technology,3. Re-trieved from http://www.militartekniska.se/mtt.

Noble, B. D., & Corner, M. D. (September 2002). The case for transient authentication. In Proceeding of 10th ACM SIGOPS European Workshop, Saint – Emillion, France.

Noureddine, A., & Damodaran. (2008). Security in web 2.0 application development. Proceedings of the 10th International Conference on Information Integration and Web – based Applications and Services. Session: iiWAS 2008 and ERPAS 2008 (pp. 681 – 685). New York, NY: Association for Computing Machinery.

OECD Ministerial Background Report. (2008). DSTI/ICCP/REG(2007)5/FINAL, malicious software (mal – ware): A se-curity threat to the Internet economy.

OISSG. (2006). ISSAF: Information systems security as – sessment framework (draft 0.2.1A & 0.2.1B). Colorado Springs, CO: Rathore et al.

Omar, M., Challal, Y., & Bouabdallah, A. (2009). Reli – able and fully distributed trust model for mobile ad hoc net-works. Computers & Security, 28(3 – 4), 199 – 214. doi:10.1016/j.cose.2008.11.009.

Ono, K.; Kawaishi, I., & Kamon, T. (2007). Trend of botnet activities. Paper presented at 41st Annual IEEE In – terna-tional Carnahan Conference on Security Technology.

OpenSSL Team. (2009). OpenSSL security advi – sor. Retrieved from http://www.openssl.org/news/secadv_

20090107. txt.

Ors, S. B., Gurkaynak, F., Oswald, E., & Prencel, B. (2004). Power analysis attack on an ASIC AES implementation. In Proceedings of the International Conference on Infor-mation Technology: Coding and Computing, ITCC'04, Las Vegas, NV, Vol. 2 (p. 546). Washington, DC: IEEE Computer Society.

Otway, D., & Rees, O. (1987). Efficient and timely mutual authentication. Operating Systems Review, 21(1), 8-10. doi:10.1145/24592.24594.

Pang, R., Allman, M., Bennett, M., Lee, J., Paxson, V., & Tierney, B. (2005). A first look at modern enterprise traffic. ACM/Usenix Internet Measurement Conference (IMC).

Pang, R., Allman, M., Paxson, V., & Lee, J. (2006). The devil and packet trace anonymization. ACM CCR, 36(1).

Parker, J., Pinkston, J., Undercoffer, J., & Joshi, A. (2004). On intrusion detection in mobile ad hoc networks. In 23rd IEEE International Performance Computing and Communications Conference-Workshop on Information Assurance.

Paulson, L. (1998). The inductive approach to verifying cryptographic protocols. Journal of Computer Security, 6(1-2), 85-128.

Peltier, R., & Peltier. (2002). Managing a Network Vulner-ability Assessment. Boca Raton, FL: CRC Press.

Permann, R. M., & Rohde, K. (2005). Cyber assessment methods for SCADA security. Retrieved from http://www.inl.gov/scada/publications/d/cyber_assessment_meth-ods_for_scada_security.pdf.

Perrig, A., Szewczyk, R., Tygar, J., Wen, V., & Culler, D. E. (2002). SPINS: Security protocols for sensor networks. Wireless Networks, 8, 521-534. doi:10.1023/A:1016598314198.

Pipeline and Hazardous Material Safety Administra-tion (PHMSA). (2010). Pipeline basics. Retrieved from http://primis.phmsa.dot.gov/comm/PipelineBasics.htm?nocache=5000.

Pironti, A., & Sisto, R. (2010). Provably correct Java implementations of Spi calculus security protocols specifications. Computers & Security, 29(3), 302-314. doi:10.1016/j.cose.2009.08.001.

Pironti, A., & Sisto, R. (2007). An experiment in interop-erable cryptographic protocol implementation using automatic code generation. In IEEE Symposium on Computers and Communications (pp. 839-844).

Porras, P. (2009). Directions in network-based security monitoring. IEEE Privacy and Security, 7(1), 82-85. doi:10.1109/MSP.2009.5.

Potkonjak, M., Nahapetian, A., Nelson, M., & Massey, T. (2009). Hardware trojan horse detection using gate-level characterization. In Proceedings of the 46th Annual ACM IEEE Design Automation Conference, CA, ACM.

Pozza, D., Sisto, R., & Durante, L. (2004). Spi2Java: Automatic cryptographic protocol Java code generation from Spi calculus. In Advanced Information Networking and Applications (pp. 400-405).

Prevelakis, V., & Spinellis, D. (2007, July). The Ath-ens affair. IEEE Spectrum, 44(7), 26-33. doi:10.1109/MSPEC.2007.376605.

Ptacek, T. H., & Newsham, T. N. (1998). Insertion, eva-sion, and denial of service: Eluding network intrusion detection. Secure Networks, Inc.

Pugliese, M., Giani, A., & Santucci, F. (2009). Weak process models for attack detection in a clustered sensor network using mobile agents. In Hailes, S., Sicari, S., & Roussos, G. (Eds.), Sensor systems and software (pp. 33-50). Berlin, Germany: Springer-Verlag.

Puketza, N., Chung, M., Olsson, R. A., & Mukherjee, B. (1997). A software platform for testing intrusion detection systems. IEEE Software, 14(5), 43-51. doi:10.1109/52.605930.

Puketza, N. F., Zhang, K., Chung, M., Mukherjee, B., & Olsson, R. A. (1996). A methodology for testing intru-sion detection systems. IEEE Transactions on Software Engineering, 22(10), 719-729. doi:10.1109/32.544350.

Puri, R. (2003). Bots & botnet: An overview.

Puttaswamy, K. P. N., & Zhao, B. Y. (2010). Preserving privacy in location-based mobile social applications. Paper presented at HotMobile'10, Annapolis, Maryland.

Qingling, C., Yiju, Z., & Yonghua, W. (2008). A mini-malist mutual authentication protocol for RFID system & BAN logic analysis. In International Colloquium on Computing (pp. 449 – 453). Communication, Control, and Management. doi:10.1109/CCCM.2008.305.

Rafsanjani, M. K., Movaghar, A., & Koroupi, F. (2008). Investigating intrusion detection systems in MANET and comparing IDSs for detecting misbehaving nodes. World Academy of Science. Engineering and Technol – ogy, 44, 351 – 355.

Raghavendra, C. S., Sivalingam, K. M., & Znati, T. (Eds.). (2004). Wireless sensor networks. Berlin/Heidelberg, Germany: Spriger – Verlag. doi:10.1007/b117506.

Rajab, M. A., Zarfoss, J., Monrose, F., & Terzis, A. (2006). A multifaceted approach to understanding the botnet phenomenon. Paper presented at 6th ACM SIGCOMM conference on Internet measurement.

Rand. (2009). Controlling the cost of C4I upgrades on naval ships. A study report for USN RAND Corporation. National Defense and Research Institute USA (2009).

Rao, L. (2010). Twitter seeing 6 billion API calls per day, 70k per second. TechCrunch. Retrieved from http://techcrunch.com/2010/09/17/twitter – seeing – 6 – billion – api – calls – per – day – 70k – per – second/.

Rasheed, & Chow, Y. C. (2009). Automated Risk Assess – ment for Sources and Targets of Vulnerability Exploita – tion. Proceedings of the 2009 WRI World Congress on Computer Science and Information Engineering: Vol. 1. (pp. 150 – 154). Washington, DC: IEEE Computer Society.

Rawat, & Saxena. (2009). Application security code analysis: a step towards software assurance. Interna – tional Journal of Information and Computer Security, 3(1), 86 – 110.

Reuters. (2010a). Update 2 – Cyber attack appears to target Iran – tech firms.

Reuters. (2010b). What is Stuxnet? Robinson, C. (2002). Military and cyber – defense: Reactions to the threat. Washington, DC: Center for Defense Information.

Ringberg, H., Rexford, J., Soule, A., & Diot, C. (2007). Sensitivity of PCA for traffic anomaly detection. ACM SIGMETRICS.

Robert Bosch. (1991). CANS specification, ver. 2.0. Stuttgart, Germany: Robert Bosch GmbH.

Roesch, M. (1999). Snort – Lightweight intrusion detec – tion for networks. USENIX Large Installation System Administration Conference (LISA).

Rowan, D. (2010). Six reasons why I'm not on Facebook. Retrieved September 18, 2010, from http://www.wired.com/epicenter/2010/09/six – reasons – why – wired – uks – editor – isnt – on – facebook/.

Ryan, P., & Schneider, S. (2000). The modelling and analysis of security protocols: The CSP approach. Addison – Wesley Professional.

Saab. (2010). Safir software development kit for truly distributed C4I systems. Retrieved from http://www.safirsdk.com.

Sabahi, V., & Movaghar, A. (2008). Intrusion detection: A survey. In Third International Conference on Systems and Networks Communications (pp. 23 – 26).

Saenz, A. (2010). Stuxnet worm attacks nuclear site in Iran – A sign of cyber warfare to come on singularity hub.

Saha, B., & Gairola, A. (2005). Botnet: An overview.

Said, E., & Guimaraes, A. Maamar, & Jololian. (2009). Database and database application security. Proceedings of the 14th annual ACM SIGCSE conference on Innovation and technology in computer science education. Session: Networking (pp. 90 – 93). New York, NY: Association for Computing Machinery.

Scadalink. (2010). Support. Retrieved from http://www.scadalink.com/support/scada.html.

Schechter, S. E., Jung, J., & Berger, A. W. (2004). Fast detection of scanning worm infections. Symposium on Recent Advances in Intrusion Detection (RAID).

Schmeh, K. (2003). Cryptography and public key infra – structure on the internet. West Sussex, England: John Wiley & Sons.

Schneider, S. (1996). Security properties and CSP. In IEEE Symposium on Security and Privacy (pp. 174 – 187).

Sellke, S., Shroff, N. B., & Bagchi, S. (2005). Modeling and automated containment of worms. DSN.

Sentek. (2010). C4ISR solutions. Sentek Global. Retrieved from http://www.sentekconsulting.com/index.php.

Sentry. (2010). C2 / C4I systems: A strategic tool for extended air defense by ThalesRaytheon Systems (TRS). Retrieved from http://www. armedforces – int. com/article/ c2 – c4i – systems – a – strategic – tool – for – extended – air – defense. html.

Shabtai, A., Kanonov, U., & Elovici, Y. (2010, August). Intrusion detection for mobile devices using the knowl – edge – based, temporal abstraction method. Journal of Systems and Software, 83(8), 1524 – 1537. doi:10.1016/j.jss.2010.03.046.

Shah, S. (2009). Application defense tactics and strategies: WAF at the gateway. Proceedings from HITBSecConf '09. Dubai, DB: HITB Security Conference Series.

Shamir, A., Rivest, R., & Adleman, L. (1978). Mental poker (Technical Report). Massachusetts Institute of Technology.

Shamir, A. (1979). How to share a secret. Communications of theACM, 22 (11), 612 – 613. doi: 10.1145/359168.359176.

Shannon, C., & Moore, D. (2004). The spread of the Witty worm. IEEE Security & Privacy, 2(4), 46 – 50. doi:10.1109/MSP.2004.59.

Sharp, R. I. (2004). User authentication. Technical Uni – versity of Denmark.

Shezaf. (2006). Web Application Firewall Evaluation Cri – teria (1.0) [PDF document]. Retrieved May 5, 2010, from http://projects.webappsec.org/f/wasc – wafec – v1.0.pdf.

Shipley, G. (1999). ISS RealSecure pushes past newer IDS players. Network Computing. Retrieved from http:// www.networkcomputing.com/1010/1010r1.html.

Shipley, G. (1999). Intrusion detection, take two. Net – work Computing. Retrieved from http://www.nwc.com/1023/1023fl.html.

Shrestha, R., Sung, J. – Y., Lee, S. – D., Pyung, S. – Y., Choi, D. – Y., & Han, S. – J. (2009). A secure intrusion detection system with authentication in mobile ad hoc network. In Proceedings of the Pacific – Asia Conference on Circuits, Communications and Systems (pp. 759 – 762).

Shyu, M. – L., Sarinnapakorn, K., Kuruppu – Appuhamilage, I., Chen, S. – C., Chang, L., & Goldring, T. (2005). Handling nominal features in anomaly intrusion detection problems. Proc. 15th Int. Workshop on Research Issues in Data Engineering (RIDE 2005), (pp. 55 – 62). Tokyo, Japan.

Siciliano, R. (2010). Social media security: Using Face – book to steal company data. Retrieved May 11, 2010, from http://www.huffingtonpost.com/robert – siciliano/ social – media – security – usi_b_570246.html.

Sink, C. (July 2004). Agobot and the kit.

Smith, H. L., & Block, W. R. (1993, January). RTUs slave for supervisory systems. Computer Applications in Power, 6, 27 – 32. doi:10.1109/67.180433.

Smith, V., Ames, C., & Delchi. (2009). Dissecting Web attacks. Proceedings from Black Hat DC '09. Crystal City, DC: Black Hat Briefings.

Snort. (2010). Open source intrusion detection system. Retrieved from http://www.snort.org.

Song, D. X., Berezin, S., & Perrig, A. (2001). Athena: A novel approach to efficient automatic security protocol analysis. Journal of Computer Security, 9(1/2), 47 – 74.

Sophos. (2010). Security threat report. Retrieved January 2010, from http://www.sophos.com/sophos/docs/eng/ papers/ sophos – security – threat – report – jan – 2010 – wpna.pdf.

Soule, A., Salamatian, K., & Taft, N. (2005). Combining filtering and statistical methods for anomaly detection. ACM/ Usenix Internet Measurement Conference (IMC).

SPF. (2008). Sender policy framework.

Stallings, W. (2003). Cryptography and network security principles and practices (3rd ed.).

Standaert, F. X., Ors, S. B., Quisquater, J. J., & Prencel, B. (2004). Power analysis attacks against FPGA implemen – tations of the DES. In Proceedings of the International Conference on Field – Programmable Logic and its Ap – plications (FPL), LNCS 3203, (pp. 84 – 94). Heidelberg, Germany: Springer – Verlag.

Stanton, N. A., Baber, C., & Harris, D. (2008). Model-ling command and control: Event analysis of systemic teamwork. Aldershot, UK: Ashgate.

Stojmenovic, I. (Ed.). (2002). Handbook of wireless networks and mobile computing. New York, NY: John Willy & Sons. doi:10.1002/0471224561.

Stojmenovic, I. (Ed.). (2005). Handbook of Sensor Networks. England: John Willy & Sons. doi:10.1002/047174414X.

Stokes, M. (2010). Revolutionizing Taiwan's security - Leveraging C4ISR for traditional and non-traditional challenges. Retrieved from www.project2049.net.

Stolfo, S. J., Hershkop, S., Hu, C.-W., Li, W.-J., Nimeskern, O., & Wang, K. (2006). Behavior-based modeling and its application to email analysis. ACM Transactions on Internet Technology, 6(2), 187-221. doi:10.1145/1149121.1149125.

Stouffer, K., Falco, J., & Scarfone, K. (2008). Guide to Industrial Control Systems (ICS) security. (Report No. NIST SP 800-82). Retrieved from http://www.nist.gov.

Stuttard, & Pinto. (2007). The Web Application Hacker's Handbook: Discovering and Exploiting Security Flaws. Indianapolis, IN: Wiley Publishing.

Subhadrabandhu, D., Sarkar, S., & Anjum, F. (2006). A statistical framework for intrusion detection in ad hoc networks. IEEE INFOCOM.

Sullivan. (2009). Proceedings from Black Hat USA '09: Defensive URL Rewriting and Alternative Resource Loca-tors. Las Vegas, NV: Black Hat Briefings.

Susilo, W. (2002). Securing handheld devices. Proc. 10th IEEE Int. Conf. Networks, (pp. 349-354).

Sybase Inc. (2006). Afaria—The power to manage and secure data, devices and applications on the front lines of business. Retrieved June 10, 2010, from http://www.sybase.com/files/Data_Sheets/Afaria_overview_data-sheet.pdf.

Symantec Internet Security Statistics. (2008). Symantec Internet security threat reports I-XI.

Symantec MessageLabs. (2009). MessageLabs intel-ligence: Q2/June 2009.

Symantec. (2007). W32.Randex.E. Retrieved March 27, 2010, from http://www.symantec.com/security_response/writeup.jsp?docid=2003-081213-3232-99.

Symantec. (2010). Security response. Retrieved from http://securityresponse.symantec.com/avcenter.

Symantec. (n.d.). Learn more about viruses and worms.

Szor, F. P. a. P. (2003). An analysis of the slapper worm exploit.

Takahashi, J., & Fukunaga, T. (2010, January). Differential fault analysis on AES with 192 and 256-bit keys. In Proceedings of Symposium on Cryptography and Information Security. SCIS, Japan, IACR e-print archive.

Ten, C., Govindarasu, M., & Liu, C. C. (2007, October). Cyber security for electric power control and automation systems (pp. 29-34).

Thales. (2010). Link-Y brochure and specification docu-ment. Retrieved on October 15, 2010, from http://www.thalesgroup.com/LinkY/?pid=1568.

Thales. (2010). Thales defence & security C4I systems division (DSC) research and contribution to the cyber security. Retrieved from http://www.nis-summer-school.eu/presentations/Daniel_Gidoin.pdf.

The Shadowserver Foundation. (2007). Botnets. Retrieved March 27, 2010, from http://www.shadowserver.org/wiki/pmwiki.php/Information/Botnets#toc.

The Sydney Morning Herald. (2007). Cy-ber attacks force Estonian bank to close web-site. Retrieved from http://www.smh.com.au/news/breaking-news/cyber-attacks-force-estonian-bank-to-close-website/2007/05/16/1178995171916.html.

The, N. S. S. Group. (2001). Intrusion detection systems group test (2nd ed.). Retrieved from http://nsslabs.com/group-tests/intrusion-detection-systems-ids-group-test-edition-2.html.

Thuraisingham. (2009). Data Mining for Malicious Code Detection and Security Applications. Proceedings of the 2009 IEEE/WIC/ACM International Joint Conference on Web Intelligence and Intelligent Agent Technology: Vol. 2. (pp. 6-7).

Washington, DC: IEEE Computer Society.

Tiri, K., & Verbauwhede, I. (2004). A logic level design methodology for a secure DPA resistant ASIC or FPGA implementation. In Proceedings of the Conference on Design, Automation and Test. IEEE Computer Society.

Tobler, B., & Hutchison, A. (2004). Generating network security protocol implementations from formal specifica-tions. In Certification and Security in Inter-Organizational E-Services. Toulouse, France.

Transportation Security Administration (TSA). (2008). Transportation Security Administration: Pipeline security guidelines, rev. 2a. Washington, DC: TSA.

Trendmicro. (2003). POLYBOOT-B*. Retrieved from http://threatinfo.trendmicro.com/vinfo/virusencyclo/default5.asp?VName=POLYBOOT-B*.

Trividi, K. (1990, July). Reliability evaluation of fault tolerant systems. IEEE Transactions on Reliability, 44(4), 52-61.

Tryfonas, & Kearney. (2008). Standardising business application security assessments with pattern-driven audit automations. Computer Standards & Interfaces, 30(4), 262-270.

Turneaure, F. E., & Russell, H. L. (1916). Public water-supplies-Requirements, resources, and the construction of works. New York, NY: John Wiley & Sons, Inc.

Turner, N. C. (1991, September). Hardware and soft-ware techniques for pipeline integrity and leak detection monitoring. Society of Petroleum Engineers, Inc. Paper presented at meeting of the Offshore Europe Conference, Aberdeen, Scotland.

Twitter Blog. (2010). Links and Twitter: Length shouldn't matter. Retrieved June 8, 2010, from http://blog.twitter.com/2010/06/links-and-twitter-length-shouldnt.html.

Twitter Blog. (2010). State of Twitter spam. Retrieved March 23, 2010, from http://blog.twitter.com/2010/03/state-of-twitter-spam.html.

Twitter Blog. (2010). Trust and safety. Retrieved March 9, 2010, from http://blog.twitter.com/2010/03/trust-and-safety.html.

Twitter Help Resources. (2009). About the Tweet with your location feature. Retrieved November 12, 2009, from http://twitter.zendesk.com/forums/26810/entries/78525.

Twycross, J., & Williamson, M. M. (2003). Implementing and testing a virus throttle. Usenix Security.

University of Central Florida. (2007). Security of mobile computing, data storage, and communication devices. University of Central Florida.

US-CERT. (2009). Quarterly trends and analysis report. US CERT, 4(1). Retrieved from http://www.us-cert.gov/press_room/trendsanalysisQ109.pdf.

USCESRC. (2009). China's cyber activities that target the United States, and the resulting impacts on U. S. na-tional security. US China Economic and Security Review Commission 2009 Annual Report to Congress. Retrieved from http://www.uscc.gov.

US-DoD. (1995). DoD integrated architecture panel. IEEE STD 610.12.

US-DoD. (1997). C4ISR architecture working group. (US) Department of Defense. C4ISR Architecture Framework Version 2.0.

US-DoD. (2005). Guide to using DoD PKI certificates in outlook security evaluation. (Group Report Number: I33-002R-2005).

USDoD. (2005). The implementation of network-centric warfare. Force Transformation, Office of the Secretary of Defense. Retrieved from http://www.oft.osd.mil/library/library_files/document_387_NCW_Book_LowRes.pdf.

US-DoD. (2007). Department of Defense architecture framework v1.5. Retrieved from http://www.defenselink.mil/nii/doc/DoDAF_V2_Deskbook.pdf.

US-DoD. (2009). Department of Defense architecture framework v2.0. Retrieved from http://www.defenselink.mil/nii/doc/DoDAF_V2_Deskbook.pdf.

Vamosi, R. (2008). Koobface virus hits Facebook. CNET. Retrieved December 4, 2008, from http://news.cnet.com/koobface-virus-hits-facebook/.

Van Eck, W. (1985). Electromagnetic radiation from video display units: An eavesdropping risk. [Oxford, UK: Elsevier Advanced Technology Publications.]. Computers & Security, 4(4), 269–286. doi:10.1016/0167–4048(85)90046–X.

Vascellaro, J. (2010). Facebook glitch exposed private chats. Retrieved May 5, 2010, from http://online.wsj.com/article/SB10001424052748703961104575226314 165586910.html.

Ventuneac, Coffey, & Salomie. (2003). Apolicy–based se–curity framework for Web–enabled applications. Proceed–ings of the 1st international symposium on Information and communication technologies. Session: WWW applications (pp. 487–492). Dublin, Ireland: Trinity College Dublin.

Viganò, L. (2006). Automated security protocol analysis with the AVISPA tool. Electronic Notes in Theoretical Computer Science, 155, 61–86. doi:10.1016/j.entcs.2005.11.052.

Vishnubhtla, S. R., & Mahmud, S. M. (1988). A centralized multiprocessor based control to optimize performance in vehi–cles. IEEE Workshop on Automotive Applications of Electronics, Detroit, MI.

Voydock, V. L., & Kent, S. T. (1983). Security mecha–nisms in high–level network protocols. ACM Computing Sur–veys, 15(2), 135–171. doi:10.1145/356909.356913.

Vu, T. M., Safavi–Naini, R., & Williamson, C. (2010). Securing wireless sensor networks against large–scale node capture attacks. In Proceedings of the 5th ACM Symposium on Information, Computer and Communica–tions Security (pp. 112–123).

W3C. (2007). SOAP version 1.2, part 1: Messaging framework (2nd ed.). Retrieved from http://www.w3.org/TR/soap12–part1/#Intro.

Wagner, R. A., & Fischer, M. J. (1974). The string–to–string correction problem. Journal of the ACM, 21(1), 168–173. doi:10.1145/321796.321811.

Wagner, R. A. (1975). On the complexity of the extended string–to–string correction problem. Proc. 7th Annual ACM Symp. on Theory of Computing, (pp. 218–223).

Walden, D. Welch, A., Whelan. (2009). Security of open source web applications. Proceedings of the 2009 3rd International Symposium on Empirical Software Engi–neering and Measurement (pp. 545–553). Washington, DC: IEEE Computer Society.

Walden. (2008). Integrating web application security into the IT curriculum. Proceedings of the 9th ACM SIGITE conference on Information technology education. Session 2.5.1: integrating advanced topics II (pp. 187–192). New York, NY: Association for Computing Machinery.

Walters, J. P., Liang, Z., Shi, W., & Chaudhary, V. (2007). Wireless sensor network security: A survey. In Y. Xiao (Ed.), Security in distributed, grid, and pervasive comput–ing (pp. 367–311). Boca Raton, FL: Auerbach Publica–tions, CRC Press.

Wang, W., Man, H., & Liu, Y. (2009). A framework for intrusion detection systems by social network analysis methods in ad hoc networks. Security and Communica–tion Networks, 2(6), 669–685.

Wang, Y., Lively, M., & Simmons, B. (2009). Software security analysis and assessment model for the web–based appli–cations. Journal of Computational Methods in Sci–ences and Engineering, 9(1), 179–189.

Wang, F., Huang, C., Zhao, J., & Rong, C. (2008). ID–MTM: A novel intrusion detection mechanism based on trust model for ad hoc networks. In Proceedings of the 22nd International Conference on Advanced Information Networking and Applications (pp. 978–984).

Ward, R. (2008). Laptop and mobile computing security policy. Devon PCT NHS.

Weaver, N., Staniford, S., & Paxson, V. (2004). Very fast containment of scanning worms. Usenix Security.

Weinstein, E., Ho, P., Heisele, B., Poggio, T., Steele, K., & Agarwal, A. (2002). Handheld face identification tech–nology in a pervasive computing environment. Short Paper Proceedings, Pervasive 2002, Zurich, Switzerland.

Whitaker, & Newman. (2005). Penetration Testing and Cisco Network Defense. Indianapolis, IN: Cisco Press.

Wiesner, S. (1983). Conjugate coding. S/GACT News, 15(1), 78–88.

Wiki. (n. da). What is wiki? Wikiorg, The Free Encyclo‐pedia. Retrieved October 15, 2010, from http://wiki.org/wiki.cgi? WhatIsWiki.

Wiki. (n. db). Thin client. Techterms, The Free Encyclope‐dia. Retrieved October 15, 2010, from http://en.wikipedia.org/wiki/Thin_client.

Wiki. (n. dc). Techterms. Techterms, The Free Encyclo‐pedia. Retrieved October 15, 2010, from http://www.techterms.com/definition/wiki.

Wikipedia. (2010). Wikipedia main page. Retrieved from http://en.wikipedia.org/.

Wikipedia. (2010a). Identification friend or foe. Retrieved October 21, 2010, from http://en.wikipedia.org/wiki/Identification_friend_or_foe.

Wikipedia. (2010b). Security focused operating system. Retrieved October 21, 2010, from http://en.wikipedia.org/wiki/Security_focused_operating_systems.

Williamson, M. M. (2002). Throttling viruses: Restricting propagation to defeat malicious mobile code. ACSAC.

Winpcap. (2010). Winpcap homepage. Retrieved from http://www.winpcap.org/.

WiSNet. (2008). Bibliography of network‐based anomaly detection systems. Retrieved from http://www.wisnet.seecs.nust.edu.pk/downloads.php.

WiSNet. (2010). WiSNet ADS comparison homepage, November 2010. Retrieved from http://www.wisnet.seecs.nust.edu.pk/projects/adeval/.

Wong, C., Bielski, S., Studer, A., & Wang, C. (2005). Empirical analysis of rate limiting mechanisms. Sympo‐sium on Recent Advances in Intrusion Detection (RAID).

Woodcock, J., Larsen, P. G., Bicarregui, J., & Fitzgerald, J. (2009). Formal methods: Practice and experience. ACM Computing Surveys, 41(4), 1‐36. doi:10.1145/1592434.1592436.

Woodward. (2010). Document. Retrieved from http://www.woodward.com/pdf/ic/85578.pdf.

Wortzel, L. M. (2009). Preventing terrorist attacks, countering cyber intrusions, and protecting privacy in cyberspace. U.S. China Economic and Security Review Commission, Testimony before the Subcommittee on Terrorism and Homeland Security. United States Senate.

Wright, P. (1987). Spycatcher‐The candid autobiogra‐phy of a senior intelligence officer. Australia: William Heinemann.

Wright, C. S. (2008). The IT regulatory and standards compliance handbook: How to survive an information systems audit and assessments. Burlington, MA: Syngress Publishing.

Wu, S. X., & Banzhaf, W. (2010). The use of computational intelligence in intrusion detection systems: A review. Applied Soft Computing, 10(1), 1‐35. doi:10.1016/j.asoc.2009.06.019.

Wu, S., & Manber, U. (1992). Text searching allowing errors. Communications of the ACM, 35(10), 83‐91. doi:10.1145/135239.135244.

Wu, B., Chen, J., Wu, J., & Cardei, M. (2006). Asurvey on attacks and countermeasures in mobile ad hoc networks. In Xiao, Y., Shen, X., & Du, D.‐Z. (Eds.), Wireless/mo‐bile network security (pp. 170‐176). Berlin/Heidelberg, Germany: Spriger‐Verlag.

Xiao, Y., Chen, H., & Li, F. H. (Eds.). (2010). Handbook on sensor networks. Hackensack, NJ: World Scientific Publishing Co. doi:10.1142/9789812837318.

Yafen, L., Wuu, Y., & Ching‐Wei, H. (2004). Preventing type flaw attacks on security protocols with a simplified tagging scheme. In Symposium on Information and Com‐munication Technologies (pp. 244‐249).

Yang, H., Ricciato, F., Lu, S., & Zhang, L. (2006). Secur‐ing a wireless world. Proceedings of the IEEE, 94(2), 442‐454. doi:10.1109/JPROC.2005.862321.

Ylonen, T. (1996). SSH‐Secure login connections over the internet. In USENIX Security Symposium (pp. 37‐42).

Yocom, B., & Brown, K. (2001). Intrusion battleground evolves. Network World Fusion. Retrieved from http://www.nwfusion.com/reviews/2001/1008bg.html.

Zanero, S., & Criscione, C. (2009). Masibty: An anomaly based intrusion prevention system for web applications. Proceedings from Black Hat Europe '09. Moevenpick. Amsterdam, The Netherlands: Black Hat Briefings. AD – DITIONAL READING SECTION.

Zehetner, A. R. (2004). Information operations: The impacts on C4I systems. Australia: Electronic Warfare Associates.

Zhang, Z., Ho, P. – H., & Naït – Abdesselam, F. (2010). (in press). RADAR: A reputation – driven anomaly detection system for wireless mesh networks. Wireless Networks. doi:10.1007/s11276 – 010 – 0255 – 1.

Zhang, Y., & Lee, W. (2000). Intrusion detection in wire – less ad – hoc networks. In Proceedings of the 6th Annual International Conference on Mobile Computing and Networking (pp. 275 – 283).

Zheng, D., Liu, Y., Zhao, J., & Saddik, A. E. (2007, June). A survey of RST invariant image watermarking algorithms. ACM Computing Surveys, 39(2), article 5.

Zhou, L., & Haas, Z. (1999). Securing ad hoc networks. (Technical Report, TR99 – 1772). Ithaca, NY: Cornell University.

Zou, C. C., Gao, L., Gong, W., & Towsley, D. (2003). Monitoring and early warning of Internet worms. ACM Conference on Computer and Communications Security (CCS).

作 者 简 介

Junaid Ahmed Zubairi 是纽约州立大学 Fredonia 分校计算机与信息科学系教授,雪城大学(Syracuse University)计算机工程硕士及博士,曾在巴基斯坦赛义德大学(Sir Syed University)和马来西亚国际伊斯兰大学(Intl' Islamic University)工作。Zubairi 博士曾获得马来西亚政府 IRPA 奖、国家科学基金会重点研究项目资助,纽约州立大学学术奖励和个人发展奖励等奖励,主要研究方向为信息安全、网络流量工程、网络性能评估和医学中的网络应用等。

Athar Mahboob,巴基斯坦国立科技大学(National University of Sciences & Technology)副教授,2005 年获得该校电气工程博士学位。Mahboob 博士是一位基于 Linux 企业信息服务实现、信息安全与加密、计算机网络、基于 TCP/IP 协议网络互联、数字系统设计和计算机体系架构等方面的专家,其博士课题是"椭圆曲线的高效软硬件实现",并在该领域发表了多篇著述。

* * *

Rania Abdelhameed 在马来西亚博特拉大学获计算机系统工程博士学位,2009 年获得 IEEE 无线通信专家(WCP)认证。

Nizar Al-Holou 美国底特律大学计算机和电气工程系主任,教授。主要研究方向包括车辆内部网络、智能交通系统(ITS)、分布和并行处理系统的汽车应用、数字与嵌入系统,他是 IEEE 计算机分会、教育学会和美国工程教育学会(ASEE)会员,美国工程与技术专业认证委员会(ABET)项目评估人员(PEV),曾担任 IEEE 东南密歇根区(SEM)计算机分会主席和副主席,曾获得 IEEE 杰出贡献奖等多项奖励,被列入美国中西部地区名人录、教师名人录等,近 5 年来获得超过 100 万美元的研究经费,发表论文百余篇。

Sellami Ali 于 2010 年获马来西亚国际伊斯兰大学博士学位,曾在阿尔及利亚 Biskra 大学和马来西亚国际伊斯兰大学从事研究工作。

Shakeel Ali 是英国 Cipher Storm 公司首席技术官和主要创始人,他在信息安全行业的深厚造诣为多家企业和政府机构提供了帮助,为多个国际组织进行过应用程序和网络基础设施的安全性评估。作为一名活跃的独立安全研究人员,他还通过文章、期刊和 Ethical-Hacker.net 网站博客推广安全实践,并参与组织 Bugcon 安全会议,报告前沿网络威胁机器解决方案。

Ayesha Binte Ashfaq 正在巴基斯坦国立科学技术大学计算科学与电气工程学院攻读网络安全博士学位,她的主要研究方向为恶意软件分析、网络安全、网络流量监视、网络性能测量与建模,曾在 Chorus 公司担任顾问。

Muhammad Naeem Ayyaz,雪城大学电气工程博士,拉合尔工程技术大学电气工程系主任、教授,花剌子模计算机科学研究院顾问,主要研究方向涉及嵌入式系统、生物信息学和计算机网络等多个领域,在多家知名期刊发表过论文。

Babar Bhatti 是 MutualMind 公司的创始人和首席执行官,该公司主要从事社会媒体情报与管理平台业务,他在麻省理工学院获得技术与政策和环境工程的双硕士学位,有超过 12 年的企业和 Web 应用程序的管理开发经验,是一位信息系统安全认证专家(CISSP)。

Muhammad Farooq-i-Azam 巴基斯坦旁遮普大学计算机科学硕士,现在巴基斯坦 COMSATS 信息技术学院电气工程系任教,具有丰富的数字系统开发经验,熟悉计算机网络、基于 UNIX 的系统、Solaris、VAX/VMS 系统和多种 Linux 版本,作为项目管理人员参与了开源轻量级数据包嗅探器项目 IPGRAB 的开发,是计算机安全公司 ESecurity 的创始人和巴基斯坦 CHASE 信息安全年会的组织者。

Arif Ghafoor 普渡大学电机与计算机工程系分布式多媒体系统实验室主任、IEEE 会士、教授,美国国防部和联合国开发计划署顾问,是 ACM 多媒体系统学报等多家期刊的编委会成员或特约编辑,主要研究领域为并行和分布式计算、信息安全、多媒体信息系统,曾发表论文 170 余篇,2000 年获 IEEE 计算机学会技术成就奖。

Morgan Henrie,Old Dominion 大学系统科学与工程管理博士,MH 咨询有限公司董事长,该公司是一家国际项目管理咨询和培训企业。Henrie 博士在 SCADA 方面的工作包括领导了 2009 年美国石油研究院的管道 SCADA 安全标准修订,为原油管道运输企业提供 SCADA 安全计划咨询等,他还是能源部部门控制系统工作组成员和信息基础设施安防基础设施(I3P)顾问委员会石油和天然气部门代表。

Wen-Chen Hu 佛罗里达大学计算机科学博士,北达科他大学计算机科学系副教授,主要研究领域为手持计算,电子和移动商务系统、Web 技术和数据库,他是国际手持计算研究学报(IJHCR)的主编和 20 余家国际刊物的编辑/审稿委员会成员,发表论文 90 余篇。

Naima Kaabouch 巴黎第六大学博士,北达科他大学电气工程系副教授,研究生部主任,研究方向为信号/图像处理、生物信息学、机器人、嵌入系统和数字通信。

Adil Khan,巴基斯坦国立科技大学博士生,研究方向为图像处理、模式识别、数字信号处理。

Syed Ali Khayam,密歇根州立大学电气工程博士,2007 至今在巴基斯坦国立科技大学电气工程与计算机科学系任副教授,主要研究方向为计算机网络中的统计现象分析与建模、网络安全、跨层次无线网设计和实时多媒体通信,现已发表论文 50 余篇,获专利 4 项,是 RAID、IEEE ICC、IEEE Globecom 等多个会议技术委员会成员。

Ashfaq Ahmad Malik 是巴基斯坦国立科技大学海军工程学院博士学者,研究方向为应用开源软件和货架技术设计 C^4I 系统,他于 1992 年进入巴基斯坦海军服役,在巴海军美/英/法/中制舰艇上均服役过,对军舰各子系统均有丰富的维护和操作经验。

Syed Misbahuddin 底特律 Mercy 大学电气和计算机工程博士,巴基斯坦赛义德工程技术大学(Sir Syed University of Engineering and Technology)计算机科学系教授,主要研究方向为嵌入式系统,分布和并行计算、数据简化算法,发表论文 20 余篇,参与过一份 Internet 标准草案编写。

S. Hossein Mousavinezhad 密歇根州立大学电气工程博士,爱达荷州立大学计算机科学与电气工程系主任,教授,主要研究方向为数字信号处理、生物电磁学和通信系统,是 IEEE 千禧年奖章和 ASEE 计算机与电气工程分会最有价值服务奖获得者,ABET 项目评估人员。

Alfredo Pironti 是都灵理工大学博士后,主要研究方向为形式化方法在安全协议和安全完备应用程序中的应用,包括由经过形式化验证的描述自动生成安全协议实现和对传统安全协议的黑盒监控,他是 Riccardo Sisto 教授的项目组成员,还参与了 CryptoForma 组织,该组织致力于填补加密技术的形式化和计算模型间的鸿沟。

Victor Pomponiu,托里诺大学博士生、计算机科学系安全和网络组成员,主要研究方向为多媒体安全(图像/音视频加密、水印、数字指纹、身份认证、取证、数字权限管理)、通信和网络安全(入侵检测、恶意软件和僵尸网络检测)和 ad-hoc 网络。

Davide Pozza 是都灵理工大学计算机工程系博士后学者,执教网络和分布式程序设计以及安全软件工程课程,主要研究方向为实现软件安全性与可靠性的过程、技术和方法学、软件脆弱性的静态分析方法、网络脆弱性和加密协议的形式化建模与分析、基于形式化描述的加密协议代码自动生成。

Rashid A. Saeed,马来西亚国际伊斯兰大学助理教授、IEEE 高级会员、认证 WiMAX 工程师、6σ 黑带,曾在马来西亚信息与通信技术研究中心(MIMOS Berhad)和马来西亚电信任职,主要研究领域为超宽带技术、认知无线电和无线电资源管理,是 IEEE-WCET 无线认证早期贡献者。

Riccardo Sisto 都灵理工大学计算机工程系教授,ACM 会员,多年来一直从事形式化方法在软件工程、通信协议工程、分布式系统和计算机安全等领域的应用研究,发表论文 70 余篇。

杨宏仁,中国台湾高雄师范大学工业科技教育学系教授,教学科技中心主任,主要研究方向为计算机网络、自动化和技术教育。